水□□□□□□□□书

第一卷 土石方工程

第八册

堤防工程

王操　杨涛　徐萍　等　编著

中国水利水电出版社
www.waterpub.com.cn

·北京·

内 容 提 要

　　本书是《水利水电工程施工技术全书》第二卷《土石方工程》中的第八分册。本书系统阐述了堤防工程施工技术和方法。主要内容包括：综述、施工组织设计、堤基加固处理、堤身施工、防渗工程、堤岸防护工程、堤防加固与改扩建工程、堤防抢险、施工安全与环境保护等。

　　本书可作为水利水电工程施工领域的工程技术人员、工程管理人员和高级技术工人的工具书，也可供从事水利水电工程科研、设计、建设及运行管理和相关企事业单位的工程技术人员、工程管理人员使用，并可作为大专院校水利水电工程专业师生的教学参考书。

图书在版编目（CIP）数据

堤防工程 / 王操等编著. -- 北京：中国水利水电
出版社，2023.3
　（水利水电工程施工技术全书. 第二卷，土石方工程；
第八册）
　ISBN 978-7-5226-1423-6

Ⅰ. ①堤… Ⅱ. ①王… Ⅲ. ①堤防－防洪工程－工程
施工 Ⅳ. ①TV871

中国国家版本馆CIP数据核字(2023)第035848号

书　　名	水利水电工程施工技术全书 **第二卷　土石方工程** **第八册　堤防工程** DIFANG GONGCHENG
作　　者	王操　杨涛　徐萍　等 编著
出版发行	中国水利水电出版社 （北京市海淀区玉渊潭南路1号D座　100038） 网址：www.waterpub.com.cn E-mail：sales@mwr.gov.cn 电话：(010) 68545888（营销中心）
经　　售	北京科水图书销售有限公司 电话：(010) 68545874、63202643 全国各地新华书店和相关出版物销售网点
排　　版	中国水利水电出版社微机排版中心
印　　刷	清淞永业（天津）印刷有限公司
规　　格	184mm×260mm　16开本　19.25印张　456千字
版　　次	2023年3月第1版　2023年3月第1次印刷
印　　数	0001—3000册
定　　价	**118.00元**

凡购买我社图书，如有缺页、倒页、脱页的，本社营销中心负责调换
版权所有·侵权必究

《水利水电工程施工技术全书》
编审委员会

顾　　　问：潘家铮　中国科学院院士、中国工程院院士

谭靖夷　中国工程院院士

陆佑楣　中国工程院院士

郑守仁　中国工程院院士

马洪琪　中国工程院院士

张超然　中国工程院院士

钟登华　中国工程院院士

缪昌文　中国工程院院士

名誉主任：范集湘　丁焰章　岳　曦

主　　任：孙洪水　周厚贵　马青春

副 主 任：宗敦峰　江小兵　付元初　梅锦煜

委　　员：（以姓氏笔画为序）

丁焰章	马如骐	马青春	马洪琪	王　军	王永平
王亚文	王鹏禹	付元初	吕芝林	朱明星	朱镜芳
向　建	刘永祥	刘灿学	江小兵	汤用泉	孙志禹
孙来成	孙洪水	李友华	李志刚	李丽丽	李虎章
杨　涛	杨成文	肖恩尚	吴光富	吴秀荣	吴国如
吴高见	何小雄	余　英	沈益源	张　晔	张为明
张利荣	张超然	陆佑楣	陈　茂	陈梁年	范集湘
林友汉	和孙文	岳　曦	周　晖	周世明	周厚贵
郑守仁	郑桂斌	宗敦峰	钟彦祥	钟登华	夏可风
郭光文	席　浩	涂怀健	梅锦煜	常焕生	常满祥
焦家训	曾　文	谭靖夷	潘家铮	楚跃先	戴志清
缪昌文	衡富安				

主　　编：孙洪水　周厚贵　宗敦峰　梅锦煜　付元初　江小兵

审　　定：谭靖夷　郑守仁　马洪琪　张超然　梅锦煜　付元初

周厚贵　夏可风

策　　划：周世明　张　晔

秘 书 长：宗敦峰（兼）

副秘书长：楚跃先　郭光文　郑桂斌　吴光富　康明华

《水利水电工程施工技术全书》
各卷主（组）编单位和主编（审）人员

卷序	卷名	组编单位	主编单位	主编人	主审人
第一卷	地基与基础工程	中国电力建设集团（股份）有限公司	中国电力建设集团（股份）有限公司 中国水电基础局有限公司 中国葛洲坝集团基础工程有限公司	宗敦峰 肖恩尚 焦家训	谭靖夷 夏可风
第二卷	土石方工程	中国人民武装警察部队水电指挥部	中国人民武装警察部队水电指挥部 中国水利水电第十四工程局有限公司 中国水利水电第五工程局有限公司	梅锦煜 和孙文 吴高见	马洪琪 梅锦煜
第三卷	混凝土工程	中国电力建设集团（股份）有限公司	中国水利水电第四工程局有限公司 中国葛洲坝集团有限公司 中国水利水电第八工程局有限公司	席　浩 戴志清 涂怀健	张超然 周厚贵
第四卷	金属结构制作与机电安装工程	中国能源建设集团（股份）有限公司	中国葛洲坝集团有限公司 中国电力建设集团（股份）有限公司 中国葛洲坝集团机电建设有限公司	江小兵 付元初 张　晔	付元初 杨浩忠
第五卷	施工导（截）流与度汛工程	中国能源建设集团（股份）有限公司	中国能源建设集团（股份）有限公司 中国葛洲坝集团有限公司 中国水利水电第八工程局有限公司	周厚贵 郭光文 涂怀健	郑守仁

《水利水电工程施工技术全书》
第二卷《土石方工程》编委会

主　编：梅锦煜　和孙文　吴高见

主　审：马洪琪　梅锦煜

委　员：（以姓氏笔画为序）

王永平　王红军　李虎章　吴国如　陈　茂

陈太为　何小雄　沈溢源　张少华　张永春

张利荣　汤用泉　杨　涛　林友汉　郑道明

黄宗营　温建明

秘书长：郑桂斌　徐　萍

《水利水电工程施工技术全书》
第二卷《土石方工程》
第八册《堤防工程》
编写人员名单

主　　编：王　操　杨　涛　徐　萍

审　　稿：王　操　杨　涛　徐　萍　徐建亭　温建明

　　　　　刘建平　王清华　何利超　宋业恒　苏宗义

编写人员：李振收　孟庆婕　张秀莲　闵建祥　陆旭旭

　　　　　张金玲　李高攀　马永畅　程显东　郑广庆

　　　　　杨桂鹏　王红军

序 一

水利水电工程建设在我国作为一项基础建设事业，已经走过了近百年的历程，这是一条不平凡而又伟大的创业之路。

新中国成立66年来，党和国家领导一直高度重视水利水电工程建设，水电在我国已经成为了一种不可替代的清洁能源。我国已经成为世界上水电装机容量第一位的大国，水利水电工程建设不论是规模还是技术水平，都处于国防领先或先进水平，这是几代水利水电工程建设者长期艰苦奋斗所创造出来的。

改革开放以来，特别是进入21世纪以后，我国的水利水电工程建设又进入了一个前所未有的高速发展时期。到2014年，我国水电总装机容量突破3亿kW，占全国电力装机容量的23%。发电量也历史性地突破31万亿kW·h。水电作为我国当前重要的可再生能源，为我国能源电力结构调整、温室气体减排和气候环境改善做出了重大贡献。

我国水利水电工程建设在新技术、新工艺、新材料、新设备等方面都取得了突破性的进展，无论是技术、工艺，还是在材料、设备等方面，都取得了令人瞩目的成就，它不仅推动了技术创新市场的活跃和发展，也推动了水利水电工程建设的前进步伐。

为了对当今水利水电工程施工技术进展进行科学的总结，及时形成我国水利水电工程施工技术的自主知识产权和满足水利水电建设事业的工作需要，全国水利水电施工技术信息网组织编撰了《水利水电工程施工技术全书》。该全书编撰历时5年，在编撰过程中组织了一大批长期工作在工程建设一线的中青年技术负责人和技术骨干执笔，并得到了有关领导、知名专家的悉心指导和审定，遵循"简明、实用、求新"的编撰原则，立足于满足广大水利水电工程技术人员的实际工作需要，并注重参考和指导价值。该全书内容涵盖了水利水电工程建设地基与基础工程、土石方工程、混凝土工程、金属结构制作与机电安装工程、施工导（截）流与度汛工程等内容的目标任务、原理方法及工程实例，既有理论阐述，又有实例介绍，重点突出，图文并茂，针对性及可操作性强，对今后的水利水电工程建设施工具有重要指导作用。

《水利水电工程施工技术全书》是对水利水电施工技术实践的总结和理论提炼，是一套具有权威性、实用性的大型工具书，为水利水电工程施工"四新"技术成果的推广、应用、继承、创新提供了一个有效载体。为大力推动水利水电技术进步和创新，推进中国水利水电事业又好又快地发展，具有十分重要的现实意义和深远的科技意义。

水利水电工程是人类文明进步的共同成果，是现代社会发展对保障水资源供给和可再生能源供应的基本需求，水利水电工程施工技术在近代水利水电工程建设中起到了重要的推动作用。人类应对全球气候变化的共识之一是低碳减排，尽可能多地利用绿色能源就成为重要选择，太阳能、风能及水能等成为首选，其中水能蕴藏丰富、可再生性、技术成熟、调度灵活等特点成为最优的绿色能源。随着水利水电工程建设与管理技术的不断发展，水利水电工程，特别是一些高坝大库能有效利用自然条件、降低开发运行成本、提高水库综合效能，高坝大库的（高度、库容）记录不断被刷新。特别是随着三峡、拉西瓦、小湾、溪洛渡、锦屏、向家坝等一批大型、特大型水利水电工程相继建成并投入运行，标志着我国水利水电工程技术已跨入世界领先行列。

近年来，我国水利水电工程施工企业积极实施走出去战略，海外市场开拓业绩突出。目前，我国水利水电工程施工企业在亚洲、非洲、南美洲多个国家承建了上百个水利水电工程项目，如尼罗河上的苏丹麦洛维水电站、号称"东南亚三峡工程"的马来西亚巴贡水电站、巨型碾压混凝土坝泰国科隆泰丹水利工程、位居非洲第一水利枢纽工程的埃塞俄比亚泰克泽水电站等，"中国水电"的品牌价值已被全球业内所认可。

《水利水电工程施工技术全书》对我国水利水电施工技术进行了全面阐述。特别是在众多国内外大型水利水电工程成功建设后，我国水利水电工程施工人员创造出一大批新技术、新工法、新经验，对这些内容及时总结并公开出版，与全体水利水电工作者分享，这不仅能促进我国水利水电行业的快速发展，提高水利水电工程施工质量，保障施工安全，规范水利水电施工行业发展，而且有助于我国水利水电行业走进更多国际市场，展示我国水利水电行业的国际形象和实力，提高我国水利水电行业在国际上的影响力。

　　该全书的出版不仅能提高水利水电工程施工的技术水平，而且有助于提高我国水利水电行业在国内、国际上的影响力，我在此向广大水利水电工程建设者、工程技术人员、勘测设计人员和在校的水利水电专业师生推荐此书。

2015 年 4 月 8 日

序 二

　　《水利水电工程施工技术全书》作为我国水利水电工程技术综合性大型工具书之一，与广大读者见面了！

　　这是一套非常好的工具书，它也是在《水利水电工程施工手册》基础上的传承、修订和创新。集中介绍了进入21世纪以来我国在水利水电施工领域从施工地基与基础工程、土石方工程、混凝土工程、金属结构制作与机电安装工程、施工导（截）流与度汛工程等方面采用的各类创新技术，如信息化技术的运用：在施工过程模拟仿真技术、混凝土温控防裂技术与工艺智能化等关键技术中，应用了数字信息技术、施工仿真技术和云计算技术，实现工程施工全过程实时监控，使现代信息技术与传统筑坝施工技术相结合，提高了混凝土施工质量，简化了施工工艺，降低了施工成本，达到了混凝土坝快速施工的目的；再如碾压混凝土技术在国内大规模运用：节省了水泥，降低了能耗，简化了施工工艺，降低了工程造价和成本；还有，在科研、勘察设计和施工一体化方面，数字化设计研究面向设计施工一体化的三维施工总布置、水工结构、钢筋配置、金属结构设计技术，推广复杂结构三维技施设计技术和前期项目三维枢纽设计技术，形成建筑工程信息模型的协同设计能力，推进建筑工程三维数字化设计移交标准工程化应用，也有了长足的进步。因此，在当前形势下，编撰出一部新的水利水电施工技术大型工具书非常必要和及时。

　　随着水利水电工程施工技术的不断推进，必然会给水利水电施工带来新的发展机遇。同时，也会出现更多值得研究的新课题，相信这些都将对水利水电工程建设事业起到积极的促进作用。该全书是当今反映水利水电工程施工技术最全、最新的系列图书，体现了当前水利水电最先进的施工技术，其中多项工程实例都创造了水利水电工程的世界纪录。该全书总结的施工技术具有先进性、前瞻性，可读性强。该全书的编者们都是参加过我国大型水利水电工程的建设者，有着非常丰富的各专业施工经验。他们以高度的社会责任感和使命感、饱满的工作热情和扎实的工作作风，大力发展和创新水电科学技术，为推进我国水利水电事业又好又快地发展，做出了新的贡献！

近年来，我国水利水电工程建设快速发展，各类施工技术日臻成熟，相继建成了三峡、龙滩、水布垭等具有代表性的水电工程，又有拉西瓦、小湾、溪洛渡、锦屏、糯扎渡、向家坝等一批大型、特大型水电工程，在施工过程中总结和积累了大量新的施工技术，尤其是混凝土温控防裂的施工方法在三峡水利枢纽工程的成功应用，高寒地区高拱坝冬季施工综合技术在拉西瓦等多座水电站工程中的应用……其中的多项施工技术获得过国家发明专利，达到了国际领先水平，为今后水利水电工程施工提供了参考与借鉴。

目前，我国水利水电工程施工技术已经走在了世界的前列，该全书的出版，是对我国水利水电工程建设领域的一大贡献，为后续在水利水电开发，例如金沙江上游、长江上游、通天河、黄河上游的水电开发、南水北调西线工程等建设提供借鉴。该全书可作为工具书，为广大工程建设者们提供一个完整的水利水电工程施工理论体系及工程实例，对今后水利水电工程建设具有指导、传承和促进发展的显著作用。

《水利水电工程施工技术全书》的编撰、出版是一项浩繁辛苦的工作，也是一个具有创造性的劳动过程，凝聚了几百位编、审人员近5年的辛勤劳动，克服各种困难。值此该全书出版之际，谨向所有为该全书的编撰给予关心、支持以及为此付出了辛勤劳动的领导、专家和同志们表示衷心的感谢！

2015 年 4 月 18 日

前　言

由全国水利水电施工技术信息网组织编撰的《水利水电工程施工技术全书》第二卷《土石方工程》共十册，《堤防工程》为第八分册，由中国电建市政建设集团有限公司编撰。

堤防工程是指沿河、渠、湖、海岸或行洪区、分洪区、围垦区的边缘修筑的挡水建筑物，主要作用是约束河流和湖泊，减少洪水暴涨等灾害损失，避免洪水威胁周边地区的经济发展和人民生命财产安全。我国堤防工程经历了数百上千年的历史，国内江、河、湖、海各类堤防累计长度达数十万千米，发挥着重要的屏障作用。

本书以堤防工程施工组织设计、堤基加固处理、堤身施工、防渗工程、堤岸防护工程、堤防加固与改扩建工程、堤防抢险、施工安全与环境保护等方面为主线进行编撰。本书的编撰以《水利水电工程施工手册》为基础，同时参考了行业相关的一些资料文献。编撰时以实用为原则，针对堤防工程特点，内容基本涵盖了堤防工程施工作业的相关重点工作，既包括堤防工程的一些基本知识和技术措施，也收集了一些新技术、新工艺、新做法。同时，为增加全书的实用性、适用性和针对性，在堤基加固处理、堤身施工、防渗工程、堤防加固与改扩建工程、堤防抢险方面，分别整理收录了一些特点鲜明、具有代表性的工程实例，以加深对所在章节涉及的技术内容的理解，是一部面向堤防工程施工技术人员、工程管理人员和高级技术工人的专著。

本书在编撰过程中，紧密结合堤防工程施工实践，重点突出。书中结合堤防工程特点，介绍了施工组织设计的编制要点；堤基加固处理中，分析了不良堤基破坏机理，以软弱、透水、岩溶等堤基处理技术为重点；堤身施工，介绍了土料碾压、吹填、抛石、砌石、钢筋混凝土等堤身填筑施工技术和穿堤构筑物施工要点；防渗工程针对堤基和堤身防渗，分别阐述了常见防渗方法，如盖重法、振动沉模法、黏土斜墙法等；堤岸防护工程以常见的坡式护岸、坝式护岸和墙式护岸施工方法为重点，并对生态护坡、桩式护岸等其他护岸形式进行了介绍；堤防加固与改扩建工程分析了堤防隐患的类型和主要探测方法，着重叙述了堤防裂缝、渗漏、管涌等隐患加固技术和改扩建施工方法；堤防抢险主要针对崩塌、决口、散浸等多种险情类型介绍了相应的抢险方法；同时，还介绍了堤防工程的施工安全与环境保护要求和措施。

本书的编写人员长期从事堤防工程的施工、课题研究工作，既具有理论研究水平，又具有丰富的实际工作经验。编写过程中结合各章特点进行了分工，分别由熟知相关内容的经验丰富的人员负责相应章节的编写，第1章由孟庆婕编写，第2章由郑广庆编写，第3～第5章由陆旭旭、马永畅、闵建祥共同编写，第6章由张金玲编写，第7章由李高攀编写，第8章由李振收编写，第9章由程显东编写，本书由张秀莲统稿。在此，借本书出版之际对这些同志致以深切的谢意。

本书在编写过程中，得到了《水利水电工程施工技术全书》编审委员会和有关专家、学者的指导和帮助，同时吸收了他们许多宝贵的经验、意见和建议，也得到了很多同仁的大力支持，在此表示衷心感谢！

由于编者的水平和经验所限，书中难免有错误和不妥之处，在此恳请广大同行和读者提出宝贵意见和建议。

作　者

2022 年 11 月

目 录

1 综　述

1.1　发展概况

堤防工程是指沿河、渠、湖、海岸或行洪区、分洪区、围垦区的边缘修筑的挡水建筑物，主要作用是约束河流和湖泊，减少洪水暴涨等灾害损失，避免洪水威胁周边地区的经济发展和人民生命财产安全。堤防工程是防御洪水最早、最广为采用的工程措施，也是人类最早抵御洪水、保护自身的方式。

我国堤防工程经历了数百上千年的历史，国内江、河、湖、海各类堤防累计长度达数十万千米，发挥着重要的屏障作用。堤防按其修筑的位置不同，可分为河堤、江堤、湖堤、海堤以及水库、蓄滞洪区低洼地区的围堤等；按其功能可分为干堤、支堤、子堤、遥堤、隔堤、行洪堤、防洪堤、围堤（圩垸）、防浪堤等；按建筑材料可分为土堤、石堤、土石混合堤和混凝土防洪墙等。

堤防工程施工方法应根据工程特点、工期要求、施工条件、资源配置以及施工单位的施工经验和设备等因素综合考虑确定，同时要具备安全性、环保性、经济性、先进性等特点。

堤基处理是堤防施工的首要环节，堤基的稳定与否直接影响到堤防工程的安全和防洪作用的正常发挥。良性堤基进行清理平整后即可进行验收，不良堤基必须经过处理并经隐蔽验收合格后方能进行堤身填筑。堤身填筑压实是堤防工程建设中的关键施工项目，其工程量、工程费用和施工技术难度都是整个堤防工程建设中最大的，是体现堤防工程质量和功能的主体部分。

堤防工程建设中，不容忽视的问题就是渗透破坏问题。出现渗透破坏后，很容易引发险情或溃堤事故的发生，影响着堤防的安全与稳定。施工中，常采用的防渗原则为"前堵、后排、中间截"。堤岸受水流、潮汐、风浪作用可能发生冲刷破坏影响堤防安全时，需要采取护岸防护措施。护岸工程对于防止崩岸、稳定岸线、控制水道平面摆动、保护堤防均具有重要作用。

目前，我国现有多数堤防是经过历代培修加固而成，存在堤基条件差、堤身质量差、筑堤土料严重不足等问题，当遭遇洪水时，经常会出现管涌、滑坡、崩岸和漫溢等险情，而且我国暴雨洪水十分频繁，洪涝灾害是我国危害最大、损失最严重的自然灾害之一，严重的会导致大堤溃决，需要及时进行加固与改扩建。

在堤防建设施工过程中，要严格贯彻执行《中华人民共和国安全生产法》《中华人民共和国环境保护法》和《水利工程建设安全生产管理规定》等有关安全生产、环境保护的法律、法规和标准，指导堤防工程安全生产、文明施工、环境保护，防止和减少施工过程中的人身伤害、财产损失和环境污染。

1.2 发展趋势

一座座大坝拔地而起，一道道堤防加高培厚，一条条输水渠穿山越岭……堤防的修筑技术不断提高，日臻完善，国务院确定的172项节水供水重大水利工程陆续开工建设，堤防工程的发展也越来越多元化。

（1）全面提升防洪能力。目前大江大河的干流和一些主要支流还有部分堤防的防洪能力没有达标，缺乏一些控制性的工程，特别是面广量大的中小河流防洪体系还不完善，防洪标准相对较低，同时也还存在着一些病险水库，影响防洪安全。提升堤防防御能力，以达到常遇洪潮不受灾，大洪潮灾害损失程度降低，特大洪水影响范围与深度减少，从而确保生活有序、生产正常。

（2）堤防工程生态效益是巨大的。堤防工程要充分利用江河湖泊天然的美学价值，融合人工建设景观和自然生态景观，营造一种人与自然亲近的环境。在堤线布置中，应尊重江河湖泊的自然形态，尽可能保留河道的蜿蜒、分汊原貌，避免施工对水域生态系统造成人为破坏。选择堤型时必须保证渗透稳定和滑动稳定，同时考虑生态保护以及生态恢复。

（3）在国外，比如日本对堤防建设虽然不追求很高的防洪标准，但对堤身的建设质量要求极高，即使出现漫堤的情况，也应保证不发生溃堤事故，日本已将这一原则作为现代化堤防建设的标准。日本拟用50年时间将城市段堤防全部建成超级堤。超级堤即坝身宽度为堤高的30倍，一般可达数百米，这样即使发生漫堤，由于堤顶流速较小，不致造成冲刷破坏。江河堤防护坡标准较高，一般用砌石或大型预制块，并用不同颜色拼成美丽图案或壁画，配合滩区河道公园，形成美丽的景观。软基多采用桩结构，防渗采用钢板桩、旋喷桩、地下连续墙等。在险工段多采用四脚体抛堆保护堤脚。堤身植树时，根系不能侵入堤身基本断面，可将堤身培厚植树。堤身设置引水、排水等建筑物时，要有统一规划，以大型建筑物为主，减少小型穿堤建筑物，对穿堤建筑物实行严格质量管理，防止高水位时在沿穿堤建筑物与坝身连接处发生破坏。

（4）堤防管理信息系统可以具备多方面内涵的信息容量，它可以包括堤防的工情、河道水情、流域范围内的汛情以及堤防保护区的社会及经济信息，利用大数据信息平台，通过采集各种监管数据、监测数据和监控视频，通过物联网技术、无线宽带、云计算等新兴技术与堤防信息系统的结合，实现信息共享和智能管理，有效地提升了防洪工程运用和管理的效率和效能及防汛减灾救灾的能力和水平。

（5）加强城市堤防建设。城市河道堤防是阻挡洪水、保护城区环境的水工建筑物，是城市基础设施的重要组成部分，对城市总体建设和发展起着至关重要的作用。城市河流的价值正在广泛地为人们所重新认识，人们对河流的要求也不仅限于传统的防洪和兴利。在城市河道加固中，应全程贯彻生态理念，兼顾堤防防洪和景观双重功能，打造和谐宜人的亲水空间，将防洪和周边环境价值相统一。城市堤防建设既是民生工程，也是景观工程，对提升城市品位、改善城市环境、树立城市形象、增强城市吸引力具有明显的示范带动作用。

2 施工组织设计

2.1 编制方案

堤防工程施工方案的制定要基于当地的物资、设备、人员供应条件，对地质、水文资料进行认真分析，并对施工处理方法进行理论计算，结合对相关堤坝施工技术优缺点的统筹分析，采用最适用方案，同时在兼顾安全、可靠、经济性的基础上，采用新技术、新材料、新工艺等，促进相关行业技术的发展进步。堤防工程施工组织设计编制的步骤一般如下：

（1）研究分析合同文件和设计文件，进行必要的调查研究，做好编制前的各项准备工作。

（2）确定施工组织管理机构。

（3）对设计文件进行核对，复核计算工程数量。

（4）结合工程实际选择施工方案，确定施工方法。

（5）编制施工总进度计划；确定临时工程、供水、供电计划。

（6）计算人工、材料（含临时材料及永久材料）、机具及试验检测设备等各项资源的需要量，制订供应计划。

（7）工地运输组织。

（8）施工总平面图设计。

（9）编制质量、安全、进度、环保和文明施工措施计划。

（10）制定工程创优等目标。

2.2 基本资料

堤防工程基本资料收集的目的是对工程标的物的设计、施工和完工后计划的运行情况进行全面、系统地分析，从而编制出切实可行、详尽的施工组织设计，以利于工程施工顺利实施，提高今后类似工程的施工与管理水平。

在堤防工程开工前，一般都要对工程区域内的施工环境和施工条件进行全面调查，收集基本资料。堤防工程的基本资料主要是指对工程正常施工生产有着促进或阻碍作用的外在客观因素反映出来的本质特性或指标。基本资料收集要结合现场勘测工作进行，收集的资料要全面、详细、准确和真实，尤其对影响工程施工成败的关键因素或指标，在调查时要做详细勘查，以便在编制施工组织设计时尽可能做到详尽和周到。

2.2.1 资料分类

根据资料的性质，堤防工程的基本资料可分为自然条件、工程施工条件和社会环境条件三个方面的资料。

（1）自然条件。自然条件包括：水文、气象、地形、地质、河流、潮汐等要素。

1）水文要素主要包括：降雨量、蒸发量、地表径流、地下渗流、水位、水温、水质、含沙量、冰凌等。

2）气象要素主要包括：气温、气压、湿度、风、降水、蒸发、辐射、日照以及各种天气现象等。

3）地形要素主要包括：图例、图比、坐标、高程、山地河流、地标建筑、架空线路、流域界限等。

4）地质要素主要包括：岩土类型、地层结构、物理力学性能、表土性状、含水量、颗粒级配、有机质含量等。

5）河流要素主要包括：流域面积、断面形状、纵横向坡比、流速、流量、流态、水位情况、历年洪水过程线等。

6）潮汐要素主要包括：潮汐类型、最大最小潮位、最大最小潮差、平均高潮位、平均低潮位、潮汐涨落延时等。

（2）工程施工条件。工程施工条件包括：施工环境、技术要求、人员结构、设备状况、物资供应、资金供应等。

1）施工环境主要包括：施工水域、陆路交通、沿途桥梁、高架线路、水下电缆、水面及水下障碍物等。

2）技术要求主要包括：国家和行业制定并颁布的有关堤防工程的施工技术规范、土工试验规程、安全技术规程、质量检验标准以及与工程临时设施建设有关的其他规范、标准等。

3）人员结构主要是指：投入工程建设的管理、技术、技能人员配备的数量、素质，劳务人员配备数量、素质等。

4）设备状况主要是指：施工设备机械性能、状况、生产效率、维修情况、燃材料消耗及辅助设施配套等。

5）物资供应主要是指：施工用水、用电、用油等物资供应情况、通用零配件供应情况以及专用配件加工、维修条件等。

6）资金供应主要是指：投资方的资金来源、到位情况、正常条件下的资金供应条件以及当地银行资金借贷的可能性等。

（3）社会环境条件。社会环境条件包括：行政法规、民俗民风、占地赔偿、医疗条件、治安状况等。

1）行政法规是指：国家和当地政府制定并颁布的有关施工期间人员设备进场、开工生产许可、利用当地资源、当地劳力、临时占用土地、环境保护以及公安、财税等方面的法律法规。

2）民俗民风是指：当地（尤其是少数民族地区）居民的生产、生活习惯，婚丧嫁娶习俗等。

3）占地赔偿是指：因施工需要对临时占用的土地、道路、农（林）作物、建筑物、水域和海上养殖等进行的赔偿。

4）医疗条件是指：施工期间人员因病、因伤需要及时救治的条件。

5）治安状况是指：施工区域内因公（私）纠纷引起的聚众闹事、打架斗殴及偷盗抢劫等事件发生的频率及程度。

2.2.2 收集途径

堤防工程的基本资料可以通过招标文件、当地相关管理部门和现场踏勘等途径获取。在收集过程中，应重点详细调查对工程有直接影响的资料，同时兼顾收集对工程起到间接影响的有用资料，为编制切实可行的施工组织设计提供可靠的依据。

（1）通过招标文件收集。招标文件中一般都会在"技术条件"或"施工组织设计"中包含自然条件、工程施工条件和社会环境条件这三个方面的基本资料，例如，水文、气象条件、地质钻孔资料、工程标的物、施工红线范围、进场道路、水电供应条件以及施工质量、安全和环境保护要求等。通过招标文件施工单位可以获得一大部分基本资料，但招标文件提供的资料往往是初步的、粗略的、不全面的。因此，施工单位还应通过其他途径获得更多的基本资料。

（2）通过当地相关管理部门收集。通过当地相关管理部门收集资料，相关部门主要包括水文站、工程设计部门、行政管理部门等。

1）水文站。主要了解工程范围所在流域的水文要素，如多年洪汛起止日期，年逐月最高、最低水位，相应的流速、流量，典型年枯水位及历时，多年洪水过程线以及多年冰冻起始、终止时间等。

2）工程设计部门。主要了解工程设计意图，设计采用的规范、标准、技术参数以及设计中尚未确定的遗留问题等。

3）行政管理部门。主要了解施工期间人员临时户籍、税收、医疗、治安、环境保护及土地使用、劳力使用等方面的制度、法规等。

（3）通过现场踏勘收集。现场踏勘包括现场地形地貌、岩土性状、进场道路及当地物资市场等。

1）现场地形地貌。主要针对工程施工期间主要施工设备停靠、补给、临时设施建设、场地使用、管线布置等进行实地考察，形成完整的施工平面图。

2）岩土性状。主要考察施工现场疏挖区或取土区的地质情况，通过现场了解或补充勘探对设计提供的地质资料进行综合评估，以便确定较为准确的施工效率和施工进度计划。

3）进场道路。主要考察陆路运输所经线路的情况，如公路等级，桥涵、山洞的通过能力，路面宽度、坡度、拐弯半径、穿越村镇等情况。

4）当地物资市场。主要考察当地燃油料、材料、配件、电力与淡水等供应方式、供应量、价格等情况。

2.2.3 重点资料

在编制堤防工程的施工组织设计时，应重点收集地质、施工组织条件等基本资料。

（1）地质资料。堤防工程必须充分调查现场的地质情况，地质资料是堤防工程设备选型配备、施工技术确定的基础性资料，在工期控制、成本控制、工程量控制、质量控制等方面起着决定性影响，必须全面收集勘探点布置情况、地质勘探成果资料，分析地质构造、土壤类型、工程特性及分布规律等，为工程组织和技术方案的确定等提供决策依据。地质勘探剖面图要包括钻孔平面布置图、钻孔柱状图、地质剖面图等，用于查明施工区土质类型、物理力学特性、储量及分布情况。

（2）施工组织条件。

1）了解工程所在地有关工程建设、土地使用、环保、城管等方面的法律、法规；当地河流、道路使用方面的管理规定和制度。

2）了解工程区域内外现有公路等级，桥涵、隧道的通过能力，路面宽度、坡度、拐弯半径、穿越村镇情况以及沿途可利用的陆上运输与装卸能力等。

3）了解工程所在地有关水利矛盾的历史和现状，征占土地、移民迁安的条件和标准。

4）调查了解施工区过往车辆的类型、数量、频率以及对施工的干扰情况。

5）调查当地燃料、材料、电力与淡水的供应方式与条件。

6）调查施工现场管线运输、敷设条件，以及当地机械设备、劳动力使用条件和价格标准等。

7）调查施工现场临时用地情况。它包括有无临时场地、临时场地的大小、可使用期限、安全保卫问题、需交纳的费用等。

8）调查当地生活物资的采购途径、价格和便利情况等。

9）调查当地通信等设施条件，有线电话、无线电话、高频无线电话的使用情况和使用要求等。

10）调查当地政府管理部门的工作效率和效果，当地的民俗民风，业主方的专业程度和管控能力、监理工程师的专业程度和协调能力、当地政府和业主对堤防工程的重视程度等。

2.3 进度计划

根据进度计划编制深度，进度计划包括总进度计划、项目子系统进度计划、项目子系统中的单项工程进度计划等。施工总进度计划是施工组织设计的重要组成部分，是施工现场各项活动在时间上的体现。其主要作用是：统筹全局，指导工程项目的全部施工生产活动，控制工程的施工进度；为编制季度、月度生产作业计划，确定工、料、机等各种资源需要量计划提供依据。

编制施工总进度计划，是在已确定施工方案的基础上，根据合同工期和各种资源供应条件，并按照工程施工的合理施工顺序的原则，对工程项目从施工准备工作开始直到工程竣工为止的全部施工过程，利用横道图或网络图等图表形式，来确定全部施工过程在时间上的安排及各工序之间的衔接关系，以达到指导具体施工的目的。

2.3.1 编制原则

（1）遵守基建程序。

（2）保证拟建工程在规定的施工期限内完成，满足合同工期的要求。

（3）资源（人力、物力和资金等）均衡分配。

（4）施工顺序必须与所选择的施工方法和施工机具相协调。

（5）施工程序前后兼顾、衔接合理、干扰少、施工均衡，并综合考虑季节、气候因素影响。

（6）突出重要工程和关键工序，明确关键线路上工程的完建日期。

2.3.2 编制步骤

（1）收集基本资料。

1）合同规定的开工、竣工日期。

2）工程的设计文件和施工图纸。

3）已确定的主要工程及分部分项工程的施工方案。

4）工程所处区域的地质、水文、气象及其他技术经济资料。

5）施工水源、电源情况及供应条件。

6）劳动定额和机械台班使用定额。

7）劳动力、材料和机具供应情况。

（2）划分施工项目并列出工程项目一览表。在编制施工总进度计划时，首先划分出各施工项目的细目，列出工程项目一览表。划分列表时注意以下事项：

1）划分的施工项目应符合工程的实际情况，并与所确定的施工方法相符。一般情况下，一个建设项目可包括单项工程、分部分项工程、各项准备工作、辅助设施、结束工作及工程建设所必需的其他施工项目。

2）结合工程的特点，根据划分出来的项目施工顺序和相互关系进行排序，依次填入总进度表中，不可缺漏项，以保证计划的准确性。

（3）计算工程量。根据施工图和有关工程量的计算规则，按工程的施工顺序，分别计算施工项目的实物工程量，逐项填入表中。

（4）分析确定项目之间的逻辑关系。

1）工艺关系：如一般土建工程项目，要按照先地下后地上、先基础后主体结构、先土建后安装再调试的原则安排施工顺序。

2）组织关系：由于考虑到工期、质量、安全、资源限制及场地限制等因素而安排的施工顺序关系。

（5）选定关键性工程项目。选定关键性工程项目的方法有如下几个方面：

1）分析工程所在地区的自然条件：如河流的水文条件对拦河坝施工的影响，气象条件等对土料填筑和混凝土工程施工的影响，地形、地质条件对坝基处理、高边坡开挖和地下工程施工的影响等。

2）分析主体建筑物的施工特点：如根据主要建筑物的施工图，研究穿堤建筑物、取水口建筑物、控制闸等的施工方式。

3）分析主体建筑物的工程量：如位于河床上部和下部、右岸和左岸、上游和下游，以及在某些控制高程以上或以下的工程量。分析施工期洪水对主体建筑物施工的影响。

4）选定关键性工程：根据以上分析，选定各项主体建筑物的控制工期及关键性工程。

（6）计算各项目的施工持续时间。施工期限根据合同工期确定，同时还要考虑工程特点、施工方法、施工管理水平、施工机械化程度及施工现场条件等因素。

根据工作项目所需要的劳动量或机械台班数，及该工作项目每天安排的工人数或配备的机械台数，计算各工作项目持续时间。有时，根据施工组织要求，如组织流水施工时，也可采用倒排方式安排进度，即先确定各工作项目持续时间，依次确定各工作项目所需要的工人数和机械台数。

（7）绘制施工总进度计划图。绘制施工总进度计划图，应根据施工合同及其他相关要求，选择施工总进度计划的表达形式，如横道图、Project、P3、SureTrak、P6等。同时根据施工进度计划绘制施工强度曲线、劳动力需求量曲线、准备工程施工进度图等，为工程的施工强度分析提供依据。

（8）施工强度分析。初拟施工总进度计划后，需综合考虑各种影响因素，对工程的施工强度进行综合分析论证。特别是对施工总进度控制起主导作用的关键性工程的施工强度进行分析，以论证设备、人员、材料等资源配置的合理性及可行性。

（9）进度计划的检查及优化。施工总进度计划编制完成后，需要对其进行检查与优化调整，使进度计划更加合理，需检查调整的内容如下：

1）各工作项目的施工顺序、平行衔接和技术间歇是否合理。

2）总工期是否满足合同规定。

3）主要工序的劳动力数量能否满足连续、均衡施工的要求。

4）主要机具、材料等的利用是否均衡和充分。

2.4 总体布置

2.4.1 布置原则

施工总体布置是对整体工程项目施工的全局所做的统筹规划和全面安排，目的是解决影响全部施工活动的重大战略问题。施工总体布置的主要内容有：明确施工目标、建立施工管理机构、划分施工任务及组织安排；确定施工顺序。

（1）明确施工目标。施工目标应根据施工合同、招标文件以及公司对工程管理的目标要求确定，包括进度、质量、安全、环境保护等目标，目标应可量化，且不得低于公司规定。

（2）建立施工管理机构。施工管理机构是为组织、计划、协调和控制全部施工活动而设立的现场指挥决策机关，具体形式为项目经理部。施工管理机构的主要内容包括施工管理机构说明和组织机构图。

施工管理机构要根据施工现场的客观需要来设置。一般情况下，应包括工程技术（含测量及试验）、质检（或放在工程技术部门内）、施工、合同计量、设备物资、安全环境及职业健康（EHS）、财务及综合办公等基本职能。操作层中施工劳务及其作业队组的设置，应本着精兵强将上一线的原则，确定综合性和专业化队伍的施工组织。

施工管理组织机构通常用框图表示，并辅以必要的文字说明。图2-1所示框图以堤防工程施工项目为例，各项目可根据工程实际进行调整。

（3）划分施工任务及组织安排。在确立项目施工管理体制和建立施工管理机构的条件下，划分各参与施工单位的工作任务及施工阶段，明确总包方与分包方、各施工单位之间分工与协作的关系，确定各单位的工程项目。

（4）确定施工顺序。根据工程的施工特点，要在总体上确定施工的顺序，分清主次，

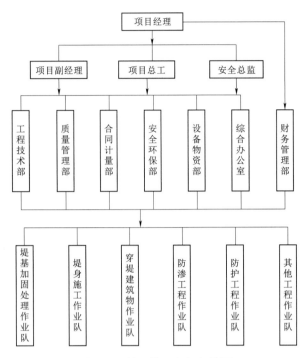

图 2-1　施工管理组织机构图

统筹安排各类工程项目施工，保证重点，兼顾其他，以确保工期，并实现施工的连续性和均衡性。按照各单位工程和分部工程的重要程度不同，应优先安排那些工程量大、结构复杂、施工难度大和工期长的主体工程项目，以及供施工使用的大型临时设施。工程量小、施工难度不大的一些辅助工程，则可考虑与主体工程相配合，作为平衡施工的项目穿插在主体工程的施工过程中进行。

2.4.2　总平面图

施工现场平面布置是根据工程的规模、特点和施工现场的条件，按照施工方案和施工进度的要求以及一定的设计原则，对施工过程所需各种临时设施、动力供应、原材料堆放、场内运输、半成品生产场地等做出合理的规划布置，并用平面图的形式加以表达，用于正确处理工程在施工期间各种临建工程、已有建筑物、拟建工程之间合理的空间位置关系。施工总平面图是针对整体工程进行规划设计的，是施工组织设计的重要组成部分。

（1）主要内容。

1）选择场内、场外运输方案，布置线路，确定渡口、桥梁等的位置。

2）确定场内区域划分原则，布置生活、办公设施，施工辅助设施如仓库、机械设备停放场、修理车间、人工或天然砂石骨料开采加工场、沥青搅拌站、混凝土搅拌站、公路工程路基混合料拌和站、修理车间、钢筋木工加工车间、炸药库（如当地法律及合同要求）、施工便道、便桥、码头和构件预制场等。

3）选择给水、供电、通信、施工场地排水等系统的位置，布置干管、干线。

4）规划弃渣、堆料场地，做好场地土石方平衡以及开挖、填筑的土石方调配。

5）规划施工期环境保护和水土保持措施。

（2）设计依据。

1）工程所在地区有关基本建设的法规或条例、地方政府及有关部门、业主对本工程建设的要求。

2）自然条件和技术经济条件。自然条件包括施工区域的地形、地物（道路、桥梁、河流、池塘等）、气象、水文及工程地质等资料。技术经济条件包括当地的交通运输、水源及水质、电源、生活生产物资资源、生产和生活基地、现有修配加工能力、劳动力供应条件、居民生活卫生习惯等。

3）工程勘测设计有关成果。

4）施工总进度计划和主要工程的施工方案。

5）各种材料、半成品的供应计划和运输方式。

6）各类临时设施的性质、形式、面积和尺寸。

7）各类临时加工场地的规模和设备数量。

（3）设计原则。

1）在保证施工顺利进行的前提下，尽量减少施工用地，少占农田，平面布置紧凑合理。

2）所有临时性设施和运输、水、电等线路的布置，不得妨碍地面和地下构筑物的正常施工。

3）外购材料力求直达工地，避免或减少二次搬运，合理布置施工现场的运输道路及各种材料堆放、工作车间、仓库位置、各种机具的位置，尽量使其运距最短，以缩短场内的搬运距离。

4）充分利用现场原有的设施为施工服务，力争减少临时设施的数量，降低临时设施费用。

5）施工区域的划分和场地的确定，符合施工的工艺流程要求，尽量减少专业工种之间和各工程之间的干扰，有利于生产的连续性。

6）符合环境保护、安全防火和劳动保护的要求，应考虑避免各种自然灾害侵袭的防护措施。

7）各种设施应便于工人的生产生活，且应满足公司对营地建设的有关规定。

8）使场地准备工作的费用最省。

（4）设计步骤。

1）收集、分析研究原始资料。

2）编制并确定临时工程项目明细及规模。

3）施工总布置规划（含施工分区布置）。

4）场内运输方案。

5）施工辅助设施布置。

6）总布置方案比较。

7）修正完善施工总平面图并编写文字说明。

2.4.3 大型临时工程

（1）大型临时工程一般指混凝土构件预制场、混凝土和沥青搅拌站、大型围堰、施工导流设施（明渠导流、河道分期导流等）、施工便道和便桥等。

（2）大型临时工程要进行设计计算并出具施工图纸，编制相应的施工计划和制定相应的质量保证和安全劳保技术措施。

（3）需单独编制施工方案的大型临时设施工程，针对危险性较大的分部分项工程，要由项目技术部门编制专项安全技术措施，对于超过一定规模的危险性较大的分部分项工程，需组织专家对专项安全技术措施进行论证。

危险性较大的分部分项工程、超过一定规模的危险性较大的分部分项工程应按照《建筑施工安全技术统一规范》（GB 50870—2014）、《危险性较大的分部分项工程安全管理办法》（建质〔2009〕87号）等规范界定。

2.5 施工方法

2.5.1 选择原则

堤防工程施工方法要根据工程特点、工期要求、施工条件、资源供应情况以及施工单位拥有的施工经验和设备等因素综合考虑确定，同时要具备安全性、经济性、先进性等特点。①安全性。施工方法应安全可靠，具备较小的施工及质量安全风险，施工方式应用过程中的各类危险因素能够有效预知，并能采取一定的预防措施。②经济性。确保施工方法能够最大程度节省资源及劳动力，满足综合利用资源提高项目综合效益的需要。③先进性。施工方法应提高工业化程度以及管理创新和技术创新，用先进的科学技术推动生产力的发展，同时注意总结施工过程中的"三新"技术，推动堤防施工技术的发展进步。

（1）对重点工程或重点工序要编制详细的施工工艺和作业程序，并提出质量要求和技术措施。如工程量大，在单位工程中占重要地位的分部或分项工程项目；施工技术复杂的项目；采用新技术、新工艺及对工程质量起关键作用的项目；不熟悉的特殊结构或工人在操作上不够熟练的工序。

（2）施工方法的技术经济评价。要结合施工实际经验，对若干施工方案的优缺点分析比较，如技术上是否可行、施工复杂程度、安全可靠性如何、施工成本如何、劳动力和机械设备能否满足需要、是否能充分发挥现有机械的作用、质量保证措施是否完善可靠、冬雨季施工存在的困难等。

对危险性较大的工程，如基坑支护与降水工程、土方开挖工程（开挖深度超过5m）等，在施工前必须按要求编制专项安全技术措施或安全专项施工方案，并履行相关论证、审批程序。

2.5.2 软弱堤基处理

软弱堤基一般指承载堤身的地层是由软黏土、淤泥、泥炭土等土料构成的，具有承载力低的问题，在软弱土上直接进行堤身填筑，稳定性难以保证。软弱堤基处理方法包括：换填法、挤淤法、排水固结法、垫层法、强夯法、振冲法等。

2.5.3 堤身工程填筑施工

堤身填筑压实是堤防工程建设中的关键施工项目，其工程量、工程费用和施工技术难度都是整个堤防工程建设中最大的，是体现堤防工程质量和功能的主体部分。堤身工程施工程序一般分为堤身填筑、堤身压实等。

2.5.4 防渗墙施工

防渗墙按照墙体材料主要分为混凝土防渗墙、水泥土防渗墙等。按照施工方法主要分为钻挖成槽、涉水成槽、链斗成槽及锯槽等施工方法。

2.6 资源配置

2.6.1 劳动力配置

（1）劳动力组织。劳动力组织包括确定人员结构及人员数量。根据工程目标确定合理的人员专业结构，即各专业人员应配套。

（2）劳动力需要量计划。劳动力需要量计划是确定临时设施规模和组织劳动力进场的依据。根据已确定的施工总进度计划，可得到各工程项目在某段时间内的平均劳动力数量，逐项累加可绘出人工数随时间变化的劳动力需要量柱状图，见图2-2，据此即可编制劳动力需要量计划，见表2-1。将此计划附于施工总进度图之下，为劳动部门提供劳动力进退场时间，保证及时调配，搞好人力资源平衡，以满足施工的需要。

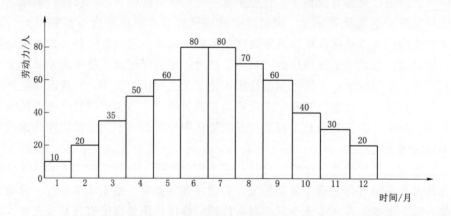

图2-2 劳动力需要量柱状图（可以月、季、年为单位）

表2-1　　　　　　　　　　　　　　　　劳动力需要量计划表

序号	工种名称	总人数	需 要 人 数									
			××年					××年				
			一季度	二季度	三季度	四季度	合计	一季度	二季度	三季度	四季度	合计
1	操作手											
2	木工											
3	瓦工											
⋮	...											

2.6.2 主要材料需求量计划

工程的材料费用，一般要占总体工程造价的 50%～70%。做好材料供应计划和材料的采购、保管、使用等工作，是保证工程施工顺利进行、控制或降低工程成本的关键之一。

工程所用的材料主要有黏土、钢材、木材、沥青、水泥、砂、石、预制构件及其他半成品等，以及有关临时设施和拟采取的各种施工技术措施用料。材料需求量计划是物资部门落实组织货源、签订供应合同、组织运输进场以及确定临时设施规模的依据。

材料的需求量，可按照已确定的工程量，以进度计划为依据，查定额进行计算得出，从而编制出需求量计划（见表 2－2）。

表 2－2　　　　　　　　　　主要材料需求量计划表

序号	材料名称	单位	数量	来源	运输方式	××年				
						一季度	二季度	三季度	四季度	合计
1	水泥	m^3								
2	砂	m^3								
3	粗骨料	m^3								
4	模板	m^2								
5	钢筋	t								
6	柴油	L								
⋮	…									

2.6.3 主要施工机械设备配置

在确定施工方案时，已考虑了各主要工程项目应选择何种施工机械设备。为做好施工机械设备的供应工作，应根据总进度计划的要求编制施工机械设备配置计划，以配合施工，保证施工能按进度计划正常进行。施工机具需求量计划除为组织机具供应外，还可作为施工用电、选择变压器容量等的计算和确定停放场地面积的依据。主要施工机具、设备配置计划见表 2－3。

表 2－3　　　　　　　　　主要施工机具、设备配置计划表

序号	设备名称	型号/规格	厂家	单位	数量	估算单价/万元	估算总价/万元	采购（调配）地点	第一批		第二批		第三批	
									数量	进场时间	数量	进场时间	数量	进场时间
1	土石方施工设备													
2	混凝土施工设备													
3	起重吊装设备													

序号	设备名称	型号/规格	厂家	单位	数量	估算单价/万元	估算总价/万元	采购（调配）地点	第一批		第二批		第三批	
									数量	进场时间	数量	进场时间	数量	进场时间
4	交通运输设备													
5	测量及试验设备													
6	其他设备													
	总　计													

2.6.4　试验检测仪器设备配置

试验检测是工程施工中非常重要的基础技术工作，所配备仪器设备的数量、质量均应满足施工的需要以及技术规范的要求。

2.7　保障措施

2.7.1　季节性施工保障措施

季节性施工主要是指工程在冬季和雨季期间的施工。

（1）冬季施工的技术保障措施。工程在冬季施工时由于气温较低，不仅会导致机械效率和工效的降低，影响到正常的工程进度，同时也会影响到工程的质量，甚至会使施工被迫中断。对于混凝土结构，主要应考虑混凝土的抗冻、防冻，如要对混凝土进行专门的配合比设计和必要的热工计算，搅拌时要对砂石料和水采取加热方式，运输时要进行保温，构件的预制采取蒸汽养护，现浇结构采取升温保温等措施；冬季对道路的施工，主要应考虑防冻的各项技术措施，如覆盖保温、封层以求安全过冬等。

（2）雨季施工的技术保障措施。我国大部分地区特别是南方的多雨地区，雨季对施工的影响是不可避免的。雨季期间，不仅道路泥泞，施工的车辆和机械行驶困难，甚至无法作业，对桥梁的下部结构，还会因江河的水位升高而使施工难以进行，或危及水中临时设施的安全，主要应考虑水中临时设施的安全度汛，如通过计算增加必要的安全防护设施，加强对混凝土工程中砂石材料含水量的测定，适当调整施工配合比的用水量；雨季对道路的施工影响较大，因此要及时了解天气的变化情况，加强对施工便道的维护，保障施工车辆能顺利通行。路基的填筑要趁晴天对填筑土及时翻晒，压实后的路基要做排水设施、防止冲刷等。

（3）组织保障措施。对冬季和雨季期间的施工，有必要从计划上和施工组织上制定相应的有针对性的保障措施，以保障工程的质量、安全及施工的连续性。要根据技术保障措施和总体工期，对人员、材料、机械和进度等方面进行统筹安排，通过科学合理的组织，达到保障施工的要求。

对缺水、风沙、高原、严寒、台风、潮汐、高温等特殊地区的施工，也要根据其特殊性有针对性地制定专项技术组织保障措施。

2.7.2　施工进度保障措施

根据合同工期，以工程进度计划作为总体控制目标，并将总体控制目标进一步分解为年度、季度、月度（或阶段、子阶段）进度，再对各阶段进度目标的实现进行风险分析，找出可能影响进度的各种因素，从以下几个方面制定具体的保障措施。

（1）技术、质量保障措施。说明如何从技术、质量等方面来保障进度目标的实现，如采用先进合理的施工技术方案和施工工艺、提高工程的一次合格率、减少返工现象等。

（2）资源配置保障措施。说明在工、料、机等资源的配置上如何保障，满足正常施工的要求。

（3）组织保障措施。具体说明为实现上述措施，在组织体系上予以保障。

（4）进度目标的动态管理。根据工程进展情况，将进度目标值与进度的实际值进行比较，当进度不能满足目标值时，及时对各项安排进行调整和加强。

2.7.3　质量保障措施

堤防工程施工的质量管理和质量控制应遵照《建设工程质量管理条例》和质量管理体系标准的要求，根据全面质量管理的基本观点和方法，建立持续改进的质量管理体系，设立专职管理部门或专职人员。

质量管理应坚持预防为主的原则，按照策划、实施、检查、处置的方式进行系统运作。施工项目部应通过对人员、机具、设备、材料、方法、环境等要素的过程管理，实现过程、产品和服务的质量目标。

（1）项目质量目标与质量计划。

1）堤防工程施工应根据建设工程技术标准和产品的质量要求，发包人及其他相关方的要求，进行质量策划，制定质量目标，规定实施项目质量管理体系的过程和资源，编制针对项目质量管理的文件，质量计划是项目管理实施规划的组成部分。

2）质量计划的编制应依据下列资料：

A. 合同有关产品（或过程）的质量要求。

B. 与产品（或过程）有关的技术标准、规范要求。

C. 质量管理体系文件。

D. 组织对项目的其他要求。

3）质量计划应确定下列内容：

A. 质量目标和要求。

B. 质量管理组织和职责。

C. 全员、全过程质量管理，保持并实现工程项目达到规定要求。

D. 开展内部质量审核和质量保障活动。

E. 开展有系统、有组织的活动（如 QC 小组活动）、质量创优活动等。

F. 接受建设单位、政府质量监督部门和工程监理单位监督检查。

（2）质量管理体系的建立和运行。质量管理体系是为实施质量管理的组织机构、职责、程序、过程和资源，它包含一套专门的组织机构。建立质量管理体系的几项基本的原则性工作为：确定质量管理目标；明确和完善体系结构；质量管理体系文件化；定期进行质量管理体系审核与质量管理体系复审。

（3）质量控制。依据质量计划的要求，运用动态控制原理进行质量控制。质量控制主要控制过程的输入、过程中的控制点以及输出，同时也应包括各个过程之间接口的质量。质量控制是为了确保合同、规范所规定的质量标准，而采取的一系列检测监控的措施、手段和方法。施工项目的质量控制是从工序质量到分项工程质量、分部工程质量、单位工程质量的系统控制过程，也是一个从对投入原材料的质量控制开始，直到完成工程质量检测为止的全过程。

施工项目部应在质量控制过程中，跟踪收集实际数据并进行整理，并应将项目的实际数据与质量标准和目标进行比较，分析偏差，并采取措施予以纠正和处理，必需时对处置效果和影响进行复查。

对工程质量，可分为事前质量控制、过程质量控制和事后质量控制三个阶段。

1）事前质量控制，是指在正式施工前进行的质量控制，其控制重点是做好施工准备工作，且施工准备工作要贯穿于施工全过程。

2）过程质量控制，是指在施工过程中进行的质量控制，其策略是全面控制施工过程，重点控制工序质量。具体措施有：工序施工有自控、工序交接有检查、隐蔽过程有验收、质量预控有对策、测量器具校正有复核、施工项目有方案、设计变更有手续、技术措施有交底、图纸会审有记录、材料进场有控制、配制材料有试验、质量事故处理有复查、质量工程师行使质量控制有否决、质量文件有档案。

3）事后质量控制，是指在完成施工过程形成产品后的质量控制，其具体工作内容有：准备交（竣）工验收资料，组织自检和初步验收；按规定的质量评定标准和办法，对完成的分项、分部工程和单位工程进行质量评定；参加交（竣）工验收。

（4）质量改进。施工项目部应定期对项目质量状况进行检查、分析，向组织提出质量报告，提出目前质量状况、发包人及其他相关方满意程度、产品要求的符合性以及施工项目部的质量改进措施。

2.7.4 职业健康安全管理

（1）管理体系建设。

1）贯彻"安全第一、预防为主、综合治理"的方针和坚持"保护优先、预防为主、综合治理、公众参与、损害担责"的环境保护原则，加强安全生产、环境保护管理和制度建设，不断完善安全生产和环境保护条件。单位行政第一负责人为安全生产和环境保护的第一责任人，对本单位的安全生产和环境保护全面负责。

2）安全管理应按照建设单位统一领导，监理单位现场监督，落实安全生产职责和任务；按照国家规定建立安全生产管理机构，配备符合规定的安全监督管理人员，健全安全生产保障体系和监督管理体系。

3）项目负责人和安全生产管理人员应经过相关主管部门考核合格取得资格证后，方可任职；新进场从业人员应进行三级安全教育，岗位更换应进行转岗安全教育才能上岗作业；特种作业人员应进行专门安全培训，经国家主管部门考核合格取得资格证后，方可上岗作业。

（2）管理要求。

1）在编制生产、技术、财务计划的同时，应按照规定编制相应安全技术措施计划，并组织实施。在计划、布置、检查、总结、评比生产时，应同时计划、布置、检查、总结、评比安全工作。

2）施工单位应持有安全生产许可证，按承包合同规定和设计要求，结合施工实际，编制相应的安全技术措施；对高边坡开挖、水上、高处、大件起重运输、大型施工设备安装与拆除等重大危险施工项目，应编制专项安全技术方案，报建设单位（监理）审批后实施。

3）要确保安全施工措施所需的费用足额投入，进行工程施工危险源辨识和环境因素辨识、评估，落实控制措施和事故应急预案。

4）为从事高危作业的施工人员办理意外伤害保险。

5）发生施工安全事故后，应按照规定程序进行报告，并按照事故调查处理权限，遵循"四不放过"原则组织开展事故调查及处理。

6）工程施工项目竣工后，配合建设单位向有审批权的环境保护行政主管部门，申请该建设项目竣工环境保护验收。

（3）安全生产和环境保护管理措施。

1）规章制度及操作规程。按照《中华人民共和国安全生产法》及其他有关安全生产的法律、法规的要求，加强安全生产管理，建立、健全安全生产管理制度，设置安全管理部门，配备专职安全管理人员，落实各岗位、各类人员安全职责，完善安全生产条件，确保安全生产。

应编制设备和岗位安全操作规程，操作人员需要掌握的操作技能、遵守的事项、程序及动作，保障仪器设备安全运行和保持良好的工作状态。

按照《中华人民共和国环境保护法》及其他环境保护的法律、法规的要求，制定符合施工实际的环境保护管理制度，应急预案和现场处置方案，落实保护和改善环境，防治污染和其他公害，保障公众健康，推进生态文明建设措施。

2）教育培训。应当采取安全教育培训、安全会议等多种形式，加强对有关安全生产的法律、法规和安全生产知识的宣传，提高参建人员的安全生产意识。

开展参建人员入场"三级"教育培训，学习安全法律法规、规章制度、操作规程等安全知识，掌握作业人员安全技能，提高安全防护和应急处置能力。

应当加强环境保护宣传和普及工作，开展环境保护法律法规和环境保护知识的宣传，营造保护环境的良好风气；开展相关教育培训工作，培养参建人员的环境保护意识。

3）安全标准化。通过建立安全生产责任制，制定安全管理制度和操作规程，排查治理隐患和监控重大危险源，建立预防机制，规范生产行为，使各生产环节符合有关安全生产法律法规和标准规范的要求，人、机、物、环境处于良好的生产状态，并持续改进，做到安全生产规范化施工。

4）安全技术措施。针对重要危险源，应制定相应的安全技术措施、应急预案和现场处置方案等，并对操作者进行交底和培训。

A. 安全技术措施涉及的主要范围为：①施工布置；②施工现场安全生产标准化要求等；③地面、深坑（基坑）及高边坡作业的防护技术措施；④高处及立体交叉作业的防护技术措施；⑤施工用电安全技术措施；⑥机械设备及特种设备使用的安全技术措施；⑦对新工艺、新材料、新技术、新设备制定的针对性安全技术措施；⑧预防自然灾害（防台风、防雷击、防洪水等）的技术措施；⑨其他安全技术措施。

B. 对达到一定规模的危险性较大的分部（分项）工程和特殊工种的作业要制定专项安全技术措施的编制计划。

C. 专项安全技术措施的主要内容如下：

a. 工程概况：危险性较大的分部（分项）工程概况、施工平面布置、施工要求和技术保障条件。

b. 编制依据：相关法律、法规、规范性文件、标准、规范及图纸（图标图集）、施工组织设计等。

c. 施工计划：包括施工进度计划、材料与设备计划。

d. 施工工艺技术：技术参数、工艺流程、施工方法、检查验收等。

e. 施工安全保障措施：组织保障、技术措施、应急预案、监测监控等。

f. 劳动力计划：专职安全生产管理人员、特种作业人员。

g. 计算书及相关图纸。

5）安全检查。安全检查是发现不安全行为和不安全状态的重要途径，是消除事故隐患、落实整改措施、防止事故伤害、改善劳动条件的重要方法和措施。安全检查的形式有日常检查、专项检查、综合检查等。

6）隐患排查和治理、危险源监控。施工项目部应根据风险预防要求和项目特点，识别并评价危险源及风险。

结合堤防工程施工特点，排查施工工序、基础设施、作业环境、防控手段等硬件方面存在的隐患，以及安全生产体制机制、制度建设、安全管理组织体系、责任落实、应急管理等方面的薄弱环节。

对排查出的隐患记录建档，并在下一阶段工作中进行整改治理，整改验收完成后形成闭环。隐患的排查治理是一个动态的过程，跟踪管理，作为经常性的工作，持续改进。

全面排查治理事故隐患和薄弱环节，进行危险源辨识，建立重大危险源监控机制和重大隐患排查治理机制及分级管理制度，有效防范和遏制事故的发生。

7）应急救援和事故管理。按照国家有关规定，对各类可能发生的事故和所有危险源制定专项应急预案和现场处置方案，完善应急的组织管理指挥，建立应急救援保障体系，协调相互支持系统，充分备灾的保障供应体系，组织救援的应急队伍等。

按照国家有关规定制定突发环境事件应急预案，在发生或者可能发生突发环境事件时，应当立即采取措施处理，及时通报可能受到危害的单位和居民，并向环境保护主管部门和有关部门报告。

根据《生产安全事故应急演练基本规范》（AQ/T 9007—2019），开展应急救援培训和演练活动。应急演练按照演练内容分为综合演练和单项演练，按照演练形式分为实战演练和桌面演练，不同类型的演练可相互组合。

2.7.5　环境保护措施和文明施工

（1）环境保护措施。项目经理部按《环境管理体系　要求及使用指南》（GB/T 24001—2016）的要求，建立并持续改进环境管理体系，应根据批准的建设项目环境影响报告、当地或项目合同文件中对环境保护等相关要求，通过对环境因素的识别和评估，确定管理目标及主要指标，并在各个阶段贯彻实施。

项目经理部负责现场环境管理工作的总体策划和部署，建立项目环境管理组织机构，制定相应制度和措施，组织培训，使各级人员明确环境保护的意义和责任。

项目经理部应按照分区划块原则，搞好项目的环境管理，进行定期检查加强协调，及时解决发现的问题，采取纠正和预防措施，保持现场良好的作业环境、卫生条件和工作秩序，做到预防污染。

施工现场的环境保护，是指按照工程所在地国家、地方（行业）法规和合同要求，采取措施控制施工现场的各种粉尘、废水、废气、固体废弃物以及噪声、振动等对环境的污染和危害。

项目经理部应在施工前了解经过施工现场的地下管线，标出位置，加以保护。施工时发现文物、古迹、爆炸物、电缆等，应当停止施工，保护现场，及时向有关部门报告，并按规定处理。

施工中需要停水、停电、封路而影响环境时，要经有关部门批准，事先告示。在行人、车辆通过的地方施工，要设置沟、井、坎、洞的覆盖物和标志。危险品仓库附近要有明显标志及围挡设施。

建筑垃圾和渣土要堆放在指定地点，定期进行清理。装载建筑材料、垃圾或渣土的运输机械，要采取防止尘土飞扬、洒落或流溢的有效措施。施工现场要根据需要设置机动车辆冲洗设施，冲洗污水应进行处理。除有符合规定的装置外，不得在施工现场熔化沥青和焚烧油毡、油漆，亦不得焚烧其他可产生有毒有害烟尘和恶臭气味的废弃物。项目经理部要按规定有效地处理有毒有害物质。禁止将有毒有害废弃物现场回填。对各种施工机械设备和大型场站的噪声、扬尘、油污染等要制定预防措施。

（2）文明施工。文明施工是指在施工现场管理中，要按现代化施工的客观要求，使施工现场保持良好的施工环境和施工秩序。

文明施工的措施主要有如下几个方面。

1）建立健全管理组织机构。

2）健全管理制度，主要包括个人岗位责任制、经济责任制、检查制度、奖惩制度、会议制度和各项专业管理制度等。

3）健全管理资料。

4）开展竞赛。

5）加强教育培训工作。

6）积极推广应用新技术、新工艺、新设备和现代化管理方法，提高机械化作业程度。

2.7.6　其他要说明的事项

在编制实施性施工组织设计过程中，如有需要附加说明的事项，对这些事项可单独补充说明。如编制构（建）筑物及文物保护方案，在编制市政工程施工组织设计时，可根据工程特点和复杂程度编制交通组织方案。

（1）交通组织方案。交通组织方案应包含的主要内容有如下几个方面。

1）要根据总体施工安排，制定交通组织方案并遵循下列原则：满足周边居民、单位的出行要求；有利于施工组织和管理；按施工阶段进行动态调整。根据总体施工安排，针对每个施工阶段采取相应的交通组织方案；充分利用既有道路。

2）要针对施工区域内、施工周边编制交通组织方案。

3）交通组织方案要包括现状交通情况、交通组织安排、交通组织保障措施等。

4）根据对施工区域内、周边主要交通道路和交通流量进行调查，简述现状交通情况。现状交通情况要包括下列内容：施工区域内现状交通情况；周边现状交通情况；其他影响交通组织的因素。其他影响交通组织的因素主要指施工区域周边固定、有规律性的活动。

5）针对工程施工对周边交通产生影响的主要路段和交叉路口，进行不同时段的交通流量调查。

6）交通组织安排应包括下列内容：依据总体施工安排划分交通组织实施阶段，并确定各阶段的交通组织形式，交通组织实施阶段及交通组织形式就是依据施工安排的不同阶段，结合施工及现场交通流量，划分交通的不同组织形式，运用交通组织合理安排道路使用，使交通有序进行。如半封闭施工时驻区车辆及行人的交通组织，全封闭施工时驻区车辆及行人的交通组织。绘制各阶段交通组织平面示意图，交通组织平面示意图应包括下列内容：施工作业区域内及周边的现状道路；施工临时便道、便桥设置；车辆及行人通行路线；现场临时交通标志、交通设施的设置。交通标志、交通设施的设置应符合《道路交通标志和标线　第2部分：道路交通标志》（GB 5768.2—2022）、《道路交通标志和标线　第3部分：道路交通标线》（GB 5768.3—2009）的要求。依据交通组织在显著位置设置各种交通标志、隔离设施、夜间警示信号，并依据现场变化，及时调整施工路段及周边道路的交通标志、隔离设施、夜间警示信号。在施工作业区域内及施工周边的适当位置可设置临时可移动信号灯、减速垄、停车或让行标志标线等交通管理设施，施工周边道路设置施工预告标志、绕行标志和其他临时指路标志，引导车辆通行。

确定施工影响范围内主要交通路口及重点区域的交通疏导方式，并绘制交通疏导示意图。主要交通路口是指对于新建道路与现状主要道路交叉处，重点区域是指施工沿线的主要单位、居民小区及主要公共活动场所。

7）交通组织保障措施可包括下列内容：①组织措施；②交通安全保障措施；③交通应急措施等。

（2）构（建）筑物及文物保护方案。

1）施工前要对施工界域内的构（建）筑物及地表文物进行调查，调查情况最好采用文字、表格或平面布置图等形式说明。调查情况要说明构（建）筑物的平面位置、立面位置、地基和基础以及与新建市政基础设施的相对位置等。管线调查还要说明管线的种类、走向、材质、规格、权属、完好程度以及与新建市政基础设施的相对位置等。

2）分析工程施工作业对施工界域内的构（建）筑物的影响，制订保护及监测方案。工程施工作业前，为确保施工界域内的构（建）筑物的安全，要分析对施工界域内的构（建）筑物的影响，制订保护及监测方案。例如在确定爆破、强夯的施工方法时，要考虑施工界域内的构（建）筑物的安全，并制订保护及监测方案。

3）应制定构（建）筑物损坏等意外情况发生时的应急措施。

4）针对施工过程中发现的文物制订现场保护方案，保护方案应包括下列内容：①建立文物保护报告制度，发现文物立即上报有关文物保护部门。②确定文物现场保护措施。③积极配合文物部门组织的文物挖掘抢救和搬迁保护工作。

3 堤基加固处理

3.1 不良堤基分类

堤防工程在建设过程中，堤基的稳定与否直接影响到堤防工程的安全和防洪作用的正常发挥。堤基处理是堤防工程施工的首要环节，也是决定堤防工程质量的重要环节。在堤基清理时发现不良堤基问题应及时处理，根据勘测设计文件、堤基的实际情况和施工条件制定合理的施工方案。

根据地质结构堤基分为单一结构、双层结构和多层结构；根据地质材料主要分为土质堤基和岩石堤基；综合分析工程区堤基抗滑稳定、抗渗稳定、抗震稳定问题和特殊土引起的问题，可将堤基分为良性堤基和不良堤基。良性堤基进行清理平整后即可进行验收，不良堤基必须经过处理并经隐蔽验收合格后再进行堤身填筑。不良堤基分类见表3-1。

表 3-1　　　　　　　　　　　　不良堤基分类表

不良堤基分类	堤基类型及特点	破坏形式
软弱堤基	软土、湿陷性黄土、盐渍土、膨胀土、人工填土、分散性土、冻土、红黏土	滑动变形、渗透变形、沉降变形、岸坡失稳
透水堤基	表层及浅层透水、深层透水	渗透变形、滑动变形
渗水岩石堤基	强风化、裂隙发育、岩溶	滑动变形、岸坡失稳

3.2 堤基破坏形式

堤基破坏（失稳形式）的主要形式包括渗透变形、岸坡失稳、沉降变形与滑动变形、地震灾害等。

3.2.1 渗透变形

渗透变形是堤防工程最普遍、最主要的地质问题之一，据统计在长江中下游堤防发生的险情中，渗透险情约占总险情的88%；而影响较大的7处溃口中，有5处皆因渗透变形发展为渗透破坏。可见，分析研究渗透变形的类型及产生条件，预测、预报可能出现的堤基地质灾害，并提前部署预防措施是非常重要的。

（1）变形类型。在渗透水流作用下，堤基土体产生变形的现象称之为渗透变形，若继续发展可能发生渗透破坏。通常在土力学或渗流力学中将渗透变形（破坏）细分为流土、管涌、接触流土和接触冲刷4种形式。

1）流土。在上升渗透水流作用下，表层产生顶穿、隆起，且土体同时浮动的现象称之为流土。

2）管涌。在渗流作用下，土体中的细颗粒在骨架空隙中移动并流失的现象称之为管涌。

3）接触流土。在渗透性相差较大且界面清楚的两层土中，当渗流垂直界面将渗透性小的土体中的颗粒带到渗透性大的粗颗粒土体中的现象称之为接触流土。

4）接触冲刷。当渗流沿着两种渗透性不同的土层接触面或建筑物与土层接触面流动时，沿接触面带走细颗粒的现象称之为接触冲刷。

对于大多数长期形成的堤防工程，例如长江、黄河等的老堤防，堤基主要为黏土、粉质黏土、壤土、砂壤土、粉细砂等颗粒均匀土类，砂卵石皆深埋于土层下部，管涌、接触流土现象在堤基变形破坏中较不常见；对于新建堤防应根据堤基地勘成果及实地踏勘情况做好渗透变形分析。

（2）变形产生的条件。堤基渗透变形产生的条件主要有水力条件、地质条件及边界条件。

1）水力条件。即汛期高水位产生的堤内外水头差。

2）地质条件。从土性考虑，粉细砂、砂壤土、软壤土、砂卵石等抗渗强度不高，易产生渗透变形；从地质结构考虑，单层结构的砂性土、双层结构上层为砂性土和薄黏性土及含软弱层较多的多层结构也易发生渗透变形；还有一些局部地质缺陷，如人工开挖取土破坏表层土的原有结构、人类活动的历史痕迹、生物洞穴以及历史溃口等，也是渗透变形的多发部位。

3）边界条件。堤防外滩的宽窄、堤身的宽窄、表层黏性土的厚薄及其是否完整等条件，对堤基的渗透稳定同样有着重要影响。

在堤防设计过程中，一定要根据地质勘测资料进行渗流分析计算，当不能满足渗透稳定要求时，确定合理的渗流控制方案；还要调查堤防的运行情况，雨季及汛期到来前对预判有险情的堤段，及时落实相应的渗流控制措施并进行加固。

3.2.2 岸坡失稳

岸坡失稳是堤防工程常见的另一个重要地质问题，岸坡失稳将直接危及堤防安全，或造成严重的物质、财产损失，破坏区域生态系统。

影响岸坡稳定的主要因素包括：堤基地质结构、河道走势及水流状态等。堤防多建于一级阶地前缘及漫滩，其中有壤土、砂壤土、粉细砂组成的河岸，在水流条件下结合不良堤基地质结构极易产生岸坡失稳。在迎流顶冲及深泓临岸的河段尤为严重，直接影响堤基和堤身安全。

不同的河道岸坡失稳形态、性状亦会有所不同，按其形式特征分为窝崩、条崩和洗崩3种类型。

（1）窝崩。窝崩也称弧形坐崩。从地质条件来看，双层结构的堤基上层，一般具有一定厚度的黏性土层；从水力条件来看，河岸深槽贴近岸边，水流对堤基下层砂质河床冲刷严重，造成岸坡坡度不断变陡。在崩岸发生时，滩面上首先出现弧形裂缝，然后整块土体向下滑挫，最后形成较大尺度的窝崩。从平面上看，崩滑面呈圆弧形，直径为几十米至百余米，大多出现在弯曲河段凹岸、常年贴流区及汊道汇流段。突出建筑物附近在局部冲刷坑发展的过程中，也极易产生大的窝崩。这种崩岸只在局部岸段发生，甚至是一处孤立的窝崩，岸线也呈圆弧形。

（2）条崩。条崩发生在堤基上层黏性土较薄或土质较松散的堤段。在水流冲刷作用下，下层细砂不断流失，使上层土体失去支撑，在重力作用下，断面上部土体平行于岸线开裂，继而坍落或倒入水中。条崩多数出现在平顺河段主流线近岸一侧，有时也发生在河道弯曲的凹岸。其崩岸特征是崩塌体呈长条形，崩岸的宽度较窄，长度一般为10m左右，较长可达30～40m。

（3）洗崩。洗崩主要是长期受水面风浪或船行浪对堤基的冲蚀而成。其外形特征是沿岸呈小台阶状，块体很小，冲刷强度主要取决于风速、波浪高度等因素。与前两种崩岸类型相比较，它对岸坡的侵蚀相对较小，一般发生在河面较宽的河道及滨海地区。

3.2.3 沉降变形与滑动变形

沉降变形与滑动变形是堤防工程中普遍存在的工程地质问题。引起堤基沉降及滑动的原因很多，主要原因是堤基中存在淤泥或淤泥质软土层，堤基土层不均匀或土的物理学特征不同，在筑堤施工中因不断增加的荷载、持续降雨或汛期前后河道水位变化而引发。堤防滑动破坏的根本原因在于堤基中某个面上的剪应力超过了它的抗剪强度，稳定平衡遭到破坏：①堤基受到的剪应力的增加，例如大堤施工中上部填土荷载的增加；降雨使土体容重增加；水位降落产生渗流力；地震、打桩等引起的动荷载等。②堤基抗剪强度减小，例如孔隙水应力的升高；气候变化产生的干裂、冻融；黏土夹层因浸水而软化以及黏性土的蠕变等。

对堤防工程进行稳定分析时，通常是将假想滑动面以上土体看作刚体，并以它为脱离体，分析在极限平衡条件下其上各种作用力，并以整个滑动面上的平均抗剪强度与平均剪应力之比来定义它的安全系数可用式（3-1）计算：

$$F_n = T_1/T \tag{3-1}$$

式中　F_n——堤防稳定安全系数；

　　　T_1——滑动面处的土体平均抗剪强度；

　　　T——作用于滑动面上的平均剪应力。

当 $F_n > 1$ 时，土体处于稳定状态；当 $F_n < 1$ 时，土体处于滑动状态或有滑动的趋势；当 $F_n = 1$ 时，土体处于稳定与滑动临界状态。因此，要使处于滑动状态或有滑动趋势的土体达到稳定状态，必须使 $F_n > 1$（堤防工程等级不同，F_n 取值也不同，通常在1.05～1.30之间），通常有两种方法：①提高土体的抗剪强度，使孔隙水应力充分消散，如对堤基进行加固等；②减小作用在土体上的剪应力，如减小堤防的横断面积，尽量避免对堤防的扰动等。第①种方法在工程中被广泛采用。

3.2.4 地震灾害

由地震引起堤基、堤身发生喷砂冒水、塌方、塌陷、裂缝、下沉等灾害相当普遍。针对地震灾害，认识造成这些灾害的机理对于强化设计标准，落实保证措施很有必要。

（1）中细砂地基震动液化导致堤基喷砂冒水。级配均匀的中细砂，是易液化砂，发生液化的条件是：①中细砂很松，其相对密度 $Dr<0.55$。②中细砂含水量高，处于饱和状态。③中细砂层上部没有覆盖，或者覆盖的黏性土层不足 $1.0\sim2.0m$。④地震烈度越高，越易液化。如果中细砂表面有 2m 厚的土层覆盖，Ⅷ度地震不会液化；有 1m 厚的土层覆盖，Ⅶ度地震不会液化。⑤强烈的、持续的、快速的震动（例如持续的强夯、持续的爆破），也会使上述饱和中细砂液化。

（2）地震惯性力促使堤基、堤坡发生塌方。地震加速度乘以块体质量等于块体的惯性力，惯性力的方向与地震加速度方向相同。对于高坝，应考虑垂直于坝轴线的水平惯性力、向上的竖直惯性力，因堤防较矮，只要考虑堤防滑块最不利的垂直于堤轴线的水平惯性力。惯性力加大了堤基、堤坡塌滑的动力。

（3）地震加速度过程线是随机的正负波动的加速度曲线，地震波是向各个方向进行的。如果行进波沿着堤防轴线方向，就会使堤顶发生起伏蠕动，也会使堤防向左右方向扭曲摆动成为曲线堤并产生裂缝。

（4）软土地基上的堤防遇到地震时，软基会发生大量沉降，堤基软土向堤两侧挤出，导致堤防塌陷裂缝。灵敏性黏土地基上的堤，遇到地震时，堤基土会发生触变，完全失去承载能力，堤防整体下沉。

很松的中细砂地基、软土地基和灵敏性黏土地基如果位于Ⅵ度以上地震区，必须研究、实施堤基加固处理措施，才能在其上建造堤防。

3.3　施工方法

3.3.1　软弱堤基处理

软弱堤基处理通常针对软黏土、湿陷性黄土、易液化土、膨胀土、泥炭土、分散性黏土等堤基的物理学特性和渗透性进行研究，由于这类堤基土层承载力低，直接进行堤身填筑难以稳定，因此必须经过加固处理后方可进行堤身填筑施工。

淤泥质土在软黏土中最常见且工程地质性质最差，通常工程上把天然孔隙比不小于 1.5 的亚黏土、黏土称为淤泥，而把孔隙比大于 1.0 小于 1.5 的黏土称为淤泥质黏土。其主要特性有：

（1）孔隙比和天然含水量大。我国软土的天然孔隙比一般为 $e=1\sim2$，淤泥和淤泥质土的天然含水率 $w=50\%\sim70\%$，一般大于液限，高的可达 200%。

（2）压缩性高。我国淤泥和淤泥质土的压缩系数一般都大于 $0.5MPa^{-1}$，建造在这种软土上的建筑物将发生较大的沉降，尤其是沉降的不均性，会造成建筑物的开裂和损坏。

（3）透水性弱。软土含水率大，但透水性很小，渗透系数 $k\leqslant1mm/d$，土体受荷载作用后，呈现很高的孔隙水压力，造成堤基不易压密固结。

（4）抗剪强度低。软土通常呈软塑—流塑状态，在外部荷载作用下，抗剪性能极差，根据部分资料统计，我国软土无侧限抗剪强度一般小于 $30kN/m^2$。不排水剪切时，其内摩擦角几乎等于零，抗剪强度仅取决于黏聚力，一般黏聚力小于 $30kN/m^2$，固结快剪时，内摩擦角为 $5°\sim15°$。因此，提高软土堤基强度的关键是排水。如果土层有排水出路，它将随着有效压力的增加而逐步固结。反之，若没有良好的排水出路，随着荷载的增大，它的强度可能衰减。在这类软土上的穿堤建筑物尽量采用"轻型薄壁"，减轻建筑荷重。

（5）灵敏度高。软黏土上尤其是海相沉积的软黏土，在结构未被破坏时具有一定的抗剪强度，但一经扰动，抗剪强度将显著降低。软黏土受到扰动后强度降低的特性可用灵敏度（在含水量不变的条件下，原状土与重塑土无侧限抗压强度之比）来表示，软黏土的灵敏度一般在 3~4 之间，也有更高的情况。因此，在高灵敏度的软土堤基上筑堤时应尽量避免对堤基土的扰动。

其他高压缩性土一般指冲填土和杂填土。高压缩性冲填土是水力冲填形成的含黏粒较多的一类冲填土。往往强度较低，具有欠固结性；杂填土大多由建筑垃圾、生活垃圾和工业废料堆填而成，因此在结构上具有无规律性。以生活垃圾为主的填土，腐殖质含量较高，强度较低，压缩性较大。以工业残渣为主的填土，可能含有水化物，遇水后容易发生膨胀和崩解，压缩性较大，未经处理不能直接用于回填。

（1）堤基处理计算。

1）堤基软土固结可采用铺垫透水材料加速排水和扩散应力。材料可采用砂石、土工织物，也可砂石与土工织物结合使用，在防渗体部位避免造成渗流通道。铺垫层厚度根据计算确定，可采用下列厚度：①砂垫层为 0.5~1.0m，碎石或砾石垫层大于 0.7m；②土工织物垫层满足堤基土的反滤要求。

2）在天然软土堤基上用连续施工方法修筑石堤时，其允许施加荷载按式（3-2）计算：

$$P = 5.52 \frac{C_u}{k} \qquad (3-2)$$

式中　P——允许施加荷载，kN/m^2；

　　　C_u——天然地基不排水抗剪轻度，kN/m^2，由无侧限三轴不排水剪试验或原位十字板剪切试验测定；

　　　k——安全系数，宜取 1.1~1.5。

3）排水井法符合下列要求。

A. 排水砂井宜以等边三角形布设。对采用打入钢管施工的砂井，陆上施工井径采用 200~300mm，水上施工井径采用 300~400mm；井距要按一定范围的井径比确定，工程上常用的井径比为 6~8。袋装砂井井径为 100mm，井径比为 10~20。

B. 可将塑料排水带按式（3-3）换算成相当直径的砂井后，按砂井方案计算：

$$D_p = \alpha \frac{2(b+\delta)}{\pi} \qquad (3-3)$$

式中　D_p——换算成砂井直径，mm；

　　　b——塑料排水板宽度，mm；

　　　δ——塑料排水板厚度，mm；

　　　α——换算系数，可取 0.75。

（2）堤基处理方法。

1）换填法。换填法即把靠近堤防基底的不满足设计承载力和变形要求的软弱土挖除，然后分层换填强度较大的砂（碎石、素土、灰土、粉煤灰）或其他性能稳定、无侵蚀性材料，并压（夯、振）实至设计要求的密实度为止。施工机械主要为推土机、挖掘机、自卸车和平碾。首先用推土机将软弱土质清除，装入自卸汽车运到施工范围外，将换填的砂、碎石等材料运至工作面，分层整平、压实。换填砂层时，碾压遍数、铺料厚度等参数根据砂砾石级配、含水率、夯实机械性能等因素，通过夯压试验来确定，以保证换填层的压实质量。干密度检验可采用灌砂法、灌水法或核子密度仪法。

该方法可就地取材，价格便宜，施工工艺简单，通常在软弱土埋深较浅、开挖方量不大的堤段采用。

2）堤身自重挤淤法。堤身自重挤淤法是在堤身自重作用下使淤泥或淤泥质土中的孔隙水应力充分消散和有效应力增加，从而提高堤基抗剪强度的方法。一般从堤防中心线向两侧缓慢进占施工，通过逐步加高的堤身，将处于流塑态的淤泥或淤泥质土外挤，会产生不均匀沉陷，层面上会出现平行堤轴线的裂缝，减慢堤身填筑速度，根据设计计算分期加高，可将裂缝控制在较小范围。

该方法优点是可节约投资，缺点是施工期长，比较适合堤基呈流塑态的淤泥或淤泥质土，且工期不太紧的条件下采用。

3）抛石挤淤法。抛石挤淤法就是把一定量和粒径的石块抛在需进行处理的淤泥或淤泥质土堤基中，将原基础处的淤泥或淤泥质土挤走，从而达到加固堤基的目的。一般按以下程序进行：将不易风化的石料（粒径一般不小于 30cm）抛投于被处理堤基中，抛石方向根据软土下卧地层横向坡度而定。横坡较平坦时，采用自堤基中部渐次向两侧扩展；横坡陡于 1:10 时，一般自高侧向低侧抛投。抛石层露出土（水）面后改用小石块填平压实，再按要求做好反滤层。

该方法施工技术简单，投资较省，常用于处理流塑态的淤泥或淤泥质土堤基。

4）预压排水固结法。预压排水固结法是在排水系统和加压系统两部分的相互配合作用下，使堤基土中的孔隙水排出。常用的排水系统有水平排水垫层、排水砂沟或其他水平排水体和竖直方向的排水砂井或塑料排水板；排水系统是一种手段，如果没有加压系统，孔隙中的水没有压力差就不会自然排出，堤基也就得不到加固。加压系统有堆载预压、真空预压或降低地下水位等。当堆载预压和真空预压联合使用时又称真空联合堆载预压法。基本做法如下：先将加固范围内的植被和表土清除，上铺砂垫层；然后垂直下插塑料排水板，砂垫层中横向布置排水管，用以改善加固堤基的排水条件；再在砂垫层上铺设密封膜，用真空泵将密封膜以内的堤基气压抽至 80kPa 以上。

该方法往往加固时间过长，抽真空处理范围有限，适用于工期要求不紧的淤泥或淤泥质土堤基处理。流变特性很强的软黏土、泥炭土，不宜采用此法。

5）强夯法。强夯法一般是通过 10～40t 的重锤和 10～40m 的落距自由下落，对堤基土反复进行夯实。经夯实后的土体孔隙压缩，同时，夯点周围产生的裂隙为孔隙水的排出提供了通道，有利于土的固结，从而提高了堤基的承载能力。施工机械主要有起吊设备、夯锤和脱钩装置，强夯前先进行场地平整，然后按夯点布置测量放线，在每个夯点中心做标记，其偏差控制在 5cm 以内，施工分层进行，顺序从边缘向中央、从一边向另一边进行，分层夯填，强夯时对每一夯击点的夯击次数、夯击强度等做好现场记录，并做好安全防范措施，防止飞石伤人。

强夯法具有施工简单、加固效果好、实用经济等优点，此法适用碎石土、砂土、低饱和度的粉土与黏性土、素填土和杂填土等堤基。

6）土工合成材料加筋加固法。土工合成材料加筋加固法将土工合成材料平铺于堤防堤基表面进行堤基加大，能使堤防荷载均匀分散到堤基中。当堤基可能出现塑性剪切破坏时，土工合成材料将起到阻止破坏面形成或减小破坏发展范围的作用，从而达到提高堤基承载力的目的。此外，土工合成材料与堤基土之间的相互摩擦将限制堤基土的侧向变形，从而增加堤基的稳定性。

7）振动水冲洗法。振动水冲洗法（简称"振冲法"），振冲法是利用一根类似插入式混凝土振捣器的机具，成为振冲器，有上、下两个喷水口，在振动和冲击荷载的双重作用下，先在软弱土堤基上成孔，再在孔内填入砂、碎石等材料，并分层用振实、夯实等方式使堤基得以加固。用砂桩、碎石桩加固初始强度不能太低（初始不排水抗剪强度一般要求大于 20kPa），对太软的淤泥或淤泥质土不采用。

石灰桩、二灰桩是在桩孔中灌入新鲜生石灰，或在生石灰中掺入适量粉煤灰、火山灰。通过生石灰的高吸水性、膨胀后对桩周围土的挤密作用，使被加固堤基强度提高。

8）施工要点。

A. 堤基清理。堤基清理可有效保证堤基与堤身结合，提高堤基抗渗、抗滑性能。①堤基基面清理范围为设计堤身、铺盖、压载范围的基面及其边线以外 50cm；②对堤基表层的不合格土、杂物等采用机械或人工清除；堤基范围内的坑、槽、沟及水井、地道、墓穴等地下建筑物，按设计要求进行处理；③为保护环境卫生、保证文明施工，堤基开挖、清除的弃土、杂物、废渣等，均应运到指定的场地堆放；④基面清理平整后，及时报验并抓紧施工，如不能立即施工时，做好基面保护，待复工前再次进行检验，必要时重新进行基面清理。

B. 堤基处理要求。

a. 渗流控制要保证堤基及背水侧堤脚外土层的渗透稳定。

b. 堤基稳定要进行静力稳定计算。按抗震要求设防的堤防，其堤基还要进行动力稳定计算。

c. 竣工后堤基和堤身的总沉降量和不均匀沉降量不要影响堤防的安全运用。

C. 软弱堤基施工要点。软弱堤基通常指由软黏土、淤泥、泥炭土等土层构成的堤基，由于这类堤基土层承载力低，直接进行堤身填筑难以稳定。

a. 当软弱土层不太厚时，通常采用换填法进行处理。换填材料要符合设计要求，一般采用粗砂或砂砾，不能采用细砂或粉砂，防止在地震时形成流动砂层，换填砂层时，一般根据砂砾石级配、含水率、夯实机械性能等因素，通过夯压试验来确定夯压参数，以保证换填层的压实质量。

b. 处理较厚层流塑态淤质软黏土堤基时，由堤防中心线向两侧缓慢进占施工有利于提高挤淤效果；由于流塑土基被逐步加高的堤身自重外挤，导致堤身填筑层会产生不均匀沉陷，因此层面上出现平行堤轴线的裂缝，为将裂缝控制在较小范围内，故应缓慢施工。

c. 抛石挤淤法常用于流塑态土质堤基的处理，施工中，按设计要求对石料尺寸和质量进行控制，抛石数量要满足设计要求。当抛石层露出土（水）面后改用小石块填平压实，再按设计要求铺设滤层以便在其上进行堤身填筑作业。

d. 采用堤身两侧坡脚外设置压载体处理软塑态淤质黏土堤基时，压载体要与堤身同步分级、分期加载，保持施工中的堤基与堤身受力平衡。

e. 采用排水砂井、塑料排水板、碎石桩、真空预压等方法加固堤基时，要符合有关标准的规定。

3.3.2 透水堤基处理

河道堤防是我国防洪工程体系的重要组成部分。绝大多数堤防傍河而建，堤线的选择受河势条件制约，堤基大多为砂基，属透水堤基。如果这种透水堤基未进行专业有效的技术处理，在汛期极易发生管涌、渗漏等，这也是造成堤防渗透失稳的一个重要原因。渗透堤基处理的目的主要是减少堤基渗透性，保持渗透稳定，防止堤基产生管涌或流土破坏，以确保堤防工程安全。

（1）堤基处理计算。砂砾石堤基灌浆宜先按可灌比判别其可灌性。可灌比大于 10 时可灌注水泥黏土浆，可灌比不大于 10 时可灌注黏土浆。可灌比可用式（3-4）计算：

$$M = \frac{D_{15}}{d_{85}} \tag{3-4}$$

式中 M——可灌比；

D_{15}——受灌底层中 15% 的颗粒小于该粒径，mm；

d_{85}——灌注材料中 85% 的颗粒小于该粒径，mm。

灌浆帷幕厚度可按式（3-5）做初步估算：

$$T = \frac{H}{J} \tag{3-5}$$

式中 T——灌浆帷幕厚度，m；

H——最大作用水头，m；

J——帷幕的允许比降，对一般水泥黏土浆可采用 $J \leqslant 3$。

（2）堤基处理方法。

1）透水堤基处理的选择。

A. 表层透水堤基处理可采用截水槽、铺盖、地下防渗墙及灌浆截渗等方法处理。

B. 浅层透水堤基采用黏性土截水槽截渗。为保证截渗效果，截水槽底部需达到相对不透水层，选用与堤身防渗体相同的土料填筑，控制压实度不小于堤体的同类土料。截水槽的底宽根据回填土料、下卧的相对不透水层的允许渗透比降及施工条件确定。

C. 当堤基相对不透水层埋藏较深，透水层较厚，同时临水侧有稳定滩地的堤基宜采用铺盖防渗措施。为保证达到预定防渗效果，铺盖的长度及断面尺寸、下卧层及铺盖本身的渗透稳定通过计算确定。如利用天然弱透水层作为防渗铺盖，应对天然弱透水层及下卧透水层的分布、厚度、级配、渗透系数和允许渗透比降等情况进行调查和取样试验，但在天然铺盖不足的部位仍应采取人工铺盖补强措施。缺乏铺盖土料时，可采用土工膜或复合土工膜，在其表面设保护层及排气排水系统。

D. 透水堤基设置地下防渗墙时，要布置在堤基中心区或临水侧堤脚附近，当堤基和堤身均需采取渗控措施时，防渗墙结合堤身防渗要求布置。防渗墙可采用悬挂式、半封闭式或封闭式等形式，防渗墙深度应满足渗透稳定要求，半封闭式和封闭式防渗墙深入相对不透水层的深度不小于 1.0m，当相对不透水层为基岩时，防渗墙深入相对不透水层的深度不小于 0.5m。黏土、水泥土、混凝土、塑性混凝土、自凝灰浆、固化灰浆和土工合成材料等，均可作为防渗墙墙体材料。

E. 需要在砂砾石堤基内进行灌浆截渗时，应通过室内及现场试验确定堤基的可灌性。

2）透水堤基处理施工方法。

A. 截水槽法。截水槽法是通过在堤身迎水侧堤脚位置开挖沟槽，沟槽开挖时需根据开挖深度按一定比例进行放坡，开挖沟槽深度需穿过透水层，沟槽开挖完成后按照堤防填筑要求进行分层填筑碾压，截水槽需采用黏性土进行填筑，只有这样才能起到堵塞透水通道、延长渗径的作用。

B. 铺盖法。铺盖法布设于堤前一定范围内，对增加渗径、减少渗漏效果较好。根据铺盖使用的材料，可分为黏土铺盖、混凝土铺盖、土工膜铺盖及天然黏土铺盖，并在表面设置保护层及排水系统。防渗铺盖的效果取决于其长度、厚度和垂直向的渗透系数。实践表明，对近似均质透水堤基，铺盖防渗效果比较明显，当表层土的渗透系数小于深部底层较多时，效果有限。

铺盖土料渗透系数应不大于 1×10^{-5} cm/s，如果渗透系数过大，即使加长铺盖其防渗效果也不会有大的增加。铺盖可采用不等厚形式，远离堤脚处稍薄一些，但不小于 0.5m，近堤脚处厚 h 取决于渗透比降 $i = H/h$（H 为铺盖上下水头差），要求 i 不大于铺盖土料的允许比降，黏土为 5～6，壤土为 4～5，轻壤土为 3～4。在缺乏防渗土料的地区可以采用土工膜或复合土工膜，但在表面应设置保护层及排水排气系统。

C. 建造地下防渗墙。地下防渗墙主要有如下几种形式：混凝土防渗墙、深层搅拌防渗墙、高压喷射灌浆防渗墙、冲抓套井回填黏土防渗墙。

a. 混凝土防渗墙。混凝土防渗墙是通过钻孔及挖槽机械，在松散透水堤基中以泥浆固壁，挖掘槽形孔或连锁桩柱孔，在槽（孔）内浇筑混凝土，筑成的具有防渗等功能的地下连续墙。防渗墙分段建造，一个圆孔或槽孔浇筑混凝土后构成一个墙段，许多墙段连成一整段墙。墙顶部与堤身防渗体连接，底部嵌入基岩或相对不透水地层中一定深度，即可截断或减少堤基中的渗透水流，对保证堤基的渗透稳定有重要作用。

按墙体结构型式分：可分为桩柱型防渗墙、槽孔型防渗墙和混合型防渗墙三类，槽孔防渗墙使用更为广泛。

按墙体材料分：主要有普通混凝土防渗墙、钢筋混凝土防渗墙、黏土混凝土防渗墙、塑性混凝土防渗墙和灰浆防渗墙。

按布置方式分：可分为嵌固式防渗墙、悬挂式防渗墙和组合式防渗墙。

按成槽方法分：主要有钻挖成槽防渗墙、铣切成槽防渗墙、射水成槽防渗墙和锯槽防渗墙。

混凝土防渗墙主要施工步骤：

第一，泥浆制备。制浆站的位置尽量靠近防渗墙施工现场，并应尽量设置在地势较高的位置，以便于自流供浆。制浆站场地应尽量开阔、平坦，以便于卸运、存储土料。制浆站主要包括黏土料场、配料平台、制浆平台、储浆池、供应管路、供水管路等设施。一般每台双轴卧式搅拌机配套占地面积 40～45m²。使用膨润土制浆时，制浆站布置大体相同，面积可以适当减小。

第二，混凝土制备。防渗墙施工的混凝土搅拌和运输系统按《水电水利工程混凝土防渗墙施工规范》（DL/T 5199—2004）的要求，即保证浇筑时槽孔内混凝土面上升速度不宜小于 2m/h，混凝土的拌和运输能力应不小于最大计划浇筑强度的 1.5 倍，在浇筑过程中因故中断的时间不宜超过 40min。根据工程特点可选用自制混凝土或采用商品混凝土。搅拌站的形式根据每个工程所在的位置、工程规模而定。工程规模较小可设置简易的拌和站，采用人工上料和翻斗车方式运输混凝土。如工程规模、浇筑强度较大，应设置自动化或半自动化搅拌站，并使用混凝土搅拌运输车。

第三，防渗墙造孔。造孔是防渗墙施工中的主要工序，它受地层等自然条件影响最大，是影响工期、工程成本，甚至决定工程成败的重要因素。防渗墙施工技术的进步主要是体现在造孔水平上。防渗墙施工的风险和潜力也主要取决于造孔的成效。

槽孔的划分与施工顺序、造孔方法等有关。施工时先施工一期槽，后施工二期槽。槽段内先施工主孔，后施工副孔，主、副孔相连成为一个槽孔，槽孔浇筑混凝土后成为一个单元墙段。主孔直径等于墙厚，副孔就是两个主孔之间留下的位置，其长度一般大于墙厚的 1.5 倍。

两钻一抓法是目前广泛使用的造孔成槽方法。此法一般使用冲击钻机钻凿主孔，抓斗抓取副孔，可以两钻一抓，也可以三钻两抓、四钻三抓形成长度不同的槽孔。此法充分发挥两种机械的优势，冲击钻机可钻进不同地层，抓斗效率高。抓斗在副孔施工中遇到坚硬地层时，随时可换上冲击钻机或重凿克服。两钻一抓的副孔长度一定要小于抓斗的最大开度，否则可能出现漏抓的部位。

第四，孔底清理。槽孔钻完后，泥浆中的钻渣沉淀在槽底，必须在混凝土浇筑前清理干净，否则，将危害墙体质量。清除孔底沉渣的方法主要有以下几种：①抽筒出渣法。抽筒出渣法是钢绳冲击钻机成槽采用的出渣方式。该方法操作简便，但效率低，泥浆损耗大，清渣效果也较差，已逐步被其他方法代替。②泵吸排渣法。该方法用设置在地面的砂石泵通过排渣管将孔底的泥渣吸出，经泥浆净化系统除去粒径 65μm 以上颗粒，再返回到槽内使用。该方法效率高，效果好，节约泥浆。③潜水泵排渣法。国外一般采用立式潜水砂石泵进行清孔换浆，潜水砂石泵安设在孔底，将混有钻渣的泥浆抽出孔外，经净化处理后再用。④气举排渣法。该方法的原理是借助气举排渣器将液气混合，利用密度差来升扬排出孔底的沉渣。

第五，水下混凝土灌注。防渗墙混凝土的浇筑采用的是水下导管浇筑法。槽孔混凝土浇筑是关键的工序，对防渗墙成墙质量至关重要，一旦失败，整个墙段将全部报废，经济和时间损失很大。因此应当十分重视，周密组织，细心准备，把握好每一个环节，做到万无一失。

导管长度一般为 2m、1.5m、1.0m 等，内径以 200～300mm 为宜，埋置深度不小于1.0m，不大于 6.0m。导管布置在防渗墙中心线上，间距不大于 3.5m，一期槽孔两端的导管距端面或接头管的距离宜为 1.0～1.5m，二期槽孔两端的导管距端面的距离宜为1.0m，开浇时导管口距孔底为 15～25cm。此外当槽孔底面高差大于 25cm 时，导管应布置在其控制范围的最低处。

混凝土浇筑时，槽孔内混凝土面的上升速度不小于 2m/h，为了掌握混凝土的浇筑速度和控制混凝土在槽孔中均匀上升，应经常测定槽孔中的混凝土表面的深度或高程。由于泥浆下浇筑的混凝土表面混有很多沉渣，因此表层的混凝土质量都会存在很多缺陷。为此，在混凝土终浇时，一般都使混凝土终浇高程高出设计高程至少 0.5m，以便将来凿除这部分混浆层。

第六，墙段连接。各单元墙段由接缝（或接头）连接成防渗墙整体，墙段间的接缝是防渗墙的薄弱环节。如果接头设计方案不当或施工质量不好，就有可能在某些接缝部位产生集中渗漏，严重者会引起墙后堤基土的流失，进而导致坝体的塌陷。由于施工方法的不同，墙段接头的形式有所差异。下面介绍几种接头方式。

钻凿法连接适用于冲击钻机造孔和墙体材料为低强度混凝土的条件。这种接头方式最终是在一期、二期墙段间形成一条半圆形的接缝，其优点是工艺简单，不需专门设备，形成的接缝可靠，缺点是要损耗一部分墙体材料和工时。

拔管法连接是在一期槽孔浇筑混凝土前将专用的接头管置于槽孔的两端，然后浇筑混凝土，待混凝土初凝后，用专用的拔管机或吊车将接头管拔出，从而在一期墙段的两端形成光滑的半圆柱面和便利二期槽孔施工的两个导孔，二期槽孔施工完成后，即在此形成一个接缝面。如果二期槽孔混凝土浇筑质量良好，所形成的接缝将很密实，缝宽可控制在 1mm 以下。

双反弧连接是把一期桩孔改为为槽孔。施工时先按一般要求完成一期槽孔，相邻的两个一期槽孔间留下一个接头孔（也就是二期槽孔）的位置，然后在这个位置上按主孔的要求钻凿出圆形钻孔，接着用双反弧钻头进行扩孔使圆形孔成为双反弧形状的孔，再用液压可张式双反弧钻头将一期墙段端面残留的泥渣凿除刷洗干净，最后浇筑成墙。

b. 深层搅拌防渗墙。深层搅拌防渗墙是利用钻搅设备将堤基土与水泥等固化剂搅拌均匀，使堤基土与固化剂之间产生一系列物理、化学反应，凝结成具有整体性、稳定性和一定强度的水泥土。水泥土防渗墙是深层搅拌法（简称"深搅法"）加固堤基技术在防渗方面的应用，在堤防垂直防渗中应用广泛，为了适应和推广这一技术，已研究出专用设备——多头小直径深搅截渗桩机。深搅法的特点是施工设备市场占有量大，施工速度快，造价低等，特别是采用多头搅形成薄型水泥土截渗墙，工效更高。深搅法处理深度一般不超过 20m，比较适用于粉细砂以下的细颗粒地层，该技术形成的水泥土均匀性和底部的连续性在施工中应加以重视。

粉喷深搅喷水泥时，是以压缩空气作为动力将粉体（水泥）输送到钻孔内，并以粉雾状喷入加固堤基的土层中，借钻头的叶片旋转、搅拌。浆喷深层搅拌时，则是以灰浆泵供浆，使其与土体混合。为了提高混合效果，采取多次复喷复搅，常见的有"两喷两搅""两喷四搅""四喷四搅"等，以形成具有一定强度的水泥土桩体或水泥土防渗墙。

a）制浆。采用普通硅酸盐水泥，按试验确定的最优水灰比在储浆罐内拌制水泥浆，记录浆面高度计算水泥浆量。

b）桩机就位、调平。桩机就位包括轴线上、下游方向，对应误差控制在 ±10mm 以内，在调平的过程中，使用水平尺检测机座的水平度，采用桩机机架正面和侧面的双向锤球（垂线长度不小于10m）校正桩机机架的垂直度，保证垂直度偏差不大于5‰，三头桩机还要观察三个连通液压管的液面是否在同一水平面上。

c）一序桩施工。搅拌下沉的同时开启浆泵送浆至设计深度，喷浆记录仪自动打印记录，搅拌提升的同时输入浆液至孔口，以孔口微微翻浆使土层尽可能吃浆，作为供浆控制标准，单头桩机再带浆进行一次上下复搅（至墙底），三头桩机不带浆复搅3m，完成一序桩施工。

d）二序桩施工。油压调距、沿轴线向前移动，对准标定的桩位，调平，重复上述过程，完成下一序桩的施工。

e）重复上述过程，完成一个单元墙的施工。桩头浮浆在墙体初凝后按设计标高清除。

c. 高压喷射灌浆防渗墙。高压喷射灌浆法对淤泥、淤泥质土、流塑或软塑黏性土、粉土、砂土、黄土、素填土和碎石土等堤基都有良好的处理效果。但对于硬塑黏性土，含有较多的块石或大量植物根茎的堤基，因喷射流可能受到阻挡或削弱，冲击破碎力急剧下降，切削范围小而影响处理效果。对于含有过多有机质的土层，其处理效果取决于固结体的化学稳定性。鉴于上述几种土的组成复杂、差异悬殊，高压喷射注浆处理的效果差别较大，应根据现场试验结果确定其适用程度。对于湿陷性黄土堤基，也应预先进行现场试验。

由于高压喷射注浆使用的压力大，因而喷射流的能量大、速度快。当它连续、集中地作用在土体上，压应力和冲蚀等多种因素便在很小的区域内产生效应，对从粒径很小的细粒土到含有颗粒直径较大的卵石、碎石土，均有巨大的冲击和搅动作用，使注入的浆液和土拌和凝固为新的固结体。

高压喷射注浆的施工参数应根据土质条件、加固要求通过试验或根据工程经验确定，并在施工中严格加以控制。单管法及双管法的高压水泥浆和三管法高压水的压力应大于20MPa。高压喷射注浆的主要材料为水泥，对于无特殊要求的工程，宜采用强度等级为42.5级及以上的普通硅酸盐水泥。可根据需要加入适量的外加剂及掺合料。外加剂和掺合料的用量，应通过试验确定。水灰比通常取0.8～1.5，常用为1.0。

高压喷射注浆的全过程为钻机就位、钻孔、置入注浆管、高压喷射注浆和拔出注浆管等基本工序。施工结束后应立即对机具和孔口进行清洗。在高压喷射注浆过程中出现压力骤然下降、上升或冒浆异常时，应查明原因并及时采取措施。

d. 冲抓套井回填黏土防渗墙。冲抓套井回填黏土防渗墙是利用冲抓式打井机具，在堤基防渗漏范围造井，用黏性土料分层回填夯实，形成一连续的套接黏土防渗墙，截断渗流通道，起到防渗的目的。此外，在回填黏土夯击时，夯锤对井壁的土层挤压，使其周围土体密实、提高堤坝质量，从而达到防渗和加固的目的。

套井防渗墙在平面上按主、套井相间布置，一主一套相交连成井墙，套井为整圆，主井被套井切割，呈对称蚀圆。从降低浸润线考虑，黏土心墙坝套井应尽量布置在坝轴线上游侧，但为了与原防渗体连成整体，坝基防渗也可布置在上游河床。

冲抓套井回填黏土建造防渗墙的侧向挤压作用，影响范围约为套井边缘外0.8～1.0m。一般在高度小于25m的土坝做防渗，可考虑一排套井，在施工中再根据渗漏情况，必要时可增设加强孔，以加厚防渗墙，满足防渗要求。坝高超过25m的可考虑采用二排或者三排套井。套井底部应深入不透水层或至较好的岩基。

套井直径常用的为1.1m，回填土料的质量是套井回填成功的关键，对所选择的料场必须做土物理力学指标试验，与坝体土指标对比，再加以确定。一般要求是非分散性土，黏粒含量为35%～50%，渗透系数小于10^{-5}cm/s，干密度要大于1.5g/cm³，干密度与含水率通过现场试验控制在设计要求范围内。

D. 灌浆截渗。

a. 黏土劈裂灌浆帷幕。劈裂灌浆的理论基础是水力劈裂原理，即向土体内的孔内灌浆时，作用在孔壁上的径向压力引起孔的扩张，使孔壁土体受劈裂挤应力，而当这些应力超过土体的抗拉强度时，就会在土体内产生一些裂缝，这种裂缝的产生过程称之为水力劈裂。

如果向地质不良的多层坝基堤段造孔并向孔内压注浆液，加上浆液自重因素，使沿轴线方向形成一道或数道黏土帷幕，则可达到加固坝基的作用，这种施工过程称之为劈裂灌浆。

劈裂式灌浆技术在坝基加固中具有投资小、见效快、设备和技术简单、操作方便等优点，已经被广泛地运用。但在具体操作中应注意施工工艺，保证灌浆的质量，才能达到预期的效果。

钻孔。采用回转钻机钻进，泥浆护壁，钻孔的有效深度应穿过待注浆地层进入下部地层1.0～2.0m为宜。选定部分一序孔作为向导孔，采用芯样、划分层位，其深度应大于墙体深度，间距不宜大于20m。钻进时应详细记录孔位、孔深、地层变化和漏浆、掉钻等特殊情况。注浆钻孔时埋设孔口管，以防止孔口塌落及孔口返浆，孔口顶部注浆压力由孔口管承担，避免地层表面劈裂，使灌注浆液在地层内始终处于封闭状态，因而可施加较大的注浆压力，促使浆液析水固结；当孔口压力消失后，地层所产生的回弹压力较大，有利于提高浆液的固结速率和浆体固结的密实度。在黏性土地层注浆压力不大的情况下，直接将孔口管打入地层3～5m，利用黏性土的黏结力来防止冒浆及平衡注浆顶托力；在松散无黏性地层或注浆压力较大的情况下，应在孔口预先挖2m左右深的坑，将孔口管自坑顶下入地面3～5m后，在管周边回填黏性土并夯压密实，必要时可回填塑性混凝土。

制浆。采用搅拌机湿法制浆，随时测定泥浆密度，控制达到设计要求，浆液比重为1.30g/cm³。开始采用稀浆灌注，待坝体内部产生劈裂裂缝后，改用浓浆。

灌浆。施灌原则是"稀浆开始，浓浆灌注，分序施灌，先疏后密，少灌多复，控制浆量"，施工时要将注浆管下到离钻孔底部0.5～1.0m处。启动灌浆泵，浆液在注管底部自下逐渐向上发展。孔底注浆可施加较大压力，使坝体内部劈开，把较多的泥浆压入坝体，产生挤压变形，待停灌后，坝体产生回弹，有利于提高坝体和浆脉的密度。全孔灌注，浆液从注浆管底部涌出，自下而上、从压力大处向压力小处、从坝体质量好的部分向质量差的部分、从已充填部分向未充填部分、从裂缝中间向边缘流动和充填。要求每灌1～2次后，可提管1～2m，以免孔底堵塞和孔口冒浆。

终止灌浆。经反复轮注后，浆体帷幕厚度须达到设计标准20cm。如连续3次不再吃浆或坝顶连续3次冒浆即可终止灌浆，直观上要以饱、满、实为度。

封孔。在终止灌浆后，先将注浆管插入孔底，再注入浓浆将稀浆或清水置换掉，直至浓浆（采用 0.5：1 以上的浓浆）填满全孔为止，待浆液折水沉淀后，再进行第二次封填，直至钻孔封满为止。

b. 水泥帷幕灌浆。水泥帷幕灌浆技术，即在地面上钻取注浆孔或地质探孔，然后再向孔内注入水泥浆等浆液，通过注入的浆液将开挖断面以及四周一定范围内的岩缝嵌水挤出，从而保证基岩的缝隙最终能够被有一定强度的浆液填充密实，并与之形成完整统一的固结体，即所谓的止水帷幕。根据各个工程的不同情况，可以采用多种帷幕灌浆技术。帷幕灌浆技术从 20 世纪开始就一直被用作水利工程中堤基防渗处理的主要手段，对保证水利工程的安全运行起着非比寻常的重要作用。

成孔。成孔是帷幕灌浆施工中的第一道工序，也是极为重要的一道工序。成孔的质量和进展情况将直接影响到整个帷幕灌浆施工的质量和工期，因此必须又快又好地完成。首先，在安装钻架并摆放钻机的过程中，应事先平整和清理场地，并根据现场情况铺设地板或用方木、钢管搭设钻孔平台，钻机安放要稳固、端正，并且要保持钻机平台、钻杆和灌浆孔的三个中心点成一条线；其次，钻机安放完毕后，应进行试机和试钻，待明确钻机的动力、供水、供电等所有设备和系统均运行正常之后再进行钻进工作；最后，在每次钻孔之前都要仔细检查所有的钻杆、钻具及其他钻进零部件，严禁使用弯曲变形的钻杆和钻具，各部位的接头一定要牢固并保持同心。另外值得注意的是，由于金刚石钻进成孔的间隙较小，钻头水口也较窄，因此需要较大的水压和注水量才能起到强制的冷却和冲洗作用。

缝隙冲洗和压水试验。帷幕灌浆施工成孔之后，通过导管将大流量的高压水流从孔底一直向孔外冲洗，直至回水澄清，保证冲洗总时间不少于 20min，沉渣厚度不超过 20cm。一般情况下缝隙冲洗压力设置为该段灌浆压力的 80%。缝隙冲洗完成后必须进行压水试验，压水试验通常采用单点法，压力同样设置为该段灌浆压力的 80%，且不超过 1MPa。

灌浆施工。帷幕灌浆施工通常采用自下而上的方式分段进行，在规定的压力下，当注入率不超过 1L/min 时，继续灌注 30min，灌浆即可结束。在灌浆的施工过程中，应当随时测量回浆和进浆的比重，一旦回浆变浓，立即换用与进浆相同配比的新浆液来进行灌注。而如果效果不明显，则延续灌注 30min 之后即可停止灌注。

封孔。灌浆结束之后应采用置换和压力灌浆的封堵方法进行封孔。在全孔灌浆结束后，先采用 0.5：1 的水泥浆来置换出孔内稀浆或积水并取出孔内的灌浆管，然后再用同样配比的水泥浆采用最大灌浆压力进行纯压灌浆 1h，并认真做好灌浆记录。

3.3.3 多层堤基处理

多层堤基是由多种性质的土层组成的堤基结构。

（1）堤基处理计算。土石堤背水侧各点的透水盖重厚度可按式（3-6）计算：

$$t_i = \frac{Kh_i\rho_w - (G_s - 1)(1 - n)t_1\rho_w}{\rho} \tag{3-6}$$

式中　t_i——i 处的盖重厚度，m；

　　　h_i——根据渗流计算求得的 i 处的表层弱透水层承压水头，m；

　　　G_s——表层弱透水层土粒的比重；

　　　n——表层弱透水层土粒的孔隙率；

t_1——表层弱透水层厚度，m；

ρ——盖重土石料的密度，kg/m^3；

ρ_w——水的密度，kg/m^3；

K——盖重安全系数，当强透水层可能出现的破坏形式为管涌时，K 可取 1.5，当强透水层可能出现的破坏形式为流土时，K 可取 2.0。

（2）堤基处理方法。

1）压渗盖重。压渗盖重（见图 3-1）比较适用于表层弱透水层较厚但又不足以压住下层承压水的双层、多层结构堤基。盖重能有效防止堤内发生管涌，另外，即使在压盖范围以外出现管涌，也加大了管涌距离堤脚的距离，从而降低了管涌的发展速度和管涌的危害度。

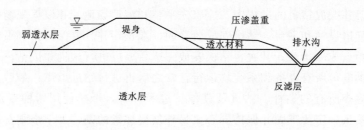

图 3-1　压渗盖重示意图

盖重的范围要根据堤基渗流计算确定，确保盖重范围之外的表层土出逸比降为规范允许值。此外还要重视对历史险情的实地调查，盖重通常也应不小于历史险情出现的范围，并应根据具体地形地质条件和堤防的重要程度选用。一般至少为 50m，但也不应超过 200m。

盖重土料必须选用渗透系数较大的砂性土，其渗透系数至少大于被保护土层的渗透系数 10 倍以上，这样就基本不改变堤基原有的渗压分布状态，如附近缺乏上述土料，则必须借助其他有效辅助措施排出渗水，不能违反前堵后排的原则。

2）减压井。减压井（见图 3-2）比较适用于表土层和透水层均较厚的双层堤基、多层堤基以及含水层成层性显著或透镜体较多的堤基。此时采用封闭式垂直防渗幕墙成本太高或不可能，悬挂式垂直防渗效果很差，排水沟由于开挖较深也不宜采用。当然，对表土层较薄的双层或多层堤基也可以使用减压井。实践表明，如果减压井不被淤堵，其渗流控制效果非常显著。减压井一般和其他渗流控制措施如防渗铺盖、压渗盖重、排水沟等结合使用。

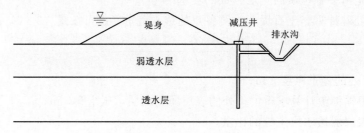

图 3-2　减压井示意图

一般而言，减压井的设计程度包括：确定没有减压井时背水堤基的水头值；将此水头值与所期望的相应于给定安全系数的水头值进行比较；设计减压井系统，将水头减小至期望值。因为有很多的减压井系统设计方案（包括井径、井距和贯入深度、井口高程等）可以满足要求，通过对比选择一种比较经济、尺寸合理并能达到预期效果的方案。通常，是先确定井的直径和深度，然后确定井间距，求出井系造价，最终找到经济合理的减压井系统设计方案。

减压井系统应尽量布置在背水侧堤脚附近，以便有效控制堤基渗流。但从堤防抢险的安全性考虑，减压井一般也常布置在背水侧压渗盖重末端，井与排水沟相通，渗水通过排水沟排走。

减压井的间距一般为 15～20m，井深至少深入强透水层厚度 50％以上，否则，排水效果大减。井径应能允许最大设计流量通过而不发生过大的水头损失，并且直径不小于 15cm。井径宜大不宜小。井口高程越低，减压效果越好，但开挖地面排水沟的工程量也越大，故井口高程应通过经济比较确定。井口高程还应高于排水沟中可能出现的最高水位，以防泥水倒灌。

3.3.4 岩石堤基处理

强风化或裂隙发育的岩石，可能使岩石或堤体受到渗透破坏；因岩溶等原因，渗水量过大，可能危及堤防安全。当岩石堤基强烈风化可能使堤基或堤身受到渗透破坏时，防渗体下的岩石裂隙应采用砂浆或混凝土封堵，并应在防渗体下游设置滤层；非防渗体下宜采用滤料覆盖。对岩溶地区，应在查清岩溶发育情况的基础上，根据当地材料情况，填塞漏水通道，必要时可加防渗铺盖。以下介绍几种常见的处理方法。

（1）强风化岩基处理。对于筑堤材料为石堤、混凝土堤时，堤基出现强风化岩石层时，首先，将风化、松动的岩石进行清除干净，然后在清除后的岩石基面上铺设高标号水泥砂浆，铺设厚度宜大于 30mm。筑堤材料为土料时，堤基表面强风化岩层清除后，其基面涂刷黏土浆，涂刷黏土浆厚度为 3mm，然后需根据堤防填筑要求尽快进行堤身填筑施工。

（2）岩溶地区堤基处理。岩溶又称喀斯特地貌，是以水对可溶性岩石（碳酸盐岩、硫酸盐岩等）进行化学腐蚀为特征，并包括水的机械侵蚀和崩塌作用，以及物质的携出、转移和再沉淀的综合地质作用以及由这种作用产生的现象的统称。岩溶发育的基本条件是：可溶性岩体、具有溶蚀力的水以及水的循环交替。土洞是指埋藏在岩溶地区可溶性岩层的上覆土层内的空洞，是岩溶地基常见的一种岩溶作用产物。它的形成和发育与土层的性质、水的活动、岩溶的发育等因素相关。其中地下水或地表水的活动是土洞发育最重要最直接的影响因素。地下水或地表水的活动与运移，将对土层产生侵蚀作用形成土洞。土洞洞体形成后，其洞壁周围产生应力集中现象，当地下水位发生变化时，将进一步改变土洞壁周围土体的应力状态，并有可能导致洞边土体产生破坏，土洞进一步扩大而塌陷。岩溶地区的土层特点是厚度变化大，孔隙比高，地基很容易产生不均匀沉降从而导致结构变形、开裂甚至破坏。

岩溶地区不良地质构成的岩溶堤基常常引起堤基承载力不足、不均匀沉降、堤基滑动塌陷、渗透破坏等堤基变形破坏。针对此种不良地质可采用加固法进行处理，其方法如下：

溶洞灌浆主要面向的是机械设备小型化和辅助用房下的浅层岩溶的处理，因其成本造价低，应用范围较为广泛。其对岩溶的处理原理是填实溶洞，使其有一定的稳定性和一定的强度，然后切断其与地下水之间的联系，以防溶洞的再次扩大，进而对建筑物造成危害。对于有黏性土或砂砾填充的场地溶洞，其本身的构成决定了其漏水现象严重，甚至有的还与上部溶洞相连，为了对溶洞的加固效果更加稳定，适合采用联合灌浆技术。对洞内无充填物则不进行旋喷洗孔。高压旋喷清水及注浆是为了保证灌注水泥混合浆液前溶洞内浆液的稳定，也保证了加固处理后形成的灌浆体性质均匀稳定，不存在软弱"灶"，并使溶洞没有继续发育的条件及空间。施工中应注意地层情况，准确控制需处理溶洞的规模、深度、范围及充填情况。对埋深较大的岩溶土洞，宜采用压力注浆法加固，压力注浆是将浆液通过压浆泵注浆管注入岩土层中，以填充、渗透和挤密等方式，驱走岩石裂隙中或土颗粒间的水分和气体，并填充其位置，硬化后将岩土胶结成一个整体，形成一个强大的、抗渗性高和稳定性良好的新的岩土体。另外注浆体的压力注入，可在基岩面封堵岩溶开口洞隙，防止地下水位升降潜蚀发生土洞，从而使岩溶地基得到加固。为保持地下水通畅，条件许可时采用附加支撑减少洞跨，称顶柱法。如贵州某铁路构筑物，以半挖半填形式通过一顶板厚 2.0～3.2m 的大型溶洞上方，在洞内砌筑 4 根浆砌片石柱以支撑溶洞顶板，即获解决顶板稳定问题。在覆盖型岩溶区，处理大面积土洞和塌陷时，强夯法是一种省工省料快速经济且能根治整个场地岩溶地基稳定性的有效方法。

（3）裂缝或裂隙比较密集的基岩处理。对于裂缝或裂隙比较密集的岩石堤基，应采用水泥固结灌浆或帷幕灌浆进行处理。

1）固结灌浆。固结灌浆是指将水泥浆液灌入岩体裂隙或破碎带，以提高岩体的整体性和抗变形能力为主要目的的灌浆工程。

A. 施工准备。施工前，查明灌浆区内预埋的监测仪器、电缆、管线、止水片、锚杆、钢筋等布设位置。固结灌浆孔位放样与其发生矛盾时，可调整固结灌浆孔位或孔向。灌浆区邻近 10m 范围内的勘探平洞、大口径钻孔、断层等地质缺陷处理完成，回填等作业完成并检查合格。

B. 钻孔、裂隙冲洗。固结灌浆孔应根据工程地质条件选用适宜的钻机或钻头钻进。灌浆孔孔径不宜小于 56mm。物探测试孔、质量检查孔、抬动监测孔孔径不小于 76mm。灌浆孔位与设计位置偏差不大于 10cm，孔向、孔深应满足设计要求。

灌浆孔或灌浆段钻进完成后，使用大水流或压缩空气冲洗钻孔，清除孔内岩粉、渣屑，冲洗后孔底残留物厚度不大于 20cm。灌浆孔或灌浆段在灌浆前采用压力水进行裂隙冲洗，冲洗压力采用灌浆压力的 80% 并不大于 1MPa，冲洗时间为 20min 或至回水清净时止。地质条件复杂以及对裂隙冲洗有特殊要求时，冲洗方法可通过现场灌浆试验确定。

C. 灌浆和封孔。根据不同的地质条件和工程要求，固结灌浆可选用全孔一次灌浆法、自上而下分段灌浆法、自下而上分段灌浆法，也可采用孔口封闭灌浆法或综合灌浆法。灌浆孔的基岩灌浆段长度不大于 6m 时，可采用全孔一次灌浆法；大于 6m 时，宜分段灌注，各灌浆段长度可为 5～6m；特殊情况下可适当缩短或加长，但不大于 10m。固结灌浆可采用纯压式或循环式，当采用循环式灌浆时，射浆管口与孔底距离不大于 50cm。

固结灌浆压力根据地质条件、设计要求和施工条件确定。当采用分段灌浆时，先进行接触段灌浆，灌浆塞深入基岩30～50cm，灌浆压力不宜大于0.3MPa；以下各段灌浆时，灌浆塞宜安设在受灌段顶以上50cm处，灌浆压力可适当增大。灌浆压力应分级升高，并严格按注入率大小控制灌浆压力，防止混凝土结构物或基岩抬动。

固结灌浆的浆液水灰比可采用3、2、1、0.5四级，开灌浆液水灰比选用3，当采用多级水灰比浆液灌浆时应坚持：①当灌浆压力保持不变，注入率持续减少时，或注入率不变而压力持续升高，不应改变水灰比；②当某级浆液注入量已达300L以上时，或灌浆时间已达30min时，而灌浆压力和注入率均无改变或改变不显著时，应改浓一级水灰比；③当注入率大于30L/min时，可根据具体情况越级变浓。各灌浆段灌浆结束条件应根据地质条件和工程要求确定。当灌浆段在最大设计压力下，注入率不大于1L/min后，继续灌注30min，可结束灌浆。固结灌浆孔各灌浆段灌浆结束后不可待凝，但在灌浆前涌水、灌后返浆或遇其他地质条件复杂情况，则应待凝，待凝时间为12～24h。

灌浆孔灌浆结束后，可采用导管注浆法封孔，孔口涌水的灌浆孔采用全孔灌浆法封孔。

2）帷幕灌浆。帷幕灌浆是指用浆液灌入岩体或土层裂隙、空隙，形成连续的阻水帷幕，以减少渗流量和降低渗透压力的灌浆工程。

A. 帷幕灌浆施工工艺流程见图3-3。

B. 灌浆钻孔。

a. 测量人员、施工人员按设计位置进行放样施工，不得随意更改。

b. 所有钻孔统一编号并注明施工次序，开孔孔位与设计位置的偏差不大于100mm，钻孔时如全孔测斜，及时纠偏，超过规定值的重新钻孔。对各项钻孔的实际深度、孔位、孔斜均要进行记录。垂直帷幕灌浆孔孔底的偏差不大于表3-2中偏差值。

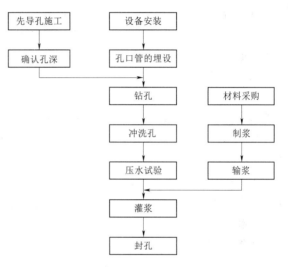

图3-3 帷幕灌浆施工工艺流程图

表3-2 钻孔孔底最大允许偏差值

孔深/m	20	30	40
最大允许偏差值/m	0.25	0.50	0.50

c. 帷幕灌浆应严格按照施工图纸要求布孔。帷幕灌浆必须按分序加密的原则进行，坝基帷幕灌浆孔一般为单排，分三序施工。在第一序孔中选择总孔数的10%作为先导孔先期施工，采取岩芯、分段进行压水试验、分段灌浆，核对勘探资料，尽可能准确掌握地质情况。对断层和破碎带，根据具体情况增加灌浆孔的排数或加密钻孔。

d. 帷幕灌浆孔宜选用较小的孔径，钻孔孔壁应平直完整，孔深可根据现场地质情况和压水试验成果进行适当调整。一般情况下帷幕灌浆孔应深入基岩单位透水率为 $q \leqslant 3Lu$

的相对不透水层以下 3m。

e. 钻孔时遇松软岩层或有掉块时，应先进行灌浆处理，然后再继续钻进，如发现集中漏水，应立即停钻，查明漏水部位原因，处理后再进行钻进。钻孔时，对孔内各种情况，如涌水、漏水、断层、洞穴、破碎、掉块等进行详细记录，作为分析钻孔情况的依据。

C. 钻孔取芯和芯样试验。

a. 灌浆检查孔应予钻取芯样。

b. 对钻取岩芯进行试验，并将试验记录和结果作为验收文件。

c. 检查孔岩芯必须保存，全孔岩芯必须保存，全孔岩芯获得率要求不低于 90%，并进行编录，经地质人员鉴定检查后决定留存期限。

D. 钻孔冲洗。钻孔至设计深度后，对孔深和孔底残留物进行检查，不符合要求的，应及时处理。孔底残留物沉积厚度不超过 20cm。对钻孔孔壁冲洗与裂隙冲洗，直至回水清净并延续 10min 结束，冲洗水压力为灌浆压力的 80%，并不大于 1MPa。

E. 压水试验。帷幕灌浆孔每隔 5m 应自上而下分段进行压水试验，压水试验是为了检查岩石条件。灌浆先导孔和检查孔逐个进行单点法压水试验。普通灌浆段在灌浆前可进行简易压水试验，简易压水试验可以结合裂隙冲洗进行，压力为设计灌浆压力的 80%，并不大于 1MPa，压水时间 20min，每 5min 测读 1 次压入流量，取最后的流量值作为计算流量。简易压水试验成果以透水率 q 表示，单位为 Lu。

每次压水试验所必须的数据，包括孔号、段长、压力表的高程、地下水位的高程、压水压力、流量、压水时间和单位吸水量、试验日期等。

F. 灌浆方法。根据不同的地质条件和工程要求，帷幕灌浆可选用自上而下分段灌浆法、自下而上分段灌浆法，也可采用孔口封闭灌浆法或综合灌浆法。灌浆方式与固结灌浆方式相同。

帷幕灌浆段长度宜为 5~6m，具备一定条件时可适当加长，但最长不大于 10m，岩体破碎、孔壁不稳时灌浆段长应缩短。混凝土结构和基岩接触的灌浆段长宜为 1~3m。

采用自上而下分段灌浆法时，第 1 段灌浆的灌浆塞要跨越混凝土与岩基接触面安放；以下各段灌浆塞要阻塞在灌浆段段顶以上 50cm 处，防止漏浆；采用自下而上分段灌浆法时，如灌浆段的长度因故超过 10m，对该段灌浆质量应进行分析，必要时采取措施补救。

混凝土与基岩接触段应先进行单独灌注并待凝。待凝时间不宜少于 24h，其余灌浆段灌浆结束后可不待凝，但灌浆前孔口涌水、灌浆后返浆等地质条件复杂情况下应待凝，待凝时间应根据工程具体情况确定。

帷幕灌浆孔应采用自上而下分段灌浆法，并应优先采用孔内循环灌浆法，具体的施工方法和技术要求参照规范的规定。灌浆压力应通过灌浆试验确定，在保证不破坏岩体的条件下取较大值。但应控制孔口段不小于 1MPa，孔底段不小于 2MPa。

灌浆应在较短时间内达到设计压力，如开始时由于吸浆量大等原因不能立即达到设计压力，应分级升压，并保证在正常操作条件下尽快达到设计压力。

3）灌浆压力。帷幕灌浆压力随着基岩性质及灌浆孔位的不同而变化，因此，灌浆压力需在灌浆试验时确定。灌浆时，灌浆压力应尽快达到规定的极限值，接触段和注入率大的孔段采取分段升压;灌浆过程中,不允许降压,必须保证在规定的恒压下连续灌浆。

4)浆液水浓度标准。灌浆使用纯水泥浆液,灌浆浆液的浓度应由稀到浓,逐级变换。浆液水灰比及浆液变换原则参照规范的规定。初拟浆液水灰比采用 3:1、2:1、1:1、0.5:1 四级,施工中根据试验情况做进一步优化和调整。

A. 变浆标准为当灌浆压力保持不变,注入率持续减少时,或当注入率保持不变而灌浆压力持续升高时,不得改变水灰比。

B. 当某一级浆液注入量已达 300L 以上,或灌浆时间已达 30min,而灌浆压力和注入率均无显著改变时,更换浓一级水灰比浆液灌注,当注入率大于 30L/min 时,根据施工具体情况,可越级变浓。

C. 灌浆过程中,注浆压力或注入率突然改变较大时,应立即查明原因,采取相应的措施处理。

D. 必要时可灌注水泥砂浆,水泥砂浆配合比采用水:水泥:砂为 1:1:1 或 0.6:1:1 两种浆液。

E. 灌浆过程中,每隔 30min 测定进、回浆比重 1 次,灌浆结束时也应测定浆液比重,必要时应测量并记录浆液温度。

F. 灌浆压力表要安装在回浆管上,并配有油浆隔离设备,灌浆时以指针摆动的平均值作为控制压力的标准,压力表指针的最大摆值不大于灌浆压力的 20%,否则改用备用泵施工,同时检修灌浆压力表直至指针基本稳定,才能用于灌浆。

5)特殊情况处理。

A. 帷幕灌浆孔的终孔段,其透水率大于设计规定时,在征求设计、监理、业主意见后,确定钻孔是否继续加深。

B. 灌浆过程中,发生冒浆、漏浆,根据具体情况采用嵌缝、表面封堵、低压、浓浆、限流、限量、间歇法等进行处理。

C. 灌浆过程中发生串浆时,如注入率不大,且串浆孔具备灌浆条件,可以同时进行灌浆,应一泵灌一孔,否则将串浆孔用塞塞住,待灌浆孔灌浆结束后,串浆孔再行扫孔冲洗,而后继续钻进和灌浆。

D. 灌浆工作必须连续进行,若因故中断,可按照下述原则进行处理:①应及早恢复灌浆,否则应先冲洗钻孔,再恢复灌浆。若无法冲洗或冲洗无效,则应进行扫孔,然后恢复灌浆。②恢复灌浆时,应使用开灌比级的水泥浆进行灌注。如注入率与中断前的相近,即可改用中断前比级的水泥浆继续灌注;如注入率较中断前的减少较多,则浆液应逐级加浓继续灌注。恢复灌浆后,如注入率较中断前减少很多,且在短时间内停止吸浆,应采取补救措施。

E. 孔口有涌水的灌浆孔段,在灌浆前测记涌水压力和涌水量,根据涌水情况可选用下列措施处理:自上而下分段灌浆、缩短灌浆段长、提高灌浆压力、改用纯压式灌浆、灌注浓浆、灌注速凝浆液、屏浆、闭浆、待凝、复灌。

F. 灌浆段注入量大,灌浆难于结束时,可选用如下措施处理:低压、浓浆、限流、限量、间歇灌浆;浆液中掺加速凝剂;灌注膏状浆液或混合浆液。该段经处理后仍应扫孔,重新依照技术要求进行灌浆,直至结束。

6) 灌浆结束标准。在规定的灌浆压力下,灌浆孔段注入率不大于 1L/min 时,延续 30min 结束。

7) 封孔。全孔灌浆结束后,会同监理工程师及时进行验收,验收合格的灌浆孔才能进行封孔。封孔可采用"分段压力灌浆封孔法",封孔灌浆压力采用全孔段平均灌浆压力。

3.4　工程实例

3.4.1　芜湖市青弋江分洪道石硊圩失稳段堤基加固处理

(1) 工程概况。石硊圩堤段 Z34+270～Z34+550 上游距芜铜铁路约 50m,下游距芜铜公路大桥约 500m,2013 年 12 月 1 日晚,堤段 Z34+270～Z34+490 长 220m 堤身及外平台突发沉降与滑移,拟定对堤段 Z34+270～Z34+550 采用"退堤+堆载预压方案",即利用分级填筑的土料作为压载,在堤基中插打塑料排水板作为排水通道排出堤基土体的孔隙水,加速堤基土体固结,增加淤泥质软土堤基的强度。

根据地质勘察资料,失稳堤段勘察范围内揭露的地层自上而下分述如下:

①$_1$ 层(Q_4^{ml}):堤身填土,以重粉质壤土为主,局部夹中粉质壤土,灰黄、灰色,可塑,中等压缩性。失稳前堤身轴线处层厚 4.80～5.90m,层底高程 4.92～6.06m。

①$_2$ 层(Q_4^{ml}):堤身填土,以重粉质壤土为主,灰黄～淡灰色,软塑,很湿,高偏中等压缩性,层厚 0.80～2.70m,层底高程 1.18～4.57m。此层土为堤身填土与下部③$_1$ 层淤泥质重粉质壤土碾压混合而成。

②层(Q_4^{al}):为地表硬壳层,以重粉质壤土为主,灰黄色,软可塑,湿,中等压缩性,层厚 1.00～1.90m,层底高程 0.91～5.20m。

③$_1$ 层(Q_4^{al}):淤泥质重粉质壤土～淤泥,局部夹有泥炭质土及腐殖质,灰色,流塑,高压缩性,失稳堤段处层厚 12.10～17.10m,层底高程－15.32～－8.39m。上游尚未失稳地段 PM4 剖面处层厚 12.50～17.40m,层底高程－12.20～－7.93m;下游尚未失稳地段 PM1 剖面处层厚 6.10～9.90m,层底高程－4.26m。

⑦层(Q_3^{al}):重粉质壤土,灰色,软可塑,很湿,该层较薄,以透镜状产出,仅在 SH1、SH8、SH9、SH12、SH14、SH16、SH15 揭露,层厚 0.80～3.40m,层底高程－17.52～－5.56m。

⑧层(Q_3^{al}):粉质黏土～重粉质壤土,局部夹白色高岭土,灰绿～褐黄色,硬可塑～硬塑状,中等压缩性,该层仅 SH10、SH15 孔揭穿。最大揭露厚度 6.30m,最低揭露高程－18.50m。

⑬层(K):砂岩,全风化,棕红色,岩芯呈短柱状,砂颗粒胶结明显,手掰易碎。

(2) 施工方法。因该堤段堤基③$_1$ 土层土体软弱、抗剪强度低、厚度大(层厚 12.10～17.10m),如不进行地基处理,堤身断面较大、退堤距离较远,增加永久占地较多。因此,考虑对该堤段进行堆载预压处理并适当退堤的方案。

利用分级填筑的土料作为压载,在堤基中插打塑料排水板作为排水通道排出地基土体中的孔隙水,以加速堤基土体固结,增加淤泥质软土地基的强度。

在堤防填筑前铺设厚 50cm 砂被(砂被外缘超出排水板范围 2m),在堤身(堤内平台坡脚至迎水侧高程 9.00m 平台坡脚，迎水侧外坡脚延伸 5m）范围内铺设塑料排水板，按间距为 1.0m 的正方形布置，排水板底部高程超过淤泥质土层底部约 1.0m。为防止形成渗水通道，在堤顶往河道侧滩面设置（或预留）截渗槽，截渗槽中心线距堤轴线 14.0m，截渗槽顶部高程 6.00m，顶宽 4.0m，深度 1.0m；截渗槽范围内不铺设砂被和塑料排水板。

根据该工程地质勘察报告成果，该堤段地面高程一般在 5.50～6.00m 之间，对已填筑的堤段，清除堤身填土至高程 6.00m，在此基础上进行砂被和塑料排水板的铺设。

利用堤身高程 9.50m 平台对堤基进行预压，堆载预压时间不少于 90d，堆载预压期间不进行河道疏挖。

施工流程见图 3-4。

1）堤身填土开挖。堤段 Z34+270～Z34+550 堤身填土清除施工与砂被、塑料排水板铺设交替进行，将堤段 Z34+270～Z34+520 每 50m 划分为一单元，其中衔接段 Z34+520～Z34+550 为一单元，每个单元区域待堤身填土清除至高程 6.00m 后进行塑料排水板铺设，同时下个施工单元进行堤身填土清除施工，各个单元区域交替施工，其中堤身填土清除采用挖掘机进行开挖，自卸车配合运输至指定弃渣区域；各个单元区域堤防填筑交替进行施工。

图 3-4 施工流程图

2）砂被铺设。待单元区域内堤身填土开挖清除至高程 6.00m 并平整碾压后，在超出塑料排水板范围 2m 的区域内铺设厚 0.5m 砂被，砂被的填充砂料采用外购砂料，其渗透系数不低于 $1×10^{-3}$cm/s，粒径 $d>0.075$mm 的颗粒含量不小于 75%，同时粒径小于 0.05mm 的颗粒含量不大于 10%，含泥量不大于 5%，无杂质和有机质混入。砂被充填袋采用扁丝编织土工布，其单位质量为 150g/m^2，纵横向极限抗拉强度为 20kN/m。

为防止渗水通道，在堤顶往河道侧滩地设置（或预留）截渗槽，截渗槽中心线距堤轴线 14.0m，截渗槽顶部高程 6.00m，顶宽 4.0m，深度 1.0m，截渗槽范围内铺设砂被和塑料排水板。砂被及塑料排水板铺设成型剖面见图 3-5。

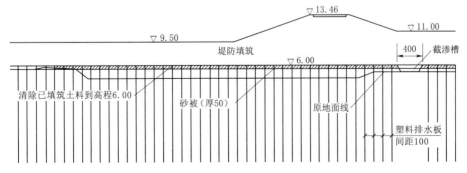

图 3-5 砂被及塑料排水板铺设成型剖面图（单位：高程为 m；其余为 cm）

3）塑料排水板施工。

A. 材料要求。塑料排水板施工设备采用履带式插板机，采用套筒式打设法，塑料排水板滤膜采用涤纶或丙纶无纺织物，单位面积质量宜大于 $85g/m^2$，滤膜的渗透系数要求不大于 $i×10^{-3}cm/s$（$1≤i≤10$），且其等效孔径 O_{95} 宜小于 0.08mm，塑料排水板采用 B 型排水板，塑料排水板性能指标见表 3-3。

表 3-3　　　　　　　　　　　塑料排水板性能指标表

项　　目		单位	B　型	条　　件
纵向通水量		cm^3/s	≥25	侧压力 350kPa
滤膜渗透系数		cm/s	$≥5×10^{-4}$	试件在水中浸泡 24h
滤膜等效孔径		$μm$	<75	以 O_{98} 计
复合体抗拉强度（干态）		kN/10cm	≥1.3	延伸率 10%
滤膜抗拉强度	干态	N/cm	≥25	延伸率 10%
	湿态	N/cm	≥20	延伸率为 15% 时，试件在水中浸泡 24h

注　B 型塑料排水板适用于打设深度小于 25m。

B. 塑料排水板施工工艺。

a. 塑料排水板插板流程见图 3-6。

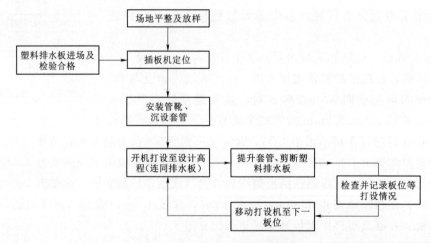

图 3-6　塑料排水板插板流程图

b. 桩位放样。按照设计给定的塑料排水板间距画出插打布桩图，标明排列的编号，每施打一根在图上相应位置标出，以免遗漏；根据塑料排水板布桩图放出具体的桩位，并做出鲜明标志，施工时应经常检查和保护桩位标记，丢失时及时补上。

c. 插板机定位。塑料排水板间距按照设计要求布置，插板机定位时，管靴与板位标记的偏差控制在 ±70mm 以内。

d. 插打塑料排水板。

a）塑料排水板按设计要求严格控制塑料排水板的打设标高，不得出现浅向偏差，排水板底部高程超过淤泥质土层底部约 1m；当发现地质情况变化，无法按设计要求打设时，及时与现场监理人员联系并征得同意后方可变更打设标高。

b）打设过程中随时注意控制套管垂直度，偏差不大于±1.5%；避免损坏滤膜，防止淤泥进入板芯堵塞输水孔，影响排水效果。

c）塑料排水板打设时，回带长度不得超过0.5m，且回带的根数不宜超过打设总根数的5%，同时严禁出现扭结、断裂和撕裂滤膜等现象。

d）打入地基的塑料排水板宜为整板，长度不足需要接长时，先将两根塑料排水板的滤膜剥开，使板芯直接相连，再将滤膜套在一起，用细铁丝或塑料绳穿扎牢固，亦可用具有相同连接强度的大号订书钉连接。"搭长板"接头见图3-7。

e）剪断塑料排水板。塑料排水板打设完毕后，剪断多余部分，剪断塑料排水板时，砂被以上的外漏长度大于0.2m，使其与砂被贯通，保证排水顺畅。

C. 塑料排水板在打设过程中注意事项。

a. 施工现场堆放物料排水板要加以覆盖，以防暴露在空气中老化。

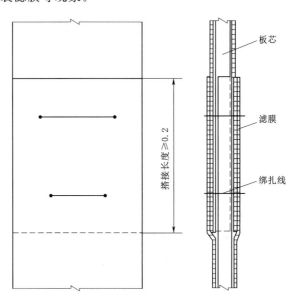

图3-7 "搭长板"接头示意图（单位：m）

b. 在插打过程中，套管不得弯曲，滤膜不得被撕破、污染等，防止淤泥进入板芯堵塞输水通道，影响排水效果。

c. 塑料排水板与桩尖链接牢固，避免提管时脱开，将塑料排水板带出。

d. 两根塑料排水板接长时，在塑料排水板上扎穿的孔眼不在板芯的同一条排水槽中，搭接长度不得小于0.2m，每根"接长板"只有一个接头，同时"接长板"分散使用，相邻板无接头，且"接长板"的使用量不超过总打设根数的10%。

e. 塑料排水板打设过程中，其平面位置、外露长度和垂直度允许偏差、检验数量和方法（见表3-4）。

表3-4 塑料排水板打设质量标准、检验数量和方法表

序号	项目	质量标准	检验单元	数量	单元测点	检 验 方 法
1	平面位置	±100mm	每根排水板	抽查10%	1	经纬仪、拉线和钢尺量纵横向，取大值
2	外露长度	>200mm		逐件检查		钢尺量
3	垂直度	±1.5%		抽查10%		经纬仪、吊线和钢尺检测套管的倾斜度

f. 严格控制塑料排水板间距和打设深度；导管与桩尖要衔接适当，避免错缝，防止淤泥进入，增大塑料排水板与导管壁的摩擦力，防止塑料排水板被带出。

g. 提升套管时带出的淤泥，不得弃置于砂被上，以免堵塞排水通道。

3.4.2　荆南长江干堤埠河至双十碑堤段防渗工程

（1）工程概况。荆南长江干堤位于湖北省境内长江中游荆江河段，起止桩号 K712＋500～K497＋600，上起松滋市查家月堤与松滋江堤相连，跨越虎渡河、藕池河、调弦河 3 条河流，下至石首市五马口与湖南省长江干堤相连，干堤全长 189.24m，为长江干堤二级堤防，保护松滋市小部分、荆州市荆州区、公安县、石首市和湖南省华容县洞庭湖等大部分地区。

埠河至双十碑防渗工程位于公安县埠河镇，施工段长 10km，设计采用水泥土防渗墙施工，防渗墙厚 20cm，墙面面积为 103021m²。

防渗措施采取垂直防渗墙，设计墙深 6.5～14.3m，向下深入到弱透水层 1.5～2.0m，固化剂使用 32.5 级普通硅酸盐水泥，水泥平均掺入比为 15%。防渗墙主要技术指标为：水泥土单头抗压强度不小于 0.5MPa，渗透系数 $K \leqslant i \times 10^{-6}$ cm/s，允许渗透比降大于 60，墙体垂直度不大于 0.5%，相邻桩体对中偏差不大于 50mm。

（2）地质情况。工程所在地堤身填土层厚度一般为 5～8m，由粉质壤土、粉质黏土及砂壤土组成，局部夹粉砂。土体不均一，密度偏低，局部含植物腐根及砖瓦碎片。粉质黏土和粉质壤土天然含水率为 20.4%～37.22%，干密度为 1.34～1.55g/cm³，空隙比为 0.738～0.967，压缩系数一般小于 0.5MPa^{-1}，属于中等压缩性，个别部位压缩系数可达 0.597MPa^{-1}，渗透系数为 $i \times 10^{-6} \sim i \times 10^{-4}$ cm/s，呈中等微透水性。

堤基主要为第四系全新统冲湖积层组成，其中下段上部主要由粉质黏土、黏土组成，局部夹砂及砂壤土薄层，下部为粉细砂层及砾卵石层；上部多具二元结构，上部为粉质壤土、粉质黏土及砂壤土薄层，厚度一般为 5～8m，最厚处达 20m，局部地段缺失，下部为粉细砂层，局部为中砂，夹黏土和粉质壤土及砂壤土，分布较稳定。

（3）工程施工情况。采用单头、双头及三头深搅设备共 28 台套进行施工。按 50m 布设一个先导孔，进行岩芯描述及绘制地质剖面图，确定防渗墙深度。通过深搅试验确定深搅桩施工技术参数，然后进行防渗墙施工。经过 61d 施工，共完成防渗墙 111243m²，耗用水泥约 15341t，并完成 2 个安全检测断面的埋设及安装。

施工完成后，每个机组开挖 1～2 个探坑，检查桩体垂直度、搭接长度、墙厚、墙表面有无缺陷、搅拌均匀性、连续性、桩身强度等。通过外观检查，表明墙体完整、搭接良好、轮廓清晰、表面光滑、厚度均匀，呈墙效果好。按每 500m 布设一个钻孔取芯检查搅拌桩均匀性、连续性及桩身强度，试验结果均满足设计要求。

3.4.3　九江市长江干堤加固整治工程

（1）堤基地质实例概况。九江市长江干堤堤基土体表层分布有一层人工杂填土，主要由粉质黏土、黏土夹碎石、块石等组成，厚度一般 1～2m，局部厚 6～10m。其下地层为第四系全新统冲湖积层，具二元结构。其上段为粉质黏土、粉质壤土、淤泥质黏土等，厚 2～6m；中段为粉质壤土、粉质黏土、黏土夹粉砂、砂壤土或淤泥质黏土，厚 6～15m，上中段土层多为黏性相对不透水层；下段为粉细砂、中粗砂层、黏土层和砂砾石层，厚 20～25m，属透水层。再向下局部地段见下第三系新余群基岩出露。

根据土的成因及岩性特点，对堤基各类土层进行了力学指标试验，粉质黏土孔隙比为

$0.979\sim1.000$，压缩系数为 $0.46\sim0.61\text{MPa}^{-1}$；粉质壤土孔隙比为 $0.752\sim0.780$，压缩系数为 $0.23\sim0.41\text{MPa}^{-1}$；淤泥质粉质黏土的承载力标准值为 $100\sim135\text{kPa}$。结果表明：堤基土层的孔隙比、压缩系数较大，堤基受力后可能产生堤基沉陷；淤泥质粉质黏土的承载力不能满足防洪墙基底压力要求。为减小堤基沉陷和满足堤基承载要求，需对堤基进行加固处理。

对堤基土层进行了渗透变形试验。堤基人工填土层及堤基粉质壤土、粉细砂层的渗透系数值为 10cm/s，其他黏性土层的渗透系数 K 值为 $1\times10^{-5}\sim1\times10^{-7}\text{cm/s}$。粉质黏土的临界比降 J_{cr} 为 1.75，破坏比降 J_f 为 $3.0\sim6.0$，破坏形式为流土。中粉质壤土的 J_{cr} 为 $0.83\sim1.25$，J_f 为 $1.22\sim2.25$，破坏形式为局部流土。重粉质壤土 J_{cr} 为 $0.41\sim1.46$，J_f 为 $3.0\sim5.0$，破坏形式为流土或局部流土。根据渗透变形试验成果分析，堤基粉质黏土的抗渗透变形性能较好，而粉质壤土为堤基抗渗透变形的薄弱土体，在正常情况下，堤基土体不易发生渗透变形破坏。但由于堤基各类土层分布不均，堤基表层有厚度不等的杂填土层，其与堤身填土间形成接触渗透通道，汛期沿堤脚易发生散浸或管涌，此类险情出现比较普遍；当堤内地势低或紧邻水塘，汛期在堤外高水头长时间作用下，堤内坡脚易发生散浸；当局部堤基表层厚 $0.7\sim1.0\text{m}$ 的粉质壤土层在堤外直接裸露，渗径较短，会因渗透比降较大而出现险情。九江市长江堤防历年来险情隐患表明，堤基的渗流稳定是制约堤防实际防洪能力的主要因素。为确保干堤安全，必须对堤基进行加固处理。堤基处理根据不同要求，分为堤基防渗处理和堤基加固处理。

（2）堤基防渗处理。

1）防渗处理范围。设计对所有新建钢筋混凝土防洪墙堤段，以及堤身、堤基发生过渗漏的堤段，均进行了防渗处理。防渗处理堤段总长度为 12.34km。对堤基中特黏性土层厚度大于 5m，未发生渗水现象的堤段不做截渗处理。

2）防渗处理措施。堤基防渗处理措施，按其作用可分为截渗、减渗、排渗、压渗和反滤等。其中截渗及减渗措施统称为防渗，其作用是延长渗径，减少渗流量或截断水流，降低渗流水力比降和渗透流速，保护堤基的稳定。按布置形式可分为水平防渗和垂直防渗。

九江市长江干堤地处城区，当采用水平铺盖或填塘固基等防渗措施时，土方工程量大，取土、运土受到城市规划和交通的限制，工程不易实施。即使实施后，工程标准不高，仍可能出现险情。为保证防洪安全，设计采用了可靠性较高的垂直防渗措施，以达到"标本兼治"的目的。

垂直防渗措施采用具有良好防渗效果的新技术、新材料、新工艺，主要为国内堤防工程采用较多并有成功经验的塑性混凝土防渗墙、深层搅拌桩、高压喷射注浆法等，结合使用复合土工膜，起到有效的防渗作用。其中后两种方法（深搅和高喷）主要用于加固堤基，兼起防渗作用。

3）塑性混凝土防渗墙。塑性混凝土防渗墙是采用泥浆固壁，在土层中抽槽后回填防渗材料而形成其结构可靠，防渗效果好，可适应各种土层。成槽方法有射水法、薄型液压抓斗法、链斗法或液压式锯槽机。如采用薄型液压抓斗法施工，深度可达 50m，施工速度快，成墙结构性较好。混凝土防渗墙的有效厚度可达 $30\sim40\text{cm}$，允许渗流比降为 $80\sim100$，破坏比降为 300~600，渗透系数为 $1\times10^{-7}\sim1\times10^{-8}\,\text{cm/s}$，抗压强度为 8~15MPa。

A. 防渗墙的深度。

九江市城区堤基表层 3~5m 土层中多夹有碎石及砖块等，防渗墙必须击穿该层碎渣坐落于黏土或粉质黏土层中，插入深度按抗渗透破坏的要求确定。在考虑渗透破坏时，分两种情况：①不考虑上层相对不透水层中含有粉细砂或粉质壤土等抗渗性较差的土层，这时渗透破坏按流土破坏核算；②考虑上层相对不透水层中含有粉细砂或粉质壤土等抗渗性较差的夹层，并假定其与地面流通，在此情况下渗透破坏按管涌复核。

长江干堤堤基上层多为黏性土相对不透水层，下层为砂层透水层的二元结构，部分堤段为粉质黏土层中夹有粉细砂层。在相对不透水层较厚堤段，防渗墙深度按穿过人工填土层，并穿过表层粉质壤土，插入相对不透水层（$K<1\times10^{-5}\,\text{cm/s}$）0.5m 确定，经复核后能满足抗渗透破坏要求。在明显有砂层夹层地段，则要求切穿该砂层，使防渗墙后相对不透水层形成整体，增加有效盖重，经复核后能达到抗渗要求。

B. 防渗墙的厚度。防渗墙厚度应满足抗渗要求，根据式（3-7）计算。

$$D=\frac{\Delta H}{[J]} \tag{3-7}$$

式中 D——墙体厚度，m；

　　ΔH——上下游水位差，m；

　　$[J]$——墙体材料允许比降。

H 取 10m，对混凝土防渗墙 $[J]$ 取 80，计算需墙厚约 20cm，考虑城市堤基的复杂性和施工设备的适应性，采用墙厚 60cm。

C. 防渗墙设计与布置。防渗墙承受的应力不大，设计采用塑性混凝土作为墙体材料。塑性混凝土是在混凝土配合比中增大黏土（包括膨润土）用量，每立方米混凝土主要材料用量为：骨料 1640kg，水泥 170kg，黏土 85kg，膨润土 40kg，水 275kg。

防渗墙设于防洪墙底板下。防渗墙施工完后，凿除其顶部 50cm，浇入后期 C20 混凝土，并插入紫铜片与后期混凝土及防洪墙底板连接，紫铜片伸入防洪墙及防渗墙中各 15cm。

（3）堤基加固处理。加固处理范围及措施。加固处理范围主要为新建防洪墙段未经预压的新基础上，局部堤段夹有淤泥质土，堤基承载力不能满足防洪墙基底压应力要求，需进行加固处理。加固处理堤段总长度约 1814m。加固措施主要采用水泥土深层搅拌桩和高压喷射注浆两种方法。

A. 深层搅拌桩。深层搅拌桩是利用水泥作为固化剂的主剂，通过深层搅拌机械在堤基深处就地将软土和固化剂强行拌和，使软土硬结成具有整体性、水稳定性和一定强度的水泥加固土，从而提高堤基承载力和抗渗性能。深层搅拌桩适用于淤泥、淤泥质土、粉质黏土、粉土、粉砂等土层中，施工时无噪声、无污染。目前最大深度可达 18m。有效厚度单排直径为 50~70cm，防渗体的渗透系数为 $1\times10^{-5}\sim1\times10^{-7}\,\text{cm/s}$，允许渗透比降为 20~30，抗压强度为 0.5~2.0MPa。

a. 深层搅拌桩设计。深层搅拌桩采用双搅拌轴搅拌机施工。设计单搅拌头直径为 0.7m，成桩为两个搭接 20cm、直径 0.7m 的圆柱桩，截面积为 0.71m²，桩周长为

3.35m。深层搅拌桩桩长按击穿粉质黏土层并插入其下粉细砂层不小于 0.5m 考虑，长 11～12m。

b. 深层搅拌桩平面布置形式。深层搅拌桩平面布置为格栅式，平行于防洪墙轴线布置成两排，排距为 4.3m，垂直防洪墙轴线布置成多排，排距为 3m。要求迎水侧搅拌桩采取搭接的方式，兼起防渗作用。

B. 高压喷射注浆。高压喷射注浆是用高压喷射水、气或浆液介质冲刷切割土体，并使浆液与土体颗粒掺和而形成防渗墙体，有强化堤基和防水止渗的作用。长江干堤改线部分堤段由于堤基表层人工填土中多夹有块石和建筑垃圾，不宜采用水泥土搅拌桩处理，若采用双排混凝土防渗墙则造价偏高，故采用双排高喷墙加固堤基和防渗。

a. 高喷墙平面布置形式。第一排（迎水侧）高喷墙为旋喷桩和摆喷，孔距均为 3.0m，间隔布置，形成一道封闭墙体，兼起防渗作用。旋喷桩直径为 1.5m，摆喷角为 30°；第二排（背水侧）高喷墙为旋喷桩，孔距、桩径同第一排，两排间距 2.85m。

b. 高喷墙深度。高喷墙深度应满足堤基承载要求和防渗要求。根据地质资料分析，高喷墙需打入人工填土（或杂填土）层底板以下 6m，并穿过局部的碎块石层，约至防洪墙底板以下 8m。

（4）结语。九江长江干堤堤基为二元结构，地质条件复杂。堤基土体孔隙比及压缩系数低，易导致基础沉陷，淤泥质粉质壤土标准承载力为 110～130kPa，不能满足防洪墙底板压应力要求。堤基各类土层分布不均，在高水头长时间作用下，易产生渗透破坏。为保证九江市长江堤防安全，将堤基加固处理分为防渗处理和加固处理。处理方法为国内堤防工程中普遍使用、具有良好防渗效果的塑性混凝土防渗墙、水泥土深层搅拌桩，防渗墙的深度、厚度及高压喷射注浆等均满足渗透稳定及承载要求。

4 堤身施工

4.1 构筑分类

常见的堤身构筑主要有土料碾压筑堤、土料吹填筑堤、抛石筑堤、砌石筑堤（墙）、钢筋混凝土筑堤（墙）等五种构筑方法，堤身构筑类型及其优缺点见表4-1。在现场实际施工中，应按照因地制宜、就地取材的原则，根据堤段所在的地理位置、重要程度、堤址地质、筑堤材料、水流及风浪特性、施工条件、运用和管理要求、环境景观、工程造价等因素，经过技术经济比较，综合确定堤防的具体填筑型式。

表4-1　　　　　　　　　　堤身构筑类型及其优缺点表

筑堤类型	适用范围	优　点	缺　点	发展趋势
土料碾压筑堤	方便土料运输场合	（1）施工质量易保证，施工技术成熟； （2）施工设备简单常用	与社会道路交叉多，易出现安全事故	
土料吹填筑堤	土料匮乏、碾压筑堤困难，可与疏浚配合施工	（1）在缺乏土源的场合，结合疏浚开挖，充分利用疏挖料进行堤身构筑，一举两得； （2）吹填法不受气候及施工道路的影响，施工效率高，施工成本低	（1）施工初期干密度较小，含水量大，抗剪强度较低，堤身不稳定； （2）相比常规碾压筑堤的堤身断面大，堤坡缓，土方量较大	（1）舱容大型化挖泥设备的研发和应用； （2）疏浚吹填专业技术化； （3）疏浚吹填环保节能化
抛石筑堤	陆域软基、围海筑堤、裁弯取直	（1）在软基、裁弯取直及围海筑堤工程中，此施工方法成本较低，工期短； （2）筑堤完成后，后期维护成本低，所形成的固堤功用为柔性保护； （3）石料的重复使用与再生性高，在合理利用自然资源方面具有环保意义	（1）大量符合要求的石料不宜获得； （2）石料的开采易对生态环境造成严重的破坏	（1）新型施工设备的研发与应用； （2）新的检测技术的研发与应用
砌石筑堤（墙）	城市堤防高度不大时，可砌石筑堤	砌石筑堤不仅造价低，料源丰富，而且外观美观，易与周围环境相协调		
钢筋混凝土筑堤（墙）	城市堤防	钢筋混凝土堤和砌石一起组成城市堤防的一大景观		

4.2 堤身构筑

4.2.1 土料碾压筑堤

土料碾压筑堤是实际应用中最常见的筑堤型式之一，其施工工艺简单，施工技术成熟，施工质量、进度、成本及安全等方面容易控制。根据构筑时间，土堤构筑可划分为三种类型：①新修堤防；②旧堤的加高培厚；③旧堤的加固。

无论何种类型的筑堤型式，其施工工序和要求基本相同。堤身土方填筑施工要严格按照施工工序进行，做到该次工序不合格不得转入下道工序、保证堤防施工质量。土料碾压筑堤基本工序见图 4-1。

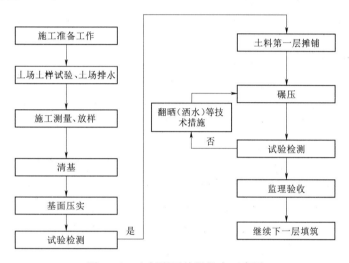

图 4-1　土料碾压筑堤基本工序图

（1）施工准备。在施工前，要做好施工准备。施工准备主要包括施工组织设计的编制、测量及放样、料场的平面布置、料场的复核、施工设备准备、碾压试验等。

1）施工组织设计的编制。开工前，施工单位组织相关专业技术人员对合同及设计文件进行深入研究，并结合施工现场具体条件编制施工组织设计。1 级、2 级堤防工程施工可分段编制，跨年度工程还需要分年编制。

2）测量及放样。堤防工程堤身放样时，应根据设计要求预留堤基、堤身的沉降量。基线相对于邻近基本控制点，平面位置允许误差为±30～±50mm，高程允许误差为±30mm。

堤防基线的永久标石、标架埋设必须牢固，施工中须严加保护，并及时检查维护，定时核查、校正。

3）料场的平面布置。料场的平面布置主要包括开采工作面划分、料场运输道路、水电线路、弃料场及料场防洪和排水设施等布置。

A. 开采工作面划分布置：根据开采强度和作业方式，划定足够的开采面，布置开挖机械和运输机械的行驶路线。

B. 料场运输道路布置：土料场一般地势较平缓，其支线电路可设置循环式的单车道，地势狭窄处可设置直进式的双车道。采区道路变更频繁，故路面简易，需要推土机经常维护。

C. 水电线路布置：水电线路尽量避免与道路交叉，如遇交叉则应将之埋入地下或采用排架高挑。水电管路的主干线敷设至料场开挖的边线外，在干线端部设置多个接叉，改用软胶管引入作业面。

D. 弃料场布置：应根据弃料数量、堆存时间，结合场地平整度设置集中的或者分散的堆弃料场地，其位置应与总平面布置统一考虑，切忌沿河乱堆乱卸，与有用料混存。

E. 料场防洪布置：①当料场靠近山坡或者山沟出口时，应采取措施预防山洪或者泥石流而带来的灾害；②洪水期开挖滩地料场时，应布置好机械设备的撤退路线，挖掘机要设置好避洪台等设施；③当料场低于地平面时（尤其是地下水较高的砂砾石料场和石料场），应设水泵进行排水；④要根据洪水规律做好河滩料场的开采规则，所有施工作业不应对防洪设施造成危害。

F. 料场排水设施布置：①根据料场地形、降雨特点及使用情况，确定合理的排水标准，做出全面的排水规划；②在料场周围布置排水沟，排水沟有梯形土质明沟和梯形砌石明沟，应有足够的过水断面，满足排水条件；③顺场地地势布置排水沟，并辅以支沟。支沟大致平行，有一定的纵坡，使排水通畅；④排水系统与道路布置相协调，主要道路两侧均设排水沟，道路与排水沟交汇处设管涵。

4）料场的复核。筑堤材料应就地取材，因材设计，一般黏土、亚黏土都可作为筑堤土料，优先选用黏性土含量为15％～30％，塑性指数为10～20，天然含水率接近填筑最优含水率的亚黏土；要求不含砂、植物根茎、砖瓦、垃圾等杂物，浸水变形量小，渗透系数不大于1×10^{-4}cm/s，按重量计，水溶盐含量不大于3％，有机质含量不大于5％，填筑时土料含水率与最优含水率的允许偏差为±3％。

淤泥质土、黏粒含量过高的黏土、粉细砂、杂质土、冻土块、膨胀土、分散性黏土沼泽土和富含未完全分解的有机质土料等特殊土料，一般不宜用于堤身填筑。因需要采用淤泥质土、膨胀性土、分散性黏土填筑时应作专门论证。

开工前，施工单位应对料场进行现场核查，内容如下：

A. 料场位置、开挖范围和开采条件，并对可开采土料厚度及储量做出估算。料场土料的可开采储量应大于填筑需求量的1.5倍。

B. 了解料场的水文地质条件和采料时受水位变动影响的情况。

C. 普查料场土质和土的天然含水量，并根据设计要求对料场土质做简易鉴别，对筑堤土料的适用性做初步评估。

D. 核查土料特性，采集代表性土样按现行土工试验方法标准的要求做颗粒组成、黏性土的液塑限和击实、砂性土的相对密度等土料物理力学性能综合试验。

E. 应根据设计文件要求、土质、天然含水量、运距、开采条件等因素划定土料场，并设立标志，严禁在堤身两侧设计规定的保护范围内取土。

F. 土料场应满足施工进度、方法、工艺流程及施工组织的需要，平面布置合理、紧凑，尽可能地少占施工用地，应少占耕地农田，不妨碍排洪和引排水。

G. 料场场地应当平整，清除障碍物，无坑洼和凹凸不平，雨季不积水，暖季适当绿化，周围布置截水沟，并具有良好的排水系统。

H. 土料场规划应符合主管部门相关规定和建设单位安全环保、消防、环境保护的要求。

5）施工设备准备。在选用施工设备时，尽量选用本单位现有设备，减少资金投入，充分发挥现有设备效益，现有设备不能满足施工要求时，可考虑租赁或者外购。同时，在同一个工程上，施工设备种类和型号尽可能少，尽可能多地使用通用设备，以便于现场施工设备的维修、管理及转移。

6）碾压试验。在开工前，选用具有代表性的土料进行碾压试验。碾压试验所选用的施工设备与材料和施工时所使用的设备及材料的类型、型号相同。碾压试验所选择的堤段要具有代表性，场地不小于 20m×30m，试验场地以长边为轴线划分为 10m×15m 的 4 个试验小块。当需对某个参数做多种调控试验时，应适当增加试验次数。

通过碾压试验可以合理地确定普通厚度、土块限制粒径、最佳含水率、压实方法、压实遍数及压实机具组合等一系列施工技术参数。

碾压试验完成后，及时对试验数据进行整理分析，绘制出干密度值与压实遍数的关系曲线图等，并形成正式文件，作为后续施工指导性的技术文件。

（2）堤基清理。堤基施工前，应根据勘测设计文件、堤基的实际情况和施工条件制订有关施工技术措施与细则。堤基地质比较复杂、施工难度较大或无现行规范可遵照时，应进行必要的技术论证，并应通过现场试验取得有关技术参数。堤基清理施工程序见图 4-2。

图 4-2　堤基清理施工程序图

测量放样：在堤基清理前，用 GPS 或者全站仪对堤基基面清理范围进行定位。堤基基面清理范围包括堤身、铺盖、压载的基面，其边界超出设计基面边线 30～50cm。

表土清理：用挖掘机或推土机将堤基表层杂物、杂草、树根、不合格土、石块、淤泥腐殖土、杂填土、泥炭及杂物等清除成堆，用自卸车运至弃土区，并将堤基平整压实；表层为耕地或松土时，清除表面后整平压实。

技术处理：堤基表层如有房基、孔洞要彻底清除，所有坑洼应按堤身要求分层压实填平，堤基范围内的坑、槽、沟等，按堤身填筑要求进行回填处理；对堤基中的暗沟、故河道、塌陷区、动物巢穴、墓坑、窑洞、坑塘、井窖、房基、杂填土等隐患，探明并应采取处理措施。

原地形横坡不陡于 1:5 时，堤基清理合格并压实后即可进行堤身填筑；横坡陡于 1:5 时，将原地面挖成台阶，台阶宽度不小于 1m，每级台阶高度不大于 30cm。

在已有堤身上加高培厚时，将与新土接合的旧堤坡进行表土清除，表土清理厚度为 30～50cm。在已有堤身加高培厚施工全过程中，若发现已有堤身存在裂缝、孔洞等危及大堤安全的隐患，及时向建设、监理、设计等单位报告，并做好记录。经加固处理验收后才允许继续施工。

基面清理平整并自检合格以后，应及时报建设、监理单位验收。基面验收后应抓紧施工；若不能立即施工时，应做好基面保护，复工前应再检验，必要时进行重新清理。堤基清理施工质量可参考《水利水电工程单元工程施工质量验收评定标准——堤防工程》（SL 634—2012）进行检验，见表4-2。

表4-2　　　　　　　　　　　　　堤基清理施工质量标准

项次	检验项目	质　量　要　求	检验方法	检验数量
主控项目	表层清理	堤基表层的淤泥、腐殖土、泥炭土、草皮、树根、建筑垃圾等应清理干净	观察	全面检查
	堤基内坑、槽、沟、穴等处理	按设计要求清理后回填压实	土工试验	每处或每400m^2每层取样1个
	结合部处理	清除结合部表面杂物，并将结合部挖成台阶状	观察	全面检查
一般项目	清理范围	基面清理包括堤身、戗台、铺盖、盖重、堤岸防护工程的基面，其边界应在设计边线外0.3～0.5m，老堤加高培厚的清理尚应包括堤坡及堤顶等	测量	按施工堤段轴线长20～50m测量1次

（3）土料开挖与运输。土料开挖主要有立面开挖和平面开挖两种方式，其施工特点及适用条件见表4-3。根据料场土料的性质、料层情况、土料天然含水率以及气象、水文地质、料场地形、开挖机械等因素决定开挖方式，并符合下列要求：①土料的天然含水量接近施工控制下限值时，宜采用立面开挖；若含水量偏大，宜采用平面开挖；②当层状土料有须剔除的不合格料层时，宜采用平面开挖，当层状土料允许掺混时，宜采用立面开挖；③冬季施工开挖土料，宜采用立面开挖；④取土坑壁要稳定，立面开挖时，严禁掏底施工。

表4-3　　　　　　　　　　　　　土料开挖方式比较表

开挖条件	立　面　开　挖	平　面　开　挖
料场条件	土层较厚（大于5m），土料成层分布不均	地形平坦，面积较大，适应薄层开挖
含水率	损失小，适用于接近或略小于施工控制含水率的土料	损失大，适用于稍大于施工控制含水率的土料
冬季施工	土温散失小	土温易散失，不宜在负温下施工
雨季施工	不利影响较小	不利影响较大
适用机械	挖掘机、装载机	推土机、铲运机、挖掘机
层状土料情况	层状土料允许掺混	层状土料有须剔除的不合格料层

无论采用何种开挖方式均应以安全就近取土为准则，禁止在堤基保护的范围内取土，不得因土料开挖破坏堤防的天然覆盖，影响堤基防渗及堤身安全，或使下游渗流稳定条件恶化。另外，土料开挖要求坑壁稳定，立面开挖时，严禁掏底施工，避免工程事故的发生；在料场应对土料进行严格的质量控制，检查土料性质及含水率是否符合设计规定，不符合规定的土料不得上堤填筑。

取土场开挖前，先将土场表面的杂草、树根、砖石、植被及腐殖土清除干净，并集中堆放。为使上堤土料含水量适中，根据料场中土料的含水情况调配土料，使土料的含水量达到最佳。土料开挖前要根据设计文件要求划定取土区，并设立标志。

土料场排水应采取截、排结合，以截为主。对于地表水应在料场修筑截水沟加以拦截，对于流入开采范围的地表水应挖纵横排水沟迅速排除，在开挖过程中，应保持地下水位在开挖面 0.5m 以下。

土料运输方式主要有自卸汽车运输、铲运机运输和拖拉机运输。其各自的运输特点如下：

1）自卸汽车运输：自卸汽车运输具有上堤强度高、适应性强、运输能力高、设备通用、直接铺料、机动灵活和设备易于获得等特点，是最常用的运输方法。

2）铲运机运输：铲运机的特点是一机兼具挖、装、运、卸等功能，但仅适用于土及松散砂砾料的短距离铲运，一般拖式铲运机适用于运距 500m 以内。

3）拖拉机运输：拖拉机运输可牵引大容积拖车运土，运距不超过 5km 为宜。

土料的运输方式应根据施工单位自身现有条件及现场施工条件等综合选择，选择运输方式应考虑的原则：①满足填筑强度要求；②在运输过程中不混杂、不污染和降低土料物理力学性能；③各种堤料尽量采用相同的上堤方式和通用设备；④临时设施简易，准备工程量小；⑤运输中转环节少；⑥运输费用较省。

（4）铺料作业施工。铺料前先将上一层的压光面层刨毛，含水量适宜，过干时洒水，过湿时晾晒。铺料均匀、平整，每层铺料厚度和土块直径的限制尺寸通过碾压试验确定。不同碾压机具、土料块径和铺土厚度控制参数参考表见表 4-4，具体以现场碾压试验为准。

表 4-4   不同碾压机具、土料块径和铺土厚度控制参数参考表

碾压机具类型	碾 压 机 具	土料块径/cm	每层铺土厚度/cm
轻型	人工夯、机械夯	≤5	15～20
	5～10t 平碾或凸块碾	≤8	20～25
中型	12～15t 平碾或凸块碾、5～8t 振动碾、2.5m³ 铲运机	≤10	25～30
重型	加载气胎碾、10～16t 振动碾、大于 7m³ 铲运机	≤15	30～35

土料或砾质土一般采用进占法或后退法卸料；砂砾料为防止发生颗粒分离，优先采用后退法卸料。施工时，砂砾料、砾质土发生颗粒分离时，应将其拌和均匀后方可铺料。铺料过程中严禁将砂砾料或其他透水性材料与黏性土混杂，铺料边线应超过设计边线一定量，一般机械铺料时超过设计边线 0.30～0.50m，人工铺料时超过设计边线 0.10～0.20m。

地面起伏不平时，先由低处开始逐层铺料填筑。为了避免出现界沟，分层作业时统一覆盖，统一碾压。机械作业时分段施工的最小长度不小于 100m，人工作业时不小于 50m，相邻施工段的作业面均衡上升。若不可避免出现高差时，以斜面相接，坡度不陡于 1:5。

（5）压实作业施工。施工前应先做碾压试验，确定碾压参数，以便能达到设计干密度值。碾压时必须严格控制土料含水率，含水率应控制在最优含水率的 ±3% 范围内。分段填筑时，各段应设立标志，防止漏压、欠压和过压，上下层的分段缝位置应错开。

机械碾压施工应符合以下要求：①碾压机械行走方向应平行于堤轴线；②分段、分片

碾压时，相邻作业面的搭接碾压宽度，平行堤轴线方向不应小于 0.5m；垂直堤轴线方向不应小于 3m；③拖拉机带碾碫或振动碾压实作业，宜采用进退错距法，碾迹搭压宽度应大于 10cm；铲运机兼作压实机械时，宜采用轮迹排压法，轮迹应搭压轮宽的 1/3；④机械碾压时应控制行车速度：平碾、凸块碾、振动碾不宜超过 2km/h，铲运机应使用 2 挡。

机械碾压不到的部位，应辅以夯具夯实。夯实时应采用连环套打法，夯迹双向套压，夯压夯 1/3，行压行 1/3；分段、分片夯实时，夯迹搭压宽度应不小于 1/3 夯径。

砂砾料压实时，洒水量宜为填筑方量的 20%～40%；中细砂压实时的洒水量按最优含水率控制。

碾压土堤单元工程压实质量合格标准见表 4-5，碾压土堤外观质量合格标准见表 4-6。

表 4-5　　　　　　　　碾压土堤单元工程压实质量合格标准表

堤　　型		筑堤材料	干密度合格率/%	
			1 级、2 级土堤	3 级土堤
均质堤	新筑堤	黏性土	≥85	≥80
		少黏性土	≥90	≥85
	老堤加高培厚	黏性土	≥85	≥80
		少黏性土	≥85	≥80
非均质堤	防渗体	黏性土	≥90	≥85
	非防渗体	少黏性土	≥85	≥80

注　必须同时满足下列条件：
　　1. 不合格样干密度值不得低于设计干密度值的 96%。
　　2. 不合格样不得集中在局部范围内。

表 4-6　　　　　　　　碾压土堤外观质量合格标准表

检查项目		允许偏差或规定要求/cm	检查频率	检查方法
堤轴线偏差		±15	每 200 延米测 4 点	用全站仪、经纬仪、GPS 测
高程	堤顶	0～+15	每 200 延米测 4 点	用水准仪测
	平台顶	-10～+15		
宽度	堤顶	-5～+15	每 200 延米测 4 处	用钢卷尺量
	平台顶	10～+15		
边坡	坡度	不陡于设计值	每 200 延米测 4 处	用水准仪测和钢卷尺量
	平顺度	目测平顺		

注　质量可疑处必测。

（6）土工合成材料加筋填筑土堤施工。当在较软地基上进行筑堤时也可采用土工合成材料加筋，其施工要点为：①土工合成加筋材料铺放的基面要平整，土工合成加筋材料宜用宽幅规格；②土工合成加筋材料要垂直堤轴线方向铺放，长度按设计要求裁制；③土工合成加筋材料铺放要尽量用人工拉紧，并用 U 形钉定位于填筑土面上，填土时不得发生移动；④填土前如发现土工合成加筋材料有破损、裂纹等质量问题，应及时修补或进行更换处理；⑤土工合成加筋材料上可按规定层厚铺土，但施工机械与土工合成加筋材料间的填土厚度不应小于 15cm；⑥加筋土堤压实，宜用平碾或气胎碾，但在极软的地基上筑加筋堤，开始填筑的二层、三层宜用推土机或装载机铺土压实，待填筑层厚度大于 0.6m 后，方可按常规方法碾压。

加筋堤施工中，填筑最初二层、三层时应注意：①在极软地基上作业时，应先从堤脚两侧开始填筑，然后逐渐向堤中心填筑。在平面上呈凹字形向前推进；②在一般地基上作业时，应先从堤中心开始填筑，然后逐渐向两侧堤脚对称扩展，在平面上呈凸字形向前推进。

（7）堤身接缝施工。堤身分段进行施工时，分段间有高差的连接或新老堤相连接，接缝采用斜面相接。斜面坡度控制在土料为 1:2～1:2.5，砂砾料不陡于 1:1.5，高差大时采用缓坡。土堤与岩石岸坡相接时，岸坡削坡不陡于 1:0.75，因条件限制陡于该坡度时可做试验论证，满足要求后可进行填筑作业。

堤身接缝填筑时做到：①随着填筑面的上升进行削坡，直至合格层；②削坡合格后，控制好坡面土料的含水率，边刨毛、边铺土、边压实；③垂直堤轴线的堤身接缝碾压时，跨缝搭接碾压，其搭接宽度不小于 3m；④结合面干燥时，进行洒水湿润处理。

（8）堤身与刚性建筑物相接的填筑施工。堤防工程不可避免与刚性建筑物（如涵闸、堤内埋管、混凝土防渗墙等）相接，为了避免土料填筑时对刚性建筑物造成损害，待刚性建筑物强度分别达到设计强度的 50%（受压构件）、70%（受弯构件）的情况下方可进行填筑施工，并做好下列技术处理。

1）填土前，先将建筑物基槽内的杂物及基底软弱土层清理干净，泥、水彻底排除；用钢丝刷等工具将建筑物表面的乳皮、粉尘及油污等清除干净，表面的外露铁件（如模板对拉螺栓等）要进行割除，必要时对铁件残余露头需用聚合物水泥砂浆覆盖保护。

2）填筑时，应先将建筑物表面湿润，边涂浓泥浆、边铺土、边夯实。涂浆高度与铺土厚度一致，避免待泥浆干涸后再铺土、夯实，涂层厚度宜为 3～5mm，并与下部涂层衔接。泥浆用塑性指数大于 17 的黏土制备，泥浆的浓度为 1:2.5～1:3.0（土水重量比）。

3）建筑物两侧填土，应保持均衡上升，防止建筑物被挤移，贴边填筑配合人工采用小型夯具夯实，铺土厚度控制在 15～20cm 之间。

4）建筑物顶部填筑 0.5m 厚度以后方可采用机械压实。

（9）冬、雨季施工。

1）冬季施工。土堤不宜在负温下施工，特殊情况下（如采取保温措施时）允许在气温不低于 −10℃时施工，但应采用重型机械碾压，并采取一些保温措施，必须保证压实时土料温度在 0℃以上。

负温施工时应取正温土料（压实时温度在 −1℃以上），且筑堤土料中不得夹有冻土和冰雪。装土、铺土、碾压、取样等工序都应快速流畅，防止土温大量散失。施工过程中出现土料冻结现象时要立即停止，并采取措施加以处理。负温下填筑对土料的含水率应作严格控制，黏性土含水率不大于塑限的 90%；砂料含水率不大于 4%；铺土厚度应比常规要求适当减薄，或采用重型机械碾压。

冬季采取特殊方法施工时，经现场试验论证满足要求后实施。

2）雨季施工。雨季堤身填筑施工主要是解决好防风、防雨、防雷及防汛等问题。根据雨情预报，在降雨前及时将作业面表层的松土压实成光面，并做成中央凸起向两侧微倾状，防止雨水下渗，避免积水，必要时现场设置排水沟。雨前黏性土填筑面采用防水布铺盖，未铺盖的填筑面在降雨时或雨后不宜人行践踏及车辆通行；降雨时，停止黏性土填筑施工。

雨后恢复填筑施工，填筑面先进行晾晒、复压处理，必要时对表层再次进行清理，待含水率达到要求后，再刨毛，经检验合格后方可铺设新土。

4.2.2　土料吹填筑堤

由于传统的筑堤工法受工程所在地周围土石资源分布、开采运输方式复杂和工程造价偏高等客观条件的限制，因此土料吹填技术应运而生。土料吹填技术较好地解决了施工现场紧张、施工现场无道路、机械碾压困难的问题。

土料吹填技术与传统筑堤技术相比，由于是利用压力水冲击砂土形成泥浆，管道输送泥浆至作业区完成土料填筑，因此具有采运难度低、机械化程度高、省劳力、施工安全高效等特点，有着非常广阔的应用前景。

土料吹填筑堤是堤身构筑的一种既传统又现代的施工技术，其实质就是土料泥浆吹填固结密实的过程，它包含三个阶段，即土料的湿化崩解、沉淀排水和固结密实。随着电子信息技术的迅猛发展，为土料吹填提供了大功率、高效、精确的施工设备，使吹填法朝着准确定位、均匀吹填、快速固结的方向迈进。

按照吹填法的施工工艺和流程，目前常见的吹填法分类见图 4-3。

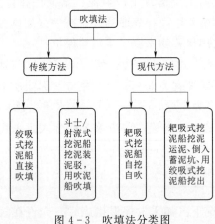

图 4-3　吹填法分类图

（1）吹填土料。从理论上讲，江河湖海的泥沙及其水下岩土均能作为吹填筑堤的土料。由于受到施工设备及技术的限制，我国目前采用的吹填土料仍局限在淤泥至风化软岩范围内，且以砂土及砂壤土为主。

土料土质是决定吹填筑堤工程治理和施工效率的关键因素之一，因此施工前对取土区地质资料进行仔细研究与分析，了解土料类别、结构及物理性指标很有必要。通过试吹填了解其吹填特性、固结特性、渗透性及承载能力等，为以后设备选型、制订施工方案和施工进度提供依据。常见土壤的基本吹填特性见表 4-7。

表 4-7　　　　　　　　　　　　　　常见土壤的基本吹填特性表

吹填土类型		吹填特性	淤积比降	固结特性	透水特性	承载能力
淤泥质土		易挖送、沉淀慢、流失大	1/300~1/100	速度慢、过程长、效果差	透水性差、排水缓慢	极差
黏土	软	便于挖送、吹填效果差	1/25~1/50	固结时间长	透水性差	较差
	硬	挖送难、吹填土呈团块状	1/10~1/25	管口易堆积、块状物易固结	防渗能力强	有一定的承载能力
粉细砂		易挖送、效率高、效果好	1/50~1/150	较易固结、速度较快、效果较好	透水性好	较好

吹填土类型	吹填特性	淤积比降	固结特性	透水特性	承载能力
中砂	落淤快、效果好	1/25～1/50	速度快、密实	透水性好	较强
粗砂	落淤快、易堆积	1/10～1/25	速度快、较密实	透水性好	强

吹填筑堤土料的施工特性主要有三个：固结沉降率、流失率及堤基沉降率。

固结沉降率：固结沉降率是控制吹填高程的一项重要参数，其大小与吹填土土质密切相关。常见吹填土固结沉降率见表 4-8。

表 4-8 　　　　　　　　　常见吹填土固结沉降率表

吹填土类型	砂	黏性土	混砂黏土
固结沉降率/%	2～5	10～20	5～15

流失率：流失率是吹填土流失量与吹填设计量的百分比，是关系吹填质量和吹填经济效益的一项重要参数。其大小与吹填土粒径、吹填区面积、泄水口高低、吹填泥泵功率等因素有关。常见吹填土流失率见表 4-9。

表 4-9 　　　　　　　　　常见吹填土流失率表

吹填土类型	淤泥质土	黏土、粉土	粉细砂	中砂	粗砂
流失率/%	≤3	1.6～2.5	1.0～1.8	0.5～1.2	0.3～0.7

堤基沉降率：堤基沉降率是吹填区堤基沉降量与吹填厚度的百分比，它也是控制吹填质量的一项重要指标，其大小和吹填区地质条件、吹填土厚度及密实度等因素相关。常见吹填土堤基沉降率见表 4-10。

表 4-10 　　　　　　　　常见吹填土堤基沉降率表

吹填土类型	淤泥夹砂	黏土	粗砂	砂质粉土	粉质沙土	黏土夹砂	粉土
沉降率/%	1～15	2～10	3～8	5～10	2～15	5～10	5～10

通过分析吹填土特性及其施工特性，经研究大量的吹填筑堤工程实例发现，好挖又好输送的土料如碎石土、泥炭土等，往往又不适用于吹填筑堤；难疏挖又难输送的土料如坚硬性黏土等又可用于吹填筑堤；只有砂土类土料，易挖送且还适宜用于吹填筑堤。因此不同土质对吹填筑堤的适用性差异较大，可按以下原则区别选用：

1）无黏性土、少黏性土适用于吹填筑堤，且对老堤背水侧培厚更为适宜。

2）流塑～软塑态的中、高塑性有机黏土不应用于筑堤；软塑～可塑态黏粒含量高的壤土和黏土，不宜用于筑堤，但可用于充填堤身两侧池塘洼地加固堤基。

3）可塑～硬塑态的重粉质壤土和粉质黏土，适用于绞吸式、斗轮式挖泥船以黏土团块方式吹填筑堤。

（2）吹填筑堤设备。吹填筑堤设备主要分为主体设备和辅助设备。主体设备主要包括各种类型的挖泥船及其泥泵、吹泥船及其输送设备；辅助设备主要包括泥驳、锚艇、拖轮等。

1）挖泥船。挖泥船是吹填筑堤的主体设备，按工作原理可分为水动力式挖泥船和机械式挖泥船。水动力式挖泥船是利用泥泵进行吸泥和排泥，分为吸盘式、绞吸式和耙吸式三种；机械式挖泥船是利用泥斗挖掘水下土料，一般分为铲斗式挖泥船、链斗式挖泥船、抓斗式挖泥船和斗轮式挖泥船四种。各种挖泥船的适用范围及优缺点见表4-11。

表4-11　　　　　　　　　　各种挖泥船的适用范围及优缺点表

挖泥船种类		适 用 范 围		主要优点	主要缺点
		项目	介质		
水动力式	吸盘式	（1）内河、船闸、航道等疏浚吹填； （2）特别适宜浅水域、引航道和窄作业面施工	未固结或松散的沉积物	（1）吹盘宽，一次挖宽尺寸大（有的与船宽相同）； （2）作业中，避让行船方便	（1）在纵向施工中，船舶退回是空行，不能连续挖泥； （2）不能挖硬质土
	绞吸式	（1）沿海疏浚吹填； （2）内河、湖泊、农田水利、运河疏浚吹填； （3）港航加深疏浚	淤泥、砂、黏土、砂砾、较软的岩石、珊瑚礁	（1）可连续施工，生产率高； （2）能在浅水区作业； （3）作业超深、宽度较小，平整度较好	（1）抗风能力较弱； （2）对挖黏土或岩石时，效率不高； （3）较大尺寸的石块通过泥泵及排泥管较困难
	耙吸式	（1）水域开阔海港疏浚吹填； （2）河口狭长航道疏浚吹填； （3）内河变化剧烈的浅滩； （4）风浪较大的外海采矿； （5）对土质要求特殊的吹填	淤泥、黏土、砂壤土、各种砂土	（1）能在恶劣工况下施工； （2）可独立单船作业，无须辅助船、设备； （3）挖泥时，不需抛锚； （4）有边喷边吹设备，特适宜大方量吹填工程	（1）因船大，吃水深，要求较深水域作业； （2）挖后挖槽平整度较差； （3）不能挖碎石土，挖细砂在仓内不易沉淀； （4）对外来杂物及垃圾大量聚集地敏感
机械式	铲斗式	（1）堤埝清除； （2）狭长港池清除； （3）水下打捞； （4）狭小水域码头、泊位清除	硬黏土、粗砂、珊瑚礁、碎石、块石、卵石、风化岩	（1）适应挖硬土和岩石； （2）抗风能力强； （3）挖后底质平整； （4）流速小的地域，无需抛锚	（1）不宜挖淤泥、细砂； （2）非连续作业，生产效率低； （3）重型铲斗挖泥船造价高
	链斗式	（1）海港、潮汐河港疏浚； （2）平原河道疏浚； （3）滩地基槽疏浚	淤泥、软黏土、黏土、砂、风化岩、软岩	（1）除硬岩外，各种土、软岩均适用； （2）挖后底质平整，误差小； （3）容易控制开挖尺寸	（1）作业时抛锚、移位频繁； （2）噪声较大； （3）辅助设备维修成本高

挖泥船种类		适 用 范 围		主要优点	主要缺点
		项目	介质		
机械式	抓斗式	（1）堤埂清除； （2）狭长港口、码头、泊位清除； （3）尤其适用深挖大工程	淤泥、黏土、松散的砂质土、硬黏土、中密砂、夹石砂质土、砂砾、风化岩、石灰岩	（1）悬索抓斗挖深可超过50m； （2）液压抓斗挖泥船操作灵活，工效高； （3）设备简单，磨损少； （4）造价较低	（1）一次性挖宽受限； （2）作业用锚及锚链（索）较多，且干扰航引； （3）抗风能力差； （4）挖后地面不平整，悬索挖受水流影响工效
	斗轮式	与绞吸式挖泥船相同，对挖硬质土时工效较高		（1）运转平稳，噪声较小； （2）挖出的泥浆浓度较高，效率较高； （3）挖土切削力大，适宜硬土及紧密砂； （4）挖土自下而上，船左、右横移连续	（1）船前移要求严格； （2）造价较高

随着环保要求越来越高，环保挖泥船应运而生。环保挖泥船其实质就是一种水下清除污染底泥设备，分为专用吹填挖泥船和常规挖泥船改造，环保挖泥船见图4-4。

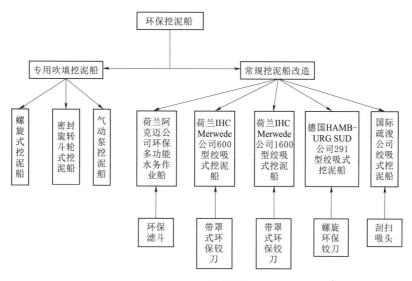

图4-4　环保挖泥船图

在实际的吹填筑堤施工中，应根据现场实际情况选择适宜的挖泥船。挖泥船的选择准则如下：①泥土特性；②工程要求；③设备适应性；④工况条件；⑤生态环境要求等。

2）吹泥船。吹泥船依靠其泥泵的吸、排作用，将泥驳运来的泥沙经水稀释后，通过吸泥头、泥泵和排泥管，吹送到所需填筑的堤防堤段。

3）泥驳。在吹填施工中，对于非自航且缺少排泥和泥舱设备的挖泥船，泥驳是不可或缺的辅助设备，其主要功能是装载运输吹填所需土料。按照结构型式，泥驳可分为封底泥驳、开底泥驳和开体泥驳三种。

4）锚艇。锚艇主要用于吹填作业中为非自航挖泥船定位和移位时搬运其锚。

5）拖轮。拖轮主要用于输、排泥管定位时的牵引和运载，要求其在作业水域航行灵活且具有一定的承载能力。

6）输、排泥管。输、排泥管主要是吹填时输送泥浆时用。按材质可分钢质排泥管和塑料排泥管；按使用条件可分浮管、岸管和水下潜管。

7）接力泵。在吹填筑堤过程中，一台泥泵的扬程往往不能将泥浆输送至指定填筑区，故需在第一台泥泵后增加一台或多台泥泵作为接力泵完成吹填作业。

8）生活船。生活船主要用于吹填作业人员生活。

（3）施工准备。吹填法筑堤的施工准备主要有施工基本资料收集、施工现场准备及设备调遣等。

1）施工基本资料收集。施工基本资料主要有水文资料、气象资料、地形资料、地质资料以及施工组织条件等资料。基本资料收集内容及作用见表4-12。

2）施工现场准备。吹填区的准备工作包括测量、现场清理、管线设计和敷设方案的确定，围堰、排水口、排水通道的建造，沉降杆的设置。

测量范围应包括取土区、运泥通道、储泥坑、锚泊区域、吹填区、围堰、排水口、排水通道、管线路由和组装施工区域。测量采用统一的平面与高程控制系统。

施工前根据工程用途和施工合同的要求对吹填区进行清理。对选择或提供的管线路

表4-12　　　　　　　　　　　　基本资料收集内容及作用表

收集项目		收集内容	收集要求	收集作用
水文资料	水位	（1）历年逐月水位及水面纵横比降特征值； （2）典型年月水位特征值； （3）最枯水位、汛期水位及历时； （4）受上、下游闸坝及支流影响时的水位变化	不小于5个水文年，对跨年度的大型吹填工程不小于10年	设备选择、施工安全、质量、进度控制、提高工程经济效益
	流速、流量、流向	（1）历年逐月及典型年月流速、流量特征值； （2）汛期不同水位下的流速、流量值； （3）不同水位下的流向变化； （4）沿海及赶潮河段不同涨落潮位下的流速、流向； （5）受上下游闸坝及支流影响的要收集闸、不同蓄排水位及支流来水变化时的相应流速、流量		施工方法选择、设备展布、施工质量控制、设备安全保证、提高工程经济效益
	泥沙	（1）不同来水情况下含砂量及河床冲淤变化规律； （2）河床演变资料		施工质量控制、经济效益保证
	潮汐	（1）潮汐类型、潮位特征值、潮汐预报表； （2）不同潮汐时的流速、流向		设备选择、施工质量、安全、进度控制
	波浪	（1）不同风向、风速下的波高、波长、波向及周期； （2）浪涌及0.6m以上波浪出现的季节、频率及持续时间		施工质量控制、施工进度安排、设备安全保障

收集项目		收 集 内 容	收集要求	收集作用
气象资料	风	(1) 历年逐月不同风向、风速的出现频率； (2) 历年5级以上（沿海地区6级以上）风出现的频率、持续时间及风向、风速	收集工程所在地不少于20年的气象资料	选择设备、施工进度安排、设备安全保障
	雨	(1) 年均和月均降雨量，降雨天数； (2) 暴雨出现月份、持续时间及最大降雨量出现的月份		施工进度安排、设备安全保证
	雪	历年大雪出现的季节、频率及持续时间		
	雾	历年逐月大雾出现的季节、频率及持续时间		
	气温	(1) 历年逐月气温特征值，最高气温与最低气温出现的日期、持续时间； (2) 冬季最大冻土厚度		施工进度安排、设备安全
地形资料	地形测量资料	(1) 地形图； (2) 纵、横断面图	地形图及纵、横断面图满足施工总平面布置，控制点、水准点满足施工要求	制定施工总平面图，进行施工放样及工程量计算
	测量控制资料	平面控制点、水准点		

由、管线堆放场地、水下管线组装、岸线和水域等进行核查确认，管线堆场、组装、岸线和水域满足堆放数量的使用和施工机械船艇作业的要求。对围堰、排水口、排水通道等进行验收或者确认。沉降杆的设置符合下列规定：①根据设计要求和吹填区地基条件确定沉降杆的布置和数量，同一地基均匀布设；②沉降杆底盘设在吹填区的原始地面上，布设区平整，杆的长度超出该区吹填厚度和沉降量之和1m左右，并保持与地面垂直；③沉降杆设置拉索，也可同时在沉降杆底盘压沙袋或者石块等，对沉降杆进行固定；④同一吹填区内的沉降杆应在该区开始吹填前布设完毕。

3）施工设备调遣。根据工程量大小、施工强度、施工环境及自身的施工能力调遣挖泥船、泥驳船、吹泥船等设备。调遣前查看调遣线路，制定调遣方案、调遣计划及安全保障措施。

（4）围堰施工。围堰是吹填筑堤的辅助工程，构筑在吹填区外围，顶标高超出吹填顶面标高0.3~1.0m，顶宽不小于1.0m，用于保护吹填料在吹填区沉积。根据构筑的材料可分为土围堰、石围堰、袋装土围堰、土工编织袋围堰及桩膜围堰等。

1）测量放样。施工前，根据设计图纸和施工方案进行测量放样。测量放样的内容包括：①吹填区平面位置放样；②围堰原始地形测量；③根据施工进度及吹填区平面布置，每隔25~50m设置木桩或标杆放出围堰轴线、围堰内外坡脚线，并标出围堰地基高程和围堰顶高程。围堰高程要考虑堰基和堰身的沉降量。

2）堰基清理。将堰基上的杂草、树根、腐殖土等清理干净后，方可进行堰身施工。清理后，堰基不满足要求时，可进行相应的技术处理：①堰基为坚硬土或旧堰基时，为使堰基和堰身结合紧密，保证围堰的密实和稳定，可先将表面土翻松后再填新土；②堰基为砂土、杂土时，为防止围堰渗水，可先将堰基中间土挖出再回填黏性土进行防渗；③堰基为淤泥质土时，可采用土工织物、柴排、竹排垫底或施打塑料排水板等方法加固。

3）埝身施工。

A. 土围埝。土围埝因施工方便简单，材料容易获得，便于加高，使用较为广泛。在土源丰富，机械施工方便，埝底堤基稳定且不透水时，一般采用土围埝。

土料要求：围埝用土料一般选用不含树根、垃圾等杂物的黏土或黏粒含量在15％～30％之间的壤土。分层吹填时，也可采用已固结的吹填土加高围埝。土源不足，采用粉细砂、腐殖土、膨胀土、冻土、含杂物土等不良土构筑围埝时，需采取相应的技术措施。

围埝构筑：从埝基最低处开始逐层构筑围埝，并分层夯实。当埝基坡度大于1∶5时，先挖出台阶，然后逐层构筑。分层厚度一般为0.3～0.5m，施工时分层厚度通过试验确定，一般为0.3～0.5m。围埝构筑高度超过4m或在软基及使用含水率大的土料构筑时，分期分阶段构筑，并设置沉降位移杆，随时观察分析。围埝构筑完成后其顶部和边坡平整密实，土围埝施工允许偏差见表4-13。

表4-13　　　　　　　　　　土围埝施工允许偏差表

项　　目	允许偏差/mm	项　　目	允许偏差/mm
围埝顶部宽度	±100	围埝坡面轮廓线	±150
围埝顶部高程	±100	围埝轴线	±200

就地取土构筑围埝时应在其两侧安全距离以外取土，并应符合下列要求：①平坦区域取土坑距埝脚距离不小于3.0m，软泥滩上不小于10.0m，围埝高度大于3.0m时，需加大距离，施工时可参照表4-14；②不在排泥管架两侧5m范围内取土，5～10m范围内取土深度不大于1.5m；③取土坑不应贯通。

表4-14　　　　　　　　　　取土坑距埝脚最小距离表

围埝高度/m	取土坑距埝脚距离/m	取土坑深度/m
<2.0	>3.0	≤1.5
2.0～4.0	>4.0	<2.0
>4.0	>5.0	<2.5
软土埝基	≥3倍围埝高度或10.0m	<1.5倍围埝高度

B. 石围埝。在土源较为匮乏、软弱地基及海堤的施工中，石围埝应用较多。

石料要求：用于构筑围埝的石料级配良好，抗风化和腐蚀能力强。采用抛石构筑围埝时，石料块重20～40kg，在风浪和流速较大的堤段，石料块重可提高到50～100kg。

围埝构筑：为减少沉降，先在埝基铺设土工布或土工格栅，再进行抛石构筑。抛石时分层抛投，大小均匀，每层厚度不大于2.5m。

在深水及风浪比较大的区域构筑围埝，应根据水深、水流及波浪等自然条件计算块石的漂移距离，并通过试抛确定抛石船的定位。

软土地基上抛填程序、分层厚度和加载速率应满足设计要求，有挤淤要求时，应从轴线逐渐向两侧抛填。石围埝施工允许偏差见表4-15。

表 4 - 15 石围埝施工允许偏差表

项　目	允　许　偏　差/mm		项　目	允　许　偏　差/mm	
	水上	水下		水上	水下
围埝顶部宽度	±150	—	围埝坡面轮廓线	±200	±300
围埝顶部高程	±200		围埝轴线	±200	—

C. 土工织物袋装土围埝。袋装土围埝适用于软弱堤基及土源匮乏、工程量大的工程，可直接使用吹填法进行填充构筑，施工速度快，质量容易控制，施工成本低，在构筑海堤时使用较为广泛。

土料要求。一般选用粉细砂，其中粒径超过 0.075mm 的颗粒含量不超过 50%，黏粒不超过 10%。吹填施工时，吹填土料可直接用于填充围埝。

土工织物袋。土工织物袋的抗拉强度、抗老化能力及透水性能满足施工要求，大小随围埝断面尺寸而定，接缝处折叠两层并缝合牢固，缝宽大于 5cm，缝线不少于 3 道。

围埝构筑。土工织物袋铺设前对基层进行整平，表面无尖角，土工织物基层施工允许偏差见表 4 - 16。分层铺设土工织物袋，就地填充，袋与袋之间搭接不小于 0.5m，上下层及内外层均错缝搭接，底部和两侧填充袋垂直于围埝轴线放置，其施工质量按《水运工程土工织物应用技术规程》（JTJ/T 239—2005）的有关规定。

表 4 - 16 土工织物基层施工允许偏差表

项　目	允　许　偏　差/mm		项　目	允　许　偏　差/mm	
	水上	水下		水上	水下
平整度	100	200	搭接长度	±L/10	±L/5

注　L 为设计搭接长度。

填充袋铺设满足要求后，进行填充作业。填充时泥浆浓度控制在 15% 左右，填充成型后的厚度控制在 0.4~0.8m 之间。围埝完成后，其顶部和边坡密实平整，满足施工过程中闭气、抗渗及防冲刷等要求，土工织物袋装土围埝施工允许偏差见表 4 - 17。

表 4 - 17 土工织物袋装土围埝施工允许偏差表

项　目	允　许　偏　差/mm		项　目	允　许　偏　差/mm	
	水上	水下		水上	水下
围埝顶部宽度	±150	—	围埝坡面轮廓线	±200	±300
围埝顶部高程	+150 0	—	围埝轴线	±200	±300

（5）吹填管线布置。根据施工船舶及泥浆泵的总扬程、取土区至吹填区的距离及地形地貌、施工区的水位及潮汐变化情况等因素综合确定和规划。管线布置要统筹考虑吹填施工顺序，并兼顾安全、经济、环保、平顺和便于施工，减少与社会交通及其他施工相互干扰，在保证吹填质量的前提下减少安装和拆除的次数。

排泥管线的形式及材料规格根据所架设区域及排压情况综合考虑，常见排泥管线和钢质排泥管线特性分别见表 4 - 18 和表 4 - 19。

表 4-18 　　　　　　　　　　　　　　　　　常见排泥管线特性表

排泥管类型	优　点	缺　点	适　用　范　围
钢管	耐高压、耐冲击、易修复、便于安装、成本低	易腐蚀	所有排泥管线
聚氨酯橡胶管	耐腐蚀、耐磨损、柔韧性强	成本高、磨阻大、易老化、无法修复	挖泥船吸泥伸缩管、水上浮管、水下柔性潜管
高密度聚乙烯管	重量轻、磨阻小	易老化、不耐冲击、耐磨性差、修补困难	岸管
尼龙管	重量轻、磨阻小、耐磨性好	易老化	岸管

表 4-19 　　　　　　　　　　　　　　　　常见钢质排泥管线特性表

钢管类型	优　点	缺　点	适　用　范　围
法兰式钢管	可充分利用管道长度	法兰易腐蚀、易受损变形、不便于安装和拆除	所有排泥管
直筒式钢管	结构简单、成本低、便于装拆	需用扩口式胶管连接、管线阻力大	水上浮管
球形接头式钢管	抗风浪性强、管线顺畅	结构复杂、磨阻大、维修量大、成本高	水上浮管
承插式钢管	装拆方便	对场地平整度要求高	岸管

1）吹填区内管线敷设。吹填区内排泥管线的总体布置及顺序应根据吹填区地形和形状、陆地管线路由、排水口位置、管线架设条件和方法、吹填土质和质量要求等因素综合分析确定，吹填起始点宜远离排水口，管线平面布置宜顺直，拐弯平缓。

排泥管底高程根据吹填土质、吹填高程、吹填平整度要求结合机械配合条件确定。后期不采用机械整平的吹填管线，底部高程宜比设计吹填高程高出 0.20～0.30m；后期采用机械整平时，吹填管线底部高程根据机械整平能力和成本最低的原则测算确定。

排泥管口宜远离和背向围埝，吹填形成的旋流不得直接冲刷围埝。

排泥管线和出口的布设间距根据吹填土的特性、吹填流量、吹填平整度和质量要求、机械整平能力和成本、现场吹填土的流径和坡度等因素确定，施工中根据情况变化及时调整。

各类吹填土不同流量时，单出口吹填时排泥管口间距见表 4-20，不用机械整平而采用不同管径的干、支管形式进行吹填时，干支管形式吹填的排泥管口间距见表 4-21。

表 4-20 　　　　　　　　　　　　　　　　单出口吹填时排泥管口间距表

吹填土质	管　口　间　距/m				
	$Q<2000$	$2000\leqslant Q<4000$	$4000\leqslant Q<6000$	$6000\leqslant Q<9000$	$Q\geqslant9000$
淤泥、粉砂	300	350	400	450	500
黏土	40	50	60	70	80
细砂	100	150	200	250	300
中砂	60	80	100	120	150

吹填土质	管　口　间　距/m				
	$Q<2000$	$2000{\leqslant}Q<4000$	$4000{\leqslant}Q<6000$	$6000{\leqslant}Q<9000$	$Q{\geqslant}9000$
粗砂	40	50	60	80	100
砾石	30	40	50	60	80

注　Q 为流量，m^3/h。

表 4-21　　　　　　　　　　干支管形式吹填的排泥管口间距表

吹填土质	分　项	管　口　间　距/m				
		$Q<2000$	$2000{\leqslant}Q<4000$	$4000{\leqslant}Q<6000$	$6000{\leqslant}Q<9000$	$Q{\geqslant}9000$
软淤泥	围埝与排泥管之间	15~20	20~25	25~30	30~35	35~40
	干管之间	150	250	350	400	450
淤泥黏土	围埝与排泥管之间	10~15	10~15	20~25	25~30	30~35
	干管之间	100	180	300	350	400
	支管之间	40	60	100	130	180
粉细砂	围埝与排泥管之间	10	10~15	20	20~25	20~25
	干管之间	80	150	250	300	350
	支管之间	30	50	70	80	120
中粗砂	围埝与排泥管之间	5~6	10	15	20	20
	干管之间	60	120	200	250	300
	支管之间	20	40	50	60	100

注　Q 为流量，m^3/h。

以干支管方式吹填时，应在干管线上装设三通或四通和闸阀与支管连通，支管的管径和数量应根据吹填土质和流量确定，闸阀结构应坚固水密，操作方便快捷。

吹填淤泥、粉细砂等不易沉淀的细颗粒土质时，宜在排泥管出口安装消能器；吹填中粗砂、黏土球等易堆积的土质时，宜在排泥管出口安装缩口。

2）陆上排泥管线敷设。排泥管敷设前，根据工程具体要求对施工区域进行勘查，按照减少排距、方便施工、保证安全的原则确定排泥管最优敷设路线。选择的路线，地势平坦交通方便，且走向平直，线路短，避免与公路、铁路、水渠和其他建筑物交叉；不可避免交叉穿越时，应事先征得有关方面同意并采取相应的技术措施。

排泥管在使用前进行全面检查，对已破损、锈蚀及磨损管线进行修补，无法修复的不应使用。检查完成后，将管线进行分类堆放。对埋入地底、跨越公路、堤防等处的排泥管线，为了确保接头坚固严密、无漏水漏泥，可采用状况较好的管线。排泥管线穿越水渠、河沟时，宜架设在管架或者浮筒上，需装设支管时，宜在主排泥管线上装设三通、四通和闸阀。

排泥钢管采用法兰连接时，法兰之间应装设密封圈，并均匀对称拧紧螺丝，避免损伤密封圈。支撑排泥管的基础、纸垫物、支架等牢固可靠，避免出现晃动、倾斜现象。排泥管管口远离泄水口且距围埝内坡脚不小于 10m。为了防止排泥管在吹填过程中被预埋，排泥管在吹填区的高程要高于吹填面控制高程。

排距较长及地形起伏变化较大时，在管线最高处及每隔 500m 安装一个呼吸阀。

陆上排泥管入水角度分两种情况：①在狭窄水域施工、取土区域窄长及取土区离岸边较近时，水上浮管活动范围往往较小，为避免浮管出现死弯，陆上排泥管入水角度与取土坑方向成 45°左右的夹角；②水上浮管活动范围较大时，陆上排泥管入水角度与取土区的相对位置可适当放大，一般控制在 90°左右。

开挖段较长，可敷设一条以上岸管或设置多个水陆接头。接头间距 L 可按式（4-1）进行控制：

$$L = K \times [(0.8L_0)^2 - L_1^2]^{1/2} \qquad (4-1)$$

式中　L——接头间距，m；

　　L_0——浮管长度，m；

　　L_1——取土区中心距岸边垂直距离，m；

　　K——折算系数。

双向施工，水陆接头入水角度在 90°左右折算系数取 2.0，在 45°左右折算系数取 1.5。

排泥管线穿越铁路时，要选择符合要求且质量优良的排泥管，宜利用现有涵洞。埋设在铁路之下时，应将钢管管壁、法兰加厚并加设橡胶软管，或在排泥管外加设套管。

排泥管线穿越公路时，可采用半埋或者全埋、明铺或架设管桥等方式；半埋、全埋或者明铺穿越时，钢管强度要满足要求，卡接紧固并宜加设软管；采用架空方式时，管桥的净空应满足我国的公路标准，架空管强度满足要求；采用半埋或明铺时，应对管道的顶部及两侧进行填土保护，两侧填土的坡度不宜大于 1:10。

3）水上排泥管线敷设。水上排泥管即水上浮管，根据工作原理可分为载体浮管和自浮式浮管，使用最为普遍的是载体浮管。载体按其材料和结构的不同分为浮筒和浮体两种。浮筒是由一对钢板焊接而成的矩形组成的载体，浮体则是最近几年推出的具有良好耐久性和抗风浪性的一种新型载体。其外壳为中密度聚乙烯，内部填充氨酯泡沫，克服了普通钢浮筒易腐蚀、进水下沉、体积大、重量重、转移运输不便、维修量大等缺点。浮筒和浮体特性见表 4-22。

表 4-22　　　　　　　　　　　浮筒和浮体特性表

载体类型		结构特点	优点	缺点	适用范围
浮筒	圆柱形浮筒	两端平齐、圆柱形	结构简单、制作方便、造价低	阻力大、筒上作业不方便	（1）小型挖泥船；（2）水流平缓、风浪较小的水域
	舟形浮筒	两端翘起呈舟形	阻力较小	结构复杂、制作不方便、造价高	大中型挖泥船
	横置浮箱式浮筒	矩形	阻力小、结构简单、制作方便	材料用量大、造价较高	（1）大型挖泥船；（2）水流较急、风浪较大的水域
浮体	片式浮体	一节由上下两片组成	抗撞击、装卸方便、造价低	结构较为复杂	风浪较大水域
	筒式浮体	整体结构	结构简单	装拆不便	

水上排泥管线敷设主要有管线与载体连接、水陆管线连接、水上管线连接、水上管线与水下潜管连接。其施工控制要点见表 4-23。

表 4-23　　　　　　　　　　水上排泥管线施工控制要点表

施工工序		施工控制要点
管线与载体连接	连接形式	根据水流、风向，水上浮筒采用柔性连接并布设成平滑的弧形；为防止施工过程中排泥管脱落造成事故，载体间及载体与施工船之间一般采用铁链连接
	管道及载体连接	在连接前对排泥管道、载体进行全面检查，腐蚀、磨损及老化严重的不采用，对破损、漏水及倾斜的载体予以修复
水陆管线连接		水陆管接头位置的选择要综合考虑吹填区形状、陆管的敷设情况、取土区的位置和范围等施工条件，接头尽可能地布设在水域地形变化平缓、风浪、水流影响小的位置； 水陆管采用柔性双向固定连接，柔管长度根据施工期水位变化幅度确定
水上管线连接	管线长度	水上排泥管线的长度根据施工区平面布置及自然条件结合挖泥船的船型大小确定。由于水上排泥管磨阻大，在满足施工要求的前提下，尽可能地缩短其长度。一般情况下，水上管线的长度为挖泥船船尾或潜管接头至水陆管接头最长距离的 1.2～1.3 倍，宜取 300～500m。超过 500m 的部分，采用潜管代替
	水上排泥管稳定措施	为减小出口水流对浮管的反向冲击，在出口处安装一个 30°或者 45°弯管和直径合适的喷口。需夜间施工时，水上浮管每隔 50m 左右安装一盏标志灯，管子锚应设置锚漂并用灯号显示，锚标颜色鲜艳醒目
	管道固定	为避免泥浆泄漏及载体串位、翻转，排泥管间及排泥管与载体间连接牢固，在水上管线和水下管线、水上管线和陆上排泥管连接处设多向管子锚固定。直接在水上吹填时，管线出口应采用打桩或抛锚等措施予以固定
水上管线与水下潜管连接		水上排泥管与水下潜管采用特制的自浮沉降软管连接，当采用钢管作斜管连接时，钢管强度应大于该地点最大水深的 3 倍，水深较大时，应重新计算钢管强度

4）水下潜管敷设。水上管线跨越通航河道或受施工条件限制及水上管线过长时，需要设置水下潜管，以满足通航要求、减少排泥阻力。水下潜管工序包括施工准备、潜管组装、压力试验、潜管沉放及潜管拆除，其施工要点见表 4-24。

表 4-24　　　　　　　　　　水下潜管敷设施工要点表

工序	施工要点
施工准备	敷设前对预定敷设水域进行水深测量，并根据测图选择线路最短、水流相对平缓、床底比较稳定、水深满足要求且变化平缓、水下地形相对平坦无大的障碍物的区域作为敷设区域，敷设区域确定后在水深图上标示并进行方案设计
潜管组装	潜管一般采用新管，不能满足要求及工程量小时，可采用旧管，但需对拟用管进行全面检查和挑选。潜管以钢管为主，并用胶管进行柔性连接，水下地形平坦且软底质的区域也可采用刚性连接。当采用钢管和胶管连接时单组钢管长度视钢管强度、敷设区地形和组装拆卸条件确定，一般情况下可由 20～30m 钢管加 1 节胶管组成，在地形变化较大地段胶管适当加密。钢管强度高，单组长度可长，地形起伏大，单组长度宜短； 潜管可在波浪和流速较小、水深满足要求处的临水码头、滩地或驳船上进行组装并同时下水，也可在低潮时顺岸组装高潮时下水，组装好的水下管线管口两端应用盲板密封
压力试验	潜管组装完成后进行压力试验，试验压力不小于挖泥船正常施工时工作压力的 1.5 倍，达到设定压力后无漏气、漏水时，方可放入水中

工序	施 工 要 点
潜管沉放	潜管沉放有碍正常通航时，提前向当地海事局提出临时封航申请，经批准并发布航行通告后方可进行沉管施工； 水下潜管线下沉宜选择在风浪小、憩流时进行。水下潜管较长时，配备足够数量的拖轮或锚艇拖带和协助潜管定位，潜管沉放时应保持顺直，在通航区域沉放时应发布通告并设警戒船； 潜管沉放采用自然灌水的方法，用水泵注水时，根据憩流时间计算注水的速度，在一个憩流时段或一个潮流时段内尽快完成潜管的沉放工作，注水不应中途停顿； 出入水段的坡度不宜太陡，并用胶管过渡，钢管作斜管时，一般限制在20°以下，潜管跨越航道不能保证航道通航水深时可采用挖槽的方法，将管线敷设于挖槽内； 潜管沉放完成后，两端下锚固定并设置明显标志，入水端设排气阀，排气阀规格和数量应满足排气要求，必要时可在出入水处设端点站
潜管拆除	拆除水下潜管时宜从浅水端向管内充气，使其缓慢起浮，待潜管全部浮起后，拖运至水流平稳、不碍航的水域妥善置放或拆除

(6) 吹填区排水。吹填区排水口位置按有利于泥沙沉淀、吹填土质均匀分布、回填平整及余水含泥量低的原则，根据吹填区地形、几何形状、吹填管口位置、排水通道情况等因素确定，宜布设在吹填区的死角或远离排泥管线出口处。排水口形式、规格和数量应满足设计要求。

排水口应与围堰同步修筑并满足下列要求：①与围堰接合处设置有效防渗和防冲刷设施；②排水口出水处底部采用块石、软体排或竹排、土袋等护底；③采用埋管式排水口时，排水管伸进吹填区内并超出堰体不少于2.0m，管与管之间的泥土夯实，排水管与堰体接合紧密不渗漏。

排水控制遵循下列原则：①泥沙沉淀效果好，排出余水中含泥量低，吹填土流失量少；②泥浆流径合理，吹填土质均匀；③泥浆流径长，吹填平整度好；④泥塘内作业方便，管线架设量少。

排水控制宜采用下列方法：①根据吹填土质、吹填的实际高程和吹填区容水量调节排水口的高程；②根据排水口位置安排吹填管口位置和吹填顺序；③根据吹填管口位置调整排水口位置和高程；④吹填区内交错设置若干导流围堰或拦砂隔栅；⑤吹填区内设置沉淀池；⑥在排水口外适当位置设置防污屏。

(7) 吹填施工。吹填构筑新堤时，从堤基中央向两侧吹填，使路堤形成一定的横坡，以防泥水淤积。在每次开机后应先吹清水15min左右（视吹砂管道的长度确定），停机后应先吹清水30min左右，以促使路基内泥浆排放，防止堵管。

老堤加高培厚则从老堤处向外吹填，排泥管居中布放，采用端进法吹填直至仓末端。

吹填堤身两侧加固平台时，出泥口适时延伸或增加，出泥支管不宜相对固定。每层土方吹填完成后应留有一定的时间作为脱水固结期，在这段时间内可吹填相邻的土方，然后再对该段进行土方加高，流水作业，避免引起堤身塌方等现象。在同一区、同一施工段吹填时保证泥浆浓度一致，施工时应力求土料沉积分布均匀，避免粗、细骨料集中，同时吹泥管要放置在堤身外侧，管头向内。

堤身土吹填应控制加高速率，并要认真做好沉降位移观测，当大堤沉降、位移超过规定要求后，应立即停吹，待稳定后恢复施工。堤身上部土方吹填时，为保证吹砂排水不向外侧排放，影响外坡结构施工及平台临时道路通畅，应特别注意吹泥管袋围堰外侧要略高于内侧。这样水就向内侧排放，不至于影响外坡结构施工及平台道路的通行。

每次吹填层厚宜为 0.5m 左右，同时加强施工监测，防止因吹填过快导致围埝失稳。每填筑一层，经自检合格后，向监理工程师申请检验，检验合格后，经监理工程师批准进行下一层填筑。具体应满足下列规定：

1）吹填施工应根据合同要求和疏浚取土区与吹填区距离选择吹填方法和配置设备。施工前应结合现场条件和工程特点在施工组织设计的基础上细化取土、吹填和管线架设方案。

设备选择：根据工程规模、吹填厚度、施工强度、吹填距离、吹填土挖掘输送难度和吹填区容量、平整度要求等因素综合考虑确定。

取土区的分区分层：按照泥泵处于较佳的工作区域且吹填土质满足工程要求，根据设备性能、输泥距离分配、土质分布等因素确定。

吹填区的分区分层：按照保证吹填质量和工期要求、低成本和方便施工的原则确定。

输泥管径：根据泥泵性能、吹填土质和吹填距离选择，吹填距离远且输送细颗粒土时可选择较大口径的管线，输送距离短且输送粗颗粒砂石时宜选用较小口径的管线。

2）在软基上进行吹填，应根据设计要求和现场观测数据，控制吹填加载速率。

3）吹填施工在下列情况下应分区施工：①工期要求不同，按合同工期要求分区；②对吹填土质要求不同时，按土质要求分区；③吹填区面积较大、原有底质为淤泥或吹填砂质土中有一定淤泥含量时，按避免底泥推移隆起和防止淤泥集中的要求分区。

4）吹填施工在下列情况下应分层施工：①合同要求不同时间达到不同的吹填高程；②不同的吹填高程有不同的土质要求；③吹填区底质为淤泥类土，吹填易引起底泥推移造成淤泥集中时；④围埝高度不足，需用吹填区分层修筑围埝时。

5）吹填工程质量应符合下列规定：①取土区和吹填土料应根据吹填工程的使用要求选择，并应满足设计要求；②吹填后的高程应满足设计要求，吹填区高程允许偏差见表 4-25。

表 4-25   吹填区高程允许偏差表

偏差内容	工程要求和内容		允许偏差/m
平均偏差	完工后吹填平均高程不允许低于设计吹填高程时		+0.20
	完工后吹填平均高程允许有正负偏差时		±0.15
最大偏差	未经机械整平	淤泥类土	±0.60
		粉砂、细砂	±0.70
		中砂、粗砂、砾砂	±0.90
		中等、硬黏性土	±1.00
		砾石	±1.10
	经过机械整平		±0.30

6）当吹填土质为中粗砂、岩石和黏性土时，可采取下列辅助措施：①管线进入吹填区后设置支管同时保留多个吹填出口，各支管以三通管和活动闸阀分隔，吹填施工中各出口轮流使用，吹填施工连续进行；②必要时，配置整平机械设备。

（8）常见吹填法筑堤工艺流程。

1）绞吸式挖泥船直接吹填施工。绞吸式挖泥船直接吹填筑堤效率高、成本低，在传统吹填法中使用范围最为广泛。其主要施工流程见图4-5。

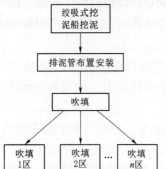

图4-5　绞吸式挖泥船吹填筑堤施工流程图

采用绞吸式挖泥船直接吹填的挖泥施工以单桩前移法为宜，即以一根钢桩为主桩，始终对准挖槽中心线，作为横挖的摆动中心，而另一根钢桩作为副桩，备前移换桩之用。

一般最大挖宽为船长的1.2～1.4倍，船体左右摆动角度以70°～80°为宜；当土质较厚时，一般取绞刀头直径的1.2～1.5倍尺寸进行分层开挖吹填。

2）斗式挖泥船吹填施工。在实际施工中，斗式挖泥船挖泥装泥驳、吹泥船吹填施工的种类很多，主要有链斗式挖泥船锚缆斜向横挖法、链斗式挖泥船锚缆扇形横挖法、链斗式挖泥船锚缆十字形横挖法、链斗式挖泥船锚缆平行横挖法、抓斗式挖泥船锚缆纵挖法、自航抓斗式挖泥船锚缆横挖法、铲斗式挖泥船钢桩纵挖法等七种方法。这七种方法的共同特点就是均需要配备泥驳船装泥，用吹泥船进行吹填筑堤。其施工流程见图4-6。

A. 链斗式挖泥船锚缆斜向横挖法。

适用条件：链斗式挖泥船锚缆斜向横挖法适用于水域条件好、挖泥船不受槽宽度及边缘水深限制的条件。此法是链斗式挖泥船最常用的一种方法。

特点：①挖掘阻力较小；②泥斗充泥量足；③施工质量好；④斗链在斗桥准确定位（平面和深度）设施控制下不易出轨。

施工方法：在施工时，一般需要抛设5口锚，即首主锚和左舷、右舷、前后4口边锚。顺流施工或在有往复流处施工时需加1口尾锚。当挖泥船接近挖槽中线起点的上游（一般距起点600～1000m）时，抛出首主锚（如顺流施工，则先抛出尾锚），然后下移至起点附近抛出左、右侧及前、后边锚。首主锚锚缆一般抛出较长，需在船首前80～100m处用一小方船将锚缆托起以增加挖泥船横移摆动宽度。锚抛好后，调整锚缆，使挖泥船处于挖槽起点，即可放下斗桥，左右摆动挖泥。向右侧横摆时，挖泥船纵轴线与挖槽中心线向右呈较小角度使泥斗偏向挖泥船前进方向，以便更好地充泥。当接近

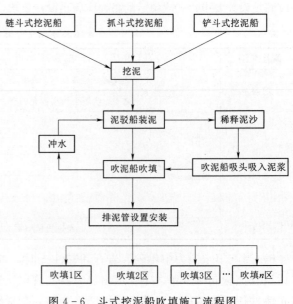

图4-6　斗式挖泥船吹填施工流程图

边线时，逐渐摆正船位，抵达边线后，将挖泥船纵轴线逐渐摆至与挖槽中心线向左呈一较小角度，由右向左进行挖泥。当所挖槽底达到设计要求时，绞进主锚缆，使挖泥船前移一段距离，再继续横摆挖泥。充泥泥斗向上运行至上导轮后，即折返向下运行，此时泥斗中泥沙自动倒入泥井内，再通过溜泥槽将泥沙排送至系泊于挖泥船左右舷的泥驳船中，泥驳船将泥沙运至吹填船，进行吹填作业。

B. 链斗式挖泥船锚缆扇形横挖法。

适用条件：此法适用于挖槽狭窄、挖槽边缘水深小于挖泥船吃水深度的条件。

特点：①挖掘阻力较小；②泥斗充泥量足；③施工质量好；④斗链在斗桥准确定位（平面和深度）设施控制下不易出轨。

施工方法：抛锚方法基本和斜向横挖法相同，但在任何情况下必须抛6口锚，施工时利用2口后边锚缆和尾锚缆控制船尾，类似绞吸式挖泥船的三缆定位法；此时收放前、左、右边锚缆，可使挖泥船以船尾为固定点，左右横摆挖泥，其余施工方法与斜向横挖法相同。

C. 链斗式挖泥船锚缆十字形横挖法。

适用条件：此法在挖槽条件特别狭窄、挖槽边缘水深小于挖泥船吃水深度，当扇形横挖法难以胜任时选用。

特点：此法除具备一般的链斗式挖泥船锚缆斜向横挖法的特点外，操作较复杂。系泊于挖泥船舷的泥驳受挖槽两侧浅水限制，在挖泥船横摆时需相应的做前进或后退运动。

施工方法：抛锚方法与斜向横挖法相同。施工时挖泥船以船的中心作为摆动中心，当船首向右侧摆动时，船尾则向左侧摆动，反之船首向左侧摆动时，船尾则向右侧摆动。在有限的挖槽宽度内，挖泥纵轴线与挖槽中心线所能构成的交角比扇形横挖法大，便于泥斗挖掘挖槽边缘的泥土。其余施工方法与斜向横挖法相同。

D. 链斗式挖泥船锚缆平行横挖法。

适用条件：此法适宜在流速较大的工况条件下应用。

特点：挖泥船受水流冲击力小，但泥斗充泥量小。

施工方法：抛锚方法与斜向横挖法相同，施工中挖泥船横摆时其纵轴线与挖槽中心线保持平行，以减少所受的水流冲击力，其他与斜向横挖法相同。

E. 抓斗式挖泥船锚缆纵挖法。

适用条件：在顺流水域大部分采用此法，在逆流水域只有当流速不大、水深较浅以及有往复潮流区施工时采用。

特点：此法施工质量容易保证，抓斗施工安全，但挖槽在逆流施工中容易回淤。

施工方法：抓斗式挖泥船挖泥时船身并不移动，抛锚主要为稳定船身，并便于移动。施工时一般抛5口锚：在单向水流区，船首抛2口八字锚，船尾抛左、右、后边锚和尾锚各1口；在往复水流域，船首抛首锚和左、右、前边锚各1口，船尾抛2口八字锚；在流速较大的往复流地区，施工时抛6口锚，船首抛首锚和左、右、前边锚各1口，船尾抛左、右、后边锚和尾锚各1口。

F. 自航抓斗式挖泥船锚缆横挖法。

适用条件：当自航式配备悬索抓斗时，特别适用于大深度挖泥条件，其他液压抓斗式挖泥船则可用于注重工效的工况条件。

特点：此法操作灵活，工效较高，具有普遍适用性。

施工方法：抛锚方法与链斗式横挖法相同。施工时挖泥船作间歇性的摆动，利用抓斗抓取泥沙，开挖成横垄沟。挖泥船在挖槽边线定好船位后，下放抓斗在船的一侧进行挖泥，当达到要求深度后，将挖泥船横移一段距离，再下斗挖泥，如此循环，直至挖至挖槽的另一边线为止。自航抓斗一般有两个以上的抓斗机，多个抓斗机可相互配合。

G. 铲斗式挖泥船钢桩纵挖法。

适用条件：可用于狭小水域的卵石、碎石、大小块石、硬黏土、珊瑚礁、粗砂以及胶结密实的混合物、风化岩及爆破后的岩石等的挖掘。

特点：在顺流水域施工中，挖槽回淤少，质量易保证，顺流对铲斗助推，挖泥较省劲；在逆流水域施工中，铲斗充泥量较足，可增加挖掘长度以提高施工效率。

施工方法：铲斗式挖泥船下铲挖泥时产生的反作用力很大，同时还受风、水流的压力，因此需利用三根钢桩来固定船位；在船身受力过大，钢桩难于控制住船位时，还可以使用锚缆配合定位。挖泥船在施工起点下桩定位后，以两根前桩为支撑点，用抬船绞车将船向上绞起一定高度，即利用钢桩自重加部分船重，能更好地控制船位。将船抬到一定高度并定位后，即可下斗挖泥，铲斗充泥后提升至水面，并旋转至系泊于船侧的泥驳。泥驳装满后运至吹填船进行吹填作业。

3）耙吸式挖泥船自挖自吹施工。在我国，耙吸式挖泥船自挖自吹施工共有三种方法，即固定码头吹填法、泥驳做浮码头和吊管船吹填法及双浮筒系泊岸吹填法。

A. 固定码头吹填法。20 世纪 60 年代，耙吸式挖泥船自挖后采取固定码头吹填法应用较多。

适用条件：此法适宜在吹填工程位于已有港航码头附近的条件。

特点：靠泊及接管均较方便。

施工方法：利用自航式、自带泥舱、一边航行一边挖泥的耙吸式挖泥船，在设计水域范围挖泥，先将耙吸管放入河底，通过泥泵的真空作用，使耙头与吸泥管自河底吸取泥浆进入挖泥船的泥舱中，当泥舱载满后，起耙航行至固定码头，挖泥船通过冲水于泥舱并自行吸出进行吹填。

B. 泥驳做浮码头和吊管船吹填法。20 世纪 80 年代，随着我国港航与水利事业的发展，沿固定码头附近的吹填工程已基本告一段落，而对于没有固定码头的吹填工程需要大量施工，于是采用泥驳做浮码头，加上吊管船进行输泥/排泥管悬挂连接法进行吹填筑堤就应运而生。

适用条件：此法适宜于无固定码头、耙吸式挖泥船自挖自吹的工况条件。

特点：船管和岸管连接速度快，施工效率高，机动性大。

施工方法：施工方法与固定码头吹填法基本相同，只不过一个是固定码头；另一个是浮动码头。

C. 双浮筒系泊岸吹填法。20 世纪 90 年代以来，以双浮筒系泊岸吹填法基本代替了泥驳做浮码头和吊管船吹填法。

适用条件：此法广泛适宜于各种水域的自航耙吸式自挖自吹挖泥船施工工况条件。

特点：灵活、方便、工效高。

施工方法：施工时，在吹填区附近深水域系船浮筒供耙吸式挖泥船系泊，并与一小方驳构成一接管船。通过配备的起吊装置和快速接头，供挖泥船与陆端排泥管接卡与吹泥时以调节船管与岸管之高差用。

4）耙吸式-绞吸式挖泥船联合吹填施工。此法是利用耙吸式挖泥船进行泥土的疏挖、运输，倒入蓄泥坑，然后用绞吸式挖泥船挖出进行吹填施工，其工艺流程见图 4-7。

4.2.3 抛石筑堤

抛石筑堤常用于陆域软基或水域围海填筑堤身的工程，其本质就是用已形成临水侧的抛石棱体为依托，填筑闭气土方，然后再按一般程序进行堤身填筑施工。另外，在江河截弯取直封闭原河道及水毁堤防堵口复堤时也经常采用此法。

（1）筑堤材料。抛石筑堤施工材料主要有抛石石料、反滤层碎石及土工织物、闭气土料等。构筑前，在原有勘探资料基础上，对选用的各种筑堤原材料的储量和质量进行复核。施工期间如发现更合适的料场可供使用，或者因设计施工方案变更，需要新辟料源和扩大料源时，可进行补充调查。

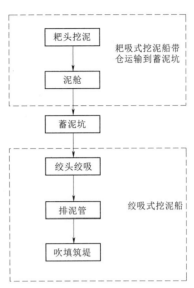

图 4-7 耙吸式-绞吸式挖泥船联合吹填施工工艺流程图

1）填筑料复查的内容及方法见表 4-26。

表 4-26　　　　　　　　　　填筑料复查的内容及方法表

材料名称	内　　容	方　　法
闭气土方	见土料碾压筑堤、吹填筑堤	见土料碾压填筑、吹填填筑
软岩、风化岩	岩层变化、料场范围、可利用风化层厚度、储量；标准击实试验下的级配、小于 5mm 的粒径含量、最大干密度、最优含水率、渗透系数等	钻探和坑槽探、分层取样、沿不同深度混合取样
砂砾料	级配、小于 5mm 的粒径含量、含泥量、最大粒径、淤泥和细砂夹层、胶结层、覆盖层厚度、料场分布、水工与水下可采厚度、范围和储量以及与河水位变化的关系、天然干密度、最大与最小干密度等；密度、渗透系数、抗剪强度、抗渗比等性能试验	坑探，方格网布点，坑距为 50～100m，取代表性试样进行试验
石料	岩性、断层、节理和层理、强风化层厚度、软弱夹层分布、坡积物和剥离层及可用层的储量以及开采运输条件	钻孔、探洞或探槽，取代表性试样进行物理力学性能试验
天然反滤层	级配、含泥量、软弱颗粒含量、颗粒形状和成品率、淤泥和胶结层厚度、料场的分布和储量、天然干密度、最大与最小干密度等；容重、渗透系数、渗透破坏比降等性能试验	取少量代表样进行试验

2）填筑料储量要求。根据实际施工条件和料场情况，对原料场勘探资料提供的有效可利用的填筑料进行复核，复核后可开采储量与构筑量的比值一般土料为 2.0～2.5，砂

砾料为 1.5~2.0，水下砂砾料为 2.0~2.5，天然反滤料不小于 3.0，石料为 1.2~1.5。

3）填筑料质量要求。筑堤所用的石料、反滤层碎石及土工织物、闭气土料等材料，要符合国家标准和设计的有关规定，具体要求如下：

石料：抛填石料粒径、块重符合设计要求，一般采用粒径为 0.15~0.50m、块重为 20~40kg 的块石为宜，单块重量不得小于 10kg，抛投时应大小搭配，以增加抛石体的密实性。石料质地坚硬、未风化、无严重裂纹，遇水不易破碎、水解，保水抗压强度不低于 50MPa，软化系数大于 0.7，质量密度不小于 $2.65×10^3 kg/m^3$，不采用薄片、条形、尖角等形状的石料。

反滤层碎石：反滤料的材质、级配、不均匀系数均应符合设计要求。

土工织物：作为反滤层的土工织物，应按照《土工合成材料应用技术规范》（GB/T 50290—2014）的有关规定执行，其各项特性均应符合设计要求。

闭气土料：闭气土料要求稳定性好，即具有适当的防渗性和抗流失性。海泥是一种良好的闭气材料，特别是海泥中强度较高、固结较好、黏性强的块状海泥。有时为了提高海泥的抗剪强度，加速海泥的固结，可以采用海泥加砂混合构筑或分层构筑，有利于排水，效果较好。砂及风化砂也是可用的闭气材料。

内闭气方式受风浪、潮（洪）影响小，且水位差较外闭气方式易于控制，闭气土流失较少，因此，宜优先采用。在闭气土体施工过程中为了有利于闭气，常采用水闸控制内水位，使内水位较高，以减少内渗压力，实际效果良好。

但在实际工程中，很多地区很难就近找到符合上述要求的筑堤材料。为节省工程投资，很多地区就地取材，采用海泥、塘泥或淤泥土等土料掺海砂、夹草或采取加快排水固结等措施来填筑海堤。

（2）抛石筑堤设备。抛石筑堤设备主要包括抛石设备、闭气土方填筑设备及施工测量设备。

1）抛石设备：根据施工工艺，抛石设备分为陆域抛石设备和水域抛石设备。陆域抛石设备主要包括运输石料的自卸车和整平用的挖掘机和推土机；水域抛石设备主要包括运输石料的抛石船、定位船及工作船。抛石船一般采用钢质侧翻或底开式自卸驳船，舱面有效装载范围长 15~20m、宽 5~7m，将石料从船侧或船底直接抛投至抛投区域，在作业强度不高时也有采用挖掘机抛投石料；定位船一般采用 200t 以上的钢质趸船或机动驳船，当采用趸船时，需配备一艘相当马力的机动工作船，以协助定位船移位和定位。

2）闭气土方填筑设备：根据施工工艺，闭气土方填筑设备也分为陆域填筑设备和水域填筑设备。陆域填筑设备主要为运输自卸车、挖掘机及压路机；水域填筑设备有挖泥船、泥驳船、吹泥船等。

3）施工测量设备：施工测量包括施工放样测量、定位船定位测量、施工前水下地形测量等。主要的测量设备包括全站仪、GPS、测距仪、经纬仪、测深仪及测速仪等。

（3）施工准备。抛石筑堤施工准备的主要内容包括基础资料准备、技术准备及施工准备等。

基础资料准备：基础资料准备主要是进行基础资料收集，需要收集的基础资料主要包括施工现场自然环境、设计文件和地质勘察资料等。特别是水域抛石筑堤，通过收集的基础资料对现场的施工环境和施工条件进行全面分析，掌握施工水域的潮汐、水流流速、水深和波浪等水文资料及其岸坡、水底的地形地貌等情况。在施工区域设置水尺，随时关注水流情况，并根据设计、规范要求及现场施工需要合理布置堤防工程的测量控制点和基准点。

技术准备：根据收集的基础资料、设计文件及相关设计规范，并结合施工单位自身情况编制施工组织设计，对于危险性较大、施工难度较大的工程编制专项施工方案。在施工前，根据获批的施工方案对施工人员进行技术交底，并签字留档。

施工准备：施工准备包括人员配备、施工机具准备、临时码头营造、材料检验、施工测量放样等。

1）人员配备：根据工程情况设置完善的组织机构，配备足够的专业技术人员，满足施工要求，制定健全的制度、质量、安全及环保措施。

2）施工机具准备：挖掘机、自卸车、抛石船、定位船等施工设备满足施工进度、安全等要求。

3）临时码头营造：船抛施工需要建造码头，码头选择在地基条件好、水深满足要求的地方。一般对开驳船采用重力式，甲板船采用斜坡式。为了充分利用涨潮落潮时间，必要时可设置高低码头，在低潮位时使用低码头，高潮位时使用高码头，这样就能保证 24h 不间断地船抛施工。

4）材料检验：原材料进场时，进行见证取样，检验合格后方可施工。

5）施工测量放样：①根据施工要求布置施工控制网，每个转折处设置一个控制点，直线段每 200m 左右设置一个控制点，控制点的等级和精度满足施工要求，并用混凝土护桩，防止破坏；②采用水域抛石施工一般采用网格抛石法，在施工前将抛石区域划分为矩形网格，在施工过程中按照预先划分的网格进行抛投，这样就能从抛投量和抛投的均匀性两个方面进行有效控制，避免漏抛和多抛、错抛。抛石网格的合理划分需要综合考虑多种因素，使之便于现场施工，又有利于保证施工质量，主要需要综合考虑抛石驳船的大小，施工过程分层分段的施工要求以及施工过程中的质量检测与评定等；③抛石棱体定线放样，在陆域软基段或浅水域可插设标杆，间距以 50m 为宜；在深水域，放样控制点需专设定位船，并通过岸边架设的定位仪指挥船抛。

（4）抛石筑堤的一般规定。

1）在陆域软基段或水域采用抛石法筑堤时，宜在两堤脚处各做一道抛石棱体（在陆域可仅在临水侧做一道），再以其为依托填筑堤身闭气土方，以减少填筑土料流失，提高填筑有效土方利用率。

2）陆域软基段或浅水域抛石，可采用自卸车辆以进占法向前延伸进行抛石，进行抛石时可不分层或采用分层阶梯式抛填，软基上立抛厚度，以不超过地基土的相应极限承载高度为原则；在深水域抛石，宜用驳船在水上定位分层平抛，每层厚度不宜大于 2.5m。抛填石料块重以 20～40kg 为宜，抛投时应大小搭配，以增加抛石体的密实性。抛石棱体达到预定断面，并经沉降初步稳定后，应按设计轮廓将抛石体整理成型。

3）抛石棱体与闭气土方的接触面，应根据设计要求做好砂石反滤层或土工织物滤层。

4）软基上抛石法筑堤，若堤基已有铺填的透水材料或土工合成加筋材料加固层时，应注意保护。

5）陆域抛石法筑堤，宜用自卸车辆由紧靠抛石棱体的背水侧开始填筑闭气土方，逐渐向堤身扩展；水域抛石法筑堤，两抛石棱体之间的闭气土方宜用吹填法施工；在吹填土层露出水面，且表层初步固结后，宜采用可塑性大的土料碾压填筑一个厚度约1m的过渡层，随后按常规方法填筑。用抛石法填筑土石混合堤时，应在堤身设置一定数量的沉降、位移观测标点。

（5）抛石施工。抛石施工按石料的抛投方式可分为陆域抛石和水域抛石两种。

1）陆域抛石。在陆域软基段或水域不满足水运条件及水运施工成本大于陆运施工时，通常采用陆域抛石。

A. 陆域抛石设备选择。

运输设备：一般采用自卸车运输。总结国内外抛石筑堤经验可以得出，抛投量在 $500m^3$ 及以下时，以 30t 级以下为主；大于 $500m^3$ 的应以 45t 级以上为主。实际施工中，应综合考虑现场实际施工条件和施工单位自身条件。

摊铺平料设备：为了便于控制层厚，不影响自卸车的卸料作业，石料的摊铺和平整通常采用推土机，其动力应与石料最大块径、级配相适应，功率一般不宜小于 200hp（1hp＝745.70W）。

B. 陆域抛石方法。陆域抛石的基本方法主要有进占法、后退法、混合法三种，其特点及使用条件见表 4－27。

表 4－27　　　　　　　　　　陆域抛石方法特点及使用条件表

铺料方法	图　　示	特点及使用条件
进占法		推土机摊铺容易控制层厚，堤面平整，石料容易分离，表层细粒多，下部大块石料较多，有利于减少施工机械磨损，石料层铺填厚度1.0m左右
后退法		可改善石料分离，推土机层厚控制不易，多用于砂砾石和软岩，层铺厚度一般小于1.0m
混合法		适用于铺料层厚（1.0～2.0m）大的石料摊铺，可改善石料分离，减少推土机工作量

无论采用哪种施工方法，卸料时要严格控制好堆料分布密度，施工前应规划好卸料密度，以确保石料的层铺厚度满足设计及相关规范要求，避免不必要的二次倒运。

在运输前，超粒径石料应在料场内分解为合格料，一般情况下，对于振动碾压实，石料允许最大粒径可取稍小于压实厚度，气胎碾可取层厚的 $1/2\sim2/3$。在摊铺时，如发现有少量超粒径石料运至作业面，应对其进行技术处理。如在碾压前用反铲挖掘机将其掩埋在层底或将其移至外坡，作为护坡石料。

C. 石料压实方法及要求。

压实方法：石料的压实设备一般采用振动平碾，振动平碾压实功能强，碾压遍数较少（4～8 遍），压实效果好，生产效率高，应优先使用。

压实要求：①碾压方向应沿轴线方向进行，一般采用进退错距法作业，在碾压遍数较少时，也可一次碾压够后再行错车；②施工主要参数铺料厚度、碾压遍数、加水量等要严格控制，振动碾的行驶速度、振动频率、振幅等参数也是控制重点。振动碾要定期检测和维修，始终保持在正常的工作状态；③分段碾压时，相邻两段交接带的碾迹应彼此搭接，垂直碾压方向，搭接宽度不小于 0.3～0.5m，顺碾压方向不小于 1.0～1.5m。

D. 接缝处理。抛石与岸坡接合部位的施工：抛石与岸坡或混凝土建筑物接合部位施工时，自卸车卸料及推土机平料，易出现大块石集中、架空现象，且局部碾压机械不易碾压，该部位宜采用下述施工技术措施：①与岸坡接合处宽 2m 范围内，可沿岸坡方向碾压，不易压实的边角部位应减薄铺料厚度，用轻型振动碾或平板振动器等压实机具压实；②在接合部位可先填筑宽 1～2m 的过渡料，再抛填石料；③在接合部位铺料后出现的大块石集中、架空处，应予以处理。

抛石分段接缝处理：堤防分期分段填筑时，在抛石内部形成了横向或纵向接缝。由于接缝处坡面临空，压实机械作业面边缘留有 0.5～1.0m 的安全距离，坡面上存在一定厚度的松散或半压实料层。另外，铺料过程中难免有部分填料沿坡面向下溜滑，这更增加了坡面较大粒径松料层厚度，其宽度一般为 1.0～2.5m。抛石填筑中应采取适当措施，将接缝部位压实，抛石料接缝处理见表 4-28。

表 4-28　　　　　　　　　　抛 石 料 接 缝 处 理 表

施工方法		施 工 要 点	适用条件
留台阶法		(1) 前期铺料时，每层预留 1.0～1.5m 的平台； (2) 新填料松坡接触； (3) 碾磙骑缝碾压	适用填筑面大； 不需要削坡处理，应优先选用
削坡法	推土机削坡	(1) 推土机逐层削坡，其工作面比新铺料层面抬高一层； (2) 削除松料水平宽度为 1.5～2.0m； (3) 新填料与削坡松料相接，共同碾压	削坡工序可在铺料前平行作业，施工机动灵活，能适应不同的施工条件
	反铲挖掘机削坡	(1) 削坡工序需在铺新料前进行； (2) 新填料与压实料相接	
	人工		砂砾料等小颗粒石料

E. 反滤层施工。土石交界处应设计反滤层和一层土工布，为保证施工质量，宜一次性从下到上铺设到位，需根据土方填筑强度配备一定数量的人工，在潮差较小、水流较缓时铺设，然后采用袋装土覆盖，在水流变急时及时覆盖，做到随铺随压。

反滤层是保证堤防工程质量和安全的重要环节。堤防抛石体与闭气土方间设置一层反滤层（一般为自然级配碎石＋400g/m³反滤无纺布1层）。同时，因其施工面小、技术要求高，要采用人工整平、拉直，紧贴碎石或闭气土方表面，紧接着填筑土方或者碎石将其压住，然后紧随施工进度逐步上升，以确保反滤层的质量。

反滤层填筑与相邻闭气土方、抛石填筑密切相关。合理安排各种材料的填筑顺序，既可保证填料的施工质量，又不影响堤身的施工速度，这是施工作业的重点。

反滤层填筑方法大体可分为削坡法、挡板法及土砂松坡接触平起法三种。20世纪60年代以后，与机械化施工相应的反滤层宽度较大，主要与人力施工相适应的削坡法和挡板法已不再采用。土砂松坡接触平起法能适应机械化施工，已成为趋于规范化的施工方法。该方法一般分为先砂后土法、先土后砂法、土砂交错法几种，它允许反滤料与相邻闭气土料"犬牙交错"，跨缝碾压。

a. 先砂后土法：即先铺反滤料，后铺闭气土方。当反滤料层宽度较小（＜3m）时，铺一层反滤料，填两层土料，碾压反滤料并骑缝压实与土料的接合带。因先填砂层与闭气土料收坡方向相反，为减少土砂交错宽度，可采用人工将砂层沿设计线补齐。反滤层宽度较大时，机械铺设方便，反滤料铺层厚度与土料相同，平起铺料和碾压。先砂后土法由于土料填筑有侧限，施工方便，工程较多采用此法。

b. 先土后砂法：即先铺土料，后铺反滤料，齐平碾压。

c. 土砂交错法：国内目前尚未见到实例。

反滤料填筑分为卸料、铺料、界面处理、压实等工序。

a. 卸料：采用自卸车卸料，车型的大小应与铺料宽度相适应，卸料方式应尽量减少粗细料分离。当铺料宽度小于2m时，宜选用侧卸车或5t以下后卸式自卸车运输。采用较大吨位自卸车运输时，可采用分次卸料或在车斗出口安装挡板，以缩窄卸料口宽度。

为了减少反滤层与土料及抛石体分界面上粗细料的分离，方便界面上超粒径石料的清理，自卸车卸料次序应"先粗后细"，即按"堆石料-过渡料-反滤料"次序卸料。当反滤层宽度大于3m时，可沿反滤层以后退法卸料。反滤料在备料场加水保持潮湿，也是减少铺料分离的有效措施。

b. 铺料：一般较多采用小型反铲（斗容1m³）铺料，也有使用装载机配合人工铺料，当反滤层宽度大于3m时，可采用推土机摊铺平整。

c. 界面处理：反滤层填筑必须保证其设计宽度，填土与反滤料的"犬牙交错"带宽度一般不得大于填土层厚的1.5倍。

为了保证填料层间过渡，要避免界面上的超粒径石集中现象。采用"先粗后细"顺序铺料时，应在清除界面的超粒径石后，再铺下一级料。使用小型反铲将超粒径石移放至与该层相邻的粗料区或抛石堆石区。

反滤层采用"先砂后土法"，铺一层反滤料，填筑两层土料，齐平碾压的施工方法已趋规范化。为了使第二层土界面靠近防渗体设计线，铺第二层土前可将反滤料移至设计线。

d. 压实：反滤料的压实普遍采用振动平碾，压实效果好，效率高，与抛石堆体采用同一种机械方便现场施工管理。当防渗体土料与反滤料、反滤料与过渡料、反滤料与抛石堆体齐平时，必须用平碾骑缝碾压，跨界面至少 0.5m。

2）水域抛石。由于水域运输，效率高，与社会交通交叉少，因此当抛石施工满足水域施工时，通常优先采用水域抛石。

采用水域抛石时，抛投石料在水中下沉的过程中会受到水流作用而产生漂移（见图 4-8），其漂移量不仅受水流流速和水深影响，还受石料自身的形状和重量影响，施工中应综合考虑这一实际情况制定相应的施工措施，确保抛投位置准确。目前确定石料漂距的方法主要有：经验公式法、经验数据法和抛投试验法三种。

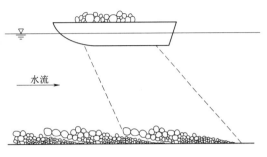

图 4-8　抛石落点示意图

A. 经验公式法。关于抛石漂距的计算方法，国内外科研机构曾做过大量研究，提出了许多适用于不同条件下的经验公式。结合我国江海流域的实际情况，并通过大量实践验证，通常采用式（4-2）估算抛石漂距：

$$L = \frac{kHV}{W^{1/6}} \tag{4-2}$$

式中　L——抛石漂距，m；

　　　k——系数，一般取 0.8～0.9；

　　　H——水深，m；

　　　V——水面流速，m/s；

　　　W——石料重量，kg。

B. 经验数据法。根据多年的堤防抛石实测施工记录数据资料，可总结出抛石漂距查对表，对实际施工具有实践指导意义（见表 4-29）。

表 4-29　　　　　　　　　　　　抛石漂距查对表　　　　　　　　　　单位：m

石块重量/kg	水深10m				水深15m				水深20m			
	流速/(m/s)											
	0.5	0.8	1.1	1.4	0.5	0.8	1.1	1.4	0.5	0.8	1.1	1.4
30	3.6	5.7	7.9	10.0	5.4	8.6	11.8	15.1	7.2	11.4	15.7	20.1
50	3.2	5.2	7.2	9.2	4.9	8.0	10.8	13.8	6.6	10.5	14.4	18.5
70	3.1	5.0	6.9	8.7	4.7	7.5	10.3	13.1	6.3	10.0	13.8	17.4
90	3.0	4.8	6.6	8.4	4.5	7.2	9.9	12.5	6.0	9.6	13.1	16.7
110	2.9	4.6	6.4	8.1	4.4	7.0	9.6	12.2	5.8	9.3	12.7	16.2
130	2.8	4.5	6.2	7.9	4.2	6.8	9.3	11.8	5.6	9.0	12.4	15.8
150	2.7	4.4	6.0	7.7	4.1	6.6	9.0	11.5	5.5	8.8	12.1	15.4

C. 抛投试验法。影响石料漂距的因素非常复杂，直接采用经验公式或经验数据查对表来确定漂距，往往不能完全适用于某些施工条件复杂的工程，因此条件允许时，施工前

要通过现场试验的方法摸清抛石位移规律，通过试验结果来修整经验公式中的待选系数k，较为精确地确定石料的漂距，用以指导施工，保证抛石区域的准确。

水域抛石的工艺流程见图4-9。

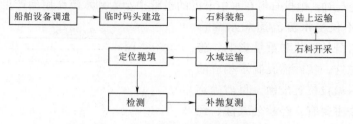

图4-9 水域抛石的工艺流程图

A. 船舶设备调遣：根据现场实际工况派遣数量足够的船舶设备，包括石料运输抛投船、定位船及工作船等。

B. 临时码头建造：船抛施工需要建造码头，码头应选择在地基条件好、水深满足要求的地方。一般对开驳船采用重力式，甲板船采用斜坡式。为了充分利用涨潮落潮时间，必要时可设置高低码头，在低潮位时使用低码头，高潮位时使用高码头，这样就能保证24h不间断的施工作业。

C. 石料装船：石料采用自卸车运输，自卸车在料场装满石料后，通过码头向船上装料。甲板船可通过斜坡码头直接上料，其优点是码头建造简便，装船速度快，一次性装载量大；对开驳船可采用重力式码头直接上料，重力式码头需要选择适当地方建造，建成后比较坚固耐用。无论采用哪种方式进行石料装船，一般都采用自卸车进行石料运输，在码头上石料装船时都应有专人指挥，确保施工安全；自卸车在码头前沿完成倒车，自卸车缓慢后退进入卸料点，之后顶起车厢将石料卸入船中，多辆自卸车循环进行装料直至装满抛石船。

D. 水域运输：水域运输可达10~15nmile/h，当运距较大时，要合理规划航线，尽量减少运输成本和运输时间，并配备足够的运输设备以确保工程进展。

当风力大于7级、浪高超过2m或有大雾能见度少于1000m时，应停止石料运输，确保施工安全。在石料运输时，应遵循航道部门相关规定，服从相关部门管理。

E. 定位抛填：抛石船定位是整个筑堤过程中的关键工序，它直接关系到筑堤的施工质量、进度及成本，一般采用GPS定位系统精确定位。为了满足全天候施工要求，定位设备装置可选用国际较为先进的GPS实时差分定位系统，在抛石作业船上设置两台接收机接收卫星信号和差分信号。这些信号同时输入电脑，经过换算确定出精确定位位置。在抛石作业时先设计好计算机操作程序，再在电脑上按设计坐标设定好所需抛石填筑的施工区域，通过计算机屏幕直观显示船体设定图形和设定抛石填筑网格的位置姿态，再用船舶设备自航系统调整船位，使船体定位边线和设定抛石填筑网格重合，然后进行抛石填筑。

a. 网格划分：水域抛石施工一般采用网格抛石法，在施工前将抛石区域划分为矩形网格，在施工过程中按预先划分的网格进行抛投，这样就能从抛投量和抛投的均匀性两个方面进行有效的控制，避免漏抛和不必要的多抛、错抛。

抛石网格的合理划分需要综合考虑多种因素,使之便于现场施工,又有利于保证施工质量。主要需要综合考虑抛石驳船的大小,施工过程分层分段的施工要求以及施工过程中的质量检测与评定等。

分层分段施工对抛石筑堤有着十分重要的作用,在施工时应根据设计断面要求和现场实际施工条件进行分层分段,抛石一般遵循"自低向高,分层加载"的原则。将施工区域划分为若干个施工段进行施工作业,各段施工长度100~300m,当堤防设计明确要求分层加载时,分段长度可适当增加。

当堤防有分层增加荷载要求时,考虑堤身沉降及增加荷载稳定问题,施工应采取加级施工,各级增加荷载高度在1.0~2.0m之间,增加荷载过程如发现异常,根据沉降观测资料对加载厚度随时进行调整。此时,抛石施工应进行分层,施工前对各层段区的工程量进行详细的划分、计算,计算量要考虑沉损,为船抛提供可靠依据,指导抛填施工。

软土地基填筑通常需要缓慢加载,根据设计要求,加载后需要有两个月的稳定期,随后进行第二级加载。

施工时各级加载水平向尺寸误差控制在±1.0m以内,竖直向尺寸误差控制在±0.5m以内,碎石垫层顶面不高于高程0.5m,不低于0.3m,施工期抛石找平层平整度控制在±0.5m。

b. 测量放样:通过全站仪放出区段的大样,并用浮标作为标志定出大致位置,具体船抛实施时则利用GPS定位系统或定位船按区段分网格进行抛投,电脑直观显示,并根据抛投情况随时进行动态调整,以保证投料均匀,无漏抛。

c. 抛投顺序:横断面方向从两侧向中间进行,即先抛内外侧镇压层,再抛堤芯,以防止地基加载出现塑性角挤出和涂面隆起。

沿堤轴线方向,需遵循"从低到高"的原则,即从涂面较低位置开始抛投,然后堤线各位置再逐渐同步加高,确保整条堤线抛石能均匀上升。

整个抛填过程中,可随时加密断面测量、指导施工,通过控制抛石船装船量对断面局部不足进行补抛、施工时,一般较细的石料抛中间,大块石料抛两侧,提高堤防防冲性能;高潮时使用高码头,低潮时使用低码头,以充分利用时间,针对工程特点,可在施工中不断总结经验。

d. 定位船定位:定位船一般要求采用200t以上的钢制定位船。定位可分为单船竖"一"字形定位、单船横"一"字形定位和双船L形定位三种(见图4-10)。

a)单船竖"一"字形定位:主要适用于水流较急的情况,船只顺水流方向定位较为稳定、安全,一次可挂靠1~2艘抛石驳船。定位船采用"五锚法"呈八字形进行固定定位,定位船可通过前后齿轮绞盘绞动定位钢丝绳进行上下、左右微调移动,达到精准定位。

b)单船横"一"字形定位:主要适用于水流较缓的情况,一次可挂靠多艘抛石驳船,定位采用"四锚法"呈八字形进行固定定位,微调也是通过前后齿轮绞盘绞动定位钢丝绳实现的。

c)双船L形定位:可适用于不同水流流速,一次可挂靠多艘抛石驳船。定位综合了单船横、竖向"一"字形两种定位方式的优点,将两条定位船固定成L形,主定位船平行于水流方向,副定位船垂直于水流方向,主定位船采用"五锚法"定位,副定位船采用

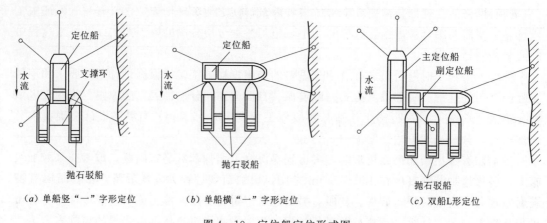

(a) 单船竖"一"字形定位　　　　　(b) 单船横"一"字形定位　　　　　(c) 双船L形定位

图 4-10　定位船定位形式图

"四锚法"定位。通过副定位船前后齿轮绞盘绞动定位钢丝绳进行上下、左右微调移动，达到精准定位。

采用自航液压对开驳船进行抛填时，抛填石料时要做到"齐、准、快"，一旦定位准确后，立即打开驳体卸掉石料，然后对开驳驶离抛填区。

采用甲板驳抛填时，定位完成后甲板驳抛锚固定位置，再采用装载机或挖掘机把甲板驳上的石料卸入抛填区，卸料过程中甲板驳可通过绞锚机微调船位，直至将甲板驳上的石料卸完，然后甲板驳驶离抛填区。

水上抛填石料时，根据当时的水深、水流和波浪等自然条件对块石产生的漂流影响，确定并微调抛石船的驻地。抛石的过程中，要求石料均匀抛填，尽可能使抛石料厚薄均匀，无论采用何种抛填方式，都需要在施工过程中不断总结经验，以提高效率。

F. 补抛复测：根据堤防设计断面，抛石到一定程度后，及时进行水下测量，并将测量成果与设计断面相对比，确定需要补抛的具体位置及所需抛填的方量，采用合适吨位的船舶进行补足，补抛的过程同样需要经过精确定位，保证抛投到位。

补抛到位后，及时进行复测，反复补足直至到达设计要求。必要时辅以潜水探摸。

(6) 闭气土方施工。闭气土方施工在堤防第一层抛石完成一段（约100m）后开始跟进石方工程施工，按"薄层轮加，均衡上升"的原则分层梯级推进，保持与抛石棱体平行，进度较抛石棱体施工稍滞后，高程稍低。根据抛石形式，闭气土方施工可分为陆域闭气土方施工和水域闭气土方施工。在软基上运用抛石法筑堤，若堤基已铺有透水材料或土工合成加筋材料加固层，填筑闭气土方时应注意保护。

A. 陆域闭气土方施工。陆域抛石法筑堤，填筑闭气土方时宜用自卸车由紧靠抛石棱体的背水侧开始填筑。闭气土方的常规方法有吹填法和自卸车陆上运输法。两种常规方法的优缺点比较见表 4-30。

B. 水域闭气土方施工。闭气土方材质一般为滩涂淤泥、壤土（黏粒含量不小于15%），减少了陆上土方开挖，增加了近海处的水深，在一定程度上起到了清淤疏浚的作用。水域闭气土方施工分为水下闭气土方施工和水上闭气土方施工两部分。

水下闭气土方施工：施工前根据设计要求在抛石棱体间闭气土方接触部位按规定铺设

表 4 - 30 闭气土方的常规方法优缺点比较表

施工方法	优点	缺点	备注
吹填法	淤泥输送距离长，可达 1000m	破坏了原状土，土方含水率高，不宜固结，土方损耗大，施工工期长	土方固结时间长，淤泥管若受风浪外力破损，修复时间长
自卸车陆上运输法	对原状土扰动小，土方含水率低	增加了二次倒运，海堤附近具备修建临时码头的条件	施工成本高，与海堤抛石存在施工交叉干扰

好反滤层，自航开底驳船停靠在抓斗式挖泥船侧面，抓斗式挖泥船从事先规划好的取土区取土并卸入驳船泥舱内，驳船根据事先规定好的抛泥区，利用 GPS 定位，把淤泥运至闭气土方抛填区徐徐打开卸料门，并移动船只，水下闭气土方抛填部位以 100m 为一个单元左右逐层轮加，以抛填段闭气土方不会出现隆起现象为标准。为防止漏抛、欠抛，施工过程中采用水深仪跟踪测量，发现漏抛处要及时补抛。

水上闭气土方施工：水上闭气土方施工是指当闭气土方抛填至一定高程后，由于受自航开底驳船吃水深度的影响，开底驳船无法进入闭气土方施工区，而要借助吹填法进行二次抛填。施工时先利用自航驳船将土方倒运至桁架式筑堤机工作范围内，再由桁架式筑堤机把土方二次抛填至闭气土方区。水上闭气土方每层抛填厚度控制在 0.3～0.5m 之间，培土间隙时间应根据施工经验及观测资料确定，闭气土方施工加载控制标准见表 4 - 31。

表 4 - 31 闭气土方施工加载控制标准表

控 制 内 容	地基有排水通道	地基无排水通道
孔隙水压力系数	<0.6	<0.6
地表垂直沉降/(mm/d)	<30	<10
地表水平位移/(mm/d)	<10	<5

随着吹填技术的迅猛发展，在传统的吹填技术基础上，研发了桁架式土方筑堤机（也称桥式土方筑堤机）施工方法，不仅加快了施工进度，还大大降低了施工成本（见表 4 - 32）。

表 4 - 32 各 闭 气 设 备 特 点 表

设备名称	施 工 特 点	输送距离/m	产量/(m³/h)	单位成本/(元/m³)
桁架式土方筑堤机（桥式土方筑堤机）	输土含水量较小，固结速度较快	≤120	30～60	17
气力输泥系统	输土含水量小，固结速度快	≤200	69～90	25
活塞式淤泥输送泵	输土含水量最小，固结速度最快	≥300	100～300	22
开底驳船	输土含水量小，固结速度快	≥300	120	20
土方外购	快速，但土源少	不限	与运输相关	与运距相关

桁架式土方筑堤机是一种将抓、运土结合在一起的土料运输设备。其利用平底浮体来支撑桁架梁结构，通过梁上配备的两个抓斗机构（一个抓斗抓取土料，一个抓斗运料回填）往复运动实现土料的挖运作业。当一个断面完成后，利用锚机向下一个施工断面移

动，如此周而复始作业，直至完成整个闭气土方回填作业。桁架式土方筑堤机移动装置和桁架式土方筑堤机施工分别见图4-11和图4-12。

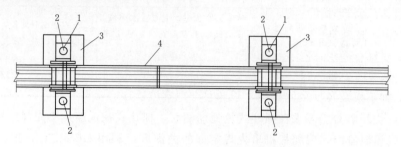

图4-11 桁架式土方筑堤机移动装置示意图
1—电锚机；2—钢索；3—平底浮体；4—桁架梁

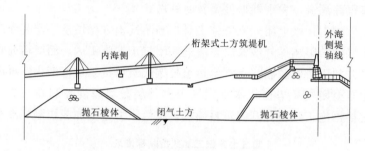

图4-12 桁架式土方筑堤机施工示意图

适用范围：主要适用于水深2～10m、流速不大于3m/s、风力不大于6级的工况，尤其适用于原始涂面低、断面方量大的闭气土方。

4.2.4 砌石筑堤

砌石筑堤是采用块石砌筑堤防的一种筑堤方法，其主要特点是工程造价低，在重要堤防段、城市防洪工程及石料丰富地区使用较为广泛。砌石筑堤多数采用浆砌体后填土，填土顶面建有人、车通道，但也有仅用浆砌石直立墙挡水的，如广西壮族自治区南宁市邕江的部分防洪墙。

（1）筑堤材料。砌石墙（堤）的用料以块石为宜，也是工程中使用最普遍的，特殊情况下可采用粗料石、混凝土预制块或卵石砌体。其具体要求如下：

1）砌体石料：砌石材质坚实新鲜，无风化剥落层或裂纹。石材表面无污垢、水锈等杂质，用于表面的石材，色泽均匀。石料密度大于 25kN/m³，抗压强度大于 60MPa。石料外形规格，毛石呈块状，最小重量不小于 25kg，石料中间厚度不小于 15cm。规格不满足要求的毛石，可以用于塞缝，但其用量不得超过该处砌体重量的 10%。

2）砂浆：砂浆的强度、和易性满足设计规定的要求，严格按照试验确定的配料单进行配料。配料的称量允许误差为：水泥±2%，砂±3%，外加剂±1%，拌和时间不少于 2～3min。当气温低于 0℃ 而进行砌筑时，水泥砂浆强度等级适当提高。

（2）砌筑机具。砌筑机具一般包括手工砌筑工具、检测工具、砂浆搅拌机及垂直运输设备。

手工砌筑工具：常用的手工砌筑工具主要有瓦刀、斗车、石笼、料斗、灰斗、灰桶、大铲、摊灰尺、溜子、抿子、刨锛、钢凿、手锤等。

检测工具：砌筑时的检测工具主要有钢卷尺、靠尺、托线板、水平尺、塞尺、线锤、百格网、方尺、皮数杆等。

砂浆搅拌机：砂浆搅拌机是砌筑工程中的常用机械，用来制备砌筑和砂浆勾缝。

垂直运输设备：砌筑工程垂直运输量大，不仅要运输大量的砌块、砂浆，而且还要运输脚手架、脚手板及各种预制构件，因此，合理安排垂直运输直接影响到砌筑工程的施工进度和成本。

（3）砌石筑堤的一般要求。

1）浆砌石砌筑的基本要求。

A. 砌筑前，将石料上的泥垢冲洗干净，表面湿润；采用坐浆法分层砌筑，铺浆厚为 3～5cm，随铺浆随砌石，砌缝用砂浆填充饱满，并用扁铁插捣密实，严禁先堆砌石块再用砂浆灌缝。

B. 上下层砌石错缝砌筑，砌体外露面平整美观，外露面上的砌缝预留深约 4cm 的空隙，以备勾缝处理，水平缝宽不大于 2.5cm，竖缝宽不大于 4cm；浆砌石墙（堤）分段施工时，相邻施工段的砌筑面高差应不大于 1.0m。

C. 砌筑因故停顿，砂浆已超过初凝时间，待砂浆强度达到 2.5MPa 后方可继续施工；在继续砌筑前，将原砌体表面的浮渣清除，砌筑时避免振动下层砌体。

D. 勾缝前必须清缝，用水冲净并保持缝槽内湿润，砂浆应分次向缝内填塞密实；勾缝砂浆标号应高于砌体砂浆，要按实有砌缝勾平，严禁勾假缝、凸缝；砌筑完毕后保持砌体表面湿润做好养护。

E. 在铺砌灰浆前，石料洒水湿润，使其表面充分吸收，但不得残留积水。砌筑时不得采用外面侧立石块，中间填芯的砌筑方法。砂浆饱满，石块间较大的空隙或者竖缝宽度在 5cm 以上时，可填塞片石。填塞片石时，先填塞砂浆，后用碎石或片石嵌实，不得先摆碎石后填砂浆或干填碎石块，石块间不相互接触。

F. 当最低气温在 0～5℃时，砌筑作业注意表面覆盖保护，当最低气温在 0℃或最高气温超过 28℃时，停止砌筑。无防雨棚的仓面，遇大雨立即停止施工，妥善保护表面，雨后先排除积水，并及时处理受雨水冲刷部位。

G. 石料的运输，采用自卸汽车将石料运至施工现场，然后在修整好的坡面上铺铁皮，在铁皮上放石料滑至沟底，以免石料碰撞坡面。

2）干砌石砌筑的基本要求。

A. 不得使用尖角或薄边的石料砌筑，石料最小尺寸不小于 20cm。

B. 砌石应垫稳填实，与周边砌石靠紧，严禁架空。

C. 严禁出现通缝、叠砌和浮塞。"叠砌"是指用薄石重叠，双层砌筑。"浮塞"是指砌体的缝口加塞时未经砸紧。不得在外露面用块石砌筑，中间以小石填芯；不得在砌筑层面以小块石、片石找平，堤顶应以大块石或混凝土预制块压顶。

D. 承受大风浪冲击的堤段，最好用粗石料丁扣砌筑。

（4）砌石筑堤施工。砌石墙（堤）按施工方式可分为干砌石和浆砌石。干砌石是指不用任何胶凝材料把石料砌筑起来，包括干砌块（片）石和干砌卵石。浆砌石是指用胶凝材料把单个的石块连接起来，使石料依靠胶凝材料的黏结力、摩擦力和块石自身重量结合成为新的整体，同时填充石块间的空隙，堵塞了一切可能产生的漏水通道。浆砌石堤宜采用块石砌筑，如石料不规则，必要时可采用粗料石或混凝土预制块作砌体镶面浆砌石，具有良好的整体性、密实性和较高的强度，使用寿命长，还有较好的观赏性和抗冲刷性。

1）浆砌石砌筑。浆砌石工艺流程见图 4-13。

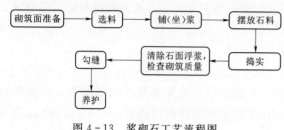

图 4-13　浆砌石工艺流程图

A. 砌筑面准备：对开挖成型的岩基面，在砌筑前应将表面已松动的岩块剔除，具有光滑表面的岩石需人工凿毛，并清除所有岩屑、碎片、泥沙等杂物。土壤地基按设计要求处理。

对于水平施工缝，一般要求在新一层块石砌筑前凿去已凝固浮浆，并进行清扫、冲洗，使新旧砌体紧密结合。对于临时施工缝，在恢复砌筑时，必须进行凿毛、冲洗处理。

B. 选料：砌筑所用石料应是质地均匀、无裂缝、无明显风化迹象、不含杂质的坚硬石料。严寒地区使用的石料还要求具有一定的抗冻性。

C. 铺（坐）浆：采用水泥砂浆作为胶结材料，铺浆厚度为设计厚度的 1.5 倍，使石料安装后有一定的下沉余地，有利于灰缝坐实。逐块坐浆，逐块安砌，在操作时认真调整，务必使坐浆密实，以免形成空洞。对于毛石砌体，坐浆厚度约 8cm，以盖住凹凸不平的层面为度。

D. 摆放石料：在已坐浆的砌筑面上，摆放洗净湿润（或饱和面干）的石料，并用铁锤击石面，使坐浆开始溢出为度。石料之间的砌缝宽度应严格控制，采用水泥砂浆砌筑，一般为 2~4cm。

E. 捣实：石料摆放就位后，及时进行竖缝灌浆，并振（插）捣密实。振实后缝面略有下沉，可待上层平缝铺浆时一并填满。水泥砂浆砌缝宽度较小，采用人工捣插方法，常用的捣插工具有钢筋捣插棒、竹片捣插棒、特制捣插钢板。

F. 清除石面浮浆，检查砌筑质量：勾缝前先将槽缝冲洗干净，不残留灰渣和积水，并保持缝面湿润。砌筑质量检查主要有 4 个方面：①用铁钎插砂浆缝，检查坐浆质量是否饱满；②用铁钎随机撬开已砌筑好的石块，看是否符合砌筑质量要求；③外观检查砌石表面是否平顺；④检查砂浆试样试验报告并做统计分析，检查频率及合格率是否满足规范及设计要求。

G. 勾缝：砌体表面进行勾缝主要是加强砌体整体性，同时还可增加砌体的抗渗能力，另外也美化外观。

勾缝按其形式可分为凹缝、平缝和凸缝等。凹缝又分为半圆凹缝和平凹缝。凸缝又可分为平凸缝、半圆凸缝和三角凸缝。

勾缝的程序是在砌体砂浆未凝固以前，先沿砌缝将灰缝剔深 20~30mm 形成缝槽，待砌体砂浆凝固后再进行勾缝。勾缝前应将缝槽清洗干净，自上而下勾缝，不整齐处应修整。勾缝砂浆宜用水泥砂浆，砂用细砂。砂浆稠度要掌握好，过稠勾出的缝表面粗糙不光滑，过稀容易坍落走样。最好不使用火山灰质水泥，因为这种水泥收缩性大。

勾凹缝时，先用铁钎子将缝修凿整齐，再在墙面上浇水湿润，然后将砂浆勾入缝内，再用板条或绳子压成凹缝，用灰抿赶压光平。凹缝多用于石料方正、砌体整齐的墙面。勾平缝时，先在墙面洒水湿润后，将砂浆勾于缝中赶光压平，使砂浆压住石边即成平缝。勾凸缝时，先浇水润湿缝槽，用砂浆打底与石面相平，然后用扫把扫出麻面，待砂浆初凝后抹第二层，其厚度约10mm，然后用灰抿拉出凸缝形状。

砌体常因地基不均匀沉降或砌体热胀冷缩产生裂缝。为避免裂缝的产生，一般每隔一段距离设置伸缩缝。

H. 养护：砌体外露面在砌筑后12～18h及时养护，经常保持外露面的湿润，水泥砂浆砌体的养护时间超过14d。冬期水泥的水化反应较慢，初凝时间延长，砌体一般不洒水养护，而采取覆盖麻袋、草袋、草帘、塑料膜等保温防冻措施。要保持覆盖物的湿润，且沟底不存积水。高温时，要经常观察覆盖物，及时洒水，使覆盖物保持湿润。

2）干砌石砌筑。

备料：在施工中，为了避免缩短场内运距，避免停工待料，砌筑前应尽量按照工程部位及需求量分片备料，并提前将石块的水锈、泥土洗刷干净。

基础清理：砌石前应将基础开挖至设计高程，淤泥、腐殖土及其他杂物均应清理干净，必要时进行地基处理，然后进行砌筑。

铺设反滤层：在干砌石砌筑前应铺设砂砾反滤层，将块石垫平，避免砌体凹凸不平，减少其对水流的摩阻力，减少水流或降水对砌体基础土壤的冲刷，防止地下渗水逸出时带走基础土粒，避免砌筑面塌陷变形。

反滤层的各层厚度、铺设部位、材料级配及含泥量均应满足规范要求。铺设时应与砌筑施工配合，自下而上，随铺随砌，接头处各层之间的连接层次清楚，防止层间错动或混淆。

砌筑方法：干砌石常见的施工方法有花缝砌筑法和平缝砌筑法两种。①花缝砌筑法：此法多用于干砌片（毛）石。砌筑时，依石块原有形状，使尖对拐、拐对尖，相互联系砌成。砌石不分层，一般大面向上。此种砌法的缺点是底部空虚，易被水流淘刷而变形，稳定性较差，且不能避免重缝、叠缝、翘口等毛病。但此法表面比较平整，故可用于流速不大、不承受风浪淘刷堤段。②平缝砌筑法：砌筑时将石料宽面与水面垂直，安放一块石料必须进行试放，不合适应用小锤进行修整，使石缝紧密，最好不塞或少塞石子。此法横向设有通缝，但竖向直缝必须错开。如砌缝底部或块石拐角处有空隙时，应选用适当的片石塞满填紧，避免底部砂砾垫层有缝隙而被淘空，造成坍塌。

（5）砌筑施工要点与常见施工缺陷。

1）砌筑施工要点。

毛石砌筑要点：毛石砌筑采用铺浆法砌筑，砂浆必须饱满，叠砌面的粘灰面积应大于80%，砌体灰缝厚度宜为20～30mm，石块间不得有相互接触现象；毛石砌体宜分批卧砌，各皮之间应通过对毛石自然形成形状进行敲打修整，使其能与先砌毛石基本吻合。

料石砌筑要点：料石砌体也应采用铺浆法砌筑。砌体的砂浆铺筑厚度应略高于规定的灰缝厚度，细料石高出厚度宜为 3～5mm，粗料石、毛料石高出厚度不宜大于 20mm。料石基础的第一皮料石应坐浆丁砌，以上各层料石可按一顺一丁进行砌筑。料石砌体厚度等于一块料石宽度时，可采用全顺砌筑；料石砌体等于两块料石厚度时，可采用两顺一丁或丁顺组砌筑。

干砌石砌筑要点：干砌石在施工前应进行基础清理工作。凡受水流冲刷和浪击作用严重的砌石堤防采用竖立砌法，以使空隙最小。干砌石墙体露出面必须设丁石，丁石要均匀分布。同层丁石长度，如墙厚不大于 40cm，丁石长度应等于墙厚；如墙厚大于 40cm，则要求同一层内外的丁石相互交错搭接，搭接长度不小于 15cm，其中一块的长度不小于墙厚的 2/3。砌体缝口要砌紧，空隙应用小石填塞紧密，防止砌体在受水流冲刷或外力撞击时滑落沉陷，以保持砌体的坚固性。一般干砌石砌体空隙率不超过 30%～50%。

2）常见施工缺陷。

竖向通缝：此现象为用乱毛石砌筑的墙体，顶头缝上下皮贯通，在转角和丁字墙接槎处常发现。主要原因有：毛石形状不规则、大小不等，组砌时须考虑左右、上下、前后的交接，难度较大，往往忽视上下各皮顶头缝的位置，而未错开。

砂浆不饱满：此现象为砌体和砂浆黏结不牢，有明显的空隙；石块间没有砂浆，卧缝浆铺筑不严等，致使砌体的承载能力降低和整体性差。其原因是砌体砌筑时灰缝过大，砂浆收缩后与石块脱离；石块在砌筑时未洒水湿润；在砌筑时，采用灌浆法砌筑，造成砂浆不饱满；砌筑时一次砌筑高度过大，造成灰缝变形、石块错动；砂浆被上皮石块碰掉。

勾缝砂浆脱落、开裂：此现象是勾缝砂浆与砌体黏结不牢，出现缝隙，易造成渗水甚至漏水。其原因是砂浆中砂子含泥量过大，影响石块和砂浆的黏结力；砌体灰缝宽度过宽，又采用原浆勾缝的施工方法，砂浆由于自重引起滑坠开裂；砌石过程中未及时刮缝，或勾缝前缝内积灰未清除；勾缝时，砌体过干未洒水湿润；砌体基础未处理好，造成砌体下沉；养护不及时，造成砂浆干裂脱落等。

干砌石常见施工缺陷：造成干砌石缺陷的原因主要是工人砌筑技术不良，工作马虎，施工管理不善及测量放样漏错等。缺陷主要有缝口不齐、底部空虚、鼓心凹肚、重缝、飞缝、飞口、翘口、悬石、浮塞叠砌、严重蜂窝及轮廓尺寸走样等。

（6）特殊季节施工。

1）冬季施工。砌筑前，应清除块材表面污物和冰霜，遇水浸冻后的砌块不得使用。拌制砂浆所用水，不得含有冰块和直径大于 10mm 的冻结块。水泥宜采用普通硅酸盐水泥。

拌和砂浆宜采用两步投料法，水温不得超过 80℃，砂的温度不得超过 40℃，砂浆稠度宜较常温适当增大。

砌筑时砂浆温度不应低于 5℃，不得使用已冻结的砂浆，严禁用热水掺入冻结砂浆内重新搅拌使用，且不宜在砌筑的砂浆内掺水。

砂浆拌和时间应比常温增加 0.5～1.0 倍，并应采取措施减少砂浆在搅拌、运输、存放使用中的热量损失。砌料与砂浆温差宜控制在 20℃ 以内，且不应超过 30℃。

2）雨季施工。雨季施工要结合该地区特点，编制专项施工方案，防雨应急材料应准备充足，并对操作人员进行安全技术交底，施工现场应做好排水措施，砌筑材料应避免雨水冲刷。雨季施工要符合下列规定：

A. 露天作业遇大雨时应停工，对已砌筑砌体应及时进行覆盖，雨后继续施工时，应检查已完工砌体的垂直度和标高。

B. 应加强原材料的存放和保护，不得久存受潮。

C. 应加强雨季施工期间砌筑砌体稳定性检查。

D. 砌筑砂浆拌和量不宜过多，拌好砂浆应防止雨淋。

E. 当砌筑面存在水渍或明水时，不得砌筑。

3）夏季施工。连续 5d 日平均气温高于 30℃时，为夏季施工。夏季气温较高，空气相对较干燥，砂浆和砌体中水分蒸发快，易使砌体脱水，使砂浆黏结力降低。为了提高砌筑质量，夏季施工要符合下列规定：①夏季砌体应浇水湿润，使水渗入砌体的深度达 20mm；②加大砂浆的稠度，可增加到 80～100mm；③在砂浆中掺入微沫剂、缓凝剂等外加剂，掺入量应经试验确定；④拌制好的砂浆应控制在 2h 内完成；⑤加强砌体养护。

4.2.5 钢筋混凝土筑墙（堤）

混凝土或钢筋混凝土墙（堤）是城市堤防的组成部分，同时也是城市景观的一个组成部分，适用于城市、工矿区等修建土堤受限制的地段。在长江下游诸多沿江城市防洪工程中也使用较多。一般钢筋混凝土墙（堤），紧靠沿江的马路，每逢汛期都要依靠防洪墙挡住较高的洪水，效果十分显著。近年来，有些堤防管理部门结合防洪墙的加固和扩建，修建成多功能的钢筋混凝土防洪墙（堤），如上海市黄浦江外滩防洪墙和芜湖市的长江防洪墙等，造型别致，既有利于工程管理，又发展了经济。

不同类型的钢筋混凝土防洪墙（堤）施工工艺流程不尽相同，其施工工艺流程见图 4-14。

（1）混凝土拌制及运输。拌和设备投入混凝土生产前，按经批准的混凝土施工配合比进行最佳投料顺序和拌和时间的试验。

混凝土拌和必须按照试验部门签发并经审核的混凝土配料单进行配

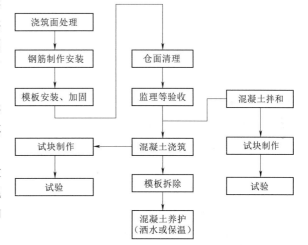

图 4-14 钢筋混凝土防洪墙（堤）施工工艺流程图

料，严禁擅自更改。混凝土组成材料的配料量均以重量计。混凝土材料称量的允许偏差见表 4-33。

表 4-33 混凝土材料称量的允许偏差表

材 料 名 称	称量允许偏差/%
水泥、掺合料、水、冰、外加剂溶液	±1
骨料	±2

混凝土搅拌时间应通过试验确定，混凝土搅拌时间见表 4-34。

表 4-34　　　　　　　　　　　　　混凝土搅拌时间表

公称容量/L	50～500		750～1000		1250～2000		2500～6000	
搅拌方式	自落式	强制式	自落式	强制式	自落式	强制式	自落式	强制式
搅拌时间/s	≤45	≤35	≤60	≤40	≤80	≤45	≤100	≤45

每台班开始拌和前，应检查拌和机的运行情况。在混凝土拌和过程中，应定时检测骨料含水量，必要时应加密检测。混凝土掺合料在现场宜用干掺法，且必须拌和均匀。

混凝土运输设备及运输能力的选择，应与拌和、浇筑能力、混凝土仓面具体情况相适应。所用的运输设备，应使混凝土在运输过程中不致发生分离、漏浆、严重泌水、过多温度回升和坍落度损失的情况。同时运输两种以上强度等级、级配或其他特性不同的混凝土时，应设置明显的区分标志。

表 4-35　　混凝土运输时间表

运输时段的平均气温/℃	混凝土运输时间/min
20～30	45
10～20	60
5～10	90

混凝土在运输过程中，应尽量缩短运输时间及减少转运次数，掺普通减水剂的混凝土运输时间不宜超过表 4-35 的规定。因故停歇过久，混凝土已初凝或已失去塑性时，应作废料处理，严禁在运输途中和卸料时加水。在高温或低温条件下，混凝土运输工具应设置遮盖或保温设施，以避免天气、气温等因素影响混凝土质量。

（2）浇筑及养护。混凝土的浇筑和养护是关乎钢筋混凝土防洪墙（堤）施工质量至关重要的工序，在施工中必须严格控制。一般规定如下：

1）建筑物地基必须在验收合格后，方可进行混凝土浇筑的准备工作。

2）岩基上的松动岩石及杂物、泥土均应清除。岩基面应冲洗干净并排净积水；如有承压水，必须采取可靠的处理措施。清洗后的岩基在浇筑混凝土前应保持洁净和湿润。

3）软基及容易风化的岩基，应做好下列工作：①在软基上准备仓面时，应避免破坏或扰动原状土壤。如有扰动，必须处理。②非黏性土壤地基，如湿度不够，应至少浸湿15cm深，使其湿度与最优强度时的湿度相符。③当地基为湿陷性黄土时，应采取专门的处理措施。④在混凝土覆盖前，应做好基础保护。

4）混凝土浇筑前，应详细检查有关准备工作：包括地基处理（或缝面处理）情况，混凝土浇筑的准备工作，模板、钢筋、预埋件及止水设施等是否符合设计要求，并应做好记录。

5）基岩面和新老混凝土施工缝面在浇筑第一层混凝土前，应先铺一层同强度等级的水泥砂浆，保证新混凝土与基岩或新老混凝土施工缝面接合良好。

6）混凝土浇筑，可采用平铺法或台阶法施工，应按一定厚度、次序、方向，分层进行，且浇筑层面平整。台阶法施工的台阶宽度不应小于 2m。在压力钢管、竖井、孔道、廊道等周边及顶板浇筑混凝土时，混凝土应对称均匀上升。

7）混凝土浇筑坯层厚度应根据拌和能力、运输能力、浇筑速度、气温及振捣器的性能等因素确定，厚度一般为 30～50cm。不同类型振捣设备允许的浇筑层最大厚度见表 4-36，如采用低塑性混凝土及大型强力振捣设备时，其浇筑坯层厚度应根据试验确定。

表 4-36　　　　　　　　不同类型振捣设备允许的浇筑层最大厚度表

混凝土浇筑的气温 /℃	允许间歇时间/min	
	中热硅酸盐水泥、硅酸盐水泥、普通硅酸盐水泥	低热矿渣硅酸盐水泥、矿渣硅酸盐水泥、火山灰质硅酸盐水泥
20～30	90	120
10～20	135	180
5～10	195	—

8）浇筑仓面出现下列情况之一，应停止浇筑：①混凝土初凝并超过允许面积；②混凝土平均浇筑温度超过允许偏差值，并在 1h 内无法调整至允许温度范围内。

9）浇筑仓面混凝土出料出现下列情况之一时，应予挖除：①下到高等级混凝土浇筑部位的低等级混凝土料；②不能保证混凝土振捣密实或对建筑物带来不利影响的级配错误的混凝土料；③长时间不凝固、超过规定时间的混凝土料。

混凝土浇筑的振捣应遵守下列规定：

1）混凝土浇筑应先平仓后振捣，严禁以振捣代替平仓。振捣时间以混凝土粗骨料不再显著下沉，并开始泛浆为准，应避免欠振或过振。

2）振捣设备的振捣能力要与浇筑机械和仓位客观条件相适应，使用塔带机浇筑的大仓位，宜配置振捣机振捣。使用振捣机时，应遵守下列规定：①振捣棒组应垂直插入混凝土中，振捣完应慢慢拔出。②移动振捣棒组，应按规定间距相接。③振捣第一层混凝土时，振捣棒组要距硬化混凝土面 5cm。振捣上层混凝土时，振捣棒头应插入下层混凝土 5～10cm。④振捣作业时，振捣棒头离模板的距离应不小于振捣棒的有效半径的 1/2。

3）采用手持式振捣器时应遵守下列规定：①振捣器插入混凝土的间距，应根据试验确定并不超过振捣器有效半径的 1.5 倍。②振捣器宜垂直按顺序插入混凝土。如略有倾斜，则倾斜方向应保持一致，以免漏振。③振捣时，应将振捣器插入下层混凝土 5cm 左右。④严禁振捣器直接碰撞模板、钢筋及预埋件。⑤在预埋件特别是止水片、止浆片周围，应细心振捣。⑥浇筑块第一层、卸料接触带和台阶边坡的混凝土应加强振捣。

混凝土浇筑完毕后，及时洒水养护，保持混凝土表面湿润。

（3）结构施工缝要求。在钢筋混凝土防洪墙（堤）施工过程中，由于设计、施工技术、施工工序、天气等其他环境因素的影响，不能连续将结构整体浇筑完成，并且间歇时间超过混凝土运输和浇筑允许的延续时间，先后浇筑的混凝土接合面就称为施工缝。施工缝如果处理不好，往往会形成弱点，对结构受力、整体性及防水都不利，施工缝的设置形式、处理是否正确，直接影响着工程的内在质量，处理不好甚至会造成较大的质量隐患，引起质量事故，轻则产生裂缝影响外观质量，重则影响安全不能使用。因此，在施工过程中对施工缝的留置与处理一定要重点控制。

防水混凝土应连续浇筑，宜少留置施工缝。当需留置施工缝时，应遵守下列规定：①底板、顶板不宜留施工缝，底拱、顶拱不宜留纵向施工缝。②墙体不应留垂直施工缝。水平施工缝不应留在剪力与弯矩最大处或底板与侧墙交接处，应留在高出底板表面不小于300mm的墙体上。当墙体有孔洞时，施工缝距孔洞边缘不小于300mm。拱墙接合的水平施工缝，宜留在拱（板）墙接缝线以下150～300mm处，先拱后墙的施工缝可留在起拱线处，但必须注意加强防水措施。缝的迎水面采取外贴防水止水带，外涂抹防水涂料和砂浆等做法。③承受动力作用的设备基础不应留置施工缝。

1）止水片（带）连接与安装。铜止水片应平整，表面的浮皮、锈污、油渍均应清除干净，如有砂眼、钉孔、裂纹应予补焊。铜止水片的现场接长宜用搭接焊接。搭接长度应不小于2cm，且应双面焊接（包括"鼻子"部分）。经试验能够保证质量亦可采用对接焊接，但均不得采用手工电弧焊。焊接接头表面应光滑、无砂眼、无裂纹，不渗水。在工厂加工的接头应抽查，抽查数量不少于接头总数的20％。在现场焊接的接头，应逐个进行外观和渗透检查。

铜止水片安装应准确、牢固，其鼻子中心线与接缝中心线误差为±5mm。定位后应在鼻子空腔内满填塑性材料，但不得使用变形、裂纹和撕裂的聚氯乙烯（PVC）或橡胶止水带。

橡胶止水带连接宜采用硫化热粘接；PVC止水带的连接，按厂家要求进行，可采用热粘接（搭接长度不小于10cm）。接头要逐个进行检查，不得有气泡、夹渣或假焊。

2）止水基座施工。接缝止水基座，要按设计要求的尺寸挖槽，并按建基面要求清除松动岩块和浮渣，冲洗干净。基座混凝土必须振捣密实，混凝土抗压强度达10MPa后，方可浇筑上部混凝土（混凝土抗压强度达2.5MPa后可开始下道工序的准备工作）。

3）沥青止水井制作和安装。沥青止水井（简称沥青井）内所用沥青和沥青混合物（简称填料）的配合比应按设计要求通过试验确定，同一口沥青井内填料的材料和配合比应一致。在施工中应注意：①混凝土预制井壁内、外面应是粗糙面，并保持干燥清洁，各接头处要坐浆严密；②电热元件（或蒸汽管道）的位置应埋设准确，固定牢靠，逐段灌注填料。③沥青井全部形成后，沥青填料要通电（或蒸汽）加热熔化一次，再加满填料，井口加盖，详细记录各项资料。伸缩缝缝面要平整、洁净，如有蜂窝麻面应填平，外露铁件应割除；伸缩缝缝面填料的材料、厚度要符合设计要求；伸缩缝缝面要干燥，先刷冷底子油，再按序粘贴，其高度不低于混凝土收仓高度；贴面材料要粘贴牢靠，破损的应随时修补。

在施工缝处继续浇筑混凝土时，应遵守下列规定：

1）在施工缝处继续浇筑混凝土时，已浇筑的混凝土抗压强度不应小于1.2MPa。

2）在已硬化的混凝土表面上，应清除水泥薄膜和松动石子以及软弱混凝土层，并加以充分湿润和冲洗干净，且不得积水。即要做到：去掉乳皮、微露粗砂、表面粗糙、成毛面。毛面处理宜采用25～50MPa高压水冲毛机，也可采用低压水、风砂枪、刷毛机及人工凿毛等方法，毛面处理的开始时间由试验确定。喷洒专用处理剂时，应通过试验后实施。

3）浇筑前，水平施工缝先铺 10～15mm 厚的水泥砂浆一层，其配合比与混凝土内的砂浆成分配合比相同。

4）浇筑混凝土高度大于 2m 时，用串筒或振动溜管下料。

5）混凝土应细致振捣密实，以保证新旧混凝土的紧密接合。

6）混凝土收仓面要浇筑平整，在其抗压强度尚未到达 2.5MPa 前，不得进行下道工序的仓面准备工作。

（4）雨季、冬季及高温期施工。钢筋混凝土防洪墙（堤）工程的施工质量及安全受外界环境影响大，在雨季、冬季及高温期等特殊季节施工时，应采取相应的技术及质量控制措施，以保证施工质量和施工安全。

1）雨季施工。在混凝土浇筑过程中，遇大雨、暴雨，应立即停止进料，已入仓混凝土应振捣密实后遮盖。雨后必须先排除仓内积水，对受雨水冲刷的部位应立即处理，如混凝土还能重塑，应加铺接缝混凝土后继续浇筑，否则应按施工缝处理。

中雨以上的雨天不得新开混凝土浇筑仓面，有抗冲耐磨和有抹面要求的混凝土不得在雨天施工。

加强与气象台（站）联系和施工区气象观测，及时了解天气预报，合理安排施工，尽量安排在不下雨时施工。调整施工步序，集中力量分段施工。做好防雨准备，在料场和拌和站搭设雨棚，有条件的话，施工现场可搭设可移动的罩棚。

建立完善的排水系统，防排结合；并加强巡视，发现积水、挡水处，及时疏通，运输道路如有损坏，及时修复。

2）冬季施工。根据当地多年气象资料统计，日平均气温连续 5d 低于 5℃时，或者最低环境气温低于 −3℃时，应视为进入冬季施工，应采取冬季施工措施。当混凝土未达到受冻临界强度而气温骤降至 0℃以下时，应按冬季施工的要求采取应急防护措施。

混凝土冬季施工应按《建筑工程冬期施工规程》（JGJ/T 104—2011）的有关规定对原材料的加热、搅拌、运输、浇筑和养护等进行热工计算，并根据计算参数施工。

拌和站应搭设工棚或其他挡风设备，搅拌机出料温度不得低于 10℃，浇筑混凝土温度不应低于 5℃；施工中应根据气温变化采取保温防冻措施，当连续 5d 平均气温低于 −5℃时，或者最低环境气温低于 −15℃时，要停止施工。

冬季施工配制混凝土宜选用硅酸盐水泥或普通硅酸盐水泥。采用蒸汽养护时，宜选用矿渣硅酸盐水泥；混凝土的浇筑温度应符合设计要求，但温和地区不宜低于 3℃；严寒和寒冷地区采用蓄热法不应低于 5℃，采用暖棚法不应低于 3℃。

混凝土拌和料温度应不高于 35℃，拌和物中不得使用带有冰雪的砂、石料，可加防冻剂、早强剂，搅拌时间适当延长；冬季施工混凝土在搅拌前，拌和水及骨料最高加热温度见表 4 - 37。

表 4 - 37 拌和水及骨料最高加热温度　单位：℃

水泥强度等级	拌和水	骨料
42.5 以下	80	60
42.5、42.5R 及以上	60	40

3）高温季节施工。当日平均气温大于30℃，混凝土拌和物温度在30～35℃之间，同时空气相对湿度小于80％时，应按高温期施工的规定进行。

应尽量避开高温期施工混凝土浇筑；并对搅拌站料斗、储水器、皮带运输机、搅拌楼采取遮阳防晒措施。

对原材料进行直接降温时，宜采用对水、粗骨料进行降温的方法。当对水直接降温时，可采用冷却装置冷却拌和用水，并应对水管及水箱加设遮阳和隔热设施，也可在水中加碎冰作为拌和用水的一部分。混凝土拌和时掺加的冰应确保在搅拌结束前融化，且在拌和用水中扣除其重量。

原材料最高入机温度见表4-38，混凝土拌和物出机温度不宜大于30℃。出机温度可按规范估算。必要时，可采取掺加干冰等附加控温措施。

表4-38 原材料最高入机温度表

原 材 料	入机温度/℃	原 材 料	入机温度/℃
水泥	60	水	25
骨料	30	粉煤灰等掺合料	60

混凝土宜采用白色涂装的混凝土搅拌运输车运输；对混凝土输送管应进行遮阳覆盖，并应洒水降温，混凝土浇筑入模温度不应高于35℃。

混凝土浇筑宜在早晨或晚上进行，且宜连续浇筑。当水分蒸发速率大于$1kg/(m^2 \cdot h)$时，应在施工作业面采取挡风、遮阳、喷雾等措施。

（5）质量控制要点。钢筋混凝土防洪墙（堤）的质量控制要点主要从原材料、混凝土的拌和、混凝土运输、混凝土的浇筑和振捣及养护等方面着手，在施工过程中必须严格控制。

1）原材料。混凝土的各种原材料，应经检验合格后方可使用。

A. 水泥。水泥的强度等级应符合设计规定的混凝土配合比要求，应有出厂合格证（含化学成分、物理指标）并经复检合格。出厂期超过3个月或者受潮的水泥，必须经过试验，合格后方可使用，否则禁止使用。在混凝土生产过程中，必要时应在拌和楼抽样检验水泥的强度、凝结时间和掺合料的主要品质。

B. 碎石。碎石采用二级配粗骨料，向市场采购，购买后用汽车运至现场拌和场按规格堆放。为保证碎石质量，进料场的碎石必须先检验后卸车，不合格的骨料不得进入料场。碎石主要检测指标见表4-39。

在混凝土正常生产后，石子的含水量每4h检测1次，雨雪后等特殊情况要加密检测，石子的超径、逊径、含泥量每8h应检测1次。

C. 砂。施工用砂采用质地坚硬、细度模数在2.2以上符合级配规定的洁净中粗砂（钢筋混凝土部分要用淡砂），技术指标应符合设计及相关规范要求。使用机制砂时，还应检验砂浆磨光值，其值应大于35，不宜使用磨性较差的水成岩类机制砂。砂料运到料场后，在料场划定区堆放，对进场的砂必须先验收后卸车，其质量控制主要指标见表4-40。

表 4-39   碎石主要检测指标表

序号	检 验 项 目		技 术 要 求			检 验 方 法
			<C30	C30~C45	≥C50	
1	针片状颗粒总含量		≤10%	≤8%	≤5%	按 GB/T 14685—2022 检验
2	含泥量		≤1.0%	≤1.0%	≤0.5%	按 GB/T 14685—2022 检验
3	泥块含量		≤0.2%			按 GB/T 14685—2022 检验
4	吸水率		≤2.0%			按 GB/T 14685—2022 检验
5	紧密孔隙率		≤40%			按 GB/T 14685—2022 检验
6	坚固性	混凝土结构	≤8%			按 GB/T 14685—2022 检验
		预应力混凝土结构	≤5%			按 GB/T 14685—2022 检验
7	硫化物及硫酸盐含量		≤0.5%			按 GB/T 14685—2022 检验
8	有机物含量（卵石）		浅于标准色			按 GB/T 14685—2022 检验

表 4-40   施工用砂质量控制主要指标表

序号	项 目	质 量 标 准
1	天然砂中泥量	小于 3%，其中黏土含量小于 1%
2	天然砂中泥团含水量	不允许
3	云母含量	<2%
4	人工砂中石粉含量	<6%
5	轻物质含量	<1%
6	密度	>2.50×10³ kg/m³
7	坚固性	<10%

在混凝土正常生产后，砂子的含水量每 4h 检测 1 次，雨雪后等特殊情况应加密检测。砂子的细度模数和人工砂的石粉含量、天然砂的含泥量每天检测 1 次。当砂子细度模数超出控制中值±0.2 时，应调整配料单的砂率。

D. 水。拌和混凝土用水应采用经化验合格的淡水或自来水，在水源改变或对水质有疑问时，应随时进行检验。

E. 外加剂。外加剂宜使用无氯盐类的防冻剂、引气剂、减水剂等，按《混凝土外加剂》（GB 8076—2008）的有关规定，并有合格证。使用外加剂要经过掺配试验，要按《混凝土外加剂应用技术规范》（GB 50119—2013）的有关规定。

F. 钢筋。钢筋的品种、规格、成分，应符合设计和国家标准规定，具有生产厂的牌号、炉号、检验报告和合格证，并经复检（含见证取样）合格。钢筋不得有锈蚀、裂纹、断伤和刻痕等缺陷。

2）混凝土的拌和。混凝土配合比在兼顾经济的同时应满足弯拉强度、工作性、耐久性三项指标。配合比应符合设计要求和规范规定，并经监理工程师批准。

表 4-41　　混凝土坍落度允许误差表

坍落度/cm	允许偏差/cm
≤4	±1
4～10	±2
>10	±3

混凝土拌和前，应提前标定混凝土搅拌机设备，以保证计量准确，称量允许误差：砂、碎石小于＋2％，水、水泥小于＋1％，加入料斗的顺序为碎石→水泥→砂。每盘的搅拌时间应根据搅拌机的性能和拌和物的和易性、均质性、强度稳定性确定，严格控制总拌和时间和纯拌时间，最长总拌和时间不应超过最高限制的 2 倍。

混凝土的坍落度应严格控制，符合设计和相关规范要求。混凝土坍落度每 4h 应检测 1～2 次，其允许误差应见表 4-41。

在混凝土拌和生产中，应定期对混凝土拌和物的均匀性、拌和时间和称量衡器的精度进行检验，如发现问题应立即处理。应对各种原材料的配料称量进行检查并记录，每 8h 不应少于 2 次。混凝土拌和时间，每 4h 应检测 1 次。混凝土拌和物应拌和均匀，其检测方法应按《建筑施工机械与设备　混凝土搅拌机》（GB/T 9142—2021）和《水工混凝土试验规程》（SL 352—2006）进行。

引气混凝土的含气量，每 4h 应检测 1 次。含气量允许的偏差范围为±1.0％。混凝土拌和物温度、气温和原材料温度，每 4h 应检测 1 次。

3）混凝土运输。混凝土运输一般采用混凝土罐车运送，混凝土运输车辆要防止漏浆、漏料和离析，夏季烈日、大风、雨天和低温天气远距离运输时，应遮盖混凝土，冬季应保温。

根据工程量及运输距离配备足够的运输车，总运输力应比总拌和能力略有富余，以确保混凝土在规定的时间到场。混凝土拌和物从搅拌机出料到浇筑完成时间不能超过规范规定。

4）混凝土的浇筑和振捣。由于钢筋混凝土防洪墙（堤）较长，方量大，因此在混凝土浇筑时可采取分层浇筑，利用混凝土浇筑面散热，以大大减少施工中出现裂缝的可能性。选择浇筑方案时，除应满足每处混凝土在初凝前被上一层新混凝土覆盖并捣实完毕外，还应考虑结构大小、钢筋疏密、预埋管道和地脚螺栓的留设、混凝土供应情况以及水化热等因素的影响，常用的方法有以下几种：

A. 全面分层。即在第一层混凝土全面浇筑完毕后，再浇筑第二层，第二层应在第一层混凝土初凝前完成浇筑，如此逐层浇筑，直至完工为止，分层厚度宜为 1.5～2.0m。采用这种方案时，结构面尺寸不宜太大，且施工时从短边开始，沿长边推进比较合适。必要时可分成两段，从中间向两头或从两头向中间浇筑。

B. 分段分层。混凝土浇筑时，先从底层开始，浇筑至一定距离后浇筑第二层，如此依次向前浇筑其他各层。由于总的层数较多，所以浇筑到顶后，第一层末端的混凝土还未初凝，又可以从第二段依次分层浇筑。这种方案适用于单位时间内要求的混凝土较少，结构物厚度不太大而面积或者长度较大的工程。当截面面积在 200m² 以内时分段不宜大于 2 段，在 300m² 以内时分段不宜大于 3 段，每段面积不得小于 50m²。

C. 斜面分层。要求斜面坡度不大于 1/3，适用于结构的长度大大超过厚度 3 倍的情况。混凝土从浇筑层下端开始，逐渐上移。混凝土的振捣也要适应斜面分层浇筑工艺，一般在每个斜面层的上、下各布置一道振捣器。上面的一道振捣器布置在混凝土卸料处，保证上部混凝土的捣实；下面的一道振捣器布置在近坡脚处，确保下部混凝土密实。随着混凝土浇筑的向前推进，振捣器也相应跟上。

混凝土入仓每层厚度控制在 30cm 左右，用插入式振捣器振平振实，振捣时要快进慢拔，插点间距不大于 50cm，振捣器距模板的距离不应小于 10cm，每一位置振捣时间以混凝土表面不再显著下沉、不出现气泡并开始泛浆为准，一般在 10～30s 之间。注意以下几点：①对构件的具体情况，振捣前做好详细技术交底，组织专人分段负责；②加强边角部位人工插捣和机械振捣；③混凝土入模稍做整平即可进行振捣，每层混凝土未振实前不得进行上层混凝土添加；④注意排除模板内的积水和泌水，堤顶混凝土面要收紧压光。

5）养护。钢筋混凝土墙（堤）养护的关键是保持适宜的温度和湿度，以便控制混凝土内外温差，在促进混凝土强度正常发挥的同时防止混凝土裂缝的产生和发展。钢筋混凝土墙（堤）的养护，不仅要满足强度增长的需要，还应通过温度控制，防止因温度变形引起混凝土干裂。混凝土养护阶段温度控制措施如下：

A. 混凝土的中心温度与表面温度之间、混凝土表面温度与室外最低气温之间的差值均应小于 20℃；当混凝土结构具有足够的抗裂能力时，温差不大于 25～30℃。

B. 混凝土拆模时，混凝土的中心温度与表面温度之间、混凝土表面温度与室外最低气温之间的差值均应小于 20℃。

C. 采用内部降温法来降低混凝土内外温差。内部降温法是在混凝土内部预埋水管，通入冷却水，降低混凝土内部最高温度。冷却在混凝土浇筑完成时开始进行。还有常见的投毛石法，也可有效地降低混凝土开裂。

D. 采用麻布等覆盖养护，派专人定时洒水养护，混凝土湿润养护时间见表 4-42。

表 4-42 混凝土湿润养护时间

水 泥 品 种	养护时间/d
硅酸盐水泥、普通硅酸盐水泥	14
火山灰质硅酸盐水泥、矿渣硅酸盐水泥、低热微膨胀水泥、矿渣硅酸盐大坝水泥	21
在现场掺粉煤灰的水泥	

注 高温期湿润养护时间均不得少于 28d。

4.3 穿堤建筑物

穿堤建筑物是指以引、排水为目的，从堤身或堤基穿过的管、涵、闸等水利建筑物。穿堤建筑物工程施工应根据地方天气条件合理选择施工时间，除大中型穿堤建筑物外，一般的中小型建筑物应安排在枯水期进行施工。汛期施工风险较大，问题较多，如围堰安全问题、基坑安全问题、圩内排水如何解决、回填质量如何控制、工期如何保证等。如不可避免在汛期施工，需提前做好防风险预案，以确保发生意外时，有可靠有效的保证措施、方法及资金从容应对。

穿堤建筑物施工流程主要包括：施工导流→基坑开挖→垫层施工→钢筋混凝土施工→基坑回填→安装工程。

4.3.1 施工导流

穿堤建筑物是连通内外水流的通道，一般情况下施工前要进行导流，导流的主要建筑物是围堰。围堰作为临时建筑物，虽然标准不高、使用时间相对较短，但容易出现一些安全问题，如滑坡、渗漏垮塌等，围堰一旦出事，必然对基坑人员、设备等造成威胁，同时对工程的总工期也会造成严重影响，因此对围堰应给予足够的重视。

（1）围堰施工的一般规定。围堰高度应高出施工期间可能出现的最高水位（包括浪高）0.5～0.7m。围堰的外形一般有圆形、圆端形、矩形、带三角的矩形等。围堰外形直接影响堰体的受力情况，必须考虑堰体结构的承载力和稳定性。围堰的外形还应考虑水域的水深以及因围堰施工造成河流断面被压缩后，流速增大引起水流对围堰、河床的集中冲刷和对航道、导流的影响。

堰内平面尺寸应满足基础施工的需要。围堰要求防水严密，减少渗漏。围堰外坡面有受冲刷危险时，应在外坡面设置防冲刷设施。施工期间必须加强围堰的维护及变形观测等工作，发现问题，及时处理。

（2）各类围堰适用范围。各类围堰适用范围见表4-43。

表4-43　　　　　　　　　　　　各类围堰适用范围表

围堰类型		适　用　条　件
土石围堰	土围堰	水深不大于1.5m，流速不大于0.5m/s，河边浅滩，河床渗水性较小
	土袋围堰	水深不大于3.0m，流速不大于1.5m/s，河床渗水性较小，或淤泥较浅
	木桩竹条土围堰	水深为1.5～7.0m，流速不大于2.0m/s，河床渗水性较小，能打桩，盛产竹木地区
	竹篱土围堰	水深为1.5～7.0m，流速不大于2.0m/s，河床渗水性较小，能打桩，盛产竹木地区
	竹、铅丝笼围堰	水深4m以内，河床难打桩，流速较大
	堆石土围堰	河床渗水性较小，流速不大于3.0m/s，石块能就地取材
板桩围堰	钢板桩围堰	深水或深基坑，流速较大的砂类土、黏性土、碎石土及风化岩等坚硬河床。防水性能好，整体刚度较强
	钢筋混凝土板桩围堰	深水或深基坑，流速较大的砂类土、黏性土、碎石土河床

（3）各类围堰施工要求。

土围堰施工要求：①筑堰材料宜用黏性土、粉质黏性土或砂质黏土。填出水面之后应进行夯实。填土应自上游开始至下游合龙；②筑堰前，将筑堰部位河床之上的杂物、石块及树根等清除干净；③堰顶宽度可为1～2m，机械挖基时不小于3m。堰外边坡迎水流一侧坡度宜为1:2～1:3，背水流一侧可在1:2之内。堰内边坡宜为1:1～1:1.5，内坡脚与基坑边的距离不小于1m。

土袋围堰施工要求：①围堰两侧用草袋、麻袋、玻璃纤维袋或无纺布袋装土堆码。袋中宜装不透水的黏性土，装土量为土袋容量的1/3～2/3，袋口应缝合。堰外边坡为1:0.5～1:1，堰内边坡为1:0.2～1:0.5，围堰中心部分可填筑黏土及黏性土心墙；②堆码土袋应自上游开始至下游合龙，上下层和内外层的土袋均应相互错缝，尽量堆码密实、平稳；③筑堰前，将筑堰部位河床之上的杂物、石块及树根等清除干净；④堰顶宽度可为1~2m，机械挖基时不宜小于3m。堰外边坡迎水流一侧坡度宜为1:2~1:3，背水流一侧可在1:2之内。堰内边坡宜为1:1~1:1.5，内坡脚与基坑边的距离不小于1m。

钢板桩围堰施工要求：①有大漂石及坚硬岩石的河床不宜使用钢板桩围堰。②钢板桩的机械性能及尺寸应符合规定要求。③施打钢板桩前，应在围堰上下游及两岸设测量观测点，控制围堰长短边方向的施打定位。施打时，必须具备导向设备，以保证钢板桩的正确位置。④施打前，应对钢板桩的锁口用止水材料捻缝，以防漏水。⑤施打顺序一般从上游向下游施打。⑥钢板桩可用锤击、振动、射水等方法下沉，但在黏土中不宜使用射水下沉的办法。⑦经过整修或焊接后的钢板桩应用同类型的钢板桩进行锁口试验、检查。接长的钢板桩，其相邻两钢板桩的接头位置应上下错开。⑧施打过程中，应随时检查桩的位置是否正确、桩身是否垂直，否则应立即纠正或拔出重打。

钢筋混凝土板桩围堰施工要求：①板桩断面应符合设计要求。板桩桩尖角视土质坚硬程度而定。沉入砂砾层的板桩桩头，应增设加劲钢筋或钢板。②钢筋混凝土板桩的制作，应用刚度较大的模板，榫口接缝应顺直、密合。如用中心射水下沉，板桩预制时，应留射水通道。③目前钢筋混凝土板桩中，空心板桩较多。空心多为圆形，用钢管做芯模。板桩的榫口一般为圆形较好。桩尖一般斜度为1:2.5~1:1.5。

4.3.2 基坑开挖

施工导流完成并进行验收合格后，方可进行基坑开挖。其工序主要包括施工前的测量放线、基坑降排水及基坑土方开挖。

（1）测量放线。施工前应根据施工组织设计和施工方案，编制施工测量方案。对仪器进行必要的检验和校核，保证仪器满足规定的精度要求；所用仪器必须在检定周期内，应具有足够的稳定性和精度，适于放线工作的需求。

从事施工测量的作业人员应经专业培训，考核合格并持证上岗。

施工测量用的控制桩要注意保护，并经常校测，保持准确；雨后、春融期及受到碰撞时，应及时校测。

测量记录应按规定填写并按编号保存；测量记录应做到表头完整、字迹清晰规整，严禁涂写，必要时可斜线划掉改正，不得转抄。

建立测量复测制度：①测量前后均应采用不同数据采集人核对的办法，分别核对从图纸上采集的数据、实测数据的计算过程及计算结果，并据以判断测量成果的有效性；②施工过程中控制中心线桩及水准点等测量重要标点，必须至少设置两组可供相互检查核对，并做测量和检查核对记录，布置的控制桩均应稳固可靠，并保留至工程验收完毕。

（2）基坑降排水。围堰填筑完毕后，基坑降排水应根据不同围堰形式对渗透稳定性要求来控制基坑水位下降速度。对于土质围堰或覆盖层边坡，开始排水降速以0.5~0.8m/d为宜，接近排干时可允许达1~1.5m/d。其他形式围堰，基坑水位降速一般不是控制因素。在开挖过程中，如遇地下水应进行基坑降排水，确保基坑干燥。

1）基坑降排水方法选择。当地下水位高于基坑开挖面时，需要采用减低地下水的方法疏干坑内土层中的地下水。在软土地区基坑开挖深度超过3m时，一般要采用井点降水；开挖深度浅时，也可边开挖边用排水沟和集水井进行集水明排。

当基坑底为隔水层且层底作用有承压水时，应进行坑底突涌验算，必要时可采取水平封底隔渗或钻孔减压措施，保证坑底土层稳定。当坑底含承压水层且上部土体压重不足以抵抗承压水水头时，应布置降压井降低承压水水头压力，防止承压水突涌，确保基坑开挖施工安全。

当降水会对基坑周边建筑物、地下管线、围堰或堤防造成危害或对环境造成长期不利影响时，应采取截水方法控制地下水。

基坑降水有多种技术方法，可根据地层土质、渗透系数、降水深度、地下水类型及周围环境等情况按表4-44进行选择和设计。

表4-44　　　　　　　　　　基坑降水方法选用

降水方法		适用地层	渗透系数/(m/d)	降水深度/m	地下水类型
集水明排		黏性土、砂土	—	<2	潜水、地表水
轻型井点	一级	砂土、粉土、含薄层粉砂的淤泥质土（粉土）黏土	0.1～20	3～6	潜水
	二级			6～9	
	三级			9～12	
喷射井点				<20	潜水、承压水
管井	疏干	砂性土、粉土、含薄层粉砂的淤泥质土（粉土）黏土	0.02～0.1	不限	潜水
	减压	砂性土、粉土	>0.1	不限	承压水

2）基坑常见降水方法。

A. 明沟、集水井明排。当基坑开挖不深，基坑涌水量不大时，集水明排法是应用最广泛，也是最简单、经济的方法。明沟、集水井排水多是在基坑的两侧或四周设置排水明沟，在基坑四角或每隔30～50m设置集水井，使基坑渗出的地下水通过排水明沟汇集于集水井内，然后用水泵将其排出基坑外（见图4-15）。

排水明沟宜布置在拟建建筑基础边缘0.4m以外，沟边缘离开边坡坡脚应不小于0.3m。排水明沟的底面应比挖土面低0.3～0.4m。集水井底面要比沟底面低0.5m以上，并随基坑的挖深而加深，以保持水流畅通。明沟的坡度不宜小于0.3%，沟底应采取防渗措施。

集水井的净截面尺寸应根据排水流量确定。集水井应采取防渗措施。

明沟、集水井排水，视水量多少连续或间断抽水，直至基础施工完毕、回填土为止。

明沟排水设施与市政管网连接口之间应设置沉淀池。明沟、集水井、沉淀池使用时应排水畅通并应随时清理淤积物。

当基坑开挖的土层由多种土组成，中部夹有透水性能的砂类土，基坑侧壁出现分层渗水时，可在基坑边坡上按不同高程分层设置明沟和集水井构成明排水系统，分层阻截和排除上部土层中的地下水，避免上层地下水冲刷基坑下部边坡造成塌方。

B. 井点降水。当基坑开挖较深，基坑涌水量大，且有围护结构时，应选择井点降水方法。即用真空（轻型）井点、喷射井点或管井深入含水层内，用不断抽水的方式使地下水位下降至坑底以下，同时使土体产生固结以方便土方开挖。

轻型井点布置应根据基坑平面形状与大小、地质和水文情况、工程性质、降水深度等而定。当基坑（槽）宽度小于 6m 且降水深度不超过 6m 时，可采用单排井点，布置在地下水上游一侧；当基坑（槽）宽度大于 6m 或土质不良，渗透系数较大时，宜采用双排井点，布置在基坑（槽）的两侧；当基坑面积较大时，宜采用环形井点。挖土运输设备出入道可不封闭，间距可达 4m，一般留在地下水下游方向。

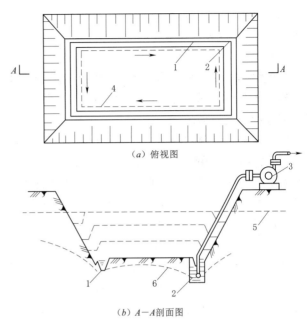

（a）俯视图

（b）A—A剖面图

图 4 - 15　明沟、集水井排水示意图
1—排水明沟；2—集水井；3—离心式水泵；4—建筑物基础边线；
5—原地下水位线；6—降低后地下水位线

轻型井点宜采用金属管，井管距坑壁不小于 1.0～1.5m（距离太小易漏气）。井点间距离一般为 0.8～1.6m。集水总管标高宜尽量接近地下水位线并沿抽水水流方向有 0.25%～0.5% 的上仰坡度，水泵轴心与集水总管齐平。井管的入土深度应根据降水深度及储水层所处位置决定，但必须将滤水管埋入含水层内，并且比挖基坑（沟、槽）底深 0.9～1.2m，井管的埋置深度应经计算确定。

真空井点和喷射井点可选用清水或泥浆钻进、高压水套管冲击工艺（钻孔法、冲孔法或射水法），对不易塌孔、缩颈地层也可选用长螺旋钻机成孔；成孔深度宜大于降水井设计深度 0.5～1.0m，钻进到设计深度后，应注水冲洗钻孔、稀释孔内泥浆。孔壁与井管之间的滤料应填充密实、均匀，宜采用中粗砂，滤料上方宜使用黏土封堵，封堵至地面的厚度应大于 1m。

管井的滤管可采用无砂混凝土滤管、钢筋笼、钢管或铸铁管。成孔工艺应适合地层特点，对不易塌孔、缩径地层宜采用清水钻进；采用泥浆护壁钻孔时，应在钻进到孔底后清除孔底沉渣并立即置入井管、注入清水，当泥浆相对密度不大于 1.05 时，方可投入滤料。滤管内径应按满足单井设计流量要求而配置的水泵规格确定，管井成孔直径应满足填充滤料的要求；井管与孔壁之间填充的滤料宜选用磨圆度好的硬质岩石成分的圆砾，不宜采用棱角形石渣料、风化料或其他硬质岩石成分的砾石。井管底部应设置沉砂段。

C. 隔水帷幕与坑内外降水。采用隔水帷幕的目的是阻止基坑外的地下水流入基坑内部，或减小地下水沿基坑帷幕的水力梯度。截水帷幕的厚度应满足基坑防渗要求，截水帷幕的渗透系数宜小于 $1.0×10^{-6}$ cm/s。

当基坑底存在连续分布、埋深较浅的隔水层时，应采用底端进入下卧隔水层的落底式帷幕；当坑底以下含水层厚度较大时需采用悬挂式帷幕，其深度要满足地下水从帷幕底绕流的渗透稳定要求，并应分析地下水位下降对周边建（构）筑物的影响。

截水帷幕可选用旋喷或摆喷注浆帷幕、水泥土搅拌桩帷幕、地下连续墙或咬合式排桩。支护结构采用排桩时，可采用高压旋喷或摆喷注浆与排桩相互咬合的组合帷幕。

基坑的隔（截）水帷幕（或可以隔水的围护结构）周围的地下水渗流特征与降水目的、隔水帷幕的深度和含水层位置有关，利用这些关系布置降水井可以提高降水的效率，减少降水对环境的影响。

隔（截）水帷幕与降水井布置大致可分成三种类型，需要依据有关条件综合考虑。

1）隔水帷幕隔断降水含水层。基坑隔水帷幕深入降水含水层的隔水底板中，井点降水以疏干基坑内的地下水为目的，即为前面所述的落底式帷幕（见图 4-16）。这类隔水帷幕将基坑内的地下水与基坑外的地下水分隔开来，基坑内、外地下水无水力联系。此时，应把降水井布置于坑内，降水时，基坑外地下水不受影响。

2）隔水帷幕底位于承压含水层隔水顶板中。隔水帷幕底位于承压含水层隔水顶板中，通过井点降水降低基坑下部承压含水层的水头，以防止基坑底板隆起或承压水突涌为目的（见图 4-17）。这类隔水帷幕未将基坑内、外承压含水层分隔开。由于不受围护结构的影响，基坑内、外地下水连通，这类井点降水影响范围较大。此时，应把降水井布置于基坑外侧。因为即使布置在坑内，降水依然会对基坑外围有明显影响，如果布置在基坑内反而会多出封井问题。

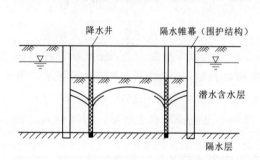

图 4-16　隔水帷幕深入降水含水层底板示意图　图 4-17　隔水帷幕底位于承压含水层隔水顶板示意图

3）隔水帷幕底位于承压含水层中。隔水帷幕底位于承压含水层中，如果基坑开挖较浅，坑底未进入承压含水层，井点降水以降低承压水水头为目的；如果基坑开挖较深，坑底已经进入承压含水层，井点降水前期以降低承压水水头为目的，后期以疏干承压含水层为目的（见图 4-18）。这类隔水帷幕底位于承压含水层中，基坑内、外承压含水层部分被隔水帷幕隔开，仅含水层下部未被隔开。由于受围护结构的阻挡，在承压含水层上部基坑内、外地下水不连续，下部含水层连续相通，地下水呈三维流态。随着基坑内

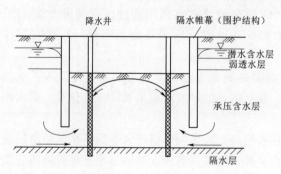

图 4-18　隔水帷幕底位于承压含水层中示意图

水位降深的加大，基坑内、外水位相差较大。在这类情况下，应把降水井布置于基坑内侧，这样可以明显减少降水对环境的影响，而且隔水帷幕插入承压含水层越深，这种优势越明显。

（3）基坑土方开挖。基坑土方开挖根据开挖深度、地质条件、现场施工环境等可分为基坑放坡和不放坡开挖。

1）基坑放坡开挖。在地质条件、现场条件等允许时，通常采用基坑放坡土方开挖。采用基坑放坡土方开挖时，保持基坑边坡的稳定是非常重要的，否则，一旦边坡垮塌，不但地基受到扰动，影响承载力，而且也影响周围地下管线、地面建筑物、交通和人身安全。因此，在施工过程中边坡稳定是控制的重点。

基坑放坡以控制分级坡高和坡度为主，必要时辅以局部支护结构和保护措施，基坑放坡设计与施工时应考虑雨水的不利影响。

当条件许可时，应优先采取坡率法控制边坡的高度和坡度。坡率法是指无需对边坡整体进行加固而自身稳定的一种人工边坡设计方法。土质边坡的坡率允许值应根据经验，按工程类比原则并结合已有稳定边坡的坡率值分析确定。当无经验，且土质均匀良好、地下水贫乏、无不良地质现象和地质环境条件简单时可按表4-45执行。

表4-45　　　　　　　　　　　土质边坡坡率允许值

边坡土体类别	状　态	坡率允许值（高宽比）	
		坡高小于5m	坡高5～10m
碎石土	密实	1:0.35～1:0.50	1:0.50～1:0.75
	中密	1:0.50～1:0.75	1:0.75～1:1.00
	稍密	1:0.75～1:1.00	1:1.00～1:1.50
黏性土	坚硬	1:0.75～1:1.00	1:1.00～1:1.25
	硬塑	1:1.00～1:1.25	1:1.25～1:1.50

注　1. 表中的碎石土充填物为坚硬和硬塑状态的黏性土。

　　2. 对于砂土和充填物为砂土的碎石土，其边坡的坡率允许值应按自然休止角确定。

按是否设置分级过渡平台，边坡可分为一级放坡和分级放坡两种形式。在场地土质较好、基坑周围具备放坡条件、不影响相邻建筑物的安全及正常使用的情况下，基坑宜采用全深度放坡或部分深度放坡。

当存在影响边坡稳定性的地下水时，应采取降水措施或深层搅拌桩、高压旋喷桩等截水措施。

分级放坡时，要设置分级过渡平台。分级过渡平台的宽度应根据土（岩）质条件、放坡高度及施工场地条件确定，对于岩石边坡不宜小于0.5m，对于土质边坡不宜小于1.0m下级放坡坡度宜缓于上级放坡坡度。

2）基坑不放坡开挖。当地质条件、现场施工条件不允许采用放坡开挖，或者采用放坡开挖成本较高的深基坑，一般在深基坑四周设置垂直的挡土围护结构进行土方开挖。

支护结构主要有围护结构和支撑结构两部分组成。围护结构一般是在开挖面基底下有一定插入深度的板（桩）墙结构，主要有悬臂式、单撑式、多撑式。支撑结构是为了减小围护结构的变形，控制墙体的弯矩，分为内撑和外锚两种。

基坑围护结构体系包括板（桩）墙、围檩（冠梁）及其他附属构件。板（桩）墙主要承受基坑开挖卸荷所产生的土压力和水压力，并将此压力传递到支撑，是稳定基坑的一种施工临时挡墙结构。在我国应用较多的有排桩、地下连续墙、重力式挡墙、土钉墙，以及这些结构的组合形式等。在施工过程中应根据基坑深度、工程地质和水文地质条件、地面环境条件等，经技术经济综合比较后确定。

型钢桩：基坑围护结构主体的工字钢，一般采用I 50 号、I 55 号和I 60 号大型工字钢。基坑开挖前，在地面用冲击式打桩机沿基坑设计边线打入地下，桩间距一般为 1.0～1.2m。若地层为饱和淤泥等松软地层也可采用静力压桩机和振动打桩机进行沉桩。基坑开挖时，随挖土方随在桩间插入厚 50mm 的水平木板，以挡住桩间土体。基坑开挖至一定深度后，若悬臂工字钢的刚度和强度都够大，就需要设置腰梁，并用横撑或锚杆（索）加以支撑，腰梁多采用大型槽钢、工字钢制成，横撑则可采用钢管或组合钢梁。

工字钢桩围护结构适用于黏性土、砂性土和粒径不大于 100mm 的砂卵石地层；当地下水位较高时，必须配合人工降水措施。打桩时，施工噪声一般都在 100dB 以上，大大超过《中华人民共和国城市区域噪声标准》规定的限值，因此，这种围护结构一般用于郊区距居民点较远的基坑施工中。

预制混凝土板桩：常用钢筋混凝土板桩截面的形式有四种：矩形、T 形、"工"字形及 "口"字形。矩形截面板桩制作较方便，桩间采用槽棒接合的方式，接缝效果较好，是使用最多的一种形式；T 形截面由翼缘和加劲肋组成，其抗弯能力较大，但施打较困难，翼缘直接起挡土作用，加劲肋则用于加强翼缘的抗弯能力，并将板桩上的侧压力传至地基土，板桩间的搭接一般采用踏步式止口；"工"字形薄壁板桩的截面形状较合理，因此受力性能好、刚度大、材料省，易于施打，挤土也少；"口"字形截面一般由两块槽形板现浇组合成整体，在未组合成 "口"字形前，槽形板的刚度较小。

由于预制混凝土板桩施工较为困难，对机械要求高，而且挤土现象很严重；此外，混凝土板桩一般不能拔出。因此，它在永久性的支护结构中使用较为广泛，但国内基坑工程中使用不是很普遍。

钢板桩与钢管桩：钢板桩强度高，桩与桩之间的连接紧密，隔水效果好。具有施工灵活，板桩可重复使用等优点，是基坑常用的一种挡土结构。但由于板桩打入时有挤土现象，而拔出时则又会将土带出，造成板桩位置出现空隙，这对周边环境都会造成一定影响。此外，由于板桩的长度有限，因此其适用的开挖深度也受到限制，一般最大开挖深度在 7～8m 之间。板桩的形式有多种，拉森型是最常用的，在基坑较浅时也可采用大规格的槽钢（采用槽钢且有地下水时要辅以必要的降水措施）。采用钢板桩做支护墙时在其上口及支撑位置需用钢围檩将其连接成整体，并根据深度设置支撑或拉锚。

钢板桩断面形式较多，常用的形式多为 U 形或 Z 形。我国地下铁道施工中多用 U 形钢板桩，其沉放和拔除方法、使用的机械均与工字钢桩相同，但其构成方法则可分为单层钢板桩围檩、双层钢板桩围檩及帷幕等。由于地铁施工时基坑较深，为保证其垂直度且方便施工，并使其能封闭合龙，多采用帷幕式构造。

钢板桩结构与其他排桩围护相比，一般刚度较低，这就对围檩的强度、刚度和连续性提出了更高的要求。其止水效果也与钢板桩的新旧、整体性及施工质量有关。在含地下水的砂土地层施工时，要保证齿口咬合，并应使用专门的角桩，以保证止水效果。

为提高钢板桩的刚度以适用于更深的基坑，可采用组合式形式，也可用钢管桩。但钢管桩的施工难度相比于钢板桩更高，由于锁口止水效果难以保证，需有防水措施相配合。

钻孔灌注桩围护结构：钻孔灌注桩一般采用机械成孔。地铁明挖基坑中多采用螺旋钻机、冲击式钻机和正反循环钻机等。对正反循环钻机，由于其采用泥浆护壁成孔，故成孔时噪声低，适于城区施工，在地铁基坑和高层建筑深基坑施工中得到广泛应用。

钻孔灌注桩围护结构经常与止水帷幕联合使用，止水帷幕一般采用深层搅拌桩。如果基坑上部受环境条件限制时，也可采用高压旋喷桩止水帷幕，但要保证施工质量。近年来，素混凝土桩与钢筋混凝土桩间隔布置的钻孔咬合桩也有较多应用，此类结构可直接作为止水帷幕。

SMW工法桩（型钢水泥土搅拌墙）：SMW工法桩挡土墙是利用搅拌设备就地切削土体，然后注入水泥类混合液搅拌形成均匀的水泥土搅拌墙，最后在墙中插入型钢，即形成一种劲性复合围护结构。此类结构在上海等软土地区有较多应用。

型钢水泥土搅拌墙中三轴水泥土搅拌桩的直径宜采用650mm、850mm、1000mm。搅拌桩28d龄期无侧限抗压强度不应小于设计要求且不宜小于0.5MPa，水泥宜采用强度等级不低于P.O42.5级的普通硅酸盐水泥，材料用量和水胶比应结合土质条件和机械性能等指标通过现场试验确定。在填土、淤泥质土等特别软弱的土中以及在较硬的砂性土、砂砾土中，钻进速度较慢时，水泥用量宜适当提高。在砂性土中搅拌桩施工宜外加膨润土。

当搅拌桩直径为650mm时，内插H形钢截面宜采用H500mm×300mm、H500mm×200mm；当搅拌桩直径为850mm时，内插H形钢截面宜采用H700mm×300mm；当搅拌桩直径为1000mm时，内插H形钢截面宜采用H800mm×300mm、H850mm×300mm。型钢水泥土搅拌墙中型钢的间距和平面布置形式应根据计算确定，常用的内插型钢布置形式可采用密插型、插二跳一型和插一跳一型三种。单根型钢中焊接接头不宜超过2个，焊接接头的位置应避免设在支撑位置或开挖面附近等型钢受力较大处；相邻型钢的接头竖向位置应相互错开，错开距离不宜小于1m，且型钢接头距离基坑底面不宜小于2m。拟拔出回收的型钢，插入前应先在干燥条件下除锈，再在其表面涂刷减摩材料。

重力式水泥土挡墙：深层搅拌桩是用搅拌机械将水泥、石灰等和地基土相拌和，形成相互搭接的格栅状结构型式，也可相互搭接成实体结构型式。采用格栅形式时，要满足一定的面积转换率，淤泥质土不宜小于0.7；淤泥不宜小于0.8；一般砂土不宜小于0.6。由于采用重力式结构开挖深度不宜大于7m。对于嵌固深度和墙体宽度也要有所限制，对于淤泥质土，嵌固深度不宜小于1.2h（h为基坑挖深），宽度不宜小于0.7h；对于淤泥，嵌固深度不宜小于1.3h，宽度不宜小于0.8h。

水泥土挡墙的28d无侧限抗压强度不宜小于0.8MPa。当需要增加墙体的抗拉性能时，可在水泥土桩内插入钢筋、钢管或毛竹等杆筋。杆筋插入深度宜大于基坑深度，并应锚入面板内。面板厚度不宜小于150mm，混凝土强度等级不宜低于C15。

地下连续墙：地下连续墙主要有预制钢筋混凝土连续墙和现浇钢筋混凝土连续墙两类，通常地下连续墙一般指后者。地下连续墙有如下优点：施工时振动小、噪声低，墙体刚度大，对周边地层扰动小；可适用于多种土层，除夹有孤石、大颗粒卵砾石等局部障碍物时影响成槽效率外，对黏性土、无黏性土、卵砾石层等各种地层均能高效成槽。地下连续墙施工采用专用的挖槽设备，沿着基坑的周边，按照事先划分好的幅段，开挖狭长的沟槽。挖槽方式可分为抓斗式、冲击式和回转式等类型。地下连续墙的"一"字形槽段长度宜取 4～6m。当成槽施工可能对周边环境产生不利影响或槽壁稳定性较差时，要取较小的槽段长度。必要时，宜采用搅拌桩对槽壁进行加固；地下连续墙的转角处或有特殊要求时，单元槽段的平面形状可采用 L 形、T 形等。

地下连续墙的槽段接头应按下列原则选用：①地下连续墙宜采用圆形锁口管接头、波纹管接头、楔型接头、工字钢接头或混凝土预制接头等柔性接头；②当地下连续墙作为主体地下结构外墙，且需要形成整体墙体时，宜采用刚性接头；刚性接头可采用"一"字形或"十"字形穿孔钢板接头、钢筋承插式接头等；在采取地下连续墙顶设置通长的冠梁、墙壁内侧槽段接缝位置设置结构壁柱、基础底板与地下连续墙刚性连接等措施时，也可采用柔性接头。

导墙是控制挖槽精度的主要构筑物，导墙结构应建于坚实的地基之上，并能承受水土压力和施工机具设备等附加荷载，不得移位和变形。

在开挖过程中，为保证槽壁的稳定，采用特制的泥浆护壁。泥浆应根据地质和地面沉降控制要求经试配确定，并在泥浆配制和挖槽施工中对泥浆的相对密度、浓度、含砂率和 pH 值等主要技术性能指标进行检验和控制。

每个幅段的沟槽开挖结束后，在槽段内放置钢筋笼，并浇筑水下混凝土。然后将若干个幅段连成一个整体，形成一个连续的地下墙体，即现浇钢筋混凝土壁式连续墙，采用锁口管接头时的具体施工工艺流程见图 4-19，不同类型围护结构的特点见表 4-46。

支撑结构分为内支撑和外拉锚。内支撑有钢撑、钢管撑、钢筋混凝土撑及钢与混凝土的混合支撑等；外拉锚有拉锚和土锚两种形式。

在软弱地层的基坑工程中，支撑结构承受围护墙所传递的土压力、水压力。支撑结构挡土的应力传递路径是围护（桩）墙→围檩（冠梁）→支撑；在地质条件较好的有锚固力的地层中，基坑支撑可采用土锚和拉

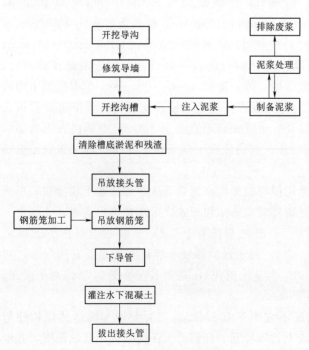

图 4-19　地下连续墙的施工工艺流程图

锚等外拉锚形式。

表 4－46   不同类型围护结构的特点表

类型		特　点
排桩	型钢桩	(1) H 形钢的间距为 1.2～1.5m； (2) 造价低，施工简单，有障碍物时可改变间距； (3) 止水性差，地下水位高的地方不适用，坑壁不稳的地方不适用
	预制混凝土板桩	(1) 预制混凝土板桩施工较为困难，对机械要求高，而且挤土现象很严重； (2) 桩间采用槽榫结合方式，接缝效果较好，有时辅以止水措施； (3) 自重大，受起吊设备限制，不适合大深度基坑
	钢板桩	(1) 成品制作，可反复使用； (2) 施工简便，但施工有噪声； (3) 刚度小，变形大，与多道支撑结合，在软弱土层中也可采用； (4) 使用初期止水性尚好，如有漏水现象，需增加防水措施
	钢管桩	(1) 截面刚度大于钢板桩，在软弱土层中开挖深度大； (2) 需有防水措施相配合
	灌注桩	(1) 刚度人，可用在深人基坑； (2) 施工对周边地层、环境影响小； (3) 需降水或和止水措施配合使用，如搅拌桩、旋喷桩等
	SMW 工法桩	(1) 强度大，止水性好； (2) 内插的型钢可拔出反复使用，经济性好； (3) 具有较好发展前景，国内上海等城市已有工程实践； (4) 用于软土地层时，一般变形较大
地下连续墙		(1) 刚度大，开挖深度大，可适用于所有地层； (2) 强度大，变位小，隔水性好，同时可兼作主体结构的一部分； (3) 可邻近建筑物、构筑物使用，环境影响小； (4) 造价高
重力式水泥土挡墙／ 水泥土搅拌桩挡墙		(1) 无支撑，墙体止水性好，造价低； (2) 墙体变位大
土钉墙		(1) 可采用单一土钉墙，也可与水泥土桩或微型桩等结合形成复合土钉墙； (2) 材料用量和工程量较少，施工速度快； (3) 施工设备轻便，操作方法简单； (4) 结构轻巧，较为经济

在深基坑的施工支护结构中，常用的支撑系统按其材料可分为现浇钢筋混凝土支撑体系和钢支撑体系两类，其结构型式和特点见表 4－47。

表 4－47   支撑体系的结构型式和特点表

材料	截面形式	布　置　形　式	特　点
现浇钢筋混凝土	可根据断面要求确定断面形状和尺寸	有对撑、边桁架、环梁结合边桁架等，形式灵活多样	混凝土结硬后刚度大，变形小，安全、可靠性强，施工方便，但支撑浇制和养护时间长，围护结构处于无支撑的暴露状态的时间长、软土中被动区土体位移大，如对控制变形有较高要求时，需对被动区软土加固。施工工期长，拆除困难，爆破拆除对周围环境有影响

材料	截面形式	布置形式	特点
钢支撑	单钢管、双钢管、单工字钢、双工字钢、H型钢、槽钢及以上钢材的组合	竖向布置有水平撑、斜撑；平面布置一般为对撑、井字撑、角撑。也有与钢筋混凝土支撑结合使用，但要谨慎处理变形协调问题	装、拆除施工方便，可周转使用，支撑中可加预应力，可调整轴力而有效控制围护墙变形；施工工艺要求较高，如节点和支撑结构处理不当，或施工支撑不及时、不准确，会造成失稳

现浇钢筋混凝土支撑体系由围檩（圈梁）、支撑及角撑、立柱和围檩托架或吊筋、立柱、托架锚固件等其他附属构件组成。

钢结构支撑（钢管、型钢支撑）体系通常为装配式的，由围檩、角撑、支撑、预应力设备（包括千斤顶自动调压或人工调压装置）、轴力传感器、支撑体系监测监控装置、立柱桩及其他附属装配式构件组成。

3）基坑开挖。基坑开挖应根据支护结构设计、降水排水要求，确定开挖方案。基坑周围地面应设排水沟，且应避免雨水、渗水等流入坑内；同时，基坑内也应设置必要的排水设施，保证开挖时及时排出雨水。放坡开挖时，应对坡顶、坡面、坡脚采取降排水措施。当采取基坑内、外降水措施时，应按要求降水后方可开挖土方。

软土基坑必须分层、分块、对称、均衡地开挖，分块开挖后必须及时施工支撑。对于有预应力要求的钢支撑或锚杆，还必须按设计要求施加预应力。当基坑开挖面上方的支撑、锚杆和土钉未达到设计要求时，严禁向下超挖土方。

基坑开挖过程中，必须采取措施防止开挖机械等碰撞支护结构、格构柱、降水井点或扰动基底原状土。

当开挖揭露的实际土层性状或地下水情况与设计依据的勘察资料明显不符，或出现异常现象、不明物体时，应停止开挖，在采取相应措施后方可开挖。发生下列异常情况时，应立即停止挖土，并应立即查清原因和及时采取措施后，方能继续挖。

4.3.3 垫层施工

当建基面处理完毕后，通过联合验收签证后，可进行垫层混凝土浇筑。该工序的重点是对高程进行复核，以保证底板厚度要求。

4.3.4 钢筋混凝土施工

（1）钢筋制作安装。钢筋种类、型号、直径等均应符合施工详图及有关技术文件规定。钢筋的性能必须符合技术规范和国家强制性标准的要求。钢筋表面应洁净，钢筋架设前应将表面油渍、漆污、锈皮、鳞锈等清除干净；钢筋应平直，无局部弯折。钢筋安装的位置、根数、间距、保护层及各部分钢筋的大小尺寸均应符合施工详图及有关文件的规定。

为了保证混凝土的保护层厚度，应在钢筋与模板或与底部混凝土之间设置强度不低于设计强度的混凝土垫块。在钢筋绑扎完成后，应加以保护，避免发生错位和变形，如发现变动应及时矫正。

（2）模板制作安装。为节约木材和提高混凝土外观质量，宜采用钢模板，若采用木模板，应选用优质木材。模板要有足够的强度和刚度，密封性良好，保证不漏浆。竖向模板与内侧模板都必须设置内部拉杆或外部撑杆，模板安装时必须按施工详图测量放样，模板在安装过程中必须保持有足够的临时固定设施，以防止倾覆。混凝土浇筑过程中，模板如发生变形走样，应采取有效措施予以矫正，否则应停止混凝土浇筑。

（3）混凝土浇筑。穿堤建筑物混凝土浇筑量相对较少，但浇筑开仓次数较多，混凝土浇筑前必须按混凝土浇筑质量要求做好各项准备工作，施工过程中要严格控制水灰比、坍落度、拌和时间。混凝土浇筑时要分层按一定厚度、方向、顺序进行，边墙要对称浇筑，同步上升。对止水和预埋件位置要慢送料、轻振捣、细观察。浇筑到顶部时及时清除仓面泌水。浇筑完成后根据规范要求及时进行养护。

4.3.5 基坑回填

穿堤建筑物主体工程混凝土完工后，施工单位要申请联合检查验收，以便进行回填覆盖。回填前要求基坑周围无积水、无杂物、做好边坡衔接处的处理。

建筑物周边回填土方，宜在建筑物强度达到设计强度的 $50\%\sim70\%$ 的情况下进行，不可因为工期原因提前填土。填筑前应对建筑物表面进行清理，填筑时，须先将建筑物表面湿润，边涂泥浆，边铺土，边夯实，涂浆高度应与铺土厚度一致，涂层厚宜为 $3\sim5mm$，并应与下部涂层衔接；严禁泥浆干固后再铺土，夯实。

建筑物两侧填土要均衡上升，建筑物周围回填宜采用人工或小型机具夯压密实，不允许采用重型机械压实。填筑要分层进行，回填速率应严格控制，填筑过程中应注意观测位移情况，超过变形标准时，要暂停填土。建筑物周围的回填土干密度不应低于堤防工程的设计要求。

4.3.6 安装工程

金属结构设备安装前，安装单位应提供设备安装方案，安装完工应提交完工验收资料。

安装前应具备的资料：①施工安装图纸和安装技术说明书；②设备出厂合格证和技术说明书；③制造验收资料和质量证书；④安装用控制点位置图；⑤承包人按有关规定编制的施工组织设计。

设备安装完成后，承包人应提交完工资料：①完工项目清单；②安装竣工图；③安装用主要材料和外购件的产品质量证明书、使用说明书或试验报告；④安装焊缝的工艺评定和检验报告；⑤高强度螺栓连接副的抗滑移系数复验和安装检查报告；⑥闸门和启闭机的安装、调试、试运行记录；⑦涂装检验报告；⑧闸门、启闭机单项质量检查验收证书；⑨重大缺陷和质量事故报告。

4.4 工程实例

4.4.1 青弋江分洪道堤防填筑工程

青弋江分洪道工程位于芜湖市境内，是水阳江、青弋江、漳河流域防洪治理的重要骨干工程。以防洪为主，兼顾除涝及航运。项目建成后，通过分洪道将上游洪峰直接排入长江，可以从根本上改善防洪形势，大大增强芜湖和周边地区的防洪保安能力。

青弋江分洪道工程全长47.28km，进口始于上潮河河口，经马元村上游，裁弯取直，在华一村汇入上潮河，沿上潮河，经十连圩进入白了滩，裁埭南圩弯段，经南陵大桥，在三埠管处汇入漳河，沿漳河下行，在石硊圩处裁弯取直，经连河圩两汊，沿漳河在澛港大桥处汇入长江。分洪道上段底槽宽度为100～120m，平均堤距为230m；下段底槽宽度为100～185m，平均堤距为310m。堤顶宽度为6m，内外坡比一般为1：3.0，堤内外侧设置平台。防洪标准为20～40年一遇，设计分洪流量，上段十甲任至三埠管为2500m^3/s，下段三埠管至澛港大桥为3600m^3/s。

4.4.2 呼兰河城区堤防工程

呼兰河城区堤防工程位于黑龙江省哈尔滨市，两岸堤防总长22.97km。其中右岸堤防起于滨北铁路桥南头约500m处，止于上游吕家窝棚，堤长15.18km，左岸堤防起于滨北铁路桥1.0km处，终点与哈依公路相接，堤长7.78km。该堤防设计标准为50年一遇洪水，为Ⅱ级堤防。堤顶宽8m，迎水面坡比为1：3，背水面坡比为1：4。迎水面和背水面均设30m护堤林台。

两岸堤防堤基主要是土基，填筑采用沿堤线迎水面河滩地土料，施工以吹填为主，碾压为辅，填筑土方总量为613.55m^3。

（1）工程特点。呼兰河城区堤防工程地处高寒地区，夏季多雨，冬季较长且寒冷，每年的有效期比较短。堤防均坐落在呼兰河滩地上，堤基主要是土基。受征地限制没有集中料场，堤防填筑采用沿堤线迎水面河滩地土料，且河滩地地势低洼。根据料场勘查报告，河滩地取土场覆盖层为低液限黏土，厚0.3～3.4m，含水率偏高，平均值达28.9%。筑堤时不宜压实，且黏粒含量较高，不利于碾压压实，需晾晒后方可上堤，扣除雨季和冰冻期，对施工工期极为不利。下层土料为细粒土、细砂和级配不良的中粗砂，储量丰富，适合吹填。同时，河道疏浚弃料也可用于吹填筑堤。根据呼兰河城区堤防工程的上述特点，呼兰河城区堤防填筑采用吹填筑堤为主，局部有适于碾压土料且不利于吹填的堤段采用碾压筑堤。

（2）施工过程。

1）清基。堤身和料场均采用推土机配合人工的方法清除表层腐殖土和杂草、树根等。

2）围埝施工。围埝分为边埝和中埝，用挖机修筑围埝，围埝的高度根据土料性质和一次吹填层厚度决定，围埝高度应高于一次吹填厚度。根据呼兰河城市堤防工程现场实际情况，一次吹填厚度为1.0m，围埝高度为1.2m，顶宽1.0m，坡比1：2，围埝每50m分一个中埝。

3）堤身吹填。围埝建好后即开始堤身吹填，吹填时采用单泵配双枪，先用15kW水泵给高压水枪供水产生高压水流，冲挖泥沙，土料经高压水枪冲击液化崩解，待土砂均匀混合配合比达到1：4～1：5后，用22kW泥浆泵抽砂，经输泥管道送入围埝吹填，直至一层吹填完成。每层吹填完成后间歇一段时间，待吹填料固结再进行第二层吹填，直至达到设计断面高程。

（3）吹填质量控制。

1）严格控制土砂配合比。为了达到良好的吹填效果，对不同的土砂比和不同干密度的土样进行物理和力学性能试验，将黏性土和砂土，按重量比混合后进行试验。结果表明，土料的干密度越小，渗透系数越大，土砂比越小，渗透系数越大。为了使吹填土有较大的渗透系数，便于施工和吹填料固结，同时又保持一定的黏粒成分，不至于吹填堤面表层失水后粉化，该工程土砂比控制在 1：4～1：5 之间。

2）严格控制吹填速度。吹填速度过快，超过渗透固结所允许的速度时，部分吹填料来不及脱水固结，边围埝就会出现蠕动变形，造成堤防边坡失稳破坏。根据现场勘查报告，吹填料的渗透系数为 2.92×10^{-3}cm/s，渗透系数较大，根据经验和现场试验，将呼兰河城区堤防堤身吹填速度确定为 0.20～0.25m/d。

3）质量检查。依照《堤防工程施工质量评定与验收规程（试行）》（SL 239—1999）的规定，每 50m 逐层进行干密度和含水率检查，以保证吹填质量和吹填效果。

4.4.3 曹妃甸工业区东南段海堤一期工程

该工程围堤位于渤海湾西北部的曹妃甸岛东南，港区位于河北省东北部，唐山市滦南县所辖境内。西距天津港 120km，东北距秦皇岛港 142km，西侧紧靠矿石码头。

东南段海堤一期工程主要为围堤工程，该标段全长 2880.00m。围堤为抛石斜坡堤结构，抛石量约 880.67 万 m^3。堤顶设置现浇混凝土胸墙，4t 扭王字块护面。围堤内侧设置大型充砂袋，约 27.41 万 m^3。围堤与充砂袋堤之间为吹填砂，约 22.53 万 m^3。吹填砂顶端修建山皮石道路，路面标高 5.3m，路面宽 20m。取砂区位于海堤内侧砂源区。

（1）工程特点。

1）该工程工期紧，工程量大，施工强度大，共有充砂袋 27 万 m^3、吹填砂 23 万 m^3、抛石量约 81 万 m^3、预制护面块体 8 万 m^3。招标要求自 2000 年 2 月 15 日开工至 2000 年 12 月 31 日竣工，总工期仅为 10 个半月，加之该工程地处渤海湾，2000 年的 2 月很难进行水上施工作业。

2）该工程位于开敞水域，并根据工程进展情况配备大型及小型绞吸式挖泥船。

3）可作业天数少，对该工程施工有较大影响的主要是冰况及大风，其他如降雨、大雾、雷暴等恶劣天气也有一定影响。据往年统计资料，3 月下旬至 12 月底大风天超过 8 级风的天数达 78d，大于 7 级风的天数达 98d，经综合分析并结合通路路基施工经验，水上施工每年有效作业天数约为 220d。因此施工时必须加大施工船舶和机械设备投入，充分利用可作业时间，施工时停人不停机，确保施工工期。

4）该工程位于岛以西的水域内，施工地点的工程、施工材料（主要为块石）缺乏，所需材料需水上运输，材料组织困难，运输距离远，材料的组织、运输是影响施工进度的主要因素。

另外考虑水上直接来料距离远，海上气象多变，在船舶运输石料过程中存在不能及时到达现场的情况，因此必须考虑部分陆上来料作为补充，利用自航驳船进行短距离倒运。

交通运输强度较大，但现有道路路况很好，可充分利用并进行运输。

5）该工程施工线长，工序交叉多，采取流水作业，各工序的衔接要求紧密，对施工总体安排和各工序施工工艺、工期要求较高。

6）施工作业船舶机械较多，相互干扰较大，要求统一协调、合理安排。施工安排一定要分好施工段和各工序的衔接，组织好各个工序的平行流水作业；所有船只的通信设备必须配备齐全，并有专人进行管理，以便进行合理组织安排。

各个船舶下锚链采用信标差分 GPS 定位，避免相互之间发生缠锚等现象，从而影响施工进度。

7）施工区域距陆域较远，无依托，同时所处水域浪大、流急，给施工船舶的定位带来困难，为此必须采用动态实时差分 GPS 定位系统，并且施工船舶都要加大锚机和锚链的能力等防风浪措施，确保施工定位和船舶定位的精度，满足工程需要，从而保证工程的进度和质量。

8）由地质资料可知，该工程施工期有一定的沉降量，对施工工期、质量和施工组织影响较大。施工中必须制定合理的施工工艺，做好分层增加荷载分层监测工作，严格控制充砂袋及抛石堤的水平位移和垂直沉降满足设计要求。施工时做好沉降量计算，施工中埋设测量仪器并定期进行观测分析，以控制增加荷载速率，确保结构安全。

9）在港区内设混凝土拌和站，可提供该工程所需的混凝土、砂浆等。

10）护面块体混凝土预制量大，施工时间短，底胎和模板的数量大，施工投入较高。

根据以上工程特点，针对关键工序、制约进度的关键因素以及影响质量的环节，进行总体规划和设计，制定合理的施工工艺，确保按期、优质完工。

（2）施工过程。

1）堤心石抛填。施工顺序与护底块石相同，堤心石抛填采用分段施工，分段长度为 100m。为加快施工速度和控制增加荷载速率，在标高＋0.0m 以下的堤心石采用开体驳进行抛填，在标高＋0.0m 以上的堤心石采用 1000t 铁驳船进行抛填设计断面。

堤心石抛填前根据设计要求埋设沉降盘和测斜仪，并定期进行沉降观测位移，搜集监测数据，指导施工。

围堤第一次抛填到顶高程达到＋4.4m，第二次抛填到设计顶标高。

抛填堤心石由水上直接来料至现场抛填，船型为 1000～2000t 自航开体驳及自航驳船带反铲直接抛至断面。

400t 定位船配备 GPS 定位系统，根据 RTK 自动成图系统正确对位后带紧缆绳，采用八字缆，配 2 个浮鼓。定位船顺堤轴线方向驻位。

开体驳在靠泊定位船的同时，打开舱门卸料，开体驳抛石前应根据潮位情况做好典型施工，掌握潮位、波浪、海流等施工条件对抛石的影响，防止抛高现象发生。

铁驳船在靠泊定位船后，采用自带的反铲或采用定位方驳配备的反铲进行卸料，人工进行配合，抛填过程中采用水砣测深，控制抛填标高和厚度。

抛填施工应结合沉降观测资料控制抛石进度，避免增加荷载过快。抛石应分层施工确保增加荷载均匀，并设置沉降盘定时进行沉降观测并及时报告监理工程师。分层沉降应控制在每天 10mm 以内，当超过该数值时，应立即停止施工。堤心石的实际断面线与设计断面线间的允许高差为±40cm。

2）充砂袋施工。混合倒滤层施工完成后，应立即进行袋装砂充灌施工。采用 700t 铺排船进行铺设，潜水员水下配合，当施工至施工水位以上时采用人工直接铺设。铺设时对好轴线标，通过袋体上的轴线标志与轴线标成一条线来控制袋体的位置，两侧通过边线标使砂袋宽度方向垂直于轴线，袋体就位后可以立即进行底层砂袋的充灌。

加工好的袋体通过运输船运至施工现场，由充砂船进行充砂。袖口部位朝上，泥浆泵管口与袖口进行连接。用泥浆泵在现场取砂进行袋装砂充灌，循环往复，逐渐全断面向前推进。

3）吹填砂施工。采用绞吸式挖泥船于取砂区水下挖砂，借助泥泵输送力通过排泥管线将砂输送至吹填区，再经不同陆地管口使砂尽量均匀平整地分布在吹填区内，基本达到设计吹填标高后，停止吹填，对标高超规范区域用机械进行整平，使之达到规范要求。

根据围堤施工工艺，每级充砂袋施工一段长度后，及时进行背后吹填砂施工。吹填砂施工时由绞吸式挖泥船直接将砂吹填至施工部位。先吹填一级充砂袋背后部分的堤芯砂，便于二级充砂袋的施工，二级充砂袋背后部分的堤芯砂随后跟进。

4.4.4 察隅县城区堤防工程

察隅县城区堤防工程位于西藏自治区林芝市察隅县城区，防洪堤工程等别为Ⅲ等，防洪标准采用30年一遇，堤防总长3.66km，共分A、B、C三段。A段为左岸堤防，全长620m；B段为右岸堤防，全长1040m；C段为左岸堤防，全长2000m。防洪堤采用重力式浆砌石挡土墙的型式，迎水坡采用直立式，背水坡坡比为1∶0.4，堤顶宽0.4m，在A段堤顶设栏杆和人行道，并修建观测房一处。

（1）工程特点。察隅县城区地下水及湖盆较为显著，在基础开挖时，受地下水影响较为严重。

（2）砌体工程施工。浆砌石表面采用1∶2水泥砂浆勾缝，并设置伸缩缝沥青木板填缝。在施工浆砌石时，穿插进行PVC排水管安装施工。

施工时采用铺浆法分层砌筑，砂浆稠度以30～50mm为宜，每层高度为30～40cm，毛石砌体分层卧砌，第一层应大面朝下，各层砌筑时要上下错缝、内外搭砌，选择比较平整的面朝向墙表面，以利于浆砌条石的砌筑，不得采用外面侧立石块、中间填芯的砌筑方法。

毛石砌体的灰缝厚度为20～30mm，砂浆饱满。砌块间有较大的空隙时先填塞砂浆，后用碎块或片石嵌实，不得用先摆碎石块后填砂浆的施工方法，石块间不得相互接触。

毛石墙设置拉结石，拉结石均匀分布、相互错开，一般每0.7m²墙面至少设置一块，且同皮内的中距不大于2m。若其墙厚不大于400mm时，等于墙厚；墙厚大于400mm时，可用两块拉结石内外搭接，搭接长度不小于150mm，且其中一块长度不小于墙厚的2/3。

沉降缝的位置设置必须准确，应断开不能搭接，用厚15～20mm沥青杉木板作为分缝隔板，以保证缝宽符合规范要求，缝中必须清除干净，不得夹有砂浆、碎石等物。在施工过程中，若当天不能砌至伸缩缝处，应预留梯形接口，并将砌体的缝隙填满砂浆，以免毛石松动移位，毛石顶面不许铺砂浆，待次日继续砌筑时淋水润湿后再铺砂浆继续施工。

每日的砌筑高度应控制在1.2m以内，不能同时砌筑的面，必须留置临时间断处，并应砌成斜槎。完成后的浆砌石砌体要做好养护和成品保护措施。

（3）土石方填筑施工。

1）堤前回填。当基础及墙堤强度达到70％以上方可进行施工，采用自下而上分层回填，分层厚度为30～40cm，利用装载机运料、推料、人工配合铺料，装载机往返行驶、夯板或蛙式打夯机结合"水夯"夯实。

2）堤内背水侧填筑。堤墙砌筑至现有水面 1m 位置，进行堤背填筑，采用装载机进行堤背整平、压路机进行碾压密实。填筑宽度依据计算可适当加宽 20cm，待堤顶砌筑完成强度满足 70％后分层填筑碾压至堤顶，然后采用挖掘机自上而下削坡，配备人工用坡度尺进行精确平整。

3）块石和碎石垫层填筑。采用自卸车将石料运输至基槽内，挖掘机平整，单钢轮重型压路机碾压密实。

4）挡墙安装。在碎石垫层上进行测量放样，采用履带吊将混凝土预制块分层安装至设计位置。

5）墙背回填。自堤顶将土工布铺设至超过岩土分界线至少 1m，并在堤顶固定，采用自卸车运输，挖掘机整平，自基槽底将块石分层填筑至挡墙顶以下 0.2m，顶面整平后采用压路机压实，其上覆盖厚 0.2m 的碎石垫层，并平整夯实。

5 防 渗 工 程

堤防工程建设中，不容忽视的问题就是渗透破坏问题。出现渗透破坏后，很容易引发险情或溃堤事故，影响着堤防功能的正常使用。为了确保堤防工程的正常运行，提升堤防工程的稳定性以及安全性，防渗设计必然是设计阶段重点考虑内容，因此防渗工程施工技术的应用对堤防工程建设和运行管理起到关键作用。

渗透主要是由于堤防临水侧和背水侧存在水位差，堤基或堤身形成不同程度的渗流造成的。汛期时，随着临水侧水位的不断升高，堤身内的浸润线逐步形成并不断升高，堤基及堤身内土体的渗透比降也逐渐增大，当渗流产生的渗透比降大于土体的临界比降时，土体将产生渗透破坏。堤防的内在隐患会加速渗透破坏的发展，集中渗流对土体内部进行冲刷，带走土料颗粒，从而导致土体形成贯通的渗流通道，造成管中涌水（砂），即管涌。如不能及时有效处理，极有可能出现溃堤险情，危害人民生命财产安全。实施中常采用的防渗原则为"前堵、后排、中间截"。施工中常见防渗方法分类见表 5-1。

表 5-1　施工中常见防渗方法分类表

防渗分类	堤基防渗	盖重法
		铺盖法
		深搅法
		高喷法
		切槽法
		射水法
		抓斗法
		振动沉模法
	堤身防渗	黏土斜墙法
		土工膜防渗法
		劈裂灌浆法
		压浸平台法

5.1 堤基防渗

堤基防渗施工技术常见的有 8 种，分别是盖重法、铺盖法、深搅法、高喷法、切槽法、射水法、抓斗法、振动沉模法。

5.1.1 盖重法

盖重是指在堤内背水侧一定范围内，铺填足够重量的土料，以防止发生流土及地基被抬动等现象的防护措施。

盖重材料选用的原则是，其渗透系数应大于当地地表土层的渗透系数，以免增加渗透压力。

（1）盖重法防渗原理。对覆盖层较厚且下卧强透水层较深的堤基，可采用堤内背水侧增加盖重的方法。在背水侧增加盖重的目的是削减背水侧出流水头，防止堤基渗流对表层土产生渗透破坏，增加背水侧土体的抗浮稳定性，此外还可减小出逸比降。需要注意的是在加盖重时，使用土料的透水性不应小于原地面土料的透水性。如果所需盖重太长，则应考虑与减压井或减压沟联合使用。背水侧为城区或建筑密集区，这种方法的应用往往受到限制。另外，盖重土体的沙性不宜太重，否则极易引起盖重土体的沙漠化，从而对周围的环境产生负面影响。盖重的长度和高度可根据渗流计算的结果加以确定。

（2）盖重法施工方法。盖重法施工流程见图 5-1。

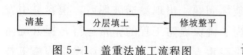

图 5-1 盖重法施工流程图

盖重法作为一种简易有效的防渗施工方法，目前多用于堤身防渗除险加固工程中，新建堤防设计也经常采用。

1）清基。采用推土机、挖掘机等施工机械将原地面、树根、腐殖土及其他杂物挖除并清理干净，一般清基厚度为 20～30cm，每侧清基边线应超出设计边线 30cm。如大堤加固工程，还需将原堤坡清理干净。堤基范围内的坑、槽、沟等，应按平台填筑要求进行回填处理。

清基作为施工中重要的工序，多数需要进行由各参建单位共同参加的联合验收，重要堤段，如穿过老河道等部位，还需邀请质量监督单位参加。

2）分层填土。

A. 正式施工前需通过碾压试验确定平台土料每层填筑厚度、碾压遍数等施工控制指标，铺料宽度一般要比设计边线超出 30cm。

B. 填筑面起伏不平时，应按水平分层由低处开始逐层填筑，不得顺坡铺填；横断面上的地面坡度陡于 1：5 时，应将地面坡度削至缓于 1：5，并开挖成台阶状；当削坡受到限制时，根据监理工程师的指示进行处理。削坡合格后，应控制好接合面上土料的含水率，边刨毛、边铺土、边压实。

C. 相邻施工段的作业面宜均衡上升，若不同施工段直接不可避免出现高差时，应以斜坡相接；垂直堤轴线方向的各种接缝，应以斜面连接，斜面坡度缓于 1：3，高差大时宜用缓坡，碾压时应跨缝搭接碾压，其搭接宽度不小于 3.0m。

D. 分段、分片碾压，应设立标志，相邻作业面的搭接碾压宽度，平行于堤轴线主向不应小于 0.5m，垂直于堤轴线主向不应小于 3.0m。

E. 对于水塘、老河道部位，平台填筑可采用进占法施工，也可采用旱地法施工。填筑应严格控制加载速率，并加强施工安全监测。

F. 铺土时运输车辆路线要经常变动，不可在一处反复行走，以免产生剪力破坏。

G. 压浸平台填筑质量必须按照现行有关规范要求分层进行压实度或干密度检测，合格后方能进行下一层填筑。

H. 压浸平台填筑必须考虑一定沉降量，避免竣工验收未能达到设计高程。

I. 施工时应注意观察天气情况，避免因盲目施工造成不必要的损失。

3）修坡整平。盖重平台填筑完成后，应及时进行修坡整平，坡面修整一般采用挖掘机抓斗焊接钢板作为施工机械，平台表面一般采用推土机。为提高外观质量，修坡时需挂线修整，坡度不陡于设计边坡。需要注意的是因盖重材料多选用渗透系数较大的砂性土，质量检测方法宜采用相对密度法。

5.1.2 铺盖法

在临水侧加铺盖的目的是延长渗径，减小水力比降。当临水侧有稳定的滩地时，对于透水堤基或上覆浅层弱透水层的透水堤基可采用黏土铺盖予以处理，铺盖的长度不应小于100m。当临水侧表层土体的渗透系数远远小于深部地层土体的渗透系数时，其铺盖的防渗效果不太明显。

（1）铺盖法防渗原理。铺盖法就是将不透水黏土料水平铺设在堤防迎水侧透水基上，以增加渗流的渗径长度，减小渗透比降，防止地基渗透变形并减少渗透流量，适合于均质土堤渗透不太强的情况。用于堤基铺盖的弱透水土料，其渗透系数至少低于透水堤基土砂层渗透系数的1/100才能起到良好的防渗作用。常用的土料多为黏性土料，其渗透系数一般要求小于1×10^{-5}cm/s。

铺盖土料的填筑，一般采用碾压法比较可靠，也可利用天然淤积土层做铺盖。铺盖的底部地面力求平整，避免因不均匀沉降使铺盖产生裂缝。当铺盖顶面有防冲刷要求时，需要设置保护层。

铺盖常与堤后设置的排渗、减压、盖重等措施综合运用，共同发挥防渗作用。

（2）铺盖法施工方法。铺盖法施工方法可参考5.1.1节盖重法施工方法，在此不再赘述。

5.1.3 深搅法

深搅法是采用深层搅拌机械将水泥作为固化剂与土体强制均匀搅拌，从而使水泥和土体发生一系列物理及化学反应，形成具有整体性、水稳性和一定强度的水泥土桩体。由水泥土桩体连续搭接形成一定方向的密实墙体，称之为水泥土搅拌桩防渗体（墙）。

（1）分类。深搅法按照固化剂水泥的使用状态可分为干法施工和湿法施工。干法施工即采用压力设备将水泥直接喷入地层并搅拌成桩；湿法施工即将水泥配置成浆液，然后采用压力设备喷入地层并搅拌成桩。目前，堤基防渗主要采用湿法施工，该方法也常用于堤身防渗施工。

（2）适用范围。

1）适用于淤泥质土、淤泥、黏性土、粉土、砂土、素填土等土层。

2）对于泥炭质土、有机质土、塑性指数大于25的黏土、直径小于50mm的砂砾土层以及地下水具有腐蚀性时和无工程经验可参考地区，应通过现场试验确定该法的适用性。

3）该法搅拌深度25m范围内具有较好应用效果，超出此范围应进行试验论证。

（3）施工准备。

1）施工材料。深搅法主要使用材料为固化剂水泥，其所占比例对成桩的渗透性、承载力起到关键作用，另外堤基土和拌和用水也是成桩材料之一，其中对于腐殖类堤基土，不适合作为水泥土桩施工材料。

2）施工设备。深搅法施工设备主要采用深层搅拌机，现阶段常用的有中心管喷浆和叶片喷浆两种搅拌头施工方式。前者由两个搅拌轴之间的中心管喷出水泥浆，然后与土体均匀拌和，可适用于纯水泥浆、水泥砂浆等；后者由旋转叶片上若干孔洞喷出水泥浆，通过搅拌与土体均匀混合，但容易堵塞孔洞，多用于纯水泥浆施工。

深搅法施工设备包括：灰浆搅拌机、输浆管、流量计、比重计、深层搅拌机及称量装置等，其使用型号可根据实际施工需要确定。

（4）施工方法。

1）施工流程。深搅法一般施工流程见图5-2，由图5-2可以看出，水泥搅拌桩单序施工。实际施工时常有一喷两搅、两喷四搅、四喷四搅等。

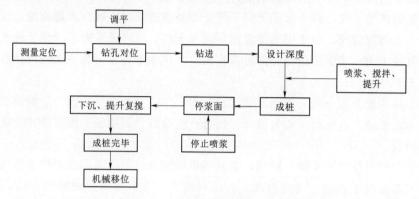

图5-2　深搅法一般施工流程图

2）施工工法。对采用"两喷四搅"施工方法进行介绍。具体施工过程如下：

A. 桩位放样。采用全站仪按设计要求测放桩位。

B. 桩机就位。搅拌桩机到达指定桩位对中。为保证桩位准确，必须严格控制桩位点，使桩位对中误差不大于50mm，导向架和搅拌轴应与地面垂直，垂直度的偏差不超过1.0%，为随时掌握钻进深度，在导向架上进行深度标识。

C. 拌制浆液。搅拌机预搅下沉的同时，后台拌制水泥浆液，待压浆前将浆液放入集料斗中。选用强度等级为42.5级普通硅酸盐水泥，每米搅拌桩水泥用量按照试验配比确定。制备水泥浆，拌制遵循"一桩一桶"的原则，严格控制水及水泥用量，使其符合水灰比、水泥浆比重，拌和时间不少于3min，保证水泥浆无硬块、无杂质。待压浆前将水泥浆倒入集料桶中，水泥浆不得离析，测试水泥浆比重并做好记录。

D. 下钻喷浆。启动电机，放松起吊钢丝绳，使搅拌机沿导轨按试桩确定的速度下钻并同时喷浆，直至设计深度，要求软土应完全预搅切碎，以利于同水泥浆均匀搅拌。

E. 喷浆搅拌提升。下至设计高程后，边喷浆边反转搅拌，输浆管道不能发生堵塞。原地喷浆30s，再反向以试桩确定速度匀速提升，其误差不大于10cm/min。搅拌钻头如被软黏土包裹时应及时清除。

F. 重复搅拌下沉。搅拌钻头提升至桩顶高500mm以上后，在桩顶部位进行磨桩头，停留时间为30s，然后关闭灰浆泵，按试桩确定的速度重复搅拌下沉至设计深度。

G. 重复搅拌提升。下沉到达设计深度后，再次重复搅拌提升，提升速度按试桩确定的速度进行，一直提升至地面。

H. 桩机移位。施工完一根桩后，移动桩机至下一根桩位，重复以上步骤进行下一根桩的施工。

5.1.4 高喷法

高喷法是高压喷射注浆法的简称，是采用钻孔将装有特制合金喷嘴的注浆管下到预定位置，然后用高压水泵或高压泥浆泵（20～40MPa）将水或浆液通过喷嘴喷射出来，冲击破坏土体，使土粒在喷射流束的冲击力、离心力和重力等综合作用下，与浆液搅拌混合，并按一定的浆土比例和质量大小，有规律地重新排列。待浆液凝固以后，在土内就形成一定形状的固结体。

（1）分类。

1）按照喷浆方式不同可分为旋喷、摆喷、定喷。

A．旋喷：使喷射管做旋转、提升运动，在地层中形成圆柱形桩体的高喷灌浆施工方法。

B．摆喷：使喷射管做一定角度的摆动和提升运动，在地层中形成扇形断面桩体的高喷灌浆施工方法。

C．定喷：使喷射管向某一方向定向喷射，同时一面提升，在地层中形成一道薄板墙的高喷灌浆施工方法。

2）按照设备构成及喷射物体不同可分为单管法、两管法、三管法。

A．单管法：喷射管为单一管路，喷射介质仅为水泥基质浆液的高喷灌浆方法。

B．两管法：喷射管为二重管或两列管，喷射介质为水泥基质浆液和压缩空气，或水和水泥基质浆液的高喷灌浆方法。

C．三管法：喷射管为三重管或三列管，喷射介质为水、水泥基质浆液和压缩空气的高喷灌浆方法。

（2）适用范围。高喷法适用于淤泥质土、粉质黏土地层以及粉土、砂土、砾石、卵（碎）石等松散透水地基或填筑体的高喷灌浆。对含有较多漂石或块石的地层，应通过高喷灌浆试验确定其适用性和设计、施工参数。

（3）施工准备。

1）施工材料。目前高喷法施工使用的是水泥作为主要胶凝材料，然后根据施工需要加入适量的水配置不同浓度的水泥浆制品。根据不同的工艺性能和加入的掺合料可分为：高强型水泥浆、速凝早强型水泥浆、抗腐蚀型水泥浆、抗渗型水泥浆、抗冻型水泥浆。掺合料包括：粉煤灰、水玻璃、膨润土、黏土、砂等，能有效改善防渗墙的使用功能。

2）施工设备。根据高喷法的施工工艺，其设备组装见图5-3。这些设备都是国产通用设备，通过选型后可以直接向厂家定做，进场后可根据施工现场需要进行布置。

（4）施工方法。

1）施工流程。高喷法施工流程主要包括定位、钻孔、下注浆管、喷射和提升、回填注浆孔钻机移位（见图5-4）。

2）施工过程。

A．定位。首先采用仪器按照设计要求对孔位进行测量放线，钻机就位后用水平尺或钻机自带调平设备对机身进行调平。钻孔控制孔位偏差不超过50mm。

B．钻孔。钻孔是摆喷灌浆的先导工序，钻孔深度与孔斜的控制是保证摆喷墙有效搭

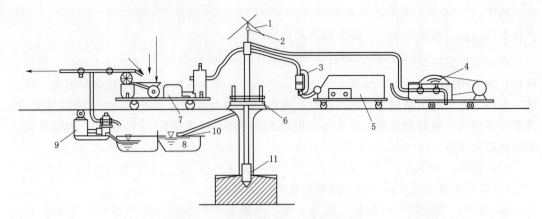

图 5-3 高喷法设备组装示意图

1—三脚架；2—卷扬机；3—转子流量计；4—高压水泵；5—空压机；6—孔口装置；
7—搅浆机；8—贮浆池；9—回浆泵；10—筛；11—喷头

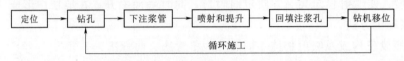

图 5-4 高喷法施工流程示意图

接的关键。钻进时要严格控制孔斜，一般要求孔斜率小于 1‰，每钻进 3～5m，用测斜仪量测 1 次，发现孔斜超过规定时应随时纠正。钻进过程要记录完整，终孔要经值班技术人员及监理工程师签字认可，不得擅自终孔。

C. 下注浆管。造孔完成后，移动高喷台车就位，安装好喷射管和旋提摆，对中找平，将喷管下入孔中，检测孔斜。根据孔斜情况，喷管可稍作调整，若孔底沉渣较多，采取喷射结合利用旋提摆装置配合扫孔，直至喷管完全到达孔底，否则，将喷管拔出移至下孔，由造孔组重新造孔。

为防止喷嘴堵塞，可采用边低压送气、水、浆，边下管的方法，或临时加防护措施，如包扎塑料布或胶布等。

D. 喷射和提升。喷管下到预计深度后，启动喷射系统，按气、水、浆的顺序将其送到孔底，开始时，只摆喷不提升，静喷 1～3min，按预定的提升、旋转、摆动速度自下而上边喷射、边摆动、边提升，到设计墙顶高程后静喷数分钟后即可停喷提管。喷灌提升时应均匀连续不断，中途如排除故障或拆管，动作要快且重新开喷之前要将喷管向孔内插入 30cm，以确保墙体搭接。在喷射时，要按试喷结果严格控制施工技术参数，同时要经常观测孔口回浆量和回浆密度，如不符合要求则应及时调整提升速度、浆量、浆液浓度等。

喷射注浆开始后，值班技术人员必须时刻注意检查注浆的流量、气量、压力以及摆动和提升速度等参数是否符合设计要求，并且随时做好记录。

当喷射到设计高程后，喷射完毕，应及时将各管路冲洗干净，不得留有残渣，以防堵塞。通常是提浆液换成水进行连续冲洗，直到管路中出现清水为止。一次下沉的摆喷管可以不必拆卸，直接在喷浆的管路中用泵送清水。

F. 回填注浆孔。当喷射结束后，随即在喷射孔内进行静压充填注浆，直至孔口液面不再下沉为止。对于收缩严重的高喷孔进行多次回填，直至填满为止。

G. 钻机移位。将钻机移动到下孔位，准备下一孔的注浆。

5.1.5 切槽法

切槽法是指利用锯槽机（即开槽机）、拉槽机或振动切槽机对地层建槽，并在槽中浇筑塑性混凝土、混凝土、钢筋混凝土，或灌注水泥砂浆、水泥黏土砂浆、水泥膨润土砂浆，或填筑水泥、铺土工膜（布）并回填土以成防渗墙或地下连续墙的一类施工工法。

（1）分类。切槽法根据机械的施工方式可分为锯槽法、拉槽法、振动切槽法三种。

1）锯槽法。锯槽法是通过锯槽机刀排的往复切削、伴以泥浆固壁、砂石泵反循环排除切削下的渣土而成槽孔，并用水下导管浇灌塑性混凝土墙的一种施工方法。

2）拉槽法。拉槽法是指用机械传动方式驱动工具，由摆线针轮减速器驱动曲柄滑块，使拉槽刀具在堤坝地基土体内作上下往复直线切削建槽成墙的一种施工工法。

3）振动切槽法。振动切槽法是利用大功率高频振动设备将振管和切头（切刀）振动挤入地层一定深度，切头挤压地层形成一定的槽段，利用切头的导向体在相邻已完成的槽段内导正，依次逐段切入而形成连续长槽，同时在高压水及风的综合作用下，槽段可保证连续完整。在挤入和提升切头的同时，使浆液（水泥浆或塑性混凝土等成墙材料）从其底部喷出，注入槽段，即形成了地下连续防渗板墙的一种新型施工方法。

（2）适用范围。切槽法适用范围较广，壤土、砂土、粉质土、黏土、砂砾卵石层均可施工，常用于堤基防渗、病险水库加固、闸基防渗、港口码头防渗等多种防渗体系建设。

（3）施工准备。

1）施工材料。

A. 开槽用泥浆护壁材料。施工中常采用膨润土或黏土掺加适当的水拌制一定比重、黏度等性能的泥浆护壁材料。其泥浆性能指标分别见表 5-2～表 5-4。

表 5-2　　　　　　　　　推荐的膨润土泥浆性能指标表

序号	项　　目	各阶段性能指标		试　验　仪　器
		新制	供重复使用	
1	重度/(g/cm³)	<1.1	<1.25	泥浆比重计
2	漏斗黏度/s	32～50	32～60	马氏漏斗
3	失水量/(mL/30min)	<30	<50	失水量仪
4	泥饼厚度/mm	<3	<6	失水量仪
5	pH 值	7～11	7～12	pH 值试纸

表 5-3　　　　　　　　　推荐的新制黏土浆性能指标表

序号	项　　目	性能指标	试　验　仪　器
1	重度/(g/cm³)	1.1～1.2	泥浆比重计
2	漏斗黏度/s	18～25	500/700mL 漏斗
3	含砂率/%	≤5	含砂率测定仪

序号	项　目	性能指标	试　验　仪　器
4	胶体率/%	≥96	量筒
5	稳定性/(g/cm³)	≤0.03	量筒、泥浆比重计
6	失水量/(mL/30min)	<30	失水量仪
7	泥饼厚度/mm	2～4	失水量仪
8	1min静切力/(N/mm²)	2～5	静切力计
9	pH值	7～9	pH值试纸或电子pH计

表 5-4　　　　　　　　　　　　　适用不同地层泥浆的性能指标

序号	地　层	重度/(g/cm³)	黏度/s	含砂率/%	胶体率/%	失水量/(mL/30min)	pH值
1	不含水的黏性土层	1.00～1.08	15～16	<5	≥90	<30	7～9
2	粉砂、细砂、中砂层	1.08～1.10	16～17	5～8	—	<20	7～9
3	粗砂、砾石层	1.10～1.20	17～18	5～8	—	<15	7～9
4	卵石层、漂石层	1.15～1.20	18～28	<5	—	<15	7～9
5	承压水地层	1.30～1.70	>25	<5	—	<15	7～9

B. 成墙材料。根据不同的施工方法成墙材料包括塑性混凝土、水泥土以及水下混凝土。施工配合比应根据实验室配比确定。

C. 施工设备。根据不同的施工方法施工主要设备包括锯槽机、拉槽机、振动切槽机，其附属设施又包含泥浆搅拌机、空压机、泥浆泵、冲击钻、导管、刀杆、支架、钻机等。

（4）施工方法。

1）锯槽法。

A. 施工流程。锯槽法施工流程见图5-5。

B. 施工过程。

a. 槽位放线。根据设计图纸要求，对防渗墙体轴线进行施工放样，并对所放桩点加以保护。

b. 设置施工平台。沿防渗墙轴线设置不小于8m的施工平台，施工平台应平整坚实、稳定、防止不均匀沉降，便于交通运输。

c. 导槽开挖。依据槽中心线对称开挖导向槽，以控制防渗墙的方向和位置，支撑槽口上部两壁土体，维持槽孔稳定。根据土质情况和墙厚、施工荷载、槽孔深度等因素确定槽宽。

d. 轨道铺设。用钢轨道平行于防渗墙轴线对称铺设，下设枕木，用于锯槽机行走。枕木间距一般为1m左右，钢轨间距根据设备型号确定。

e. 机械安装。在轨道上进行组装安装滚轮及

图 5-5　锯槽法施工流程图

上部机架并检查机架是否变形。

f. 导孔施工。导孔是为安装锯体设备先钻的钻孔，导孔尺寸根据刀排尺寸而定。深度大于锯体长度，一般孔深 0.5～1m，以便于安装锯体。钻进应严格控制其垂直度，保证刀排垂直下放。

g. 泥浆配置。泥浆用于支撑孔壁，稳定地层，悬浮、携带钻渣、冷却和润滑钻具等作用。一般制备泥浆量相当于 1.5～2 倍槽孔体积的方量。泥浆根据实际地质情况用膨润土或黏土配置。泥浆指标控制：密度为 1.1～1.3g/cm³，黏度为 18～30s。含渣泥浆回收利用需先进入沉淀池沉渣（或其他净化方法），再流入泥浆池循环重复使用。

h. 锯槽。①根据地质情况及排渣能力确定合理的连续开槽深度，以减少沉淀和清槽工作量。②锯槽机启动应在无负荷情况下开启，然后开锯、牵引加荷，施工中应保持槽孔内的泥浆液面相对稳定，要高于地下水位 1m。③为保证造孔质量，在施工过程中要定时测量保持槽孔内泥浆液面高度，防止塌孔。④槽孔的垂直度是靠机身水平控制，因刀排同机身垂直连接，斜槽主要是通过调整轨道的水平度机牵引方向进行控制。⑤锯槽机在停止锯进时，砂石泵应每隔 1h 左右进行一次循环，以防泥浆口淤堵。

i. 清孔。当开槽达到一定长度（一般控制在 15～20m 之间）即可在成槽区用清槽机（砂石泵反循环换浆）清槽，清槽应达到设计或有关规范要求。

j. 导管安放。清槽验收合格、隔离袋安放后，即可按要求安装混凝土导管，进行混凝土浇筑。导管在使用前应试拼和作密封试压检查，导管结束按浇筑槽深拼装。导管安放时，两导管间距不大于 3.5m，距隔离体或上段墙体距离不大于 1.5 倍隔离（水）球直径，当槽孔底部高程变化，高度差超过 0.5m 时，应将导管布置在较低的部位，必要时可根据情况增设导管套数，井口板位置要安放准确，吊放导管时应垂直对准井口板孔位，以防导管偏斜、位移。在隔离体内下导管时应先充泥浆，使土工布袋张开，防止导管刮伤布袋发生破袋事故。

k. 隔离体制作、安装。隔离体是将开槽与浇筑槽段分开的一种措施，要求有足够的稳定性和强度，能抵抗浇筑混凝土的侧向压力而不发生滑动位移，同时能密封不使混凝土浆液流入锯槽孔内。此隔离体使用后不再取出，作为防渗墙体的一部分。隔离袋土工布缝制线位应顺直以保证受力均匀。使用前必须认真检查，发现破损、断丝、跳段等降低袋体强度缺陷的，应采取补强措施。隔离体采用悬重法沉放，其重量应大于隔离体在泥浆中的浮重。

l. 防渗体浇筑。

a）浇筑混凝土导管间距要不大于 3.5m，且导管底口距孔底距离为 10～25cm。

b）首次浇筑时，从低处开浇。供料要连续、均匀、迅速，使混凝土能立即充满漏斗，并用导注塞封住管口；之后混凝土满管下落，推出管内的泥浆柱，落到孔底，迅速充满孔底并埋住导管底口；一般初灌时，保证导管埋入混凝土的深度为 0.4m 左右，这样，管外的泥水不会进入管内，就不会产生断桩。

c）正常浇筑时，严格控制供料速度，保持混凝土面均匀连续上升，上升速度不小于 2m/h，并控制相邻导管间混凝土面高差不大于 0.5m。导管埋入混凝土的深度控制在 2～3m 之间。在浇筑混凝土过程中，一般每 2 盘混凝土料测记一次导管埋深，严禁导管底口高于混凝土面现象发生。

d）当浇筑的混凝土溢出孔口，即可终止灌浆，立即起拔浇筑导管，清洗浇筑机具，转入下一槽孔浇筑。

e）相邻槽孔的连接。槽孔间混凝土采用无接缝浇筑法平接，要求混凝土的初凝时间不宜过短，早期强度不宜过高。

f）混凝土应严格按照施工配合比配制，并测试其性能。

2）拉槽法。

A. 拉槽法建槽成墙施工工艺流程见图5-6。

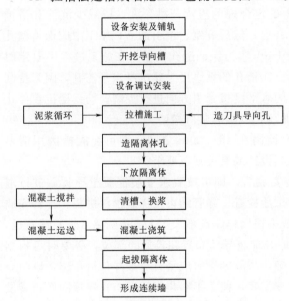

图5-6 拉槽法建槽成墙施工工艺流程图

B. 施工方法。

第一，设备安装及铺轨：设备应安装在经压实、平整地基的钢轨上。铺设枕木和钢轨时，轨道应与防渗墙轴线平行，两钢轨间距2.66m，误差不大于5mm。两枕木间距0.5～0.8m。轨道面的平面度：沿施工轴线方向不大于0.005m，法向不大于0.003m。以保证拉槽机行走的平衡性和成槽（墙）质量。

第二，造刀具导向孔：在施工轴线上，采用XY-4-3型钻机沿施工轴线先造ϕ400mm钻孔3个，孔距400mm，孔深大于防渗墙设计深度1m，再以ϕ800mm钻头将第一和第三孔进行全孔扩孔钻进，使其成为一个1.6m左右的长槽，以便刀具的下入安装。在防渗墙深度由浅及深处及施工轴线转变半径小于300m的转折处，均应设置刀具导向孔。

第三，拉槽施工：开始先将刀具处于自由状态进行拉槽，待刀具与施工轴线夹角处于10°～15°时，再用加力推杆将刀具固定，继续拉槽施工。开始拉槽速度不要过快，待泥浆循环正常后，根据地层条件，由电脑系统确定和控制正常拉槽速度（成槽效率）。

第四，造隔离体孔及下放隔离体：槽段隔离采用刚性隔离方式。即成槽后，在一定长度槽段的端点处（3～12m），沿槽孔中心造一个隔离孔，孔径为400mm，孔深比成槽深度深0.5m。钻孔中心与成槽轴线偏差不大于2cm。再用混凝土浇筑机上的卷扬机，将一直径为426mm的钢管（隔离体）垂直插入隔离体安装孔中。此时，隔离体与槽壁呈弧形接触，保证了隔离的可靠性。

第五，清槽、换浆：槽段隔离后，采用气举（或泵吸）反循环进行清槽、换浆，保证孔底沉渣不大于0.1m；泥浆重度为1.05～1.2g/cm³，泥浆黏度为18～22s，并测量槽深、槽宽使其满足设计要求。

第六，混凝土浇筑。混凝土按照设计配合比准确计量拌制，并按水下混凝土导管法浇筑。其浇筑段一般取 12m，采用 4 管浇筑，导管间距 3.5m，导管至隔离体距离为 1m。

第七，起拔隔离体。待初凝 6h 后用起拔油缸松动隔离体，达到墙体自立强度后，采用浇筑卷扬机起拔隔离体。

3) 振动切槽法。

A. 振动切槽法建槽注浆成墙施工流程见图 5-7。

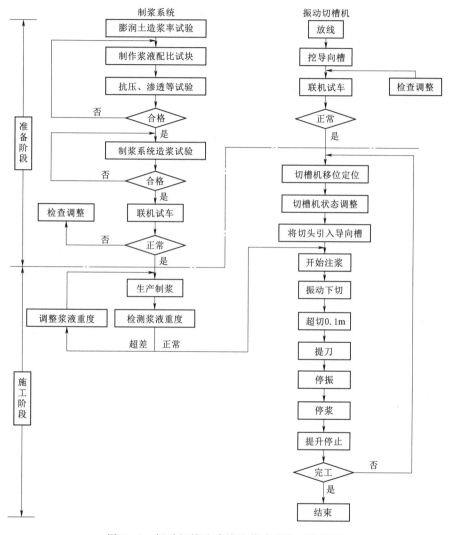

图 5-7　振动切槽法建槽注浆成墙施工流程图

B. 施工方法。

第一，制浆施工。振动切槽注浆浆液质量是防渗墙满足设计要求的关键，因此浆液的备制要严格按照试验确定的参数进行生产。制浆材料一般选用水泥、膨润土、砂、外加剂加以适量水配制而成。

浆液配制材料质量比例见表 5-5。

　　　　　　　　　　　　　　浆液配制材料质量比例表

材料	水泥	膨润土	纯碱	砂	水
配比	1	0.11	0.003	1.4	1.4

第二，切槽施工。

a. 行走移位。振动切槽机的下切动力来源于切头和振动管顶部的振动头，振动管的长度必须大于造墙的深度。在切槽机移位的过程中，切头必须提离地面 1m 左右，因此行走时振动头（也称锤头）一定处于切槽机立柱的顶端。

b. 振动切槽。切槽是振动切槽建造连续防渗墙的关键工序，对造墙质量和生产安全影响极大，必须严格控制。具体操作程序如下：

启动振锤，操纵离合器手柄使离合器分离，放松制动手柄到一定程度，使切头逐渐下切。

根据地层情况确定下切速度，而且速度要均匀，不得过快。由于振动管的长度远远大于其直径，属于典型的细长杆，因此下切操作需要保持平稳，下切速度适中，主要靠振动力切入，不允许采用振锤重压振管的方法进行下切操作，并应控制振动管的斜率不大于 0.3%，以免使振管产生过大的弯曲变形甚至导致失稳。

根据振动管上的深度标记，切至设计深度后还应继续下切 0.1m，以确保防渗墙深度达到设计要求。

切至预定深度后一面保持振动一面开始提锤，提升 2m 左右后应该停振，依靠卷扬的力量继续提升。由于提升过程中阻力很小，如继续空振使大量的能量消耗在振杆和卷扬钢绳上，将导致其使用寿命大大缩短。

将切头提离堤顶 1m 左右，该槽的工作就此完成，就可以进行下一循环的移位操作（见图 5－8）。

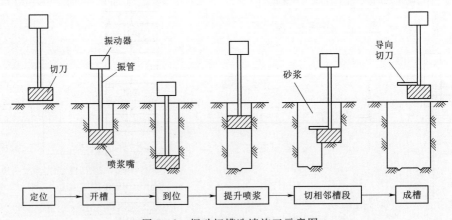

图 5－8　振动切槽造墙施工示意图

振动切槽技术是利用切刀头的振动力强行将泥土挤向两侧而形成槽孔，生产中很少有废土产生。但在切刀上提过程中，刀头上平面仍可能会有少量泥土带出。

第 1 个槽孔完成后，在切头的前部焊上一个副刀（也称导向切刀），在切后续的槽孔时，切头副刀在前面相邻已完成的浆槽内振动搅拌和导向，既引导切头沿着前槽的方向下切不至于左右偏斜，也增加了与第 1 槽段的重叠长度（见图 5－9）。

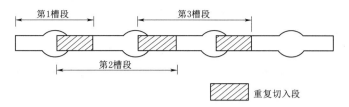

图 5 - 9　振动切槽槽段搭接示意图

c. 注浆。在振动切槽成墙工法中，一般情况下注浆与切槽是同时进行的。在切槽的全过程中，应始终使槽中的浆液与槽口基本保持平齐。注入的浆液是直接成墙的浆液。

d. 搭接问题。在振动切槽建造连续防渗墙的过程中，会遇到以下搭接问题：正常切槽时相邻两槽之间的搭接；生产因故停顿时间较长，上个槽段凝固后重新开始切槽的搭接；防渗墙始端和终端与原有老墙的搭接。

e. 振动切槽法建槽成墙质量控制。

第一，振动切槽质量控制。

振动切槽即建槽施工，主要在其施工操作方法上的控制：

按墙体设计中心线开挖导向槽。导向槽的作用一是起到切槽机导向；二是作为储浆池，槽的具体尺寸要根据每个槽孔的容浆量计算得出，过大过小都会浪费砂浆。槽体尺寸一般以一个台班的容浆量为宜。

铺设枕木，切槽机安装。铺设枕木时要初步整平，左右高差一般小于1cm，然后，校正振动器吊杆的垂直度。

移动切槽机使切刀对准墙体设计中心线，打开供浆泵，观察浆液正常后开始振动下切，根据下切的速度及时调整供浆量。

切刀上提时要观察储浆池浆面的变化，切刀提出后要清理表面的泥土及固结的砂浆，并防止掉入浆槽。

按要求的槽距移动切槽机至下一相邻槽孔，使副刀嵌入上一浆槽中间0.3m，然后重复上一次操作。

振动切槽施工，应按不同地质条件下切刀下切与提升的平均速度来控制（见表5-6）。

表 5 - 6　　　　　　　　　不同土层的下切与提升速度经验值　　　　　　　单位：m/min

壤土层		黏土层		砂土层		砂壤土层	
下切	提升	下切	提升	下切	提升	下切	提升
3.02	1.75	3.4	1.76	2.05	1.82	2.74	1.82

第二，振动成墙质量控制。

墙体垂直度控制。根据该工程设计的墙厚度和墙深，要求振管的垂直度不大于0.3%，切刀定位误差不大于3%。在工程施工中主要采取铅锤的方法来控制振动管的垂直度，根据振动器滑道的长度选取铅垂线长14m，下面指向十字线。当发现垂线偏离中点时，升降左右撑杆进行调整。

墙体连续性控制。在振动管垂直度保证的情况下确保墙体连续性主要看：每个槽孔的衔接情况，墙体的均匀性，有无断层和漏洞。振动切槽机的切头分主刀和副刀，根据设计要求，副刀嵌入上一浆槽 0.3m，保证了两槽孔的良好搭接。

墙体强度控制。墙体的抗压、抗渗以及弹性模量指标主要从砂浆的配合比、重度与和易性三个方面来控制。首先按设计指标进行试验室配合比初选，然后根据料场储存砂的表面含水量进行调整，从而得到合适的浆液重度。

5.1.6 射水法

射水法是利用高速泥浆水流来切割破坏土层结构，水土混合回流（溢出或抽出）地面，泥浆固壁，同时，利用机具进一步破坏土层并切割修整孔壁形成具有一定规格尺寸的槽孔，然后浇筑建成地下塑性混凝土连续墙的一种置换成墙工法。

（1）分类。按水流和成槽器冲击或切割的伴随工艺或后续施工工序来划分，射水法主要有 3 种，即"射水沉桩"法、"预制混凝土板射水成墙"法与"射水造孔成墙"法。

（2）适用范围。

1）适用于松散透水地基，粒径小于 0.1m 的砂、砾石地层，造孔深度小于 30.0m，墙厚 0.22～0.60m 射水法建造混凝土防渗墙施工。

2）可用于堤基截渗墙、基坑开挖防渗、水库堤坝的除险加固工程。

（3）施工准备。

1）施工材料。

A. 泥浆固壁材料。

第一，一般可选用塑性指数大于 25、粒径小于 0.074mm 的黏粒含量大于 50％的黏性土制浆。当缺少上述性能的黏性土时，可用性能略差的黏性土，并掺入 30％的塑性指数大于 25 的黏性土。

第二，射水法在施工过程中，另可采用膨润土制浆，其原因是成本低廉，取材方便。目前固壁泥浆的制浆材料主体已经变为膨润土，这是一种以蒙脱石为主要成分的矿物原料。

第三，Carboxy Methyl Celluose（CMC）全名羧甲基纤维素，可增加泥浆黏性，使土层表面形成薄膜而防护孔壁剥落并有降低失水量的作用。掺入量为膨润土的 0.05％～0.01％。此种材料价格较膨润土偏高，多用于特别地质条件。

B. 防渗墙混凝土材料。混凝土的组成材料是水泥、水、砂和石料。水与水泥混合成为水泥浆，砂与石料是混凝土的骨料。在混凝土中，骨料一般占其总体积的 70％～80％，水泥约占 20％～30％。

在射水法成墙中采用导管法浇筑水下混凝土配合比见表 5-7。

2）施工设备。射水法的机械设备主要由射水造孔机（也称成槽机）、混凝土搅拌机、混凝土浇筑机及辅助设备组成。①造孔机主要为射水造孔成型器，成型器下端有若干个射水喷嘴，另配以输液管道、控制装置、卷扬机等辅助设施构成。②混凝土浇筑机主要由混凝土浇筑架、移动动力装置、输料导管组成。③混凝土搅拌机主要由搅拌罐、进料斗、出料斗、机座、配电柜等组成。

（4）施工方法。

1）施工流程。射水法建造混凝土防渗墙的施工流程见图 5-10。

表 5－7　　　　　　　　　　　　　导管法浇筑水下混凝土配合比表

施工水深/m	导管直径/cm	一根导管浇筑面积/m²	粗骨料最大粒径/mm	坍落度/cm	水灰比	砂率/%	材料用量/(kg/m³)				设计强度/MPa	试件强度①/MPa	钻孔取样试件	
							水	水泥	砂	石子			龄期/d	抗压强度/MPa
14.0			20	16~18	0.57	48	230	410	820	877	15	18.0		
9.0	25.0		25	15	0.50		185	370			20	31.8		
0.6~6.5	25.0	21.0	40	13~18	0.43	41	159	370	772	1115	19	38.0	28	19.1
6.0	25.0	15.0	40	12	0.50		158	315			24	26.2		
2.5	30.0	10.0	40	15	0.42		155	370			30	28.0		

注　摘自《水利水电工程施工组织设计手册》第 3 卷. 北京：水利电力出版社，1987.
①　出机口试验强度，不掺加凝剂。

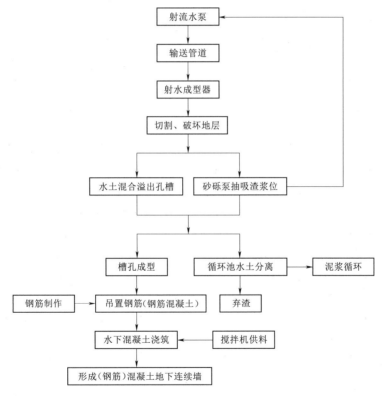

图 5－10　射水法建造混凝土防渗墙的施工流程图

2）施工方法。

A. 造孔。作为射水法关键的造孔技术，为保证孔壁的垂直度和良好的固壁效果，有着严格的施工要求。

第一，造孔。造孔主要依靠射水造孔机完成，需 2 人操作，3～5 人清砂、装卸管等。造孔采用双序法施工，先造孔Ⅰ号、Ⅲ号、Ⅴ号等，建成单序号混凝土槽板，经过

2~3d 孔中混凝土初凝后，再造Ⅱ号、Ⅳ号、Ⅵ号等，进行单序号槽孔施工时成型器的侧向高压喷嘴关闭，而施工双序号槽孔时打开，由成型器的侧向喷嘴不断冲洗单序号混凝土槽板（相连接的）侧面，形成两侧冲洗干净的混凝土面槽孔。

造孔时保持射流工作压力，一般在 0.4~0.6MPa 之间。泥浆的浓度根据地质条件进行调整（适当添加膨润土），并严格保证槽孔泥浆水位，同时控制水流流速在 0.2m/s 以内，从而达到良好的固壁效果。

造孔施工的主要技术参数是泵压、泵量与成槽器上下运动的频率。应根据地层情况对这些参数进行合理的调整。水泵的额定压力是 6.0MPa，而利用泵出水口的闸阀来调整泵压与泵量。如果在砂性地层进尺较快，为使泥浆固壁更好，以及减少扩径系数，应适当降低泵压与泵量。相反，如果是黏性土层，则可适当增加泵压与泵量。而成槽器的上下运动频率则由操作人员控制，一般为 30~70 次/min。对砂性地层，可降低频率；对黏性地层则可提高频率。

造孔完成，经监理工程师对孔深、孔斜率等验收合格并签字认可后，单孔造孔工序即完成。

第二，泥浆固壁。泥浆固壁的首要目的是保证孔壁的稳定，避免扩孔、塌孔，这是成孔的关键。采用泥浆固壁时槽孔内泥浆水位高于地下水位且泥浆比重大于地下水比重，因而对孔壁形成侧向压力，同时对孔壁形成泥膜，增加松散土体的黏聚性，进一步增加护壁效果。因此在造孔过程中，根据不同地质条件选用合适的泥浆，对成孔效果起到至关重要的作用。

第三，清孔排渣。造孔达到设计高程后，应进行清孔排渣。清孔排渣应达到下列标准：①孔底淤泥厚度不大于 0.1m；②孔内泥浆重度不大于 1.3g/cm³；③孔内泥浆砂含量不大于 10%。

第四，相邻槽段接头处理。由于射水法是分单双号槽段交替施工，故单号槽段与双号槽段的衔接问题是保证墙体整体抗渗效果的一个重要环节。具体做法是：整体放样，然后施工单序孔，待其混凝土槽板初凝后，在预先设定的位置，准确地建造双序号槽孔，在建造双序号槽孔时，成型器的侧面喷嘴不断地冲洗单序号相衔接的槽段混凝土，达到清洗干净无杂物的目的。最终浇筑双序号槽段时和单序号完整的连接，形成连续的混凝土防渗墙。

B. 混凝土浇筑。混凝土浇筑施工工艺见图 5-11。

进行混凝土浇筑，主要设备有浇筑机、混凝土搅拌机、混凝土运输车和双胶轮车。混凝土入孔坍落度为 18~22cm，扩散度为 34~40cm，初凝时间不小于 6h，终凝时间不宜大于 12h。

水下混凝土浇筑采用导管法，导管直径为 15~20cm。开始浇筑混凝土，导管须有一

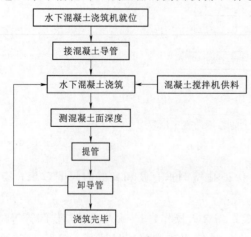

图 5-11　混凝土浇筑施工工艺图

段埋在混凝土中，埋深应保持在 1~3m 之间，不宜大于 6m，禁止悬管浇筑，以防成墙后出现薄弱层；再浇筑时每隔 30min 或浇筑 1m³ 时测 1 次孔中混凝土面深度，以此掌握埋管深度，拆管时不得让混凝土导管离开混凝土面。导管随浇灌提升，混凝土面上升速度不小于 2m/h，控制上升速度要避免提升过快造成混凝土脱空现象或提升过晚而造成埋管事故。拆管时间一般不超过 15min，中途不得停工，要一气呵成，直至浇筑完毕，卸去导管。墙顶实际浇筑高度应高出设计标高 0.5m 以上，以便混凝土达到一定强度后凿去多余部分而确保墙体混凝土质量。

混凝土导管的螺纹接头一拆下来就要及时冲洗干净，否则螺纹被混凝土粘满，不利于下次接管。每天开盘前要用清水冲洗一下，再接着下混凝土料，这对混凝土下料流畅有很大好处，同时流道上的混凝土结块应及时清除。浇筑中根据实际情况，在配合比范围内调整混凝土中粗骨料粒径及和易性，以防塞管。混凝土搅拌机上加装了一个水箱，可以在轨道上行走过程中加水搅拌混凝土，从而节约时间，提高工效。

3) 成墙质量检测。检查墙身质量应在成墙 1 个月后进行。检查的内容为墙身均匀性、墙段接缝以及可能存在的质量缺陷。检查方法主要采用开挖观察，探坑深度一般为 2.5~4m。槽长为 4~6m，必要时也可采用钻芯取样或其他无损检测等。检查孔位置由监理单位或建设单位会同有关单位研究确定，开挖点数量，可每 500m 墙长取 1 个点，整个工程不少于 3 点，检查合格后恢复原状。

5.1.7 抓斗法

抓斗法是抓斗成槽造墙施工工法的简称，主要指在坚硬的土壤与砂砾石透水地基中，依靠双颚板或多颚板的闭合和张开，开挖出一定尺寸的槽口，并在槽中填筑塑性混凝土或其他材料的建造防渗墙的施工技术。

（1）分类。

1）根据工作特点可分为机械式抓斗法和液压式抓斗法两种。

2）根据其结构特点与挖槽特征，抓斗法可分为液压式抓斗法、钢丝绳抓斗法、导杆式抓斗法和混合式抓斗法四类。

（2）适用范围。我国自 20 世纪 90 年代开始利用抓斗法进行防渗墙施工，逐步在理论和实际应用上深入探索抓斗法的适用范围，抓斗法原则上可用于各种地质条件的防渗墙、地下连续墙施工。由于其工艺简单、造价低廉，在堤防防渗、水库除险、港口码头等地下防渗施工中较为常用，最深可成墙 60m 左右。

（3）施工准备。

1）施工材料。和其他造孔灌注混凝土防渗墙施工类同，抓斗法施工材料同样分为两大类：护壁材料和灌注墙体防渗材料。

A. 护壁泥浆材料。泥浆由土料、水与掺合料组成。拌制泥浆使用膨润土，细度应为 200~250 目，膨润率 5~10 倍，使用前应取样进行泥浆配合比试验。

B. 防渗墙材料。堤防防渗墙塑性混凝土配合比见表 5-8。

2）施工设备。抓斗法施工设备主要包括抓斗式成槽机、塑性混凝土浇筑设备、制浆系统。

表 5-8　　　　　　　　　　　堤防防渗墙塑性混凝土配合比表

名　称	编号	水灰比	砂率/%	外加剂掺量/%	塑性混凝土材料用量/(kg/m³)						
					水泥	膨润土	水	砂	石子	木钙	黏土
湖北黄冈长江干堤防渗墙	T511	1.10	50	0.25	170	60	252	881	881	0.575	—
	T510	1.20	50	0.25	150	60	252	890	890	0.525	—
	T1-2	1.68	50	0.25	150	60	252	890	890	0.375	—
	T2-1	1.56	44	0.25	160	60	250	753	956	0.400	—
湖北荆南长江干堤防渗墙					170	60	194	963	856	0.85(%)	—
湖北武汉长江干堤防渗墙	(W-1)				140	60	260	980	879	0.56(%)	—
	(W-2)				140	60	242	980	640	0.30(%)	—
湖北汉江遥堤防渗墙	(H-1)				130	20	282	1015	539	0.25(%)	—
	(H-2)				140	70	255	1045	577	0.25(%)	—
	(H-3)				160		365	1400		0.80(%)	—
	(H-4)				160	100	370	1420	—	0.80(%)	—
江西同马大堤防渗墙					180	78	403	770	513	1.08(%)	156
安徽和县江堤防渗墙					170	60	255	879	879	适量	—
长江堤防塑性混凝土防渗墙设计推荐的配合比					130/140	20/70	282/255	1015/1045	539/577	0.25(%)	100/0

注　摘自：夏细禾，刘百兴，熊进，等. 长江堤防防渗工程施工研究及其应用. 北京：中国水利水电出版社，2004。

① 　( ) 表示同一防渗墙的不同取样编号。

② 　/表示前、后两种配合比的分隔符。

（4）施工方法。

1）施工流程。抓斗法地下连续墙的施工过程是：先构筑导墙，抓斗沿导墙壁挖土，在挖槽的同时用泥浆护壁，成槽结束后清孔，最后放入钢筋笼进行水下混凝土浇筑。抓斗法施工工艺流程见图 5-12。

2）"抓斗法"施工方法。

A. 导向槽开挖。正式开挖前先进行挖槽准备，使用经纬仪确定导向槽轴线与防渗墙轴线一致。导向槽一般宽 0.5m、深 0.5m，具体根据防渗墙厚度和地质情况确定。导向槽可采取混凝土硬化处理，上面再铺设导轨，利于机械行走。

B. 开槽固壁泥浆及性能。固壁泥浆的制浆材料选用黏土或膨润土。经试验检测，若

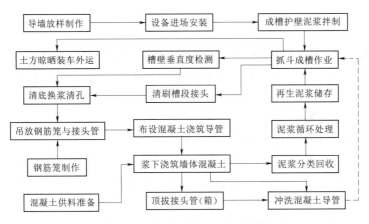

图 5-12 抓斗法施工工艺流程图

黏土指标不能满足要求，则必须采用膨润土。

通过试验确定拌制泥浆的方法及时间，并按批准或批示的配合比配制泥浆。护壁泥浆性能指标一般为：比重 1.20～1.30，黏度 20～25s，含砂量小于 4%，胶体率人于 97%，失水量小于 30mL/min。

为减少环境污染，降低工程造价，对泥浆使用振动筛、旋流器、流槽及深沉淀池等方法进行净化回收、重复利用。旋流器分离出的土渣采用装载机或挖掘机和自卸汽车运至指定点堆存。回收的泥浆经检验性能符合要求才能重复利用。

施工中常采用高速搅拌机制浆，分段建造制浆站集中拌制、集中供应、集中回收泥浆，供浆管路送至槽口。

C. 槽孔宽度和槽孔分段长度。采用"抓斗法"成槽，即采用液压或钢丝绳抓斗抓取地层。槽孔分两序施工，先施工Ⅰ序槽、再施工Ⅱ序槽。槽孔宽度根据设计要求可分两期进行，一期、二期槽段采用套接相连，套接厚度不小于 300mm，或采用抓凿法，但必须报监理工程师批准后方可实施。槽孔长度采用 6～8m，成槽条件差的堤段，槽孔分段长度应相应减小。槽孔分段长度根据施工部位、成槽造孔方法、延续时间及混凝土生产能力等确定。在槽孔孔壁稳定、混凝土生产能力足够的前提下，考虑加长槽孔分段长度可减少套接工作量，有利于防渗墙的整体性。

D. 槽孔中心线与垂直度。各槽孔中心线位置在设计防渗墙轴线上，上、下游方向的误差不大于 30mm。槽孔壁面保持平整垂直，防止偏斜，孔斜率不大于 3‰。成墙段无探头石和波浪形小墙等。一期、二期槽孔搭接部位的两次孔位中心线在任一深度的偏差值应能保证搭接墙厚度满足设计文件要求。抓槽前先认真校对孔位，抓斗纵面轴线与防渗墙设计轴线结合，抓斗上下升降过程中保持平稳，避免左右摆动。

E. 终孔及清孔换浆。为清除回落在孔底的沉渣，保证混凝土防渗墙的浇筑质量必须进行清孔、换浆。先用抓斗自槽底部采用定位抓取槽底淤积物及沉淀物，然后边注入符合要求的新鲜泥浆边抓取槽内陈旧废浆进行置换，或采用反循环泵抽取槽内陈旧废浆进行置换。清孔、换浆结束条件为清孔、换浆结束 1h 后，泥浆比重小于 1.25，黏度小于 30s，含砂量小于 10%。清孔、换浆结束后，经自检和监理单位验收合格后方可进行下一道工序的作业。

F. 墙体混凝土浇筑。

第一，防渗墙墙体采用塑性混凝土，成槽后采用直升导管法进行泥浆下混凝土浇筑。浇筑导管沿槽孔轴线布置，相邻导管的间距不大于 3.5m，一期槽孔两端的导管距孔端控制在 1.0~1.5m，二期槽孔两端的导管距孔端控制在 0.5~1.0m，当槽段长度增加时，适当相应增加导管路数。

每个导管开始浇筑时，先下入导注塞，准备好足够数量的混凝土，将导注塞压到导管底部，将管内泥浆挤出管外。然后将导管稍微上提，使导注塞浮出，一举将导管底端被混凝土埋住，保证后续浇筑的混凝土不与泥浆掺混。浇筑过程中，保持导管埋入混凝土深度不小于 1m，不超过 6m，并维持全槽混凝土面均衡上升，控制其高差在 0.5m 范围内；混凝土浇筑连续进行，槽孔内混凝土面上升速度大于 2m/h，并连续上升到施工平台高程顶面。

一般每 30min 测量一次槽孔混凝土面，每 2h 测定一次导管内混凝土面，在开始浇筑和浇筑结尾时适当增加测量次数。在浇筑过程中做好混凝土面上升的记录，防止堵塞、埋管、导管漏浆和泥浆掺混等事故的发生。

第二，相邻槽孔混凝土接头。相邻槽孔的混凝土接头采用抓凿法、钻凿法，精确标记，孔位每次移动定位时严格对准标记。先抓除 250~300mm 一期塑性混凝土墙体至设计深度，待二期槽段清孔时，再在一期成型槽段两端用抓斗斗齿垂直再凿除 30~50mm 混凝土至槽底，后用钢丝钻头刷子上下刷洗，以保证混凝土搭接厚度和质量满足设计文件要求。

G. 墙体质量检测。墙体质量检测主要有以下几个方面：①开挖检查：随机抽样结合重点抽样开挖防渗墙一侧至检测位置进行直观检查，同时可进行混凝土强度、接缝渗透试验。②取芯检查：在防渗墙顶部钻取混凝土芯样，并进行检测试验。③围井检查：在已完成的防渗墙边上做围井试验，测定混凝土墙体与接缝渗透性。④注水检查：根据设计和现场监理工程师的要求，沿墙体轴线钻检查孔进行注水试验检查防渗墙的抗渗性能。

5.1.8 振动沉模法

振动沉模法是利用强力振动原理将空腹模板沉入土中，向空腹内注入浆液，边振动边拔模，浆液留在槽孔中形成板墙，连续施工，即形成连续的防渗板墙帷幕。

(1) 分类。以振动设备进行沉模建槽成墙的技术，统称为振动沉模法。它包括振动沉模板墙法、振动沉模 H 形超薄板墙法和振动沉模现浇混凝土柱墙法三类。

1) 振动沉模板墙法。振动沉模板墙法指采用机械振动方式，将双模板互为导板交替沉入地层，达到设计深度后拔模建槽，并注混凝土浆成墙的一种施工方法。

2) 振动沉模 H 形超薄板墙法。振动沉模 H 形超薄板墙法指采用液压振动方式，将 H 形单模板沉入地层，达到设计深度后拔模建槽，并注入石粉水泥二次膨化浆形成超薄墙的一种施工方法。

3) 振动沉模现浇混凝土柱墙法。振动沉模现浇混凝土柱墙法多用于加固地基，适用于各种结构物的大面积地基处理。

(2) 适用范围。振动沉模板墙的动力设备是振动锤，在其两根轴上各装有偏心块，由偏心块产生偏心力。当两轴相向同速运转，横向偏心力抵消，竖向偏心力相加，使振动体系产生垂直往复高频率振动。振动体系具有很高的质量和速度，产生强大的冲击动量，将空腹模板迅速沉入地层。模板的沉入速度与振锤的功率大小、振动体系的质量和土层的密度、黏性、粒径有关易液化的地层沉入速度越快，而且无需采用泥浆护壁的工序，故具有方法简单、操作容易、工效高、成本相对较低、防渗墙成墙质量优良等优点。在水资源堤防工程、工业民用建筑地基工程、公路交通、市政建设、港口船坞、环保领域的基础工程均可适用。

1）振动沉模板墙法的应用范围。

A. 适用地层。适宜于砂、砂性土、黏性土、淤泥质土及极个别砂砾石地层施工，目前造墙深度可达 20m，墙厚 10～20cm。

B. 适用工程。该法已在国内 10 余个省（自治区、直辖市）的水资源堤坝、闸室、水库、泵站、供水等防渗工程中应用。

2）振动沉模 H 形超薄板墙法的应用范围。振动沉模 H 形超薄板墙适用于在黏土层、砂土层、砂砾石层的施工，适合我国堤防、水库等防渗工程。

（3）施工准备。

1）施工材料。

A. 振动沉模板墙法施工材料。

第一，非剪力墙即防渗墙混凝土施工材料。一般堤防防渗可采用水泥、砂、粉煤灰、石子、黏土、膨润土及水等，有时根据工程需要添加减水剂、缓凝剂、防腐剂等。

水泥。一般情况下，采用 425 号普通硅酸盐水泥，当有耐酸或其他要求时，可用抗酸水泥或其他特种水泥。水泥应严格防潮和缩短存放时间，不得使用过期变质水泥。水泥必须定期定量出具有法定质量检测单位的试验报告书。

砂。以细砂为宜，有机含量不宜大于 3％，含泥量不应大于 10％。

粉煤灰。应用精选的二级袋装粉煤灰，烧失量不宜大于 8％。防渗墙抗压强度低时，可用三级粉煤灰。

膨润土。对减少析水性和降低渗透系数、弹性模量有明显作用，一般掺量不宜超过水泥用量的 30％。以钠质为最佳，钙质次之。一般磨细度为 200，筛余量小于 6％。

水。以无污染的中性水为宜。

第二，剪力墙即防渗加固的地连墙混凝土施工材料。通常用于剪力墙即防渗加固（含承重）的地连墙混凝土原材料，与一般堤防防渗采用的原材料品种相同，只是其要求标准有所差异。

水泥。采用 325 号以上矿渣硅酸盐水泥或复合硅酸盐水泥。进场时必须有质量证明书及复试试验报告。

砂。宜用粗砂或中砂。混凝土低于 C30 时，含泥量不大于 5％；高于 C30 时，不大于 3％。

石子。石子粒径为 0.5～3.2cm，混凝土低于 C30 时，含泥量不大于 2％；高于 C30 时，不大于 1％。

掺合料。粉煤灰，其掺量应通过试验确定，并应符合有关标准。

混凝土外加剂。减水剂、早强剂等要符合有关标准的规定，其掺量经试验符合要求后，方可使用。

水。无污染的中性水。

B. 振动沉模 H 形超薄板墙法施工材料。

第一，水泥石粉浆原材料。

水泥。选用不低于 425 号的普通硅酸盐水泥。当其有抗冻要求时，可优先选用不低于 425 号的硅酸盐水泥。进场时必须有质量证明书及复试试验报告。

石粉。要求新鲜的岩浆岩、沉积岩或微风化硬质岩浆岩经过磨细后的石粉，其细度应达到 $3500cm^2/g$ 的标准。

膨润土。Ⅱ级钙基膨润土。

水。无污染的中性水。

第二，水泥石粉浆参考配比（见表 5 - 9）。

表 5 - 9　　　　　　　　振动沉模 H 形超薄板墙法水泥石粉浆配比（重量比）

基准材料	水泥	石粉	膨润土	水
以水泥为基准	1	5	0.5	5.96
以石粉为基准	0.2	1	0.1	1.19
以膨润土为基准	2	10	1	11.92

2）施工设备。

A. 振动沉模板墙法施工设备。振动沉模板墙施工成套设备的动力设备是振动锤，主要由桩机、制浆输浆系统和动力机组成（见图 5 - 13）。这些设备的各个系统中，可根据不同的施工条件选用不同的主机或辅机，以保证工程施工的正常进行为原则。通常情况下，振动沉模板墙法施工设备依据施工实际要求进行自行配套组合。

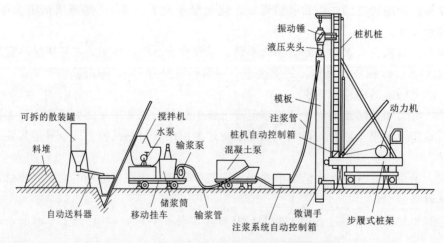

图 5 - 13　振动沉模板墙法施工设备配套示意图

B. 振动沉模 H 形超薄板墙法施工设备。超薄板墙机组由液压振动锤、动力站、制浆、配浆系统、高压泵组和质量控制系统组成。

第一，液压振动锤。用于 H 形（或 I 形）的液压振动锤，均采用重型（功率在 300～

138

600kW 之间）液压振动锤。

第二，动力站。动力站指主机上安装的 545kW 功率电机，它专为液压振动锤提供足够的动力源。

第三，拌和站。拌和站指由制浆、配浆系统以及高压泵组连同输浆管路所组成。

拌和站有自动供料、自动计量、自动搅拌、自动出料等自动控制系统，其浆液生产能力为 $10m^3/h$。

为防止浆液分离，还配备了二次搅拌装置，浆液经第二次充分搅拌后，经加压泵加压，通过注浆管由底部喷浆直接快速喷入槽孔成墙，制浆、运浆、注浆。速度快而且浆液都在管道内完成，质量容易得到保证。

3）振动沉模板墙法的成墙原理。

A. 模板作用。振动模板沉入土层后注满浆体，当振动模板提拔时，同时浆体从模板下端注入槽孔内，空腹模板起到了护壁作用。由于造槽是在不释放地基应力的情况下实现的，因此不会出现缩壁和塌壁现象。从而成为造槽、护壁、浇筑一次性直接成墙的新工艺，保证了浆体在槽孔内良好的充盈性和稳定性。

B. 导向作用。为了保证防渗板墙连续可靠、无纵横向开叉，该项新技术采用了两块模板联合施工工艺，先已沉入地层的模板可作为后沉入模板的导向，保证了各相邻单板体在一个平面内紧密结合成墙。

C. 振捣作用。模板在振动提拔时，对模板内及注入槽孔内的浆体有连续振捣作用，使墙体充分振动密实。同时，又使浆体向两侧挤压，板厚增加。

D. 板墙接缝紧密的机理。振动沉模的模板作用、导向作用、振捣作用都使板墙接缝结合紧密。同时每个单板体板墙振动沉模灌注完成时间很短，一般仅为 10min 左右，在灌注材料初凝之前，可连续完成多个单板墙施工。因此，几个相邻单板墙体浆液经反复振动而互相混合，使模板接头处的浆液融为一体，不存在墙间接缝问题，从而保证了板墙的连续完整性。

（4）施工方法。

1）振动沉模板墙法施工工艺流程见图 5-14。

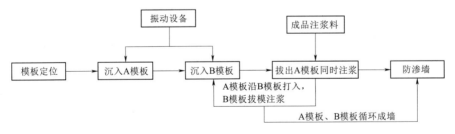

图 5-14　振动沉模板墙法施工工艺流程图

2）施工方法。

A. 轨道铺设。一般轨道采用钢轨，有时也采用枕木代替。铺设轨道时，首先工作面必须平整压实，两轨道面的高度保持一致，其高差不得超过 5mm，以保证机架平直和桩体垂直。

B. 导槽开挖。根据设计尺寸开挖导槽，确保墙体平直，而且防止振冲时水泥浆液溢出，污染工作面。

C. 振板就位。先将桩机调平，并使机架立柱垂直，将 A 模板对准孔位，振动体系的自重将板刃压入土中，检测调整振板的垂直度达到规程要求。

D. 振动沉模。启动振锤先将 A 模板沿施工轴线沉入地层，达到设计深度。A 模板为先导模板，有起始、定位、导向作用。再将 B 模板沿施工轴线与 A 模板紧靠后沉入地层设计深度。B 模板为前接模板起到延长板墙长度的作用。

E. 浆体灌注和提升。将 A 模板空腹内灌满浆体后边振动、边上拔、边灌浆，直至拔出地面，浆体留在槽孔内形成密实的单板体。

F. 浆体充盈灌注。由于槽孔的实际厚度等于模板空腹体积、模板壁体积、被浆体挤压的体积，因此浆体要有一定充盈量（由初始试验或经验确定）。在模板振拔过程中，模板空腹内要始终保持一定的浆体高度，保持模板空腹内有足够的浆体充盈量，确保浆体灌到防渗墙顶设计高程。

G. 再沉 A 模板。将 A 模板拔出地面后移动步履式桩机，使 A 模板在 B 模板前沿就位，此时 A、B 两模板作用互换，即 B 模板为先导模板起就位导向作用，A 模板为前接模板起到加长板墙作用。如此重复 D、E、F、G 工序连续不断地轮流操作，即可完成一道竖直连续的整体板墙，见图 5-15。

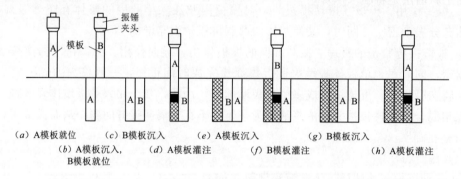

（a）A模板就位　　（c）B模板沉入　　（e）A模板沉入　　（g）B模板沉入
（b）A模板沉入，　（d）A模板灌注　（f）B模板灌注　（h）A模板灌注
　　　B模板就位

图 5-15　施工工序示意图

5.1.9　其他堤基施工技术

（1）排渗（减压）井法。此方法是在背水侧打孔，以便降低堤内覆盖层的承压水头，从而有效地防止管涌的发生。排渗（减压）井法一般适用于覆盖层较厚的情况，完好的排渗（减压）井可以削减大部分水头。如果定期采用潜水泵抽注水双向洗井的方式冲洗排渗（减压）井，可以延长排渗井的使用寿命，并保证其使用效果。

（2）排渗（导滤）沟法。当覆盖层较薄时可采用排渗（导滤）沟法排渗，排渗（导滤）沟应深入透水层以下 1m。为了保证减压效果，排渗（导滤）沟应填入透水性能较强的砂石料，颗粒分布应下粗上细。排渗（导滤）沟的布设形式最好为暗沟，因为明沟易受风沙和地表水的影响而发生堵塞，另外暗沟维护起来也比较方便。这里需要指出的是，对于透水层为粉细砂的堤基，采用排渗（导滤）沟法进行堤基防渗效果较差，因为粉细砂容易使排渗井和减压沟发生淤堵。

（3）铺设土工膜法。土工膜一般适用于透水层较薄的堤基。铺设土工膜法是采用开槽机开槽，然后将土工膜置入槽中，再在两侧灌入黏土进行堤基垂直防渗。与其他垂直防渗措施相比，采用土工膜法比较经济，当然，采用土工膜进行垂直防渗受到一定的水文地质条件限制。如果堤基中存在大量的石块或纯中粗砂情况，一般不宜采用土工膜进行垂直防渗。另外，若堤基地下水位较高、施工场地地基软弱，致使施工设备不能放置或放置后带负荷工作时，地基不能承受其压力，也不宜采用土工膜进行垂直防渗。

（4）钢板桩防渗墙法。钢板桩防渗墙施工技术是利用振动锤及辅助设备，将专门生产可连续嵌合连接的钢板桩打入土中，进而形成完整的钢板桩防渗墙。这种施工方法比较简单，即振动锤与钢板采用钳口吊起，然后依靠振动锤内偏心块产生上下震荡，使桩头接触部位土体破坏，降低沉桩阻力，然后在钢板桩的自重和振动锤的压重下，将钢板桩打入土体。此方法具有施工速度快、防渗效果好、施工时对相邻建筑物影响小的特点，但对钢板桩施工插打技术要求高，且工程造价偏高。

5.2 堤身防渗

5.2.1 黏土斜墙法

黏土斜墙法是将临水侧堤坡表层按照要求清理完毕后，在其上部铺填一层防渗黏性土（见图5-16）。黏性土的铺填厚度一般不小于2m，且铺填时应分层压实。黏土斜墙法适用于堤身断面尺寸较小且堤身临水侧有足够滩地的场所。

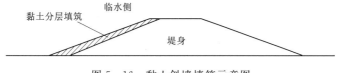

图5-16 黏土斜墙填筑示意图

（1）施工流程。黏土斜墙施工流程一般包括施工准备、堤基清理削坡、基面平整压实、隐蔽工程验收、黏土填筑（见图5-17）。

图5-17 黏土斜墙填筑施工流程示意图

（2）堤身清基。

1）填筑施工前采用挖掘机或推土机对填筑的基面进行清理，基面表层的草皮、树根、杂物、腐殖土等必须清除。

2）清基范围需延伸至离施工图所示最大填筑边线外侧不少于0.3m。

3）清基完成后应对清基面进行平整压实。

4）堤基清基属隐蔽工程要进行隐蔽工程验收。

（3）堤身削坡。在清基完成后即进入堤基削坡平整压实施工。首先根据施工图纸，用水准仪测量设计标准渠底高程，放出标准渠渠脚线，然后按设计渠顶高程与设计标准渠渠底高程的差值和设计标准渠的坡比计算出设计标准渠顶位置，按设计图纸要求确定削坡面边线，可采用挖掘机削坡。削坡过程中测量员用水准仪测量并校核，以确保按设计削坡，削坡后坡面用推土机进行平整压实。平整压实后抽样进行干容重试验，检验压实效果是否符合设计要求。在监理工程师验收合格后，方可进行下道工序（黏土斜墙填筑）的施工，或进行隐蔽工程验收程序。

（4）黏土填筑。

1）填筑准备。首先通过击实试验、液塑限联合试验、颗粒分析试验确定土料最大干密度、液塑限指标、颗粒含量，判定土料的适用性，然后进行碾压试验确定合适的施工机具、铺土厚度、土料含水量等参数。

2）土料铺填。运输机械多采用自卸车将土料运输至卸土点后，从最低处开始土料铺填作业，按水平层次进行，严禁顺坡填筑。分段作业长度不小于 100m。铺土厚度以碾压试验确定厚度控制，为确保铺土厚度不超厚，施工时应采用于堤坡及填土边线处设置高程桩带线作业的方式予以控制，同时在施工现场设水准仪对填土面进行经常性测量，以便随时掌握铺土厚度的情况。

3）土料晾晒。若上堤铺填的土料含水量大于最优含水量允许范围则不能采用施工机械直接碾压，可先用挖掘机将土料挖出摊铺于取土区进行晾晒，也可摊铺于填筑区进行晾晒，晾晒时可用推土机后挂耙犁进行翻土，以使土料含水量尽快下降，待土料含水量降低到最优含水量后，再碾压成型。反之，若上堤土料含水量偏低，则需要洒水以提高至最优含水量允许范围。

4）堤防碾压。

A. 用光面碾压实黏性土填筑层，在铺新料前，应对压光层面做刨毛处理，其表面以下 10cm 之浅层应当耙松并与将要填筑的第一层填料一道进行压实。填筑层检验合格后因故未继续施工，因搁置较久或经过雨淋干湿交替使表面产生疏松层时，复工前应进行复压处理。

B. 若发现局部"弹簧土"、层间光面、层间中空、松土层或剪切破坏等质量问题时，应及时进行处理，可局部换填或晾晒后复压，经检验合格后，方准铺填新土。

C. 堤身碾压时碾压机械行走方向应平行于堤轴线。分段、分片碾压，相邻作业面的搭接碾压宽度，平行于堤轴线主向不应小于 0.5m，垂直于堤轴线主向不应小于 1.5m。

D. 相邻施工段的作业面宜均衡上升，若不同施工段直接不可避免出现高差时，应以斜坡面相接。土堤碾压施工，分段间有高差的连接或新老堤相接时，垂直堤轴线方向的各种接缝应以斜面连接，斜面坡度可为 1:3～1:5，高差大时宜用缓坡。

E. 施工过程中应高度重视新、老堤结合部分的施工质量。在老堤身斜坡结合面上填筑时，应随填筑面上升控制好土料含水量，边刨毛、边填土，分层碾压。

F. 分段填筑时，各段土层之间设立标志，以防漏压、欠压和过压，上下层分段位置要错开。

G. 由于气候、施工等原因停工的回填工作面要加以保护，复工时仔细清理，经监理工程师验收合格后再填土，并做好记录备查。

5）取样试验。土料碾压完成后，班组自检合格后通知工地试验室抽样试验，以最终确定该层土料的压实质量。此试验方法为环刀法。抽样为随机选取具有代表性的点，以每 $100\sim200\mathrm{m}^3$ 或 $20\sim50\mathrm{m}$ 取样一个作为抽样的数量控制。土样在现场取成后带回试验室作干密度、压实度试验。根据试验结果判断该层土是否满足设计要求。

6）监理工程师验收。在班组自检、工地复检均合格后，项目部申请监理工程师对该土层土料填筑质量进行验收，并随工程报验单附上相关的土层自检资料（测量放样记录、土层现场检验记录、土料含水量、干密度抽样检测表，以及工程项目部对该土层填筑质量的自评结果等）。经监理工程师检验合格后，才可进行下一层的铺填施工。

5.2.2 土工膜防渗法

（1）材料和防渗形式分类。

1）材料分类。目前常用于堤防施工的土工材料主要包括土工织物、土工膜、土工复合材料和土工特种材料四类。

A. 土工织物。具有透水性能的土工合成材料，按照不同的制作方法又可分为有纺土工织物和无纺土工织物。

B. 土工膜。由聚合物制成的相对不透水膜。

C. 土工复合材料。土工膜和土工织物或由其他两种或两种以上的高分子材料组成的复合制品，与土工织物复合时，可产出一布一膜或两布一膜的防渗材料。

D. 土工特种材料。土工特种材料主要用于排水、防护、隔离与加筋。

2）防渗形式。

A. 坡面铺设。将临水侧坡面的草根、石子清除掉（清除深度不小于30cm），并喷射除草剂，然后铺设细砂，并洒水、整平，再在坡面上铺设一层土工膜，并在其上铺设一层中细砂，最后布设堤防护坡工程。土工膜防渗法适用于堤身临水侧滩地狭窄或堤身附近黏土缺乏的场所。如果堤身土工膜连接堤基垂直防渗墙，则堤身和堤基整体防渗效果较好。

B. 垂直铺设。在堤顶沿堤轴线方向用开槽机开槽，再在槽中铺设土工膜，最后在复合土工膜两侧用黏土回填槽口。垂直铺塑法要求土工膜有足够的厚度和强度。如果土工膜的底部深入至堤基相对弱透水层中，则可兼顾堤基防渗。

（2）土工膜防渗优点。土工膜具有防渗和平面导水的综合功能，强度高、弹性好、耐腐蚀、抗穿和抗老化性能突出，实际用于堤防防渗工程时施工简便、进度快、造价低、质量易控制，现已广泛应用于各类水利、市政、港口、公路多个工程领域。

（3）土工膜的防渗形式。土工膜堤身防渗形式主要有迎水侧防渗斜墙（见图5-18）和堤身内部防渗心墙（见图5-19）。

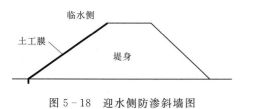

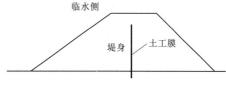

图 5-18　迎水侧防渗斜墙图　　　　图 5-19　堤身内部防渗心墙图

（4）土工膜的防渗结构。土工膜较薄，容易受到破坏，为了有效保护和提高其在坡面上的稳定性，在土工膜与堤身或堤基接触处应增加一定厚度的垫层，若防渗薄膜用复合土工膜材料，则垫层可以简化。土工膜防渗结构原则上应包括5层（见图5-20）。

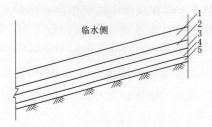

图 5-20　土工膜防渗结构
1—防护层；2—上垫层；3—土工膜；
4—下垫层；5—支持层

1）防护层。防护层是与外界接触的最外层，为防御外界水流或波浪冲击、风化侵蚀、冰冻破坏和遮蔽日光紫外线而设置。该层由堆石、砌石或混凝土板构成，厚度一般为15～25cm。

2）上垫层。上垫层是防护层和土工膜之间的过渡层，由于防护层多是大块粗糙材料且易移动，如果直接置于土工膜上，很容易破坏土工膜，因此上垫层必须做好。上垫层一般采用透水性良好的砂砾料，厚度不小于15cm；如果防渗材料采用的是复合土工膜，则可不必另设垫层。

3）土工膜。土工膜是防渗主体，除要求有可靠的防渗性能外，还应该能承受一定的施工应力和使用期间结构物沉降等引起的应力，故也有强度要求。土工膜的强度与其厚度有直接关系，可通过理论计算或工程实践经验来确定。单一土工膜表面光滑，摩擦系数小，易产生滑动，不宜铺设在坡面上，在此情况下，一般多采取复合土工膜，其表面的非织造土工物与土的摩擦系数比单膜大得多。另外，有时也可将单膜加上纹路以增加糙度。

4）下垫层。下垫层铺在土工膜的下面，有双重功能：一是排除土工膜下的积水、积气，确保土工膜的稳定；二是保护土工膜，使其不受支持层的破坏。

如果土工膜直接放在粗粒料上，则在水压作用下，被粗粒料的棱角破坏。相反，如果膜下为平整硬层或细粒料，则情况就会不同。

5）支持层。土工膜是柔性材料，必须铺设在可靠的支持层上，它可以让土工膜受力均衡，对于堤防，支持层可采用级配良好的压实土层，粒径应根据膜厚来选择。

（5）土工膜防渗施工方法。

1）施工流程。测量放线→坡面修整→脚槽开挖及混凝土浇筑→砂石垫层铺设→土工膜铺设→细粒料铺设→预制（现浇）混凝土护坡施工→护顶开挖及混凝土浇筑→坡面验收。

2）测量放线。根据施工设计图纸布设的控制网采用GPS及水准仪进行全面控制，顺堤线方向，每隔20m布置一个控制断面，在每个断面的坡脚、中部、坡顶部位分别打桩，并标出垫层和混凝土护坡的厚度及坡脚、坡顶角的位置。

3）坡面修整。修坡时严格控制坡比，坡面修整先由挖掘机带线对坡面进行粗修，再由人工带线精修，直至坡面平整度达到规范要求。

4）脚槽开挖及混凝土浇筑。

A. 脚槽开挖。适宜挖掘机开挖或人工修整成型。脚槽基础严格按照施工设计图纸进行开挖成型，避免超挖、欠挖；测量施工放样时，应根据坡脚地形尽量使坡脚平顺、顺直，走向与堤防坡顶外边线平行，脚槽基础开挖成型后采用槽钢与木模相结合的方式支立模板。

B. 混凝土浇筑。脚槽开挖完成后，经监理工程师验收合格后方可进行混凝土浇筑。

混凝土由溜槽或泵送入仓，振捣采用插入式振捣棒，振捣棒垂直插入，快入慢出；振捣时插点均匀，交错前进，以免过振或漏振。对于将土工膜埋置在脚槽的部分需提前准备，避免遗漏。

混凝土浇筑完毕后12～18h内，对混凝土进行人工洒水养护，养护期间，混凝土未达到2.5MPa之前，不得使其承受行人、运输工具等荷载。

5）土工膜施工。

A. 土工膜铺设。土工膜铺设前检查基层是否平整、坚实，如有异物，应事先处理妥善，然后根据现场情况，确定土工膜尺寸，其裁剪尺寸应准确，搭接处应平整，松紧适度。

土工膜采用人工滚铺，布面要平整，并适当留有变形余量。土工膜焊接采用热合土工膜焊接机，焊接前需将土工膜擦拭干净，并在焊接部位的底下垫一条长木板，以便焊机在平整的基面上行走，保证焊接质量，焊接温度和焊机行走速度根据当日天气情况试焊确定。另外若采用的薄型土工膜，不宜采取焊接方法施工，可采用粘接施工，粘接材料依据设计规定。若采用的是复合土工膜，则土工布采用手提式封包机缝接。

B. 土工膜焊接检测。检测方法有目测法和充气法。目测法：土工膜焊接好后，观察有无漏接，接缝是否烫损，有无褶皱，是否拼接均匀等。充气法：是对全部焊缝进行检测，焊接机焊缝为两条，两条之间留有约10mm的空腔，将待测段两端封死，插入气针，充气至0.05～0.20MPa，静观30s，观察真空表，如气压无下降，表明不漏，焊缝合格，否则要查找原因及时修补。检测完成后注意对针孔封堵，一般利用粘接剂粘贴土工膜。

6）上、下垫层铺设。为保证垫层铺填均匀，须布设控制桩、带线进行铺填。施工时带线严格控制垫层铺垫厚度，自下而上铺设，采用人工分段分区铺垫，并严格控制砂石垫层铺设的平整度和密实度，防止有架空空隙出现。

7）预制（现浇）混凝土护坡。

A. 预制块铺设混凝土护坡。混凝土预制块铺筑应按自上而下的顺序施工，铺筑应平整、咬合紧密。铺筑时依照测量放样桩纵向拉线控制坡比，横向拉线控制平整度，使护坡平整度达到设计要求。铺筑过程中，使用木锤或橡胶锤将预制块锤实找平，预制块铺设接缝应严密。铺筑时还需注意预留出透水管位置，安装完透水管后采用混凝土浇筑预留区域，透水管内端口绑扎封闭，外端口与预制块坡面齐平。

B. 现浇混凝土护坡。现浇混凝土护坡分仓，可利用设计分缝位置进行施工。混凝土人工平仓后开始振捣，严禁以振捣代替平仓，振捣时间以混凝土粗骨料不再显著下沉，并开始泛浆为准，避免欠振或过振。采用振动梁振捣时，混凝土按模板的高度全部铺满仓面，整平表面后即可开始振捣。振捣时，自下而上依次振捣，当振动梁下行时，将振动梁抬离混凝土表面或关闭电源，停止振捣。一般振捣两遍即可，第一遍为了振实，移动速度均匀而较慢，至表面泛浆为止。第二遍为了振平，速度可稍快。注意混凝土的边沿和坡脚处的振实，必要时采取人工振捣或插捣。

混凝土浇筑时，在透水管位置预埋圆柱木模，待混凝土振捣完成初凝后，拔出木模，安装透水管，透水管内端口绑扎封闭，外端口与混凝土面齐平，安装完成后采用同强度等级的水泥砂浆填缝。

收面工作要求做到表面平整光滑，无石子外漏，无蜂窝麻面。收面要在混凝土浇筑完成后立即用原浆进行，不得另外用砂浆收面，不得洒水收面。混凝土浇筑完成后立即采用塑料薄膜进行覆盖养护，并加盖土工布或毛毡保温，混凝土养护时间为28d。

8）护顶开挖及混凝土浇筑。

A. 护顶开挖。混凝土护坡施工完毕后，进行护顶混凝土施工，护顶开挖严格按照施工设计图纸施工，依照测量放样桩采用0.5m³挖掘机开挖、人工修整成型，不允许超挖、欠挖；护顶基础开挖成型后采用槽钢与木模相结合的方式支立模板。

B. 混凝土浇筑。护顶混凝土浇筑与脚槽相同，此处不再赘述。

9）坡面验收。

A. 混凝土预制块护坡质量验收标准见表5-10。

表5-10 混凝土预制块护坡质量验收标准表

项次	检查项目	质 量 标 准
1	预制块外观及尺寸	符合设计要求，允许偏差为±5mm，表面平整，无掉角、断裂
2	坡面平整度	允许偏差为±1cm
3	预制块铺筑	平整、稳固、缝线规则

B. 现浇混凝土护坡质量验收标准见表5-11。

表5-11 现浇混凝土护坡质量验收标准表

项次	检查项目	质 量 标 准
1	护坡厚度	允许偏差为±1cm
2	排水孔反滤层	符合设计要求
3	坡面平整度	允许偏差为±1cm
4	排水孔设置	连续贯通，孔径、孔距允许偏差为设计值的5%
5	变形缝结构与填充质量	符合设计要求

防渗心墙土工膜施工。新建堤防利用土工膜作为防渗心墙施工时，应注意在堤防填筑过程中，填筑土料速度与土工膜心墙同速上升。另外，土工膜的布设还应考虑堤身沉降过程中土体对土工膜的拉扯作用，故土工膜一般按照锯齿状布置。

5.2.3 劈裂灌浆法

劈裂灌浆法是运用堤防应力的分布规律，采用一定的灌浆压力使堤防沿轴线方向劈裂，然后灌注合适的泥浆，从而形成连续的防渗帷幕，以提高堤身的防渗能力。

（1）劈裂灌浆的工艺原理。劈裂灌浆技术是利用最小主应力面和大堤轴线方向一致的规律，根据水力劈裂的原理，顺大堤轴线方向布孔，在灌浆压力下以适宜的泥浆液为能量载体，有控制地劈裂坝体，将与浆脉连通的所有裂缝、空洞、空隙等隐患用泥浆充填密实，同时利用灌浆压力将筑坝土压密，最终在堤内顺大堤轴线方向形成密实、垂直、连续、有一定厚度的浆液防渗固结体，从而达到防渗加固的目的。

（2）施工前准备。施工前的首要准备工作是确定灌浆压力，灌浆压力是劈裂灌浆施工中一个重要的控制指标，一般分为三个等级，即起劈起始压力、最大控制孔口压力和最终控制压力。劈裂灌浆在保证堤防安全的前提下，要求最大控制孔口压力使劈开的裂缝达到设计厚度即可。灌浆压力的大小不仅与灌浆范围和堤身填筑料有关，还与灌浆深度有关。因此，灌浆压力应根据不同施工情况，参照类似施工经验，通过灌浆试验来确定（见表 5-12）。必要时可选取适当距离堤防，采用有限的破坏性试验来验证确定。

表 5-12　　　　　　　　　　　　　　　灌浆压力对应孔深参考值

孔深/m	<10	10～15	15～20	20～25	25～30	30～35
灌浆压力/MPa	0.10～0.15	0.15～0.25	0.25～0.35	0.35～0.45	0.45～0.55	0.55～0.65
孔深/m	35～40	40～45	45～50	50～55	55～60	60～65
灌浆压力/MPa	0.65～0.75	0.75～0.85	0.85～0.95	0.95～1.05	1.05～1.15	1.15～1.25

灌浆常用的设备有泥浆搅拌机、钻孔机、泥浆泵、水泵、注浆管、压力表、比重仪等。

（3）施工方法。

1）布孔。根据堤防桩号划分，按照设计和试验确定的孔距，沿堤身轴线实施定位布孔，并统一编号。

2）钻孔。钻孔机就位调平后进行钻孔，当钻至设计深度后，拔起钻杆移机推进，完成一个灌浆孔的施钻。钻孔垂直偏斜度不大于孔深的 2%。劈裂灌浆钻孔均为一次成孔，根据钻进形式不同可分为冲击式钻机钻孔和回旋式钻机钻孔两种。在冲击钻进中，一般采用取土钻头钻进或冲击锤头锤击钻进。在回旋钻进中，最好采用泥浆循环钻进，其优点是成孔快、泥浆能起到护壁作用，又能渗入细小裂缝，起到填充作用。钻孔的孔径一般为 6～13cm，所有灌浆钻孔均需埋设孔口管，使顶部灌浆压力由孔口承担，以便施加较大的灌浆压力，促使浆液与土体结合固结，这样有利于提高浆液的固结速率和浆体的密实度。

3）制浆。目前实际施工中一般采用搅拌机湿法制浆。把选定的天然土料投放到制浆机里按设计要求加水制浆，浆液送至筛网过滤，确保浆液无沉淀、不堵塞注浆管，形成连续均匀的供浆模式。制浆泥浆密度约在 1.3～1.6t/m³ 之间，其中密度在 1.4t/m³ 以下为稀浆，密度在 1.4t/m³ 及以上为浓浆，泥浆浓度的选用还需根据堤身土料的性质、填筑质量的好坏以及堤内隐患的具体情况而定。例如，由粉质壤土或重粉质壤土填筑的堤防，其含水量和干密度较低，宜用稀浆灌注；若采用黏性土类填筑，则宜采用浓浆灌注。

一般为提高灌浆效果，有时会在泥浆中掺入一些水泥、水玻璃等外加剂来改善泥浆性能。土料和灌浆浆液的物理参考指标见表 5-13。

4）灌浆。

A．灌浆原则是"稀浆开始，浓浆灌注，分序分段灌浆，先疏后密，少灌多复，控制浆量"，施工时要将注浆管下到该段孔底部 0.5～1.0m 处。启动灌浆泵泥浆由射浆管喷出。浆液劈裂堤身始于注管底部，沿最小主应力作用面，逐渐向上发展。孔底注浆可施加较大压力，使堤身内部劈开，把较多的泥浆压入堤身，产生挤压变形，待停灌后，堤身产生回弹，有利于提高堤身和浆脉的密度。分段全孔灌注，浆液从注浆管底部涌出，自下而上、从压力大处向压力小处、从坝体质量好部分向质量差部分、从已充填部分向未充填的部分、从裂缝中间向边缘流动和充填。每次灌浆后，要及时提升注浆管，以免孔底堵塞和孔口冒浆。灌 1～2 次后，注浆管可提升 1～2m。

表 5－13　　　　　　　　　制浆土料和灌浆浆液的物理参考指标表

项　目		劈裂灌浆	充填灌浆
制浆土料	塑性指数	8～15	10～25
	黏粒含量/%	20～30	20～45
	粉粒含量/%	30～50	40～70
	砂粒含量/%	10～30	＜10
	有机质含量/%	＜2	＜2
	可溶盐含量/%	＜8	＜8
灌浆浆液	密度/(t/m³)	1.3～1.6	13～16
	黏度/(Pa·s)	20～70	30～100
	稳定性/(g/cm³)	0.1～0.15	＜0.1
	胶体率/%	＞70	＞80
	失水量/(cm³/30min)	10～30	10～30

堤身劈裂灌浆一般采用"全孔护壁，孔底灌注"的施工方法，将孔内浆液由孔底反向全孔，处于半循环状态。首先将稀浆液由泥浆泵通过注浆管压入孔内，排气完毕后，关闭阀门，当压力表出现突然下降或负压时，表明堤身已经劈裂，即可灌注浓浆液，直至堤身劈裂冒浆，从而达到加固堤身的作用。

施工中常采用分序分次灌浆。先对第一序孔轮灌，采用"少灌多复"的方法，待第一序孔灌浆结束后，再进行第二序孔。分序分次灌浆能使灌入堤身中的泥浆得以尽快与土体结合固结，强度及时提高，同时，能迅速消除灌浆引起堤身中局部升高的孔隙水压力，保证堤身施工期的安全，并能促使灌入堤身内的泥浆黏粒向两侧移动，使黏粒在堤身与泥浆交接处进行定向排列，形成一层防渗性能很强的泥浆层。

B. 灌浆时间间隔。每孔复灌应不少于 5 次，每孔每次灌浆时间间隔按照灌浆试验确定，灌浆时控制堤肩水平位移不大于 2cm，堤顶裂缝开度在 3cm 之内，并在灌后能基本闭合。当发现该孔所处堤段的水平位移较大时，可将停灌时间延长 5～10d。

C. 终止灌浆标准。终止灌浆标准需同时满足以下条件：①每孔复灌次数达到灌浆试验要求；②坝顶纵向裂缝反复冒浆；③每孔吃浆量达到设计要求；④灌浆压力普遍有所增大并达到控制压力。

D. 封孔。终止灌浆结束后在孔内注满容重大于 1.6g/cm³ 泥浆，浆面下沉后再灌，直至浆面不再下沉为止，施工中一般注入 3～5 次。每孔达到终孔标准后，拔出注浆管，孔口用土堆成"浆盆"，反复充填稠浆，最后回填夯实。

（4）常见问题处理。

1）裂缝处理。

A. 当堤顶出现纵向裂缝后，应分析发生原因，如果是湿陷缝，可以继续灌浆，如果是劈裂缝，应加强观测。当裂缝发展到控制宽度时，一般不大于 3cm，应立即停灌，待裂缝基本闭合后再灌。

B. 当堤身出现横向裂缝时，应立即停灌检查。如果裂缝深度较浅，可以开挖用黏土回填夯实后继续灌浆，如果裂缝较深，可用稠浆灌注裂缝，先灌上游，再灌下游，后灌中间。

C. 当弯曲堤段出现裂缝时，应立即停灌。改在堤顶上游坝肩处沿裂缝布孔，按照多孔轮灌的方法灌注稠浆堵住裂缝。

2）串浆处理。

A. 第一序孔灌浆时，发现相邻孔串浆，应加强观测、分析，如确认对堤防安全无影响，灌浆孔和串浆孔可同时灌注，如不宜同时灌注，可用木塞堵住串浆孔，然后继续灌浆。灌浆后期，相邻孔串浆，说明已形成连续的泥墙，可减少1次灌浆量。

B. 如浆液串入测压管或浸润线管，在灌浆结束后，再补设测压管或浸润线管。

3）冒浆处理。

A. 堤坡冒浆：产生原因主要是堤身存在裂缝、孔洞，一般可采用浓浆液间断反复灌浆方法处理。

B. 堤顶冒浆：初灌时出现的冒浆，可暂降低灌浆压力和注浆量，还可设置阻浆盖；对灌浆后期出现的冒浆，表示灌浆已接近尾声，不需处理。

C. 与其他建筑物接触带冒浆，可采用稠浆间歇灌注。

4）隆起处理。发现坝坡隆起时，应立即停灌，分析原因。如确认不是与滑坡有关的隆起，待停灌5～10d后可继续灌浆，并注意监测。

5）塌坑处理。在塌坑部位挖出部分泥浆，回填黏性土料，分层夯实。

6）机械故障处理。

A. 缩孔卡钻，应以预防为主，改进钻具，将大钻头改为卡杆钻头。也可用倒链或打倒锤将钻杆拔出。

B. 灌浆泵不吸浆，应检查泵和吸浆管是否漏气和堵塞。前者应更换易损件，后者应疏通管道，严格泥浆过筛，提高浆液质量。

C. 压力表读数增大不进浆，说明输浆管堵塞，应先用水冲洗管路，同时严格泥浆过筛，保证浆液的合理指标。

D. 应采用有保护装置的压力表，以防失灵。发现压力表失灵，应立即更换。

E. 注浆管堵塞，应将其提起，用稀浆冲开。

7）其他。灌浆时如出现大量漏（吃）浆现象，可视具体情况采取如下措施：降低灌浆压力；增大浆液浓度；间歇灌浆；表面封堵漏浆裂缝。

5.2.4 压浸平台法

压浸平台法是在堤坡的背水侧填筑比堤身透水性大的材料。压浸平台应高出堤身渗透破坏处1m以上。采用透水压浸平台，增大了堤身断面，从而延长了堤身的渗径，达到稳定堤身的目的。压浸平台法适用于堤身渗透破坏范围较广、堤身断面单薄、背水侧堤坡较陡、外滩比较狭窄的情况。如果填筑透水压浸平台的材料透水性大，则透水压浸平台的断面可取小一些；反之，应取大一些。如果堤身较高时，则可以采用两级或多级压浸平台。

压浸平台施工方法可参考5.1.1节盖重法施工方法，在此不再累述。

5.2.5 其他堤身防渗施工技术

（1）锥探灌浆法。锥探灌浆法主要应用于河流堤防上。利用锥探机械造孔，然后用灌浆泵把按照试验验证的浆液微压灌注入土质堤防内部缺陷处。对堤防的防渗加固有良好的效果，且有施工工艺简单、成本低、效率高、效果良好等优势。此方法与劈裂灌浆法具有类似工艺。

（2）砂砾料贴坡排水法。砂砾料贴坡排水法是将背水侧坡面的草根、石子清除掉（清除深度不小于 30cm），并喷除草剂，再在背水坡面铺设粗砂，再依次铺设小石子、大石子，最后铺设块石护坡。

（3）土工织物贴坡排水法。土工织物贴坡排水法与砂砾料贴坡排水法类似，先清除背水侧坡面的草根、石子，再在背水侧坡面上铺一层透水土工织物，然后在透水土工织物上铺设一层粗砂，最后在粗砂上铺设块石护坡。砂砾料贴坡排水法及土工织物贴坡排水法适用于堤身土体砂性较重的场所。

5.3 工程实例

5.3.1 忻州市南云中河河道治理工程（高喷法）

（1）工程概况。忻州市城北的南云中河河道治理横断面为复式断面，由布置在中间的主槽和两侧的二级平台组成。施工区为典型的地堑盆地地貌——山西省忻定市忻定盆地，表层为松散堆积物覆盖，无基岩露头，区内出露及钻探揭露地层主要为滹沱系、新生界第四系地层。冲、洪积物，壤土、砂壤土、粉质壤土、淤积质粉质壤土相间成层，厚度不均，为 3.5～20m。渗透系数为 1.5×10^{-5}～1.0×10^{-4} cm/s，砂砾石层处于渗流临界稳定状态，渗流破坏形式为管涌。

治理工程基础防渗墙分为水泥土搅拌防渗墙和高喷防渗墙，设计深度为 5～20m。高喷防渗墙工程布置在坝肩台地，采用旋喷板墙，设计防渗墙渗透系数为 1×10^{-6} cm/s。

（2）现场高喷试验。水利工程地质成因较多，已有的试验成果多数作为参考，在防渗墙施工前先进行施工工艺试验。通过试验论证拟采用的施工方法在技术上的可行性、效果上的可靠性和经济上的合理性，确定合理的施工工序、良好的施工工艺，提供有关的技术数据如水泥掺入量、水灰比、钻具的掘进和提升速度等工艺参数，同时检查各种机械设备的性能等，用以指导高喷防渗墙的施工。

高喷防渗墙试验场地选右岸共 6 根桩，15d 后开挖一定深度进行桩体外观检查，测量桩径，同时在桩体上取芯进行无侧限抗压试验获取抗压强度值。

1）开挖检验。开挖深度、宽度不小于 2.0m，观察桩与桩之间的搭接状态、搅拌的均匀度、裂缝、缺损等情况。

2）取芯试验。开挖或钻孔（墙厚大于 400mm 时）在防渗墙中取得水泥土芯样，室内养护到 28d 制成试件做无侧限抗压强度和渗透试验，取得抗压强度、压缩模量和渗透系数等指标。验证试验参数是否满足设计要求。

试验中注浆孔距 0.4m，孔深为打入相对不透水层 0.5m；浆液水灰比为 1.0，浆液比重为 1.5g/cm³；水泥浆灌注压力为 2.0MPa，流量为 100L/min，注浆提升速度为 0.2m/min。

该次试验共做了 3 个围井，经围井注水试验，渗透系数分别为 $6.88 \times 10^{-7} \mathrm{cm/s}$、$1.61 \times 10^{-7} \mathrm{cm/s}$ 和 $9.25 \times 10^{-8} \mathrm{cm/s}$，均满足设计要求的 $1 \times 10^{-6} \mathrm{cm/s}$。

壤土、砂壤土、粉质壤土、淤积质粉质壤土相间成层，高喷施工可通过改变提升速度而固定其他参数的方法来实现。高喷防渗墙试验施工参数见表 5-14。

表 5-14 高喷防渗墙试验施工参数表

项 目		试验确定的参数	实际施工的参数		
			最小值	最大值	平均值
高压水	压力/MPa	32~36	32	36	34
	流量/(L/min)	70	65	75	70
水泥浆	压力/MPa	0.2~0.3	0.2	0.3	0.25
	流量/(L/min)	100	100	120	110
	浆液比重/(g/cm³)	1.5	1.5		
	冒浆比重/(g/cm³)	1.2	1.2		
孔距/m		0.4	0.4		
转速/(r/min)		22	22		
提升速度/(cm/min)	土层	20	18	20	19
	砂卵层	10	8	10	9

（3）设备选型。单管旋喷注浆法使用的主要设备有高压注浆泵、钻机、输浆管、注浆管（底部带喷嘴）等。

1）高压注浆泵是关键的设备，通过它的高压使浆液切割土体，达到要求的喷射范围，形成一定直径的桩体。施工现场选用专用旋喷高压注浆泵，型号为 XPB-90。

2）钻机主要作用是把注浆管（底部带喷嘴）送到设计深度。施工现场采用重庆探矿机械厂等生产的钻机，型号为 XP-50。

3）输浆管内径为 21mm 的橡胶钢丝软管，能够承受 4.0MPa 以上的压力，主要作用是连接高压泵与钻机，输送浆液。

4）注浆管一般使用 D42mm 钻杆，底部带有特制的喷嘴，喷嘴直径为 2.3~2.5mm。

（4）施工方法。

1）工艺流程及布孔。高压喷射灌浆防渗墙施工采用单管旋喷注浆法，主要有造孔、喷射成墙两大工序，其工艺流程为放线→就位→钻孔→下喷管→喷射和提升→冲洗→移机。

以设计图纸为依据，在轴线上按 0.4m 的孔距，测定孔位，用木桩做好标记，编上孔号。施工工艺流程见图 5-21。

图 5-21 施工工艺流程图

2) 配制浆液。按 1:1 的水灰比确定加水高度及加灰量，并在搅拌机上做好标记（见表 5-15）。

表 5-15   浆 液 配 置 表

水灰比	浆液比重/(g/cm³)	加水量/L	水泥量/kg	浆液容积/L
5.0:1	1.125	125	25	133.33
3.0:1	1.200	150	50	166.67
2.0:1	1.286	100	50	116.67
1.0:1	1.500	100	100	133.33
0.8:1	1.586	120	150	170.00
0.6:1	1.714	120	200	186.67
0.5:1	1.800	100	200	166.67

配置制浆液严格按照已标明的加水高度及加灰量进行控制，浆液水灰比为 1.0，浆液比重为 $1.5g/cm^3$。充分拌和后用比重计对浆液密度进行测控，每罐一测并由专人记录加水、灰和浆液密度等数据。在灰浆搅拌机和集料斗之间设一道过滤网，过滤浆液。制备好的浆液不得离析，当气温 10℃ 以上时超过 3h 或在 10℃ 以下时超过 5h 均按废浆处理。

3) 钻孔。稳定钻机后核对主轴垂直度。布孔水平偏差控制在 20mm 内，钻孔竖直偏差不得大于 1%，每钻 10m 校正一次竖直度，如有偏差及时修正。固壁泥浆选用红黏土，浆液比重为 $1.4\sim1.6g/cm^3$。

每隔 10 个孔位设 1 个干钻孔，取岩芯绘制柱状图，判断土层、砂砾石层的厚度变化情况，修正了设计单位提供的地质资料，为施工参数的选定提供依据，重新确定墙顶和墙底高程。

4) 下注浆管，喷射注浆。钻孔完成后换上喷管下至设计高程。为防止堵塞喷嘴，下管时用 1MPa 压力送水，边送水边下管。把喷嘴调整到 10° 偏角设定摆动范围。启动高压泵、空压机、泥浆泵，先送水泥浆和高压空气，待水泥浆和高压空气的压力达到试验确定的参数后，开始旋喷，1min 后按设计的提升速度提升，如果注浆管分段提升则搭接长度不得小于 100mm。在喷射过程中时刻检查注浆流量、风量、压力、摆动角度、提升速度、喷嘴高程等参数。当喷管高出设计高程 50cm 后，高喷结束，把灌浆管、注浆泵等机具设备冲洗干净，不得残留水泥浆液。喷射结束后，由于浆液沉淀作用，采用静压灌浆方法再向孔内注入浆液将其回填饱满。

5) 终喷回灌、回浆处理。每孔喷射充填结束后，利用下一高喷孔的冒浆进行回灌，直至孔口液面不再下降为止。对返出的浆液，均采用挖坑掩埋的措施处理。

5.3.2 黄冈长江干堤防渗工程（深搅法）

(1) 工程概况。黄冈长江干堤始于团风县金锣港，至于武穴市马口，由黄州、北永、茅山、赤东等四大段堤防组成，总长 104.88km，人口 108 万人，耕地 5.05 万 hm^2，是湖北省重要粮棉基地。

黄冈长江干堤所处区域为波状平原区，局部为垄岗，剥蚀残山或丘陵。地势东高、西南低。地面高程一般为 15.00～22.00m，区域内湖塘密布。

152

干堤堤身为逐年加高培厚而成，堤身高度一般为 5～7m，但新老土层结合质量差，填土不够密实，整体性不强，堤基土主要为第四系中-上更新统冲积物，全新统冲积物、残积物及人工堆积物。土体一般为二元结构。地质条件较好的堤段约占干堤总长的 40%，较差和差的堤段约占干堤总长的 60%，工程区地震基本烈度为Ⅵ度。

黄冈长江干堤因位于汉口与湖口之间，汛期上接川水，巴河，浠水等支流也直接汇入长江，致使本段长江水位涨幅快，泄洪慢，高水位持续时间长，险情频繁。1998 年长江大洪水期间，险情严重，共计出现各种险情 221 处，其中重大险情 103 处。

1999 年汛期以后，根据地勘资料和黄冈长江干堤堤段的出险情况即保护区的重要性实施了黄州堤段 5.7km 的防渗隐蔽工程。

（2）防渗墙设计。在进行深层搅拌工法防渗墙设计前应收集工程地质、土质、水质等方面的资料，以了解土的主要成分及有机质含量，判断水泥加固防渗效果。

黄冈长江干堤黄州堤段防渗工程中 4.7km 为水泥土防渗墙，防渗墙轴线位于堤顶中心，墙深在 15m 以内，施工工艺为深搅法。

由于堤身防渗加固工程主要为防止土体渗透破坏，可不进行承载力的计算；同时由于防渗墙位于土体内部，且水泥土呈柔性，适应土体变形能力较强，可不进行稳定性验算。设计的重点是抗渗计算，防渗墙的深度和厚度应分别满足堤基和墙体允许渗透比降要求。

（3）防渗墙施工。

1）搅拌机械。深搅法采用多头小直径搅拌成墙，常用深层搅拌类型有 SJB 系列、DZJ 系列等。

2）固化剂。可选用不同品种、不同标号的水泥（一般为 425 号、525 号普通硅酸盐水泥），水泥掺入比为墙体的 7%～15%（重量比）。黄冈长江干堤防渗墙施工选用 525 号普通硅酸盐水泥，水泥平均掺入比为 12%。

3）施工程序。施工程序包括：①平整施工平台；②定位；③预搅下沉；④制备水泥浆；⑤提升喷浆搅拌；⑥重复上下搅拌；⑦清洗；⑧位移，重复②～⑦步骤，进行下一根桩的施工。

现场土层的土质随深度的不同而不同，因此均匀地搅拌和原位土与固化剂得到的稳定的水泥土是深搅法的关键。搅拌头提升速度为 0.3～0.5m/min，下沉速度为 0.4～0.7m/min。

（4）质量检验。

1）施工期质量检验。施工期的质量检验项目包括桩位、墙厚、墙底高程、孔深、水泥标号、桩身水泥掺入比、搅拌头提升（下沉）速度、浆灰比、水泥浆液搅拌的均匀性和外掺剂的选用等。

桩位偏差应控制在 50mm 以内；墙体有效厚度应不小于设计值；墙底高程不应高于设计值，一般应超过设计墙底高程 10～20cm；孔斜径比控制在 0.4% 以内；水泥标号应满足设计要求；桩身水泥掺入量（掺加的水泥重/被加固土体的重量）应按设计要求检查每根桩的水泥用量，考虑到按整包水泥计量的方便性，允许每根桩在一定范围内调整；搅拌头提升（下沉）速度一般为 0.6～1.2m/s；浆液水灰比不宜超过设计值，搅拌应均匀，搅拌时不得发生输浆管道堵塞现象；外加剂按设计要求配制。

在施工过程中，要根据土层结构、施工机械等在室内试验，以确定施工质量是否达到设计要求。

2）成墙后的质量检验。

A. 轻便触探。搅拌桩在成墙7d后，用轻便触探取固体土样，观察搅拌桩均匀程度，同时根据轻便触探去判断桩身强度。检验桩的数量应不少于总数的1%。

B. 钻孔取芯。在桩养护到28d龄期后，采用钻孔取芯检测水泥土的单轴抗压强度和渗透系数，采取大口检查墙体搭接情况及整体成墙质量，钻孔间距可以确定，一般为200～300m。

C. 开挖检查。在桩养护到28d龄期时，沿堤线范围内进行开挖，开挖深度超过3m。用于观察墙口、墙体搭接和墙厚等是否满足设计要求。

5.3.3 渭河咸阳城区段综合治理工程（抓斗法）

（1）工程概况。陕西渭河咸阳城区段综合治理工程位于渭河中游的下段，工程地处咸阳市市区，工程治理范围上游起点位于咸通南路下游约140m处，下游终点位于古渡公园西侧，距离陇海铁路桥以上约554m处，全长约4.6km。

渭河咸阳城区段综合治理工程为河道内蓄水美化工程，在保障防洪安全的前提下，在两岸防洪大堤内对治理段河道进行综合整治。工程在渭河主河槽内布置泄洪蓄水渠和泄洪浑水渠，中间由中隔墙分隔。北侧泄洪蓄水渠为浅槽，宽260m，深3.6m，其蓄水水质满足景观用水要求，遇较大洪水时参与泄洪；南侧泄洪浑水渠为深槽，宽240m，深4.6m，其主要作用是泄洪、排沙。在泄洪蓄水渠的进、出口和泄洪浑水渠进口各设一道橡胶坝，上下游两个拦河橡胶坝，坝高分别为3.3m、3.5m，平时立坝蓄水，大洪水塌坝行洪，蓄水容积约240万 m^3。工程主要建筑物包括橡胶坝、中隔墙、南侧护坡、北侧护坡、泵房和储水池等。

（2）设计要求。该工程位于北护岸标段Ⅲ标段：桩号 ZG2＋240.5～ZG3＋320.5。混凝土防渗墙轴线长度为1080m，墙宽0.4m，墙深6.0m。

（3）施工方法。造孔采用BH-6型液压式抓斗直接槽内取土成槽孔，采用直升导管法进行混凝土浇筑。在施工前，技术人员在认真勘查地质的情况下，根据实际地形及设计要求，从设备、工艺、泥浆、灌注混凝土等均做了详细、认真的分析，并提出了具体的施工方案。

1）施工准备。

A. 技术交底。对地质情况、工艺及质量要求，尤其是注意事项、质量控制要点以书面形式下发给各施工班，举行培训班，并现场讲解。

B. 测量定位。在施工场地平整碾压密实后进行，施工前首先进行测量放线。利用全站仪使用坐标对导向槽开挖边线进行测量定位，用白灰划线，用以指导开挖施工。开挖完成后再次复核。

C. 原材料检测及混凝土配合比试验。水泥、砂、碎石料及配合比直接关系到混凝土的和易性、流动性和初凝时间，经试验确保符合要求后方可使用；另外，泥浆指标直接关系到成孔质量和混凝土灌注质量，要对泥浆做测试试验。

D. 泥浆配制。泥浆是固壁和携渣的最根本因素，综合考虑该工程的地质条件，采用膨润土泥浆。

膨润土泥浆用 BE - 10 型泥浆搅拌机进行搅拌，搅拌程序为：先向搅拌机内注水，水面高出搅拌叶的顶端，开动搅拌机，向机内投放膨润土，并同时加入碳酸钠，搅拌 30min 左右，取样测量泥浆黏度，然后继续搅拌一段时间，再测黏度，若两次测量的数值不变，则泥浆制成，并据此来确定以后泥浆的搅拌时间。搅拌好的泥浆经过筛网放入储浆池中。新制膨润土泥浆性能指标应达到表 5 - 16 的要求。

表 5 - 16 　　　　　　　　　　　　膨润土泥浆性能指标表

项　　目	性能指标	试验用仪器	备　　注
浓度/%	＞4.5		指 100kg 水所用膨胀重量
密度/(g/cm³)	＜1.1	泥浆比重秤	
漏斗黏度/s	30～90	946/1500mL 马氏漏斗	
塑性黏度/(mPa·s)	＜20	旋转黏度剂	
10min 静切力/(N/m²)	1.4～10	静切力计	
pH 值	9.5～12	pH 值试纸	

E. 机械设备的选定。为保证每孔防渗墙自开钻到灌注结束都能顺利、不间断进行，在各环节上均应配置充足的设备和备用方案，并准备好备用电源。各后序工作机械必须到位，准备完毕后方可开钻。机械设备配置见表 5 - 17。

表 5 - 17 　　　　　　　　　　　　机 械 设 备 配 置 表

序号	设备名称	规格型号	数量	技术状况
1	抓斗法钻机	BH - 6	5	良
2	挖掘机	1.25m³	1	良
3	装载机	ZL40B	1	良
4	装载机	ZL50B	1	良
5	混凝土输送车	6m³	4	良
6	吊车	QY - 16	2	良
7	泥浆搅拌机	BE - 10	2	良
8	泥浆泵	4PN	2	良
9	钢筋弯曲机	GB40B	2	良
10	钢筋切断机	CQ40	2	良
11	钢筋调直机	GTφ4～14	2	良
12	交流电焊机	BX1 - 330	6	良
13	对焊机	UN1 - 75	1	良
14	变压器	400kVA	1	良
15	搅拌机	JS750	2	良
16	发电机	120kW	1	良

F. 人员配置。防渗墙工程是陕西渭河咸阳城区段综合治理工程的首要重难点工程，

为此在施工时成立防渗墙施工 QC 小组，小组成员由项目总工程师、工程部长、现场技术主管工程师及经验丰富的钻机机长组成。在施工前项目部组织防渗墙施工 QC 小组成员详细分析每个环节可能出现的问题，以确保出现异常情况时能早发现、早处理。

G. 混凝土输送。混凝土采用输送车直接灌注，采用大导管灌注混凝土。

2）施工方法。

A. 施工工艺流程图。施工工艺流程见图 5-22。

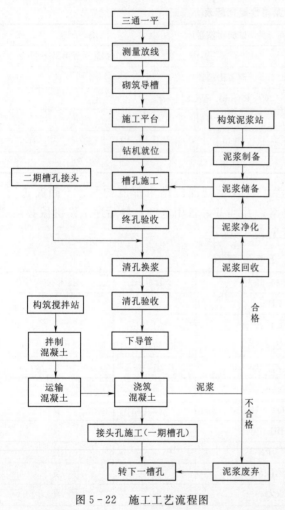

图 5-22　施工工艺流程图

B. 主要施工步骤。

第一，导向槽施工。导向槽混合结构导墙：墙底设宽 40cm 钢筋混凝土底梁，墙顶设宽 20cm 盖梁，混凝土强度等级为 C15，立墙用水泥砂浆砌 12 砖墙。导墙高 85cm，墙顶水平。两墙之间净距 0.5m，截面形状采用"⌐ ⌐"形。

在导墙顶标记防渗墙轴线控制线、槽段分界控制线。因故变更孔位时，必须对相应改变的控制线做出明显的标识。

第二，槽孔段划分。槽孔段划分根据地层条件、液压抓斗斗体开度、成槽孔工艺、防渗墙平面布置而定，槽孔段长度为 7.5m。

第三，成槽孔工艺。该工程主要采用液压抓斗进行成槽孔施工：防渗墙分两序施工，先施工一期槽孔再施工二期槽孔，槽孔段长度为 7.5m。

在造孔过程中，及时往槽孔内补浆，始终保持槽孔内泥浆面在导墙顶面以下 30～50cm，严防塌孔。

第四，终孔及清孔验收。槽孔终孔后，先进行自检，自检合格后报告现场监理工程师进行孔位、孔深、孔斜、孔型、槽宽、槽底岩性鉴定及一期、二期槽孔的套接厚度全面检查验收，合格后进行清孔换浆。

清孔抓斗直接抓取孔底淤积，清孔时要求由经验丰富的操作人员进行。清孔换浆结束 1h 内，检查孔内泥浆性能指标，孔底淤积厚度不大于 10cm。二期槽孔清孔换浆结束前，用刷子钻头分段洗刷一期槽孔端头的泥皮和地层残留物，以刷子钻头上基本不带泥屑，孔底淤积不再增加为合格标准。

第五，混凝土浇筑。混凝土防渗墙拟定单元槽孔段长度为 7.5m（因使用直径 400mm

的接头管作为墙体连接方法，因此，混凝土防渗墙单元槽孔段实际成槽长度为7.9m），依据设计图纸防渗墙孔深均为6m。为保证防渗、防冲墙混凝土质量，浇筑高程比设计高程高50cm。

混凝土浇筑采用钢制导管，导管为直径216mm钢管。单元槽孔内布设3套导管，一期槽端的导管距孔端或接头管宜为0~1.5m，二期槽端的导管距孔端宜为1.0m。当槽底高差大于25cm时，导管应布置在其控制范围的最低处。

导管的连接和密封必须可靠，在每套导管的顶部和底节管以上设置数节长度为0.3~1.0m的短管，导管底口距槽底要控制在15~25cm范围内。

混凝土开始浇筑前，导管内应置入可浮起的隔离塞球。混凝土开始浇筑时，先注入水泥砂浆，随即浇入足够的混凝土，挤出塞球并埋住导管底端。导管连接和密封必须可靠，施工前做导管压水试验。

槽孔孔口设储料斗，储料斗容量为1.5m³，混凝土运输车将混凝土运置槽孔口后倒入储料斗内，储料斗放满混凝土后，用吊车吊起，出料口对准导管上的进料料斗，打开储料斗阀门，混凝土经进料料斗通过导管注入槽孔内。

混凝土浇筑应遵循先深后浅，连续进行、均匀上升的原则。混凝土面上升速度要求不小于2m/h，混凝土面高差不大于0.5m，埋管深度在1.0~6.0m范围内。

浇筑过程中至少30min测1次混凝土面，及时掌握各项数据。结束浇筑时，混凝土面高程超过设计高程0.5m。

槽孔口应设盖板，避免混凝土散落槽孔内，不符合质量要求的混凝土严禁浇筑到槽孔内，防止入管的混凝土将空气压入导管内。

在混凝土浇筑过程中，在浇筑槽口或在搅拌站出机口随机取样，检测坍落度、扩散度，并取样进行抗压、抗渗试验。

防渗墙一期、二期槽孔的接头采用套接方式，在一期槽孔混凝土浇筑结束后24h，开始用抓斗钻劈接头孔。

5.3.4 壶流河水库加固工程（振动沉模法）

（1）工程概况。壶流河水库位于河北省蔚县城西6km处，总库容为8700万m³。拦河坝为均质土坝，坝顶高程为925.00m，最大坝高16.7m，坝顶长2724.0m，坝顶宽6.0m。由于拦河坝存在软弱夹层，当水位蓄到正常水位922.00m时，下游坝坡大面积浸湿，以致水库不能正常蓄水，且严重影响坝体安全。有鉴于此，2003年对大坝实施振动沉模板防渗墙加固。

（2）施工原理。采用大功率的振动锤，将宽0.84m、厚0.12m的钢模板振动沉入地下。钢模板在振动锤强大振动力的作用下将土挤压成槽，在钢模板下沉的过程中，用膨润土浆液进行冷却、护壁，沉至设计深度后，开始进行第二块模板施工，当第二块模板沉至设计深度后，向第一块模板内下设注浆管，进行水泥浆液压力注射，将原来的膨润土浆液挤出的同时向上提升第一块模板，水泥浆液迅速填满。因模板上拔腾出空间，钢模板完全提升后就形成墙体。该次加固施工防渗墙共计1500m，平面位置布设在坝顶轴线上游侧1.0m，墙顶高程924.00m，墙底高程915.00m。

（3）设备及材料。

1）该工程施工投入的主要机械设备有沉模成墙系统、制浆供浆系统及动力系统。

A. 沉模成墙系统。沉模成墙系统包括桩机、振锤、夹头、模板、水泵等。

B. 制浆供浆系统。包括搅拌机、输送泵、搅浆桶及一些辅助设备。

C. 动力系统。振锤是施工中的主要设备，振动频率为 20Hz，功率为 4kW，满足施工需求。

2）成墙材料。

A. 水泥。采用 P.O32.5 普通硅酸盐水泥，在保管和储存上，严格控制防潮和存放时间，不使用过期变质的水泥，并按照规范检测。

B. 粉煤灰。采用某电厂生产精选优质Ⅱ级粉煤灰。

C. 细砂。采用当地天然河砂，砂质良好，颗粒均匀，经取样送检符合设计指标。

（4）施工方法。

1）轨道铺设。一般轨道采用钢轨，个别堤段也采用枕木代替。铺设轨道时，首先工作面必须平整压实，两轨道面的高度保持一致，其高差不得超过 5mm，以保证机架平直和桩体垂直。

2）导槽开挖。人工挖一条宽×高为 20cm×30cm 的导槽。确保墙体平直，而且要防止振冲时水泥浆液溢出污染工作面。

3）振动沉槽。启动振动锤，先将 A 模板、B 模板沿施工轴线打入设计深度，在钢模板下沉的过程中开启泥浆泵将膨润土浆注入槽孔内，A 模板为先导模板，有起始、定位、先导作用，故其垂直倾斜度要求小于 2‰。

4）灌浆拔模。向 A 模板腹内灌满浆液，然后边振动边拔升、边灌注，直到将 A 模板拔出地面，浆液流于槽孔内，形成密实的单板墙体，将 A 模板移动至 B 模板前沿沉模时，B 模板也起到定位、导向作用，此时 A 模板作为前接模板，起到延长板墙作用。A、B 两模板的定位导向作用轮流互换，重复作业即形成一道竖直连续的整体板墙。

5）技术要点。

A. 在振冲过程中要随时测量钢桩的垂直度，钢桩插入前先用水平直尺调平桩架底盘，在桩架上吊一锤球，调整斜拉杆长度保证上部锤头导向架垂直，严禁机架有任何左右、前后移动，以保证不发生偏斜错位。

B. 在振冲过程中要随时调整钢桩沉桩速度，避免下沉太快冲击力过大造成钢桩倾斜。

C. 搭接处理采用错位搭接，即第二块模板顺着第一块模板的导向槽进行施工下沉，以保证形成连续的墙体，浆体配制及输送使用的浆体材料凝结前不沉淀、不离析，凝结前有足够的不透水性，有较高的塑性，能适应土层的变形。水泥浆的输送采用泥浆泵要根据插板的提升速度合理调整注浆压力和流量。

D. 若因机械故障、停电等原因造成注浆中断，均作复灌处理。

E. 在孔洞等部位长时间注浆而不返浆时，应将孔洞充满浆液再提升钢模。

6 堤岸防护工程

堤岸受水流、潮汐、风浪作用可能发生冲刷破坏影响堤防安全时，应采取防护措施。护岸工程是江、河、湖、海等水道治理的基本工程，对于防止崩岸、稳定岸线、控制水道平面摆动、保护堤防均具有重要作用。护岸工程应统筹兼顾、合理布局，并宜采用工程措施与生物措施相结合的方式进行防护。

堤岸防护工程分为坡式护岸、坝式护岸、墙式护岸及其他防护形式（见图6-1）。

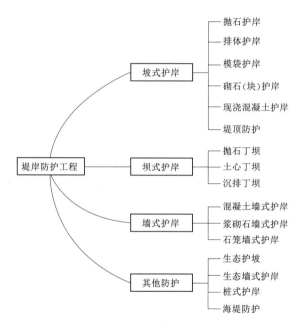

图6-1 堤岸防护工程分类图

6.1 坡式护岸

坡式护岸是指将建筑材料或构件直接铺护在堤防或滩岸临水坡面，形成连续的覆盖层，防止水流、风浪的侵蚀、冲刷。这种防护形式顺水流方向布置，断面临水面坡度缓于1:1.0，对水流的影响较小，也不影响航运，因此被广泛采用。中国长江中下游河势比较稳定，在水深流急处、险要堤段、重要城市、港埠码头广泛采用坡式护岸。湖堤防护也常采用坡式护岸。

6.1.1 抛石护岸

（1）结构型式。根据水深、流速、块石容重、堤岸土的黏聚力和摩擦角等因素，抛投块石一般选择粒径为15～50cm、厚度为0.6～1m的结构型式。抛石护脚施工技术特性见表6-1。

表6-1 抛石护脚施工技术特性表

技术要点	技术条件	技术要求
抛石粒径	岸坡1:2，水深超过20m； 岸坡缓于1:3，流速不大	粒径为20～45cm； 粒径为15～33cm
抛石厚度	抛石厚度应不小于抛石块径的2倍； 水深流急时为抛石块径3～4倍	一般堤段为0.6～1m； 重要堤段为0.8～1m
抛石坡度	枯水位以下	抛石坡度为1:1.5～1:1.4

（2）施工准备。

1）材料准备。护岸工程要求石料石质坚硬，遇水不易破碎或水解，不得使用薄片、条状、尖角等形状的块石及风化石与泥岩，根据设计质量要求、工期和施工强度等因素选择合适的料源。

2）设备准备。

定位船。一般采用200t以上的钢质趸船或机动驳船，船上的锚、缆、绞车、系缆桩以及测量标记等设施须完备。

抛石船。一般采用钢质机动驳船，船舱面有效装载范围长15～20m、宽5～7m，采用人工、挖掘机或吊机进行抛投作业，也可采用侧翻或开底（舷）式自卸驳船。

浮吊船（也称起重船）。可选非自航或自航的浮吊船，起重吨位视施工需求而定。

交通船。根据施工人员的交通要求和测量运输需求，配备适量的船只。

救生艇。发生紧急状况时用于救援。

3）技术准备。编制施工方案并交底，根据抛石船的平面尺寸确定抛石网格的划分尺寸和抛投顺序，按设计换算各网格内抛投量。

施工前进行水下原始地形测量，并根据抛石网格的划分在岸边设置基线桩和方向桩。

在正式抛石前，先进行抛石试验，获得不同重量块石在不同流速和水深的落点漂移规律，在此基础上编制适用于该水域的漂距计算经验公式或经验数据查对表格，漂距可按式（6-1）计算，抛石水下位移查对见表6-2。

表6-2 抛石水下位移查对表

水深/m		10				15				20		
流速/(m/s)		0.5	0.8	1.1	1.4	0.5	0.8	1.1	1.4	0.5	0.8	1.1	1.4
块石重 /kg	30	3.6	5.7	7.9	10.0	5.4	8.6	11.8	15.1	7.2	11.4	15.7	20.1
	50	3.2	5.2	7.2	9.2	4.9	8.0	10.8	13.8	6.6	10.5	14.4	18.5
	70	3.1	5.0	6.9	8.7	4.7	7.5	10.3	13.1	6.3	10.5	13.8	17.4
	90	3.0	4.8	6.6	8.4	4.5	7.2	9.9	12.5	6.0	9.6	13.1	16.7
	110	2.9	4.6	6.4	8.1	4.4	7.0	9.6	12.2	5.8	9.3	12.7	16.2
	130	2.8	4.5	6.2	7.9	4.2	6.8	9.3	11.8	5.6	9.0	12.4	15.8
	150	2.7	4.4	6.0	7.5	4.1	6.6	9.0	11.5	5.5	8.8	12.1	15.4

$$L = kHv/W^{1/6} \tag{6-1}$$

式中　L——抛石漂距，m；

　　　k——系数（一般取值 $0.8\sim0.9$）；

　　　H——平均水深，m；

　　　v——水面流速，m/s；

　　　W——块石重量，kg。

（3）施工流程与方法。

施工流程：抛石网格划分→定位船定位→抛石船测量方量→抛石船挂靠抛投挡位→抛石作业→抛后水下测量→旱地抛石。抛石施工平面见图6-2。

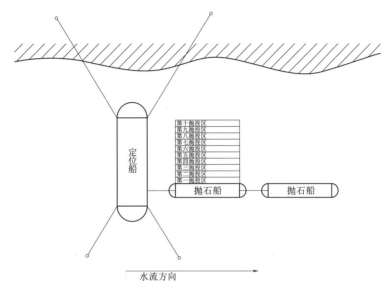

图6-2　抛石施工平面示意图

1）抛石网格划分。抛石船一般平行于堤防轴线方向停泊抛投，抛投范围受抛投船有效装载长度制约，抛石网格在平行于堤防轴线方向的尺寸与抛投船有效装载长度相等，一般为18~20m。抛石网格在垂直于堤防轴线方向的划分，根据不同的抛投方式在5~20m范围内选择，人工抛投一般为2m，挖掘机抛投为2.5m，侧翻和开底（舷）式自卸驳船为2m。编制抛石网格和挡位图，并计算各网格和挡位的抛石量。

2）定位船定位。

单船竖"一"字形定位。采用五锚法方式固定，定位船平行于堤防轴线方向停泊，船首由主锚固定，船体前半部分和后半部分分别用副锚呈"八"字形固定，近岸侧可直接用钢丝绳固定于岸上，减少抛锚次数，提高效率。移位时利用绞盘绞动定位锚和钢丝绳，使定位船沿堤防和垂直于堤防移动。此定位方法适用于水流较急的河段。

单船横"一"字形定位。采用四锚法方式固定，定位船垂直于堤防轴线方向停泊，上下游锚呈"八"字形固定，上游侧用主锚固定，下游侧用副锚固定。此定位方法适用于水流较缓的河段。

双船 L 形定位。是将两条定位船固定成 L 形，主定位船平行于堤防轴线方向，采用五锚法固定，副定位船垂直于堤防轴线方向，采用四锚法固定，远岸侧固定于主定位船上。此定位方法适用于水流较急的河段。

定位船定位方式特点见表 6－3。

表 6－3 定位船定位方式特点表

定位方式	船体方向	抛锚方法	适用水流状况	特 点
单船竖"一"字形	顺水流方向	五锚法	水流较急	一次只能挂靠 1～2 艘抛石船
单船横"一"字形	横水流方向	四锚法	水流较缓	一次可挂靠多艘抛石船
双船 L 形	主定位船顺水流方向，副定位船横水流方向	主定位船采用五锚法，副定位船采用四锚法	水流较急	一次可挂靠多艘抛石船

3）抛石船测量方量。

称重法。将船上的石料全部过磅称重，再除以石料自然堆积方容重，得出石料计算方量。此方法速度慢、成本高。

划定吃水线法。由航政部门将运输船的装载吨位和装载吃水线核定，验收时按划定的吃水线计算验收方量。此方法简单方便，但复核吨位的划线工作量大。

量方法。直接测量船上堆积的石料长、宽、高，计算出堆积方量，按照称重试验得出的空隙率，扣除虚方量，得出石料计算方量。在施工过程中，可不定期进行称重试验，以修正空隙率和扣方率。此方法是最常用的方法，验收方便简单、速度快，但空隙率和扣方率需时时计算确认。

4）抛石船挂靠抛投挡位。为避免抛石过程中抛石船移位间距过大或过小，导致石料抛投不均匀，影响施工质量，一般在施工前，根据预先设定好的抛投间距，在定位船上做好标记。在施工过程中严格按照划定好的挡位挂靠。如需在两侧船舷处同时抛石，则应同时控制两侧船舷的停靠挡位，并做好记录。若抛石船的有效长度大于网格长度，则应控制在网格长度内抛石。若抛石船的有效长度小于网格长度，则可在抛石过程中将抛石船适当移位。

5）抛石作业。人工抛石或挖掘机抛石。抛石船进挡挂牢后，根据该挡位的抛投量，将船上的石料分割做标记，使用人工或挖掘机按标记进行抛投，各挡船只按预定抛投量全部抛投结束，方可解缆离挡。为提高施工效率，也可在同一挡位同时挂靠 2～3 艘抛石船，同时抛石施工，但需确保末尾船只的摆动幅度不超过 1m，以控制抛投精度。记挡人员要及时在抛投挡位图上记录。

侧翻和开底（舷）式自卸驳船。抛石船挂靠于定位船预定挡位上，按照既定抛投量开舱抛石。

浮吊船网兜抛石。根据施工需求预先制作边长为 2～5m 的正方形网兜，按顺序放置于运输船底，运输船装载石料后挂靠于定位船，浮吊船按网兜放置的顺序起吊网兜，两个吊钩相互配合，在预定的抛投网格河面上抛投石料并回收网兜。

陆上抛投。近岸处及岸坡水上部分，可采用自卸车运输，人工或挖掘机自陆上抛投的方式实施。

6）抛后水下测量。一个抛投断面完成抛投后，应立即进行水下测量，确认抛石的范

162

围和厚度满足质量要求，若存在不合格点，应及时进行补抛，整个断面验收合格后，再进行下一断面的抛投。抛石水下测量一般采用 GPS 系统进行，根据需要和已测定的原始地形图资料，将测量断面按照间距 7m 或 15m 进行划分，测定抛石后的数据，与抛石前原始地形数据对比，计算出抛石厚度、抛石高程和抛石量。

7）旱地抛石。采用自卸车运输石料至堤顶施工区域，挖掘机自低处向高处进行抛石作业，直至达到设计要求的位置和坡度。

（4）施工技术要点。枯水期水位低，有利于抛石作业的进行。定位船定位前，需进行水深、流速等参数的测量，以便计算漂距，并综合考虑设计抛投位置、抛石船前部的无效长度和控制点在定位船上的偏移值，确定定位提前量，每次移位和定位均需记录。

抛石的一般顺序为先远岸后近岸，先上游后下游，每个抛投船次的抛投应先船头后船尾，先小粒径后大粒径。在水深流急处，应先用较大石块在护脚段下游侧按设计厚度抛一石埂，然后再依次向上游侧抛投。抛石厚度应均匀一致，坡面要大体平顺。抛护位置、尺寸应符合设计要求。抛石要逐层依次排整，不应有孤石和游石。

（5）质量控制及验收标准。防冲体护脚工程宜按平顺护岸的施工段长 60～80m 或以每个丁坝、垛的护脚工程为一个单元工程。

单元工程宜分为防冲体制备和防冲抛投两个工序，其中防冲抛投工序为主要工序。

散抛石质量标准见表 6-4，防冲体抛投施工质量标准见表 6-5。

表 6-4 散 抛 石 质 量 标 准 表

项次	检验项目	质量要求	检验方法	检验数量
一般项目	石料的块径、块重	符合设计要求	检查	全数检查

表 6-5 防冲体抛投施工质量标准表

项次	检验项目	质量要求	检验方法	检验数量
主控项目	抛投数量	符合设计要求，允许偏差 0～+10%	量测	全数检查
	抛投程序	符合《堤防工程施工规范》（SL 260—2014）或抛投试验的要求	检查	
一般项目	抛投断面	符合设计要求	量测	抛投前后每 20～50m 测 1 个断面，每横断面 5～10m 测 1 个点

（6）工程应用典型案例。

1）工程概况。南京大胜关长江大桥两岸堤防加固工程位于长江南京段京沪高铁大胜关大桥主桥附近，施工内容为水下抛石护岸，设计护岸长度约 500m，抛石厚度分别为 1.5m、2m、3m，设计水下抛石护岸总方量为 50940m³，计划工期为 2011 年 4 月 10 日至 5 月 10 日，考虑水文气象等因素，实际有效施工天数为 25d，每天抛投量为 2037.6m³。

2）施工准备。该工程从当地石料场购入成品石料，采购运输前先经试验检验确定石料符合设计和规范要求，杜绝风化石、水解石、碎石等不合格材料进入该工程。

定位船选用江工 2 号船（长 46m，宽 8.5m）。测量船选用江岸一号轮，配备 GPS 全球定位系统。抛石船选用宽约 5m、有效装石长度不小于 20m 的自航驳船，根据施工强度需求，共使用 20 艘。

抛石前进行水下地形测量，根据测量成果绘制相应的水下地形图，绘制比例为1：2000。根据设计要求、水文条件和选用的设备，将抛石网格划分为12m×30m的标准网格，宽度不足12m处可划分为定宽的小区进行施工。在抛区附近的岸边，采用全站仪和经纬仪测设基桩、方向桩和基线。将定位船移至抛石区，使用流速仪测定水流流速，使用测深仪测定水深，根据施工经验，采用查表法确定块石漂距，据此确定定位船首次抛石位置，并进行试抛，以试抛结果验证选用的块石漂距，并调整定位船的停泊提前量。

3）施工流程与方法。

水下抛石施工工艺流程：抛石前水下地形测量→施工区域划分→测量、放样→定位船定位→装石船定位→抛投块石→定位船移位→装石船定位→抛投块石→竣工水下地形测量。

采用挖掘机抛投，抛投有效宽度为1～2m，选定抛投挡位间距1.5m，确保抛投均匀无空挡，根据设计和抛投区域计算每个挡位的抛投量，并制作抛投挡位图。

根据对现场的查看，受弱感潮影响，在施工范围内的水流较缓，但在施工期内可能会遇上瞬时高水位，因而需做好充分准备。上游锚选用重0.8t的霍尔锚，下游锚选用重0.2～0.4t的霍尔锚，顶头锚选用重0.2t的霍尔锚或四齿锚，抛锚顺序为外上游锚（领水锚）→里上游锚→外顶头锚→里顶头锚→里下游锚→外下游锚。

抛石船到达指定地点后，对质量合格的石料进行测量方量，测量方量时长度量3次，宽度量3次，高度量6次，取平均值计算方量，并根据空隙率和石质情况核扣虚方，施工中随机抽船过磅，根据抽磅结果确定空隙率和扣方率。

抛石船进挡挂牢后，采用挖掘机抛投，各挡船只按照既定抛投量全部抛投结束，方可解缆离挡，每挡位同时挂靠2艘抛石船，以提高抛石效率，记挡人员及时准确地将抛投量上挡位图，各网格实际抛投量控制在设计量的95%～105%之内，单元工程实际抛投量控制设计量的100%～103%之内。

单个段面抛投完毕后，及时进行水下测量，对比抛投厚度和范围是否满足设计和规范要求，若有不足，要及时补抛，抛投质量合格后，可进行下一网格的施工。

6.1.2 排体护岸

（1）结构型式。

1）石笼（耐特网石笼）护岸。一般采用150～400g/m² 的土工布铺底，其上铺沉厚0.3～1m的铁丝、铅丝或耐特网石笼。

2）土工布软体排护岸。土工布软体排护岸包括砂垫土工布软体排、砂肋土工布软体排、混凝土联锁块压载复合土工布软体排，有时采用石渣压载。

3）铰链式混凝土板排体护岸。水上岸坡自下而上一般为150～400g/m² 的土工布、厚度0.3m的碎石垫层、厚度8～10cm的预制混凝土板相互连接成的排体，水下部分自下而上一般为150～400g/m² 的土工布、厚度8～10cm的预制混凝土板相互连接成的排体。

4）铰链式模袋混凝土排护岸。一般采用单层高强机织反滤布铺底，铰链式模袋混凝土排体压载。

5）四面六边体透水框架护岸。一般采用边长约1m的四面六边体框架，按2～3层抛

164

投至需防护区域，陡坡处一般抛投成缓坡，部分岸坡间隔一定长度抛投。

（2）施工准备。

1）材料准备。

A. 石笼（耐特网石笼）护岸。

网笼。一般采用铅丝、铁丝或合金钢丝以人工或机械编制成网笼，根据石笼的工作环境和选用的材料性能，选择直径为0.6～4.5mm不等的金属丝编制网笼，根据人工和机械编制网笼的效率和成本及工期要求，确定编制网笼的方式。

石料。使用形状、尺寸、级配和物理化学性能符合设计要求的块石。

无纺布。选用符合设计要求的针织无纺布。

B. 土工布软体排护岸。

土工砂垫。可采用高强机织布，或编织布与无纺布组成的复合土工布。

砂肋土工布。可采用高强机织布，或编织布与无纺布组成的复合土工布，根据设计要求选择材料种类和型号。砂肋带可用与底布相同的材料缝制。加筋带可选用丙纶带。连接排尾与卷筒钢丝绳的绳带可选用双股丙纶绳。

混凝土联锁块。根据设计要求预制或采购混凝土联锁块。

砂。一般选用中粗砂，若河床材料符合设计要求，可直接就地挖取，否则采用运砂船自他处运输。

石渣。根据设计要求自采石场运输。

C. 铰链式混凝土板排体护岸。

土工布。一般采用高强机织布，或编织布与无纺布组成的复合土工布。

混凝土排体。一般为面积0.4～0.5m²、厚度8～10cm的钢筋混凝土预制板，预埋铁环，相互间以U形环连接或焊接（旱地施工），形成排体。

D. 铰链式模袋混凝土排护岸。

反滤布。一般采用高强机织土工布或针刺无纺布。

模袋。一般采用高强机织土工布缝制而成的成品模袋，单块模袋尺寸一般为1m×0.5m，块体间纵、横向设置锦纶绳将单块模袋连接成单元排体，块间保留灌浆通道，根据设计要求组成宽度10～40m不等的单元排体，单元排体长度根据施工能力一般设置为10m左右，根据单位面积的压载重量需求，充灌混凝土后的厚度为20～40cm。

混凝土（砂浆）。根据设计要求的技术参数配置混凝土和砂浆。

E. 四面六边体透水框架护岸。

四面六边体透水框架采用六根等长或长度相差在±5%之内的框杆连接而成，框杆的边长和截面尺寸根据来水来沙和河床边界情况确定，框杆之间可焊接、绑扎连接或铰接，框杆的材质可用钢筋混凝土、型钢、木材和毛竹等材料，框杆截面采用正方形或三角形，长细比为10～20，一般将3～4个框架角角相连成串抛投。

2）设备准备。

A. 石笼（耐特网石笼）护岸。

石笼网编织机。根据工程进度需求，可选用功率为10～50kW的石笼编织机，其生产效率为300～800m²/h。

平板浮船。根据单位石笼的重量，使用空油桶等浮体制作平板浮船，作为运输石笼的浮体。

驳船。一般采用钢质机动驳船，吨位视工程进度和施工安排需要选择。

B. 土工布软体排护岸。

铺排船。一般选用一次铺排宽度约 40m、连续放排长度 400～600m 的专用铺排船，适用铺排水深为 1～30m，船上配置卷筒、导梁、钢翻板、吊架等设备。

运砂船。根据施工安排选用适当的驳船。

水力冲挖机组。可选用 4PL－250 型冲挖机组，机组数量和型号视施工强度确定。

C. 铰链式混凝土板排体护岸。

沉排船。一般为自航驳船。

运排船。一般选用约 500t 的自航驳船。

交通船。用于施工人员水上交通。

D. 铰链式模袋混凝土排护岸。

铺排船。根据单元排体的尺寸选用适当的铺排船，铺排船上配置卷筒、导梁、钢翻板、吊架等设备。

交通船。用于施工人员水上交通。

E. 四面六边体透水框架护岸。

定位船。一般采用 200t 以上的钢质趸船或机动驳船，船上的锚、缆、绞车、系缆桩以及测量标记等设施需完备。

抛投船。一般采用钢质机动驳船，船舱面有效装载范围长 15～20m、宽 5～7m，人工、挖掘机或起重机进行抛投作业。

浮吊船（也称起重船）。可选非自航或自航的浮吊船，起重吨位视施工需求而定。

交通船。根据施工人员的交通要求和测量运输需求，配备适量的船只。

3）技术准备。

A. 石笼（耐特网石笼）护岸。根据现场水文地质条件编制施工方案并交底，可分为冰上沉排、水上沉排和旱地铺排三种方式。施工前进行水（冰）下原始地形测量，绘制原始地形图，测定（冰下）水深、流速。

B. 土工布软体排护岸。观测河流水文状况，测定水深和流速及其变化规律，选择水流流速低的时段进行沉排作业，绘制出每块排体的下沉轨迹图。

根据设计要求进行测量放样，确定沉排的范围，并在岸坡及水中做好标记。

C. 铰链式混凝土板排体护岸。施工前测量岸坡和水下原始地形图。根据设计图纸放样沉排位置，并为每一单元排体在岸坡及水中设置标记和控制桩。沉排试验应包括拉排首上岸、移船沉排、排尾下沉、移船定位，记录各项施工活动的施工工程量、施工时长、各设备的运行状况、施工工效、在特定水深和流速下的沉排提前量。

D. 铰链式模袋混凝土排护岸。施工前测量岸坡和水下原始地形图。

根据设计要求进行混凝土和砂浆的配合比设计，使混凝土和砂浆在满足设计要求的前提下，保持良好的流动性。

E. 四面六边体透水框架护岸。编制施工方案并交底，根据使用抛投船的平面尺寸确定抛投网格的划分尺寸和抛投顺序，按设计换算各网格抛投量。

施工前进行水下原始地形测量，并根据抛投网格的划分在岸边设置基线桩和方向桩。

通过抛投试验获得四面六边体透水框架在不同流速和水深的落点漂移规律，在此基础上得到适用于该水域的漂距计算经验公式或经验数据查对表格。

（3）施工流程与方法。

1）石笼（耐特网石笼）护岸。施工流程为水上沉排。戗台和锚固槽开挖→陡坡处理→编制石笼（耐特网石笼）→土工布铺设→石笼装填运输沉排。冰上沉排。戗台和锚固槽开挖→陡坡处理→编制石笼（耐特网石笼）→洒水增加冰厚→土工布铺设→石笼装填运输沉排。旱地铺排。戗台和锚固槽开挖→陡坡处理→编制石笼（耐特网石笼）→土工布铺设→石笼（耐特网石笼）铺设→石笼装填。

A．戗台和锚固槽开挖。采用挖掘机或人工按设计图纸进行戗台和锚固槽的开挖，可根据地质状况和沉排重量，将戗台近水侧的高程适当增加 $0.3 \sim 0.4 \mathrm{m}$，以抵消沉排后的沉降量。

B．陡坡处理。

水下处理。采用驳船装载块石或土工包，运至不满足设计要求的陡坡处，抛锚定位后，从驳船两侧向水中抛投块石或土工包，并随时以重锤等方式测量，直至坡度满足设计要求。

冰下处理。根据测量数据，在不满足设计要求的陡坡处开凿直径 $1 \sim 1.2 \mathrm{m}$ 的冰眼，冰眼间距为 $3 \sim 3.6 \mathrm{m}$，呈梅花状布置，抛投块石或土工包，并随时测量，直至坡度满足设计要求。

C．编制石笼（耐特网石笼）。可采用人工织或机织两种方法编制网笼，目前一般采用机织法，网片的尺寸、平整度、网眼尺寸和织网材料均应符合设计要求。

D．洒水增加冰厚。开凿冰眼，检查冰厚，若不足 $0.8 \mathrm{m}$，则需人工洒水增加冰厚，直至厚 $0.8 \sim 0.9 \mathrm{m}$，一般应保证冰层厚度达到石笼厚度的 2.5 倍以上。洒水前应清理冰面冰块、尖锐物、积雪等杂物，保证形成冰层的强度，也可在洒水前排布树枝、树干等材料作为冰层的加筋，进一步提高冰层的强度。

E．土工布铺设。

水下铺设。为减少搭接，可将土工布缝制成宽约 $20 \mathrm{m}$、长度为设计长度的布块，一般比沉排长 $1 \sim 2 \mathrm{m}$，一次性铺设，用浮船将土工布运输至铺设位置，与岸上施工人员牵拉配合展开，戗台端锚固于锚固槽内，深泓端两侧系浮漂并捆绑块石，在设计位置抛投铺设，以浮漂位置控制土工布的铺设范围，两段土工布之间的搭接长度应符合设计要求。也可将土工布在长度方向上分为水上和水下两段，分别铺设完成，再缝制连接。

冰上铺设。铺设前清理冰面和坡面，确保范围内无尖锐物体和大坑洞，铺设时可将土工布由戗台向下展开，戗台端锚固于锚固槽内，由下游向上游铺设，连接处紧密缝合，整体力求平顺，不要绷紧，留一定余量，但不能折叠，铺设完成后在上游侧设锚固桩并固定土工布，以防沉排时发生移位。

F．石笼装填运输沉排。

水上沉排。放置石笼网于浮船的滑板上，运输块石并装填封装，移动浮船至预先测定的抛投位置，翻动滑板将石笼抛下，最后在岸坡处将石笼首端与水上石笼连接成整体。

冰上沉排。在锚固槽处设置系排梁或锚固桩，根据设计位置和尺寸铺设石笼网，并用铁丝将石笼网与下层土工布和岸坡的锚固桩连接固定，采用人工或翻斗车运输块石自深泓处向岸坡顶装填，上表面应平整密实，封笼坚固，保证块石不串动。根据施工强度和条件，单次施工的排体尽可能宽，以减少搭接，增强排体的整体性，排体间应使用铁丝相连接。将深泓处预留的土工布上卷包裹排体末端，并用铁丝绑扎固定。

自然沉排。在融冰期，水流速度较低，水深较浅，且排体面积不大时，可采用自然沉排法。排体在冰冻期铺设完成后，注意看护，待气温上升冰层融化，排体压断冰层自然下沉。

强迫沉排。排体铺设完成后，在排体末端和两侧开凿冰槽至冰层底面以上约10cm处，在冰槽中间隔5～10m同时开凿多个冰眼至凿穿冰层，河水上溢，冰层断折，排体下沉。

2）土工布软体排护岸。施工流程为水上沉排。排布缝制加工→卷排→铺排船定位→冲灌砂肋（吊装混凝土联锁块）→移船沉排→抛石渣压载→冰面铺排充填→冰面压载→冰面沉排。水上沉排作业见图6-3。冰上沉排。排布缝制加工→冰面铺排充填→冰面压载→冰面沉排。

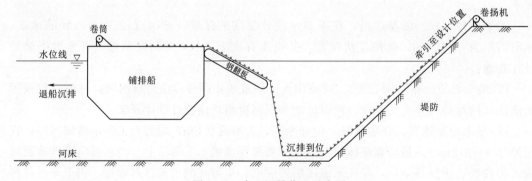

图6-3　水上沉排作业示意图

A. 排布缝制加工。根据设计要求和施工工艺确定单块排体的尺寸，将检验合格的排布相互缝合成单块排体，在排体上标记出加筋带、加肋套环的位置，沿排体宽度方向缝制加筋带，并在排尾缝合固定加筋绳，用于连接排体和卷筒，逐一缝制加肋套环，其直径应略小于砂肋直径，自首端折叠或卷起排体存放。采用与排布相同的材料缝制砂肋袋，其长度应略大于单块排体的长度，以便于扎口。

B. 卷排。将排体运输至铺排船上，连接排尾处的加筋绳至卷筒上的钢丝绳上，开动卷筒电机，将排体卷至卷筒，卷制过程中，应确保钢丝绳和加筋绳位置准确不跑偏，避免扭曲排布，并在两侧将排布抻平，使其平整均匀地卷至卷筒。

C. 铺排船定位。根据测定的水深和流速确定沉排的提前量，将铺排船定位抛锚。

D. 冲灌砂肋（吊装混凝土联锁块）。启动卷筒电机，释放排体至钢翻板边缘，将缝制好的砂肋袋逐条穿过加肋套环。若就地采用河砂冲灌砂肋，则采用水力冲挖机组挖取河砂冲灌砂肋；若自他处运输砂料，则将运砂船挂靠于铺排船一侧，采用泥浆泵自运砂船内抽取砂料充填砂肋袋，冲灌时可人工踩踏砂肋袋辅助冲灌，确保砂肋袋充盈率满足设计要求。

若使用混凝土联锁块沉排，则吊装混凝土联锁块：启动卷筒电机，释放排体至钢翻板边缘，采用吊机将合格的混凝土联锁块吊运至排体表面，按设计位置绑扎固定。

E. 移船沉排。采用固定于岸坡系排梁或固定桩的钢丝绳将排首牵引至设计位置并固定，将铺排船向深泓线排尾方向缓慢移动，并同时翻动钢翻板约30°角，使排体自然滑落，注意制动卷筒控制排体下沉速度，确保最后一排已冲灌的砂肋袋或安装好的混凝土联锁块始终在钢翻板上。为测定沉排的位置是否准确，可在排体两侧间隔一定距离固定浮标，以在排体下沉后测定沉排位置，也可安排潜水员水下摸排检查。

F. 抛石渣压载。采用驳船运输石渣至已沉排处，用挖掘机抛投石渣压载排体，应按照设计要求控制抛投量。

G. 冰面铺排充填。按照设计位置展铺排体至冰面，排体间搭接至少0.5m，并缝合成一个整体，搭接时应使上游排布在上，下游排布在下，排首固定于岸坡上的锚固桩或系排梁。若为砂垫土工布软体排，则采用人工或机械装填砂料；若为砂肋土工布软体排，则将砂肋袋固定在加肋套环中，并采用人工或机械装填砂料；若为混凝土联锁块压载复合土工布软体排，则采用小型机械运输混凝土联锁块并绑扎至设计位置。

H. 冰面压载。根据设计要求在排体上放置压载材料，确保冰面有足够的负荷完成沉排。

I. 冰面沉排。根据自然和施工条件选择自然沉排或强迫沉排，沉排方法参照前述沉石笼护岸。

3）铰链式混凝土板排体护岸。施工流程为旱地沉排。坡面平整开挖→排头梁施工→土工布铺设→垫层施工→排体拼装。水上沉排。铺排船定位→排体单元运输拼装→拉排上岸→退船沉排→止排→沉排尾。

A. 坡面平整开挖。采用挖掘机或人工开挖平整岸坡至满足设计要求，应自排头梁起平整至最低水位线以下。

B. 排头梁施工。按照设计位置和尺寸开挖排头梁基础，浇筑排头梁并养护至设计强度。

C. 土工布铺设。自排头梁向水面处铺设土工布，铺至水面后可用小船继续向下铺设，同时抛投少量沙袋压载，直至低于最低水位线，土工布块间可搭接或缝接。

D. 垫层施工。采用自卸车运输、挖掘机配合人工，自排头梁至低于最低水位线撒布平整碎石垫层，坡度和高程应符合设计和规范要求。

E. 排体拼装。运输混凝土块至施工区域，采用人工或小型机械配合安装，并用U形环连接（或焊接）成排体。

F. 铺排船定位。以预先测定的控制桩为基准，按照试验确定的沉排提前量用五锚法定位铺排船，并考虑沉排船沿排宽方向需移动的距离，将深泓线方向的两个外八字锚的锚缆适当放长。

G. 排体单元运输拼装。在拼装工厂将混凝土板连接至易于组装成单元排体的尺寸，且按照方便运输与吊装的原则，一般拼装成单元排体的长度，并在吊装至运输船时，每层下方均放置钢管，以减小拉排时的摩擦力，堆放于运输船时注意保持整齐稳固，且在整个船舱内均匀堆放，避免船体倾斜。

H. 拉排上岸。挂靠运排船于铺排船后，在第一层排体首端固定排首梁，利用铺排船上的卷扬机缓慢拉动排首梁至铺排船上，在第一层排体尾部与第二层排体首部靠近时，用U形环将其牢固连接，继续拉动排首梁，当排首经过铺排船布仓中预先卷制的土工布时，将土工布与排体相连并在排体两侧绑扎固定，用钢丝绳将岸坡上预先埋置的地垄与排首梁固定，启动卷扬机拉动排首梁直至旱地铺设好的排尾，拆除排首梁并将水中排首与旱地排尾牢固连接。

I. 退船沉排。将拉排梁固定在排体恰当位置，利用铺排船上的卷扬机和岸坡处的卷扬机配合拉排，同时铺排船向深泓处缓慢移动，控制排体下沉至河底。

J. 止排。在沉排接近末尾时，为避免船上排体的摩阻力不足以抵抗水中排体的重力，导致排体自然下沉，在排体上固定至少两道止排梁，并用钢丝绳连接至止排卷扬机，两道止排梁轮流制动并后移，保证沉排匀速进行。

K. 沉排尾。当船上仅余最后一层排体时，在排尾用活动插销固定排尾梁，并将排尾梁连接至止排卷扬机，拆除止排梁后，缓慢释放排尾梁至水底，完成沉排作业，用预先连接在固定排尾梁插销的尼龙绳拔出插销，撤回排尾梁。

4）铰链式模袋混凝土排护岸。施工流程为坡面修整→铺反滤布→铺模袋布→充灌混凝土。

A. 坡面修整。清理修整铺排区域的岸坡，清除杂物和尖锐的石头，陡坡修缓至满足设计要求。

B. 铺反滤布。旱地和浅水处可直接采用人工自排首向深泓铺设反滤布，并在排首处锚固，深水处采用浮船运载反滤布，在岸坡上卷扬机的辅助下，自岸边铺展反滤布，并移船退向深泓，铺至反滤布尾端，在尾端捆绑石笼等负重，抛至水底。

C. 铺模袋布。采用与铺反滤布同样的方法铺沉模袋布，或将模袋布与反滤布上下缝合在一起同时铺沉，铺沉前，需在灌浆口系浮标标记，以便于充灌时寻找灌浆口。模袋布同样需要在排首处锚固，若排首在水中，则可在水中打排桩固定排首，若排首在岸坡上，则可在岸坡上设置锚固桩或系排梁锚固排首，但不论采用何种方法，均需留有一定的余量，以便抵消充灌混凝土后排体收缩的部分。

D. 充灌混凝土。充灌混凝土包括：旱地或浅水处、深水处。

旱地或浅水处。在岸边适当位置布设混凝土或砂浆输送泵，并布置泵送管道，用清水充灌润滑模袋布及泵送管道，自上游至下游、自低处至高处逐排从灌浆口灌注混凝土或砂浆，一个模袋排体单元应一次性充灌完成，不得中断。

深水处。在浮船上设置混凝土或砂浆搅拌设备和泵送设备，以浮标标记为参照物寻找灌浆口，由潜水员将泵送管道插入灌浆口，按照自上游至下游、自低处至高处的顺序逐排充灌，一个模袋排体单元应一次性充灌完成，不得中断。

铺设一个单元排体后，即刻充灌，充灌完毕后再铺设下个单元排体，循环作业。

5）四面六边体透水框架护岸施工流程为抛投网格划分→定位船定位→抛投船挂靠抛投挡位→抛投作业→抛后水下测量。

施工方法与前述水上抛石法基本相同。

（4）施工技术要点。

1）石笼（耐特网石笼）护岸：戗台和锚固槽开挖至设计高程时，应确保其表面密实无松散土；金属网笼中装填的石料应不小于网目尺寸。

石笼应错缝抛沉，避免出现上下层纵横向贯通缝，水流速过大时，可几个石笼捆绑抛投，抛完后用大石块将笼间缺口补平。

沉排顺序应遵照如下原则：垂直水流方向由岸边逐渐向深泓铺沉，顺水流方向由下游侧依次向上游侧铺沉。

排体搭接应将上游排体搭压在下游排体上，搭接长度应符合设计要求。冰上沉排时，单次施工时间不宜过长，宜控制在 $7\sim10d$ 内，以防冰层断裂发生危险。沉排后应测定石笼顶高程，若不满足设计要求，应补抛小型石笼。

2）土工布软体排护岸。沉排顺序应遵照如下原则：垂直水流方向由岸边逐渐向深泓铺沉，顺水流方向由下游侧依次向上游侧铺沉。用测量仪器控制铺排船移位、定位。排体较长、水深较大的铺排作业，应有潜水员在水下引导。若石渣压载作业与铺排作业同时进行，要保持一定的安全距离。若排首将沉至水中且无固定措施，则起始沉排的长度要足够长，使退船时已经下沉的排体不会随船拖动。每次退船的距离要略小于沉排的长度，以免拖动或撕裂排体。

3）铰链式混凝土板排体护岸。严格控制排头梁及其预埋件的平面位置和高程，确保排体在长度方向上平顺地与排头梁连接。预制混凝土板时，确保纵、横向的预埋件处于设计位置，以使相互连接成的排体平整、受力均匀。每一单元排体下沉后，立即通过浮标或潜水员摸排等方式确保沉排的位置和搭接尺寸符合设计要求。禁止在已沉排区域抛锚，以免破坏排体。

4）铰链式模袋混凝土排护岸。反滤布和模袋布铺设时，应留足余量，保证搭接长度符合设计要求。计算模袋布的尺寸和位置时，应考虑到充灌后的尺寸收缩。

5）四面六边体透水框架护岸。预制的钢筋混凝土框杆强度养护至设计强度的 70%以上，才可移动并组装。每个网格内的抛投量应控制在设计量的±5%以内。尽量选在枯水期进行抛投，抛投顺序为先下游后上游、先深泓后近岸。

（5）质量控制及验收标准。沉排护脚工程宜按平顺护岸的施工段长 $60\sim80m$ 或以每个丁坝、垛的护脚为一个单元工程。沉排护脚单元工程宜分为沉排锚定和沉排铺设两个工序，其中沉排铺设工序为主要工序。沉排锚定施工质量标准见表 6-6，旱地或冰上土工织物软体沉排铺设施工质量标准见表 6-7，水下土工织物软体沉排铺设施工质量标准见表 6-8，旱地或冰上铺设铰链混凝土块沉排铺设施工质量标准见表 6-9，水下铰链混凝土块沉排铺设施工质量标准见表 6-10，预制防冲体制备施工质量标准见表 6-11。

表 6-6   沉排锚定施工质量标准表

项次	检验项目	质量要求	检验方法	检验数量
主控项目	系排梁、锚桩等锚定系统的制作	符合设计要求	参照《水利水电工程单元工程施工质量验收评定标准——混凝土工程》(SL 632—2012)	
一般项目	锚定系统平面位置及高程	允许偏差±10cm	量测	全数检查
	指法排梁或锚桩尺寸	允许偏差±3cm	量测	每5m 长系排梁或每5 根锚桩检测1处（点）

表 6-7　　　　　　旱地或冰上土工织物软体沉排铺设施工质量标准表

项次		检验项目	质量要求	检验方法	检验数量
主控项目	1	沉排搭接宽度	不小于设计值	量测	每条搭接缝或每30m搭接缝长检查1个点
	2	软体排厚度	允许偏差为±5%设计值	量测	每10~20m检测1个点
一般项目	1	旱地沉排铺放高程	允许偏差±0.2m	量测	每40~80m² 检测1个点
	2	旱地沉排保护层厚度	不小于设计值	量测	

表 6-8　　　　　　水下土工织物软体沉排铺设施工质量标准表

项次		检验项目	质量要求	检验方法	检验数量
主控项目	1	沉排搭接宽度	不小于设计值	量测	每条搭接缝或每30m搭接缝长检测1个点
	2	软体排厚度	允许偏差±5%设计值	量测	每20~40m² 检测1个点
一般项目	1	沉排船定位	符合设计和《堤防工程施工规范》（SL 260—2014）的要求	观察	全数检查
	2	铺排程序	符合《堤防工程施工规范》（SL 260—2014）的要求	观察	

表 6-9　　　　旱地或冰上铺设铰链混凝土块沉排铺设施工质量标准表

项次		检验项目	质量要求	检验方法	检验数量
主控项目	1	铰链混凝土块沉排制作与安装	符合设计要求	观察	全数检查
	2	沉排搭接宽度	不小于设计值	量测	每条搭接缝或每30m搭接缝长检查1个点
一般项目	1	旱地沉排保护层厚度	不小于设计值	量测	每40~80m² 检测1个点
	2	旱地沉排铺放高程	允许偏差为±0.2m	量测	

表 6-10　　　　　　水下铰链混凝土块沉排铺设施工质量标准表

项次		检验项目	质量要求	检验方法	检验数量
主控项目	1	铰链混凝土块沉排制作与安装	符合设计要求	观察	全数检查
	2	沉排搭接宽度	不小于设计值	量测	每条搭接缝或每30m搭接缝长检查1个点
一般项目	1	沉排船定位	符合设计和《堤防工程施工规范》（SL 260—2014）的要求	观察	全数检查
	2	铺排程序	符合《堤防工程施工规范》（SL 260—2014）的要求	检查	

表 6-11　　　　　　预制防冲体制备施工质量标准表

项次	检验项目	质量要求	检验方法	检验数量
主控项目	预制防冲体尺寸	不小于设计值	量测	每50块至少检测1次
一般项目	预制防冲体外观	无断裂、无严重破损	检查	全数检查

（6）工程应用典型案例。

1）黑龙江省嫩江肇源县嫩干马克图耐特网石笼护岸工程。

A. 工程概况。黑龙江省嫩江肇源县嫩干马克图耐特网石笼护岸工程位于嫩江主流上，采用耐特网石笼冰上沉排护岸方案，总长度400m，施工时平均水深约7m，护坡平均长度约30m，石笼厚度为0.5m，实施期为2001年1月7日至2月10日，历时33d。

B. 施工准备。该工程选用粒径大于15cm的块石装填石笼，耐特网为CE151型，网目尺寸为74mm×74mm。施工前先进行水下测量，绘制原始地形图，并按照设计要求放样，确定护岸石笼的坡顶和护脚线。

C. 施工流程与方法。水下抛石施工工艺流程为：洒水增加冰厚→铺设耐特笼网→石笼装填→沉排。

a. 洒水增加冰厚。清理冰面，开凿冰眼，检查冰厚，在厚度不足处洒水增加冰厚至0.6m以上。

b. 铺设耐特笼网。将笼网裁剪成设计要求的尺寸，并用尼龙绳连接成片，预留出笼边搭接长度0.2m，按照预先放样的位置铺设笼网。

c. 石笼装填。采用小吨位的翻斗车运输块石，人工码放，块石应紧密铺设，侧面及顶面平整，铺设完成后进行封笼，笼体间相邻处的上下层笼网采用尼龙绳连接，直至固脚石笼施工完毕。石笼顶部应与岸坡上的锚固桩连接固定，防止石笼在沉排过程中沿岸坡下滑。在施工过程中，随着冰面荷载的增加，冰面缓慢下沉，平均沉陷0.5m，最大沉陷1m，同时产生冰缝，冰缝宽度在1～3cm之间时，应停止施工，及时在施工区和冰缝处洒水，增加冰厚并修补冰缝。

d. 沉排。沿石笼周边开凿一条宽0.3m、深度为冰层厚度1/2左右的冰槽，全部完成后，再在冰槽内间隔10m开凿冰眼，使河水上溢，浸没石笼，石笼缓慢按顺序下沉。

2）上海临港产业区奉贤分区圈围工程1标抛石坝工程。

A. 工程概况。该工程位于长江口与杭州湾交汇处南汇嘴以西奉贤区境内，工程内容包括砂肋软体排约8万m²，混凝土联锁块软体排约4万m²。实施日期为2012年12月12日至2013年1月24日，历时43d。

B. 施工准备。砂肋软体排布采用230g/m²的丙纶机织布，砂肋袋采用200g/m²的丙纶机织布，排首砂肋间距0.5m，其他部位砂肋间距1.5m。混凝土联锁块软体排布采用380g/m²的复合土工布。砂料自他处采购。

选用卷筒长度为40m的专用铺排船1艘，运砂船2艘，吸砂船1艘，泥浆泵4套，交通船1艘。

施工前测定了施工区域的潮汐状况：平均高潮位3.49m，平均低潮位0.23m。铺排船自带测量定位系统，可测定作业坐标，施工前在岸坡处测设控制桩。

C. 施工流程与方法。施工流程为排布缝制加工→卷排→铺排船定位→冲灌砂肋（吊装混凝土联锁块）→移船沉排。

a. 排布缝制加工。单块排体设计宽度为56.5m，长度为40m，砂肋袋直径为0.3m，长度为41m。加筋带以0.5m间距沿排布宽度方向缝制于排布一面。缝制完成后沿排体长度方向折叠，将带有连接绳的排尾露在上面，绑扎后与缝制好的砂肋袋一同存储。

b. 卷排。将排体运输至铺排船上，铺排船将钢翻板调整至水平位置，用长 25m、直径 14mm 的双股丙纶绳将排尾连接绳与卷筒上的钢丝绳连接起来，启动卷筒绞车将排体平整均匀地卷至卷筒上，直至排体首段与钢翻板边缘平齐。

c. 铺排船定位。根据事先设置的控制桩和铺排船上的测量系统，将铺排船移至近岸处的首个沉排位置，铺排船吃水深 2m，抛锚定位。

d. 冲灌砂肋（吊装混凝土联锁块）。自排体首端开始安装砂肋袋，采用 2 台 4PL－250 型水力冲挖机组自挂靠于铺排船卷筒一侧的运砂船内挖取砂料，冲灌安装好的砂肋袋，冲灌至砂肋袋充盈率达 80%，用尼龙绳将砂肋袋封口。

吊装混凝土联锁块并沉排。自排体首端开始安装固定混凝土联锁块，铺排船面所有联锁块安装完成后，翻转钢翻板，松动卷筒制动装置，排体下沉至最后一排联锁块抵达钢翻板边缘时，制动卷筒，沉排的同时退船至略短于沉排长度，循环作业，直至完成全部沉排。

e. 移船沉排。铺排船面所有砂肋袋冲灌完毕后，翻转钢翻板角约 30°，松动卷筒制动装置，排体在自重的作用下下沉，根据排体下沉的长度，向排尾方向缓慢移动铺排船，至最后一个砂肋袋抵达钢翻板边缘处，制动卷筒，再安装冲灌砂肋袋，循环作业，直至完成全部沉排。

3）长江沿岸多处护岸工程。

A. 工程概况。自 2001—2003 年，长江在湖北黄冈吕杨林段、安徽和县芜裕河段、南京铜井及梅子洲段实施了混凝土板铰链沉排护岸，混凝土预制板尺寸为 0.8m×0.6m×0.1m，板间采用 U 形环连接，板间距 0.2m，单元排体宽 22m，长 85～96m 不等，排体下铺土工布，排首固定于系排梁，排尾位于水下 20～30m。

B. 施工准备。根据设计要求预先生产了混凝土板，并养护至可吊装运输。土工布预先成卷固定在铺排船的布仓内。

采用平板方驳船作为铺排船，船上配置 24m×13m 的滑动平台、6 台绞锚卷扬机、4 台拉排卷扬机、2 台止排卷扬机、圆弧滑板。采用 400t 的方驳船作为运排船。

C. 施工流程与方法。施工流程为铺排船定位→排体单元运输拼装→拉排上岸、退船沉排→止排→沉排尾。

a. 铺排船定位。使用拖船将铺排船移动至沉排位置，采用五锚法定位，将运排船拖至铺排船靠深泓线一侧挂靠，并使排体与铺排船上的铺排平台相对应。

b. 排体单元运输拼装。在第一层排体首端固定排首梁，利用铺排船上的卷扬机缓慢拉动排首梁，并将排体单元相互连接，当排首经过布仓时，将土工布与排体相连并在排体两侧绑扎固定，利用岸上地垄处的卷扬机将排首梁拉动系排梁并固定排首。

c. 拉排上岸、退船沉排。在排体上固定拉排梁，用卷扬机拉动系排梁持续沉排，同时利用岸上的测量仪器控制铺排船向深泓移动。

d. 止排。在沉排接近末尾时，在排体上固定止排梁，并用钢丝绳连接至止排卷扬机，继续缓慢沉排。

e. 沉排尾。当船上仅余最后一层排体时，在排尾用活动插销固定排尾梁，缓慢释放排尾梁至水底，完成沉排作业，用预先连接在固定排尾梁插销的尼龙绳拔出插销，撤回排尾梁。

4）铰链式模袋混凝土排体护岸工程。

A. 工程概况。黄河在山东省北杜控导工程于 1998 年 10 月开始实施，包括铰链式模袋混凝土排项目，下铺高强机织反滤布，上盖厚度 0.25m 的模袋混凝土排体，单块模袋布尺寸为 0.91m×0.46m，间距 0.1m，充灌后单元排体宽 19m、长 11.5m，每个灌浆口控制 4m² 的区域。

B. 施工准备。混凝土配合比设计采用一级配设计，水泥采用 425 号普通硅酸盐水泥，碎石粒径小于 1cm，选用普通减水剂木钙作为添加剂，保证混凝土的和易性和抗冻性。

C. 施工流程与方法。施工流程为铺反滤布和模袋布→充灌混凝土。由于水流速度较大，将反滤布与模袋布上下缝合在一起，共同铺沉。在排首位置由潜水员打排桩，作为排体锚固桩，用钢丝绳将排布首段固定在排桩上，保留一定的余量，以抵消排体充灌后的收缩量。将装载排布的铺排船缓慢退向深泓处，并逐渐展铺排布，直至排尾，在排尾绑扎石笼并抛至水底，使排尾自然下沉。

采用高压水泵和清洁球冲洗管道，确保管道通畅，泵送 1:2 的水泥砂浆 1.5m³，进行两次管道润滑，并检查管道接头有无渗漏，按照自上游至下游的顺序充灌混凝土，确保排布内饱满密实，充灌时注意控制泵送压力，避免模袋布爆裂。

5）长江干流江岸堤防瑞昌市赤心堤段加固整治工程。

A. 工程概况。江西省瑞昌市赤心堤段加固整治工程采用框架群护岸方式，框架为边长 1m，框杆截面为 10cm×10cm 正方形的钢筋混凝土四面六边体。岸坡抛护厚度不小于 1.5m，护脚抛护厚度不小于 2.5m，抛投断面按岸坡不足 1:2.5 的坡面抛至 1:2.5，坡度在 1:2.5～1:4.0 的按原坡抛护，坡度大于 1:4.0 的不予抛护。为节约工程量，每抛护长 40m 岸坡，间隔距离 10m。该工程自 1999 年 2 月 17 日开工实施，5 月 30 日完成抛投，历时 103d。

B. 施工准备。划分抛投网格为 20m（平行于岸坡轴线）×6m（垂直于岸坡轴线），根据设计抛投量计算每个抛投网格的抛投量，并绘制网格图。通过抛投试验，测定不同水深和水流速度下的框架漂距，以确定抛投提前量。

C. 施工流程与方法。施工流程为预制组装四面六边体→抛投网格划分→定位船定位→抛投船挂靠抛投挡位→抛投作业→抛后水下测量。

根据预先测定的抛投提前量，测量放样出定位船定位坐标并做好标记，定位船定位后，运输船将组装好的四面六边体框架运输至抛投位挂靠定位船，采用机械辅助抛投，将 3 个框架连接成串一同抛投，抛投数量按抛投网格的设计抛投数量严格控制，抛投完毕进行水下测量，确定满足设计要求的抛投量。

6.1.3 模袋护岸

（1）结构型式。一般采用高强机织土工布模袋覆盖需防护岸坡，其内充填厚 0.1～0.6m 的混凝土、水泥砂浆、水泥浆或砂，在模袋接缝处的模袋下方铺设反滤布。

（2）施工准备。

1）材料准备。

A. 土工布模袋。一般采用成品的透水不透砂的高强机织土工布，长度根据施工条件确定，一般大于 4m，宽度视防护的岸坡宽度确定。

B. 混凝土。旱地及浅水区域一般采用细石混凝土。

C. 水泥砂浆。深水区域一般采用水泥砂浆。

D. 砂。一般采用中粗砂。

E. 反滤布。一般采用无纺布或土工布。

2）设备准备。

A. 铺排船。采用滑道法时，选用安装钢滑道的自航驳船。采用拖排法时，选用装备拖排桁架的铺排船，应注意根据河宽和航道宽度选择适当的驳船。

B. 输送泵及管道。用于输送混凝土、水泥砂浆、水泥浆或砂。

C. 手提缝纫机。用于缝合连接相邻模袋。

3）技术准备。施工前对每一块模袋的位置进行测量放样，并在岸坡处设置基桩和方向桩。进行混凝土、水泥砂浆和水泥浆的配合比设计，确保其符合设计要求，并满足施工方案对其和易性的要求。

（3）施工流程与方法

1）先铺后灌法。该方法适用于旱地及浅水区域施工，无需大型船舶作业。施工流程为清理及平整岸坡→铺设反滤层土工布→铺设模袋→充灌模袋→模袋锚固。

A. 清理及平整岸坡。根据设计要求采用挖掘机或人工修整水下和水上岸坡，使岸坡平整顺滑，必要时可铺洒碎石找平，以保证模袋混凝土的平整度。

B. 铺设反滤层土工布。在预设模袋接缝处铺设反滤层土工布，防止水流淘刷模袋接缝处的土料。

C. 铺设模袋。将成品模袋卷自坡顶向坡底展铺，注意在展铺过程中，要保持模袋铺设在设计位置，并保持平整无褶皱。当铺至水下部分时，要排空模袋中的空气，根据河水涨落情况选择合适的时机铺设。铺设完成后在排首锚固，防止充灌时因自重下滑。

D. 充灌模袋。铺设完模袋布后应尽快充灌，不宜使模袋布在阳光下曝晒过久，在岸坡合适的位置布设混凝土、水泥砂浆输送泵和管道，将拌制好的混凝土运输至输送泵，泵送软管插入模袋充灌口，自低处向高处逐层充灌，保持作业的连续性，直至整块模袋充灌完成。

E. 模袋锚固。充灌完成后，根据设计要求在戗台处锚固排首，可锚固于系排梁，也可将戗台上的模袋布充灌后压载负重。完成一块后，再铺设相邻模袋布，根据设计要求保持搭接长度，并用手持缝纫机缝合在一起，然后充灌，循环作业。

2）先灌后铺——滑道法。该方法适用于深水区作业，混凝土灌注大多在船上进行，施工效率高，但作业船舶需占据较宽的河道，不适用于河道较窄的区域，且每一单元排体宽度受船体和充灌速度限制，分缝较多，对模袋的整体性有一定影响。施工流程为清理及平整岸坡→铺排船定位→铺设模袋→充灌模袋→锚固排首→退船沉排。

A. 清理及平整岸坡。根据设计要求采用挖掘机或人工修整水下和水上岸坡，使岸坡平整顺滑，必要时可铺洒碎石找平，以保证模袋混凝土的平整度。

B. 铺排船定位。根据设计要求测量放样，在岸坡上设置基准桩和方向桩，铺排船根据岸边测量人员的指示移动至铺排设备对准基准桩，抛锚定位。

C. 铺设模袋。采用钢丝绳将预先卷在铺排船卷筒上的模袋布首端连接到岸坡上的卷扬机，放松卷筒制动装置，开动岸坡卷扬机，将模袋布通过滑道，拉至岸坡戗台处，调整滑道的倾斜角度，使模袋布的水中部分平顺缓慢地下沉至水底，旱地部分按设计位置平铺在岸坡上，临时锚固排首。

D. 充灌模袋。在船上安装好混凝土拌和和输送设备，将混凝土泵送软管插入浅水处模袋的最低处，按由低处到高处的顺序充灌模袋，直至旱地部分充灌完毕。

E. 锚固排首。将排首按设计要求锚固在戗台处，确保排体不会在重力的作用下下滑，并解除临时锚固。

F. 退船沉排。在水中模袋的最低处继续充灌混凝土，直至混凝土达到滑道顶端，拉动船锚，将铺排船缓慢按设计方向退向深泓处，同时松动卷筒的制动装置，使排体下沉，然后继续自低处充灌混凝土，循环作业，直至排体全部充灌完毕，并沉至水底。

3）先灌后铺——拖排法。该方法即适用于深水区充灌模袋混凝土，也适用于充灌模袋砂排。施工流程为清理及平整岸坡→铺排船定位→铺设模袋→充灌模袋→退船拖排→锚固排首。

A. 清理及平整岸坡。根据设计要求采用挖掘机或人工修整水下和水上岸坡，使岸坡平整顺滑，必要时可铺洒碎石找平，以保证模袋混凝土的平整度。

B. 铺排船定位。根据设计要求测量放样，在岸坡上设置基准桩和方向桩，铺排船根据岸边测量人员的指示移动至铺排设备对准基准桩，抛锚定位。

C. 铺设模袋。在将要铺设模袋布的岸坡表面铺设油布，减小拖动时模袋布排体与基础的摩擦力，将卷制的模袋布固定在岸坡的地垄上，并设置制动装置，采用钢丝绳将排尾与铺排船钢桁架连接在一起，松动卷筒制动装置，启动钢桁架上的卷扬机拖动模袋布，直至排尾抵达旱地最低处。

D. 充灌模袋。在岸坡处布设混凝土输送泵或吸砂泵及输送管道，自模袋布最低处的充灌口将混凝土、水泥砂浆、水泥浆或砂充灌入模袋，并保持模袋未被充灌过于饱满，有足够适应地形的能力，直至混凝土或砂接近卷筒处。

E. 退船拖排。根据岸坡上测量人员的指挥，拉动深泓处的船锚，使铺排船缓慢地退向深泓处，拖动排体向水中移动，当已充灌的排体抵达旱地最低处时，停止拖排，继续重复充灌拖排，直至排体充灌完成，并拖沉至设计位置。

F. 锚固排首。将排首锚固在戗台处，并拆除临时锚固。

（4）施工技术要点。

1）水下清理平整时，注意不要超挖。

2）在铺设模袋布时，要保持模袋布与已铺沉好的排体有足够的搭接长度，并考虑到模袋充灌时的收缩量。

3）充灌时模袋内的混凝土压力不要过高，以免模袋布胀裂。

4）灌注后旱地部分的排体要注意养护。

（5）质量控制及验收标准。模袋混凝土单元工程施工质量标准见表6-12。

表 6-12 模袋混凝土单元工程施工质量标准表

项次		检验项目	质量要求	检验方法	检验数量
一控项目	1	模袋搭接和固定方式	符合设计要求	检验	全数检验
	2	护坡厚度	允许偏差为±5%设计值	检验	每10~50m² 检查1点
	3	排水孔反滤层	符合设计要求	检查	每10孔检查1孔
一般项目	1	排水孔设置	连续贯通孔径孔距允许偏差为±5%设计值	量测	每10孔检查1孔

（6）工程应用典型案例。

1）工程概况。湖北汉江王甫洲水利枢纽工程位于汉江干流中游，主要建筑物有挡水坝、坝后发电厂等建筑，泄洪闸下游左岸护坡工程采用土工模袋混凝土浇筑技术，在水下4~5m 完成护坡工作。

2）施工准备。土工模袋采用丙纶机织模袋布，单块排布宽3.9m，长1.56m。充灌混凝土设计标号为C20，坍落度为20~23cm，粗骨料最大粒径为2cm。

施工前按设计要求进行测量放样，并在岸坡处设置控制桩。

3）施工流程与方法。施工流程为铺设模袋→充灌模袋→模袋锚固。

A. 铺设模袋。将直径50mm 的钢管穿入模袋布的首端和尾端，首端固定于岸坡上间距2m 的钢管桩，由潜水员将模袋布尾端拉至水底，并固定于水中的锚固桩上，保持模袋布平整、无褶皱，且在首端留4%的收缩余量。

B. 充灌模袋。在旱地部分模袋布内部喷水湿润，潜水员将混凝土泵送软管插入充灌口，指挥岸上的操作人员充灌混凝土，充灌自下而上，并在必要时由人工踩踏模袋配合充灌，确保单块模袋布充灌一次完成，充灌过程中根据模袋布的收缩状况适时释放排首余量。

C. 模袋锚固。完成充灌后，将排首锚固在坡顶，并撤除临时锚固，旱地部分排体采取养护措施。

6.1.4 砌石（块）护岸

（1）结构型式：

1）干砌石护坡。一般在修整好的堤坡面上自下而上铺设一层土工布厚不小于0.1m 的粗砂或碎石垫层，然后砌筑块石。

2）浆砌石护坡。一般在修整好的堤坡面上自下而上铺设一层土工布厚不小于0.1m 的粗砂或碎石垫层，然后用拌制好的水泥砂浆砌筑块石。

3）灌砌石护坡。一般在修整好的坡面上自下而上铺设一层土工布、袋装或散铺碎石垫层、施工混凝土灌砌块石。

4）预制混凝土砌块护坡。一般在修整好的堤坡面上自下而上铺设一层土工布、厚不小于0.1m 的粗砂或碎石垫层，然后砌筑预制好的混凝土砌块。

（2）施工准备

1）材料准备。

A. 土工布。一般采用针织无纺布或机织土工布。

B. 粗砂或碎石。根据设计要求选用弱风化、水解性差、质地坚硬的粗砂或碎石。

C. 水泥砂浆。在砌筑现场按照配合比设计拌和水泥砂浆备用。

D. 块石。选用质地坚硬、无裂纹风化、吸水率低、无尖角薄边的块石，中部厚度一般在15cm以上，大小均匀，重量不小于设计要求。仅有卵石的地区，也可采用卵石砌筑。

E. 混凝土砌块。可选用柱形体、矩形体、异形体等多种型式的混凝土砌块，根据抗冲刷要求可采用联锁或平铺形式，平面尺寸一般为几十厘米，厚度在0.1~0.5m之间，重量在几十千克至上百千克不等，根据生态和渗透性要求可设置不同尺寸的孔洞。

2）技术准备。根据设计要求在坡顶和坡脚测量放样，设置测量控制桩和控制线，作为控制堤坡面、垫层和混凝土砌块面的基准。

3）施工流程与方法。施工流程为平整坡面→铺设土工布→铺设垫层→砌筑。

A. 平整坡面。采用挖掘机或人工清理整平堤坡面，清除杂物杂草，达到设计平整度要求。

B. 铺设土工布。自下游至上游、自坡顶至坡底铺设土工布，相邻土工布搭接或缝接。

C. 铺设垫层。均匀平整地在坡面上撒布垫层，并分段夯实，若设计采用多层垫层，则分层铺设，利用预先设定的测量控制桩控制高程及平整度，使其满足设计要求。也可采用土工袋装碎石码放垫层。

D. 砌筑。砌筑包括：干砌石、浆砌石、灌砌石、混凝土砌块。

干砌石。采用自卸车将块石运输至坡顶施工平台，用挖掘机或人工运输至砌筑工作面，自砌筑或浇筑好的固脚起开始砌筑，边砌筑边填补垫层料，使块石紧密砌筑在垫层料上。砌筑面水平缝应顺直，竖直方向应错缝砌筑，不要形成通缝。相邻块石间缝隙要尽量小，个别缝隙中用小块石填塞，并保证填塞坚实，不易被水流冲走。一个砌筑分区应控制在两条竖直方向的分隔条之间，砌筑至坡顶后，尽快砌筑或浇筑封顶。

浆砌石。砌筑前，将石料表面冲洗干净并保持湿润，自固脚起采用坐浆法分层砌筑，铺浆3~5cm，随铺浆随砌筑，相邻砌块间水平缝宽不大于2.5cm，竖直缝宽不大于4cm，砌筑至坡顶后尽快封顶。清洗砌缝，采用强度比砌筑砂浆高的砂浆勾缝，对较深的砌缝应分次填塞，确保密实。保持砌筑面和砌缝湿润，养护砂浆强度至设计强度。

灌砌石。将清洗干净的块石分格码放在垫层上，使块石大面朝下，顶面高程和坡度应符合设计要求，块石之间留足缝隙，一般为5~8cm。根据设计要求，沿堤轴线方向每10~20m设置一条伸缩缝，支设模板后，自下而上灌注细石混凝土，浇筑完成后覆盖洒水养护至设计强度。伸缩缝处做密封处理。

混凝土砌块。根据混凝土砌块的重量，采用机械或人工运输至砌筑工作面，自固脚起开始砌筑，边砌筑边填补垫层料，使混凝土砌块紧密砌筑在垫层料上，相邻块间缝隙应均匀一致，符合设计要求。砌筑面水平缝应顺直，竖直方向应错缝砌筑，不要形成通缝。砌筑至坡顶后，尽快砌筑或浇筑封顶。

（3）施工技术要点。

1）干砌石护坡应由低到高按设计要求砌筑，块石要嵌紧、整平，不应叠砌、浮塞。

2）灌砌石护坡应保证混凝土填灌料质量，填充饱满、振捣密实。

3）垫层或滤层铺设应层次分明、厚薄均匀。

4）混凝土预制块铺砌应平整、密实，不应有架空、超高现象，块间缝口紧密、缝线规则。

5）浆砌石砌筑因故停顿，且砂浆已超过初凝时间，应待砂浆强度达到 2.5MPa 后才可继续施工，并应避免振动下层砌体。

（4）质量控制及验收标准。

1）干砌石护坡施工。石块要用手锤加工，打击口面，不得使用裂石和风化石。长度在 30cm 以下的石块，连续使用不得超过 4 块，且两端须加丁字石。一般长条形丁向砌筑，不得顺长使用。干砌石护坡单元工程施工标准见表 6-13。

表 6-13　　　　　　　　　干砌石护坡单元工程施工标准表

	项次	检验项目	质量要求	检验方法	检验数量	备　　注
主控项目	1	护坡厚度	厚度小于 50cm，允许偏差为 ±5cm；厚度大于 50cm，允许偏差为 ±10%	量测	每 50～100m² 检测 1 次	
	2	坡面平整度	允许偏差为 ±8cm	量测	每 50～100m² 检测 1 次	
	3	石料块重	除腹石和嵌缝外，面石用料符合设计要求	量测	沿护坡长度方向每 20m 检查 1m²	1 级、2 级、3 级堤防石料块重的合格率分别不应小于 90%、85%、80%
一般项目	1	砌石坡度	不陡于设计坡度	量测	沿护坡长度方向每 20m 检测 1 处	
	2	砌石质量	石块稳固、无松动，宽度在 1.5cm 以上、长度在 50cm 以上的连续缝	检查	沿护坡长度方向每 20m 检查 1 处	

2）浆砌石护坡施工除符合干砌石工程施工要求外，尚要符合以下要求：砌筑采用坐浆法施工。砂浆原材料、配合比、强度符合设计要求，随拌随用，若达到初凝时间，当作废料处理。浆砌石勾缝所用水泥砂浆采用较小的水灰比。勾缝前，要先剔缝，缝深 20～40cm，用清水洗净，洒水养护不少于 3d。浆砌石护坡单元工程施工质量标准见表 6-14。

表 6-14　　　　　　　　　浆砌石护坡单元工程施工质量标准表

	项次	检验项目	质量要求	检验方法	检验数量
主控项目	1	护坡厚度	允许偏差为 ±5cm	量测	每 50～100m² 检测 1 处
	2	坡面平整度	允许偏差为 ±5cm	量测	每 500～100m² 检测 1 处
	3	排水孔反滤	符合设计要求	检查	每 10 孔检查 1 孔
	4	坐浆饱满度	大于 80%	检查	每层 10m 至少检查 1 处
一般项目	1	排水孔位置	连续贯通、孔径、孔距允许偏差为 ±5% 设计	量测	每 10 孔检查 1 孔
	2	变形缝结构与填充质量	符合设计要求	检查	全面检查
	3	勾缝	应按平缝勾填，无开裂脱皮现象	检查	全面检查

3）混凝土预制块护坡。混凝土预制块铺砌平整、稳定，缝隙紧密，缝线规则。混凝土预制块护坡单元工程施工质量标准见表 6-15。

表 6-15 混凝土预制块护坡单元工程施工质量标准表

项次		检验项目	质量要求	检验方法	检验数量
主控项目	1	混凝土预制块外观及尺寸	符合设计要求，允许偏差为±5mm。表面平整，无掉角断裂	观察测量	每50～100m² 检测 1 块
	2	坡面平整度	允许偏差为±1cm	量测	每50～100m² 检测 1 处
一般项目	1	混凝土块铺筑	应平整稳固缝线规则	检查	全数检查

（5）工程应用典型案例。

1）工程概况。河南省许昌市清潩河治理工程于 2011 年实施，其中滹沱闸下游护坡为浆砌石护坡，坡度为 1:2，坡长 9m，固脚为 M7.5 砂浆砌筑、断面尺寸为 1m×1.1m 的浆砌石，封顶断面尺寸为 0.3m×0.5m 的现浇混凝土，一个分区长 100m，分区间用现浇混凝土踏步分隔，堤防为均质黏土堤，护坡自下而上厚 0.1m 的碎石垫层和厚 0.3m 的浆砌石。

2）施工准备。

A.材料准备。材料准备包括：碎石、块石、水泥砂浆。

碎石。采用质地坚硬、粒径为 5～20mm 的级配碎石。

块石。选用石质坚硬、无裂纹的石料，中部厚度不小于 15cm，宽度和长度不小于厚度的 1.5 倍。

水泥砂浆。现场拌和 M7.5 的砂浆，随拌随用。

B.技术准备。在坡顶和坡底分别测量放样布置控制桩，沿坡拉钢丝绳作为控制高程和坡度的基准。

3）施工流程与方法。施工流程为修整边坡→碎石垫层→砌石护坡。

A.修整边坡。填筑堤防的同时，每填筑高 1～2m，即进行削坡，保证坡面平整密实。

B.碎石垫层。采用人工将碎石撒布在坡面上，根据控制线控制好高程，用平板夯压实。

C.砌石护坡。将一个分区作为一个工作面，先砌筑固脚，然后自下而上砌筑护坡。砌筑前先将石料表面清洗湿润，分层铺浆砌石，使水平缝顺直，层间块石错缝砌筑，竖直方向不要形成通缝，一个分区内砌筑至顶后，尽快浇筑封顶。用 1:2 的水泥砂浆在外露面勾凸缝。全部完成后及时养护。

6.1.5 现浇混凝土护岸

（1）结构型式。现浇混凝土护岸的混凝土板分块，根据地基沉降状况和抗冲刷要求，一般不超过 5m×5m，板厚为 0.1～0.3m，坡度为 1:2.5～1:5，其下根据排水和抗冻胀要求，一般设置厚 0.15～0.3m 的沙土或碎石垫层，在比较平整的坡面上，也可直接铺设土工布起反滤作用，有地下水的区域设置排水设施。

（2）施工准备。

1）材料准备。材料准备包括：混凝土、钢筋。

A. 混凝土。根据所处的自然环境和水文特点，按照设计要求的抗裂性能、抗冻性能、抗弯折强度进行配合比设计，确保混凝土板运行安全可靠。

B. 钢筋。根据设计要求采购并加工钢筋网片。

2）技术准备。根据设计要求进行测量放样，确定每一块混凝土板的平面位置和高程。

（3）施工流程与方法。施工流程为坡面平整→铺设土工布（反滤层）→安装模板和钢筋网片→浇筑混凝土→养护。

A. 坡面平整。以测量控制桩为基准控制坡面的高程和坡度，并用平板夯压实。

B. 铺设土工布（反滤层）。自下游至上游、自坡顶至坡底铺设土工布，相邻布块搭接或缝接，确保无褶皱和层叠。采用人工铺设反滤层至设计高程，采用平板夯压实。

C. 安装模板和钢筋网片。将加工绑扎好的钢筋网片固定在设计位置，安装侧模，在坡顶的临时锚固桩上架设卷扬机和钢丝绳，连接至坡底的滑模上。

D. 浇筑混凝土。洒水湿润混凝土仓面，将拌和好的混凝土运输至坡顶，采用泵送或溜槽的方式将混凝土浇筑入仓，边浇筑边绞动卷扬机向上滑动滑模，直至浇筑至坡顶。宜采用跳仓浇筑的顺序进行施工。

E. 养护。采取洒水或保温等措施进行混凝土养护，直至混凝土达到设计强度。

（4）施工技术要点。

1）垫层或滤层铺设应层次分明、厚薄均匀。

2）伸缩缝应做好防渗和防冲刷处理。

3）混凝土拌和应严格遵守签发的混凝土配料单，不应擅自更改。

4）可先使用插入式振捣器振捣混凝土至底面，然后采用平板振捣器振捣提浆，坡面上从坡底向坡顶振捣，并采取有效措施防止混凝土下滑和骨料集中，平板振捣器缓慢、均匀、连续不断地作业，不随意停机等待。

5）混凝土养护时间按设计要求执行，不宜少于 28d，养护剂在混凝土表面湿润且无水迹时开始喷涂，夏季使用应避免阳光直射。

（5）质量控制及验收标准。混凝土强度的检验评定应以设计龄期抗压强度为准，宜根据不同强度等级（标号）按月评定，当组数不足 30 组时可适当延长统计时段。

混凝土质量验收取用混凝土抗压强度的龄期应与设计龄期相一致，混凝土生产质量的过程控制以标准养护 28d 试件抗压强度为准，混凝土不同龄期抗压强度比值由试验确定。

混凝土设计龄期抗冻检验的合格率为素混凝土不应低于 80%，钢筋混凝土不应低于 90%，混凝土设计龄期的抗渗检验应满足设计要求。

6.1.6 堤顶防护

6.1.6.1 堤顶道路

（1）结构型式。堤顶道路一般在已建成的堤防顶部修筑，结构层自下而上为无机结合料稳定粒料底基层、无机结合料稳定级配碎石基层、沥青混凝土或水泥混凝土面层，沿堤轴线布置。

（2）施工准备。

1）材料准备。材料准备包括：石灰或水泥稳定土、石灰粉煤灰稳定级配碎石、沥青混凝土、水泥混凝土。

A. 石灰或水泥稳定土。根据配合比设计的掺合量，采用强制式拌和机进行厂拌或采用挖掘机、平地机、旋耕犁等设备进行路拌的方式拌制石灰或水泥稳定土。

B. 石灰粉煤灰稳定级配碎石。采用强制式拌和机进行拌和，拌和时先将石灰、粉煤灰拌和均匀，再加入级配碎石和水均匀拌和。

C. 沥青混凝土。根据配合比设计采用沥青混凝土拌和站进行沥青混凝土的拌和。

D. 水泥混凝土。根据配合比设计采用水泥混凝土拌和站进行水泥混凝土的拌和。

2）设备准备。设备准备包括：稳定土拌和站、沥青混凝土拌和站、水泥混凝土拌和站。

A. 稳定土拌和站。根据施工强度选择满足供料需求型号的稳定土拌和站，生产效率在 300～800t/h 不等。

B. 沥青混凝土拌和站。根据需要选择生产效率在 40～400t/h 之间的沥青混凝土拌和站。

C. 水泥混凝土拌和站。根据需要选择生产效率在 25～180t/h 之间的水泥混凝土拌和站。

3）技术准备。鉴于土质堤防的自然沉降特性，应在堤防施工完成并自然沉降后，再开始堤顶道路的施工，避免堤顶道路结构层沉降开裂。

应事先通过试验确定无机结合料稳定土、无机结合料稳定级配碎石、沥青混凝土、水泥混凝土的配合比。

（3）施工流程与方法。施工流程为测量放样→无机结合料稳定土施工及养护→无机结合料稳定级配碎石施工及养护→沥青混凝土施工及养护（水泥混凝土施工及养护）。

A. 测量放样。根据设计图纸进行道路中桩和边桩的测量和标记。

B. 无机结合料稳定土施工及养护。采用自卸车运输混合料，平地机或摊铺机摊铺，压路机压实至设计要求的压实强度，洒水覆盖养护至上层结构层施工。

C. 无机结合料稳定级配碎石施工及养护。采用自卸车运输混合料，摊铺机摊铺，压路机压实至设计要求的压实强度，洒水覆盖或喷洒乳化沥青养护不少于7d。

D. 沥青混凝土施工及养护。在基层表面喷洒透层油，待透层油完全渗入基层后开始施工沥青面层，采用自卸车运输混合料，摊铺机摊铺，压路机压实，热拌沥青混合料路面应待摊铺层自然降温至表面温度低于50℃，方可开放交通。

水泥混凝土施工及养护。安装模板和钢筋，基面适量洒水，采用混凝土搅拌车运输混凝土，泵车浇筑入仓，插入式和平板式振捣器振捣。混凝土终凝前开始覆盖、洒水养护，养护期限不少于14d。

（4）施工技术要点。①水泥稳定材料应在水泥初凝前碾压成活；②石灰稳定材料应在拌和当天碾压成活；③无机结合料稳定材料不得低温施工，最低气温为5℃；④沥青混合料压实层最大厚度不宜大于10cm。

6.1.6.2 堤顶防浪墙

（1）结构型式。堤顶防浪墙一般采用钢筋混凝土建造，断面形式一般为L形，墙高为0.6～1.5m，墙宽约0.6m，趾板朝向背水侧，厚度约0.3m，墙角迎水侧与护坡结构紧密连接，趾板底设混凝土或碎石垫层，垫层底铺设土工布。根据环境美观的需求，部分防浪墙采用在钢筋混凝土基础上安装仿真石或有机玻璃的结构型式。

（2）施工准备。

1）材料准备。材料准备包括：混凝土、钢筋、碎石、仿真石、有机玻璃。

A. 混凝土。根据设计要求配制拌和混凝土。

B. 钢筋。采购并加工符合设计要求的钢筋。

C. 碎石。根据设计要求的级配及材质要求加工碎石。

D. 仿真石。根据设计要求加工并装饰仿真石。

E. 有机玻璃。根据设计要求的强度和尺寸加工有机玻璃。

2）技术准备。测量放样。根据设计要求在建基面上测量放样，并布置控制桩。

（3）施工流程与方法。施工流程为铺设土工布→施工垫层→趾板→墙板（和柱）→墙体背水侧回填。

A. 铺设土工布。在设计位置展铺土工布，土工布应平顺无褶皱和重叠，相邻土工布应搭接或缝接。

B. 施工垫层。若为混凝土垫层，则在设计位置安装垫层模板，并浇筑养护。若为碎石垫层，则采用机械或人工撒铺碎石并夯实至设计高程，土工布和垫层均应与护坡的相应结构紧密连接。

C. 趾板。在设计位置安装模板和钢筋笼，并浇筑养护。

D. 墙板（和柱）。若为钢筋混凝土墙板，则按照设计位置和尺寸安装模板和钢筋笼，并浇筑养护。若为仿真石或有机玻璃板，则在趾板的基础上施工基础和立柱，并埋设预埋件，待基础和立柱达到设计强度后，安装仿真石或有机玻璃。

E. 墙体背水侧回填。防浪墙强度达到设计要求后，在墙体背水侧分层回填压实。

（4）施工技术要点。防浪墙应在堤防沉降趋于稳定时与护坡密切配合施工。砌石护坡、混凝土护坡在堤顶必须与防浪墙以分缝形式紧密贴合，缝内充填防水材料。

6.2　坝式护岸

依托堤防、滩岸修建丁坝、矶头、顺坝以及丁坝和顺坝相结合的 T 形坝、拐头形坝，起到导引水流离岸，防止水流、风浪直接侵蚀、冲刷堤岸。这是一种间接性的、有重点的防护形式，黄河上多有应用。长江在江面宽阔的河口段也常用丁坝、顺坝保滩促淤，保护堤防安全。

6.2.1　抛石丁坝

（1）结构型式。抛石丁坝一般在堤防一侧多条布置，间距可为 150m，长度一般在 100~200m 之间，也有的几百上千米，坝体横断面为梯形，顶宽 1~3m，坝顶高可在水下或水上，上下游及坝头坡度一般为 1:2~1:3，坝体上下游及坝头坡脚可采取抛石笼等形式防护，坝基可沉放土工布、软体排、级配碎石等作为反滤层，水上坡面和顶面可采用干砌石或浆砌石防护。

（2）施工方法与抛石筑堤基本相同。

6.2.2 土心丁坝

（1）结构型式。土心丁坝一般横断面为梯形，顶宽 5～10m，坝顶高可在水下或水上，上下游护砌坡度宜缓于 1∶1，护砌厚度可采用 0.5～1m，坝头可采取抛块石或石笼等形式防护。

（2）施工方法与填土筑堤基本相同。

6.2.3 沉排丁坝

（1）结构型式。沉排丁坝顶宽一般为 2～4m，上下游坡度宜为 1∶1～1∶1.5，坝体可由土工织物软体排、混凝土四面六边体框架、铅丝石笼等材料构成。

（2）施工方法与沉排护岸的施工基本相同。

6.3 墙式护岸

墙式护岸靠自重稳定，要求地基满足一定的承载能力。可顺岸设置，具有断面小，占地少的优点，常用于河道断面窄，临河侧无滩、又受水流淘刷严重的堤段，如城镇、重要工业区等。

6.3.1 基础处理

墙基可采用地下连续墙、沉井或桩基，应嵌入堤岸坡脚一定深度，以满足墙体和堤岸的整体抗滑稳定和抗冲刷的要求，如冲刷深度大，还需采取抛石等护脚固基措施，以减少基础埋深。

6.3.1.1 地下连续墙

（1）结构型式。一般采用 T 形墙、"一"字形墙或矩形墙，墙厚 0.6～1.2m，墙深可达 20m 或 100m。

（2）施工准备。

1）成槽机。可选用设备有抓斗式沉槽机、冲击式沉槽机、液压铣槽机、多头钻成槽机等。

2）泥浆制备设备。采用泥浆搅拌机、泥浆泵等。

（3）施工流程与方法。施工流程为导墙施工→泥浆制备→开挖成槽→安装钢筋笼→浇筑。

A. 导墙施工。导墙可预制安装，也可现浇，采用机械或人工开挖导墙基槽，安放钢筋笼后，浇筑混凝土并养护。

B. 泥浆制备。根据施工区域的地质水文状况，选择膨润土、增黏剂、分散剂、加重剂、防漏剂配置泥浆，设置泥浆池、沉淀池、泥浆搅拌机、泥浆泵、泥浆泵送管道，配置符合要求的泥浆备用。

C. 开挖成槽。采用沉槽机沿导墙开挖成槽，一次开挖单元槽段根据开挖槽的稳定性、对相邻结构物的影响、成槽设备的性能、混凝土浇筑能力、泥浆制备能力、钢筋笼的安装能力、作业面的状况来确定，一般为 5～8m 长，开挖顺序一般先异形段后直线段，开挖成槽后采用泥浆泵排除沉渣，作业过程中需保持槽内泥浆的高度和质量。

D. 安装钢筋笼。清底后立即将制作好的钢筋笼吊装入槽内，并按照设计高度和位置固定。

E. 浇筑。将试压好的直径为 0.2~0.3m 的导管插入到距离槽底 0.3~0.5m 处，安装隔水栓，自顶端料斗处灌入混凝土，灌入前应计算好初灌量，确保初次灌入的混凝土能达到导管底部以上不少于 1m，连续灌入混凝土，同时提升导管，提升时确保导管底端埋入混凝土深 2~6m，浇筑至地面高程时，应继续灌入一定量的混凝土，确保顶端混凝土的质量，浇筑时须同时收集替换出的泥浆，不得随意弃置。

（4）施工技术要点。

1）施工过程中易受到阳离子污染时，宜选用钙膨润土。

2）一般选用重晶石作为加重剂，增加泥浆密度，提高泥浆稳定性。

3）成槽过程中应随机检查成槽的垂直度，及时纠偏。

4）与相邻完成的墙端面相接时，应刷壁到底。

5）安装完成的接头管或接头箱应高出导墙顶面 1.5~2m，混凝土初凝后，应缓慢提升接头管，每半小时提升 1 次，并在混凝土终凝前完全提出。

6）混凝土浇筑应均匀连续，中断时间不得超过半小时，槽内混凝土上升速度不宜超过 5m/h，浇筑顶面宜超出设计标高 0.5~1m。

6.3.1.2 沉井

（1）结构型式。一般采用单孔井、单排孔井或多排孔井，断面形状可为圆形、方形或矩形，井壁厚一般为 0.8~1.5m，每节高度不大于 5m，混凝土强度不小于 C15。

（2）施工准备。根据设计要求在施工区域进行测量放样，对沉井的位置和高程布置控制桩。

（3）施工流程与方法。施工流程为场地准备→沉井制作→开挖下沉→封底。

A. 场地准备。采用人工或机械整平施工场地，若表层为软弱土层，则可开挖基坑至较为稳固的地层，铺设夯实砂垫层，均匀设置垫木。

B. 沉井制作。在垫木上进行井筒的模板安装、钢筋安装和混凝土浇筑，在第一节井筒混凝土强度达到设计要求后，进行第二节井筒的制作，且第二节井筒的模板的支撑不得设置于地面或基坑侧壁上，应设置于浇筑好的下节井筒上，以免井筒下沉，支撑失稳。

C. 开挖下沉。均匀地撤出井筒底部的部分垫木，人工或机械开挖井内和井底的土体，使井筒在自重作用下缓慢下沉，应控制井筒的下沉速度，下沉时标高和位置应及时测量，发生倾斜时应调整开挖顺序和方式，随挖随纠，动中纠偏，发生异常时应加密测量，根据上层井筒施工的需要控制沉井节奏，一般加高一层，下沉一层，终沉前，每小时测 1 次，沉井封底前自沉速率应小于 10mm/8h。也可在预制场地将井筒预制好，运输吊装至施工场地进行沉井作业。若井筒下沉困难，可采取井外壁灌砂、泵入触变泥浆、泵入空气或井顶加载等方式助沉。根据施工条件可选用干作业下沉和不排水下沉两种方式进行沉井作业。

D. 封底。沉井到达设计高程后，整理井底并清理浮泥，浇筑垫层可选择干作业浇筑或水下浇筑，一次性或分仓均匀浇筑混凝土垫层，垫层终凝后，垫层表面排水晾干凿毛清理，安装钢筋笼并浇筑底板。

（4）施工技术要点。

1）沉井施工影响河岸设施时，应采取控制措施，并应进行沉降和位移监测。

2）采用筑岛法沉井时，岛面标高应比施工期最高水位高出至少0.5m。

3）井内设有底梁或支撑梁时，应与刃脚部分整体浇筑。

4）开挖可采用机械抓斗或人工开挖、高压水枪破土泥浆泵排泥开挖、钻孔松土孔内射水开挖等方法。

5）若井底为软土层，封底前应铺设碎石或卵石垫层。

6）封底浇筑时若有底梁分隔仓面，则各分格中应对称均匀浇筑上升。

7）水下封底混凝土强度达到设计强度，沉井满足抗浮要求后，方可将井内水排出。

6.3.2 墙体

墙体结构材料可采用钢筋混凝土、混凝土、浆砌石、石笼等，墙后宜回填砂砾石，墙体应设置排水孔，排水孔处应设置反滤层。

6.3.2.1 混凝土墙式护岸

（1）结构型式。可采用直立式、陡坡式、折线式结构，墙身厚0.3～2m。

（2）施工准备。根据设计要求测量放样，布置测量控制桩，进行混凝土配合比设计。

（3）施工流程与方法。施工流程为基槽开挖→垫层填筑→模板加工安装→钢筋笼安装→混凝土浇筑→墙背回填。

A. 基槽开挖。采用机械或人工开挖基槽，整平压实基底至设计要求。

B. 垫层填筑。在建基面上铺设土工布，机械撒布夯实碎石垫层至设计高程。

C. 模板加工安装。按设计尺寸加工并安装钢模板或木模板，根据墙体结构型式和尺寸可分层分块施工，妥善处理排水孔、施工缝和伸缩缝。

D. 钢筋笼安装。在加工厂将钢筋加工弯曲并绑扎成型，运输吊装至仓面内，固定牢固。

E. 混凝土浇筑。采用混凝土运输车将拌和好的混凝土运输至施工场地，采用泵车或溜槽将混凝土浇筑至仓面，振捣密实，及时养护。

F. 墙背回填。墙体混凝土达到设计要求的强度后，开始回填墙背，在堤防开挖面铺设土工布，相邻布块搭接或缝接，分层自槽底回填碎石并夯实至墙顶。

（4）施工技术要点。

1）混凝土拌和应控制好坍落度，使其满足设计要求。

2）一次浇筑仓面较大较长时，要注意分层分段或斜面分层浇筑，确保不产生冷缝，分层时振捣棒要插入下层混凝土不小于10cm。

3）浇筑完成后，应及时采取养护措施。

（5）质量控制及验收标准。混凝土及砌石墙（堤）外观质量检测见表6-16。

（6）工程应用典型案例。

1）工程概况。卡塔尔路赛场地项目混凝土挡墙为路赛地区内河航道的挡墙护岸，基础为坚硬完整的岩层，下设厚度0.6m、粒径5～20cm的碎石垫层和厚度0.2m、粒径2～

表 6-16　　　　　混凝土及砌石墙（堤）外观质量检测表

检查项目		允许偏差或规定要求	检查频率	检查方法
堤轴线偏差		±40mm	每 20 延米测 2 个点	用仪器测
堤顶高程	干砌石墙（堤）	0～+50mm	每 20 延米测 2 个点	用仪器测
	浆砌石墙（堤）	0～+40mm		
	混凝土墙（堤）	0～+30mm		
墙面垂直度	干砌石墙（堤）	0.5%	每 20 延米测 2 个点	用吊垂线和钢板尺量测或用垂直度仪测
	浆砌石墙（堤）	0.5%		
	混凝土墙（堤）	0.5%		
墙顶厚度	各类砌筑墙（堤）	-10～+20mm	每 20 延米测 2 个点	用钢卷尺量
表面平整度	干砌石墙（堤）	50mm	每 20 延米测 2 个点	用 2m 靠尺和钢板尺量测
	浆砌石墙（堤）	25mm		
	混凝土墙（堤）	10mm		

4cm 的碎石垫层，其上安装 4 层混凝土预制块，挡墙总高度为 5m，迎水面为直立面，背水面分为 3 层台阶，底宽 2m，顶宽 1.2m，墙背回填粒径为 5～20cm 的碎石，碎石与堤岸填土以土工布分隔，块石顶以 0.2m 厚、粒径 2～4cm 的碎石封顶，实施期为 2006 年 12 月 31 日至 2008 年 12 月 31 日。

2）施工准备。施工现场建立了混凝土预制厂，以生产混凝土挡墙预制块，根据当地天气和原材料状况进行了配合比设计。由于施工场地有丰富的地下水，在施工区域设置了排水系统，保持在基槽内干作业施工。

3）施工流程与方法。施工流程为基槽开挖→块石和碎石垫层填筑→挡墙安装→墙背回填。

A. 基槽开挖。采用挖掘机和液压破碎锤对基槽进行分段开挖至设计底高程，开挖过程中分段排水。

B. 块石和碎石垫层填筑。采用自卸车将石料运输至基槽内，挖掘机平整，单钢轮重型压路机碾压密实。

C. 挡墙安装。在碎石垫层上进行测量放样，采用履带吊将混凝土预制块分层安装至设计位置。

D. 墙背回填。自堤顶将土工布铺设至超过岩土分界线至少 1m，并在堤顶固定，采用自卸车运输，挖掘机整平，自基槽底将块石分层填筑至挡墙顶以下 0.2m，顶面整平后采用压路机压实，其上覆盖厚 0.2m 的碎石垫层，并平整夯实。

6.3.2.2　浆砌石墙式护岸

（1）结构型式。浆砌石挡墙横断面多为矩形或梯形，墙宽为 0.5～10m，墙高为 1～10m，墙身设排水孔和伸缩缝。

（2）施工准备。施工准备包括：石料、水泥砂浆。

A. 石料。浆砌石挡墙可采用坚硬、不宜水解的片石或块石，石料尺寸应符合设计要求。

B. 水泥砂浆。应即用即拌制，强度符合设计要求。

（3）施工流程与方法。施工流程为基槽开挖→砌筑基础和墙体→墙背回填。

A. 基槽开挖。采用机械或人工开挖基槽，整平压实基底至设计要求。

B. 砌筑基础和墙体。采用坐浆法分层砌筑，在建基面上铺一层砂浆，将表面清洗干净且浸润过的石料砌筑在砂浆上，注意水平缝应大致平顺，层间石料交错砌筑，避免形成竖直通缝，并按设计要求设置伸缩缝，砌筑时应及时养护，保证砂浆强度。

C. 墙背回填。砌石墙体强度达到设计要求后，分层填筑墙背反滤碎石。

（4）施工技术要点。

1）基槽开挖至设计标高以上 0.2～0.3m 时，停止机械开挖，采用人工开挖整平至设计高程，避免基底原状土扰动。

2）砌筑应分层错缝，浆砌时坐浆挤紧，嵌填饱满密实，不得有空洞。

3）施工过程中需注意保护排水孔，待施工完成后将排水孔清理干净，移除封堵。

（5）质量控制及验收标准。参照前述浆砌石护坡和混凝土墙式护岸。

6.3.2.3　石笼墙式护岸

（1）结构型式。一般采用石笼层层垒砌，可垂直垒砌，也可按设计坡度分层叠级，石笼背水侧以土工布与回填土分隔。

（2）施工准备。施工准备包括：石料、石笼网。

A. 石料。选择坚固、不宜水解的块石，块石尺寸和重量应符合设计要求。

B. 石笼网。一般选用成品石笼网，石笼网的材料应符合设计要求，尺寸一般约为 1m×1m×0.5m。

（3）施工流程与方法。施工流程为基槽开挖→铺设土工布→安装石笼网→填充石笼网→背水侧填筑。

A. 基槽开挖。采用机械或人工按设计要求开挖基槽，注意采取排水措施保证干作业施工。

B. 铺设土工布。在石笼网下铺设土工布，布块间应搭接或缝接，土工布应平整无褶皱。

C. 安装石笼网。将成品石笼网安装至设计位置。

D. 填充石笼网。在第一层网箱底部铺设一层厚约 0.2m 的碎石并夯实，其上开始填塞块石，在网箱的外露面砌筑大块石，使网箱外露面平整美观，不宜一次将网箱填充至顶，一般一层填充厚 0.3m，且人工砌筑密实稳固后，再填充下一层，填充至稍高出网箱顶面，然后封盖绑扎。

E. 背水侧填筑。每砌筑一层网箱后，在网箱背水侧铺设土工布，并分层填筑回填土至网箱顶面。

（4）施工技术要点。

1）上下层网箱应错缝布置，不得形成竖向的通缝。

2）应根据地质状况预留沉降值。

（5）质量控制及验收标准。石笼防冲体制备施工质量标准见表 6-17，石笼护坡单元工程施工质量标准见表 6-18。

表 6-17   石笼防冲体制备施工质量标准表

项次	检验项目	质量要求	检验方法	检验数量
主控项目	钢筋（丝）笼网目尺寸	不大于填充块石的最小块径	观察	全数检查
一般项目			检测	

表 6-18   石笼护坡单元工程施工质量标准表

项次		检验项目	质量要求	检验方法	检验数量
主控项目	1	护坡厚度	允许偏差为 ±5cm	量测	每 50～100m² 检测 1 处
	2	绑扎点间距	允许偏差为 ±5cm	量测	每 30～60m² 检测 1 处
一般项目	1	坡面平整度	允许偏差为 ±8cm	量测	每 50～100m² 检测 1 处
	2	有间隔网的网片间距	允许偏差为 ±10cm	量测	每幅网材检查 2 处

6.4 其他防护

除上述防护类型外，按照结构型式、使用材料和所处自然环境的不同，护岸工程还包括生态护坡、生态墙式护岸、桩式护岸和海堤防护等类型。

6.4.1 生态护坡

6.4.1.1 沉柴排护坡

（1）块石驳沉柴排。

1）结构型式。下铺厚度为 0.3～0.9m 的柴排，其上压载厚度约 0.5m 的块石。

2）施工准备。

A. 材料准备。材料准备包括：柴排、块石。

柴排。采用可萌芽的树枝、芦苇等材料编制成长和宽均数十米的柴排，具体尺寸视设计要求和施工条件而定，厚度为 0.3～0.9m 不等。

块石。根据设计要求选用粒径较大的块石。

B. 设备准备。

定位船。采用可自航的驳船，船上配备吊机。

抛石船。采用可容纳挖掘机作业的运石平驳船。

3）施工流程与方法。

施工流程。定位船定位→沉放柴排→抛石压载。

定位船定位。根据设计要求进行测量放样，并在岸坡设置基准桩，根据测量人员的指示，定位船移动至柴排沉放处的上游侧位置，抛锚定位。

沉放柴排。运输船将编制好的柴排运输至定位船一侧，挂挡停靠，吊机将柴排吊运至设计沉放位置，在岸坡和定位船上各设置至少两条绞绳，根据测量人员和潜水员的指示绞动绞绳，将柴排控制在设计位置。

抛石压载。运石船装载块石挂靠在定位船旁，并靠近柴排的深泓侧，挖掘机向柴排尾端抛投块石，压载柴排使其下沉，绞动锚索将抛石船向柴排排首移动，并同时按设计要求抛石压载，直至柴排完全沉入水中，抛石压载完毕，再进行下一块柴排的施工。

4）施工技术要点。柴排编制完成后应尽快抛沉，避免存放过久，水分散失，材料变脆失去韧性。通过抛投试验预先确定块石的漂距，并在抛石过程中实时监控，确保块石抛投位置准确。

（2）柳石枕和埽工护坡。

1）结构型式。

A. 柳石枕。在需防护区域顺水流方向沉放直径为0.6～1m的柳石枕1～3层，厚度为0.6～3m，必要时在其上压载块石。

B. 埽工。在需防护区域沉放直径约2m的厢埽一到多层。

2）施工准备。

A. 材料准备。

柳石枕。采用生长旺盛、柔韧的柳枝和重量在1～50kg的块石，捆扎成外围柳枝、内裹块石、直径0.6～1m、长度10～15m、柴石体积比约7∶3的圆柱形柳石枕。

厢埽。在自卸车厢内纵横铺设间距1m左右的绳网，并在四周留足余量，采用挖掘机或人工在绳网内抛投底坯软料至车厢的90%，压实并将软料向四周拨开，在其中心放置块石，并埋留绳，其上再覆盖相同数量的软料并压实，将绳网收紧捆扎，形成厢埽，其尺寸视自卸车厢尺寸而定。

B. 技术准备。测量水下原始地貌，绘制原始地形图。测定抛投区的水深和水流速度，并通过试验测定漂距。

3）施工流程与方法。施工流程为清理及平整岸坡→打锚固桩→抛枕（厢埽）→压枕（厢埽）。

A. 清理及平整岸坡。采用机械或人工清理并平整水下及旱地的岸坡，使岸坡平顺，避免抛投时柳石枕（厢埽）搁浅。

B. 打锚固桩。在抛枕区域的上游侧的岸坡上打临时锚固桩。

C. 抛枕（厢埽）。将柳石枕（厢埽）运输至抛投区的坡顶，穿心绳系到锚固桩上，多人同时推动柳石枕（厢埽），并控制穿心绳的松紧，使柳石枕（厢埽）平稳地滚至防护位置，在一个分段内，按照由坡底至坡顶，由上游至下游的顺序抛枕，直至达到设计要求的数量，再进行下一分段的施工。

D. 压枕（厢埽）。根据设计要求，在抛投完毕的柳石枕（厢埽）上方抛石压载。

4）施工技术要点。

A. 捆柳石枕时，用绞棍或其他方法绞紧，把腰绳捆扎结实，保证推滚入水不断腰、不漏石。

B. 抛投时应考虑水流速度，确定抛投提前量。

C. 柳石枕（厢埽）入水后，潜水员及时探摸，并指挥控制穿心绳和底勾绳，确保其落在设计要求的位置。

D. 柳石枕（厢埽）抛投完毕后，要及时压载，避免水流将其扰动。

（3）柳石搂厢护坡。

1）结构型式。自岸坡底部逐层放置柳石搂厢直至岸坡顶部，并在顶部压石封顶。

2）施工准备。

A. 材料准备。

块石。重量为 15～75kg，不易水解的未风化石料。

桩。一般采用木桩，直径 7～8cm，应满足设计要求。

柳条。生长旺盛的柳条，长度 1～2m。

B. 设备准备。

捆厢船。一般采用小型驳船。

3）施工流程及方法。施工流程为修整岸坡→打锚固桩→捆厢船定位→编制并下沉柳石搂厢→封顶。

A. 修整岸坡。根据设计要求，采用挖机或人工将岸坡修整平顺。

B. 打锚固桩。在坡顶自距离岸边 2～3m 处起施打多排木桩，桩间距和排间距应符合设计要求。

C. 捆厢船定位。根据测量放样设置的基准桩，移动捆厢船至沉柳石搂厢的位置，抛锚定位。

D. 编制并下沉柳石搂厢。以捆厢船和锚固桩为固定点，按设计尺寸在水面上架设树枝龙骨，并排布绳网，绳网四周留有足够的余量，分别固定在捆厢船和锚固桩上，在绳网上放置一层柳枝，在柳枝上距离柳枝边缘 0.3m 范围内放置一层块石，其上再覆盖一层柳枝，形成底厢，在底厢上施打竖直方向的木桩，以连接上下层柳石搂厢，以固定间隔收紧半数绳网并固定在锚固桩上，完成第一层柳石搂厢，按相同方法向上叠加，并逐渐释放固定在锚固桩上的绳网，使厢体下沉，直至岸坡底部，各层厢体应锚固在不同排的木桩上，施工过程中应保持最上层厢体在水面以上至少 0.5m，直至达到设计高度并锚固完毕。

E. 封顶。在厢体顶部压载厚度约 1m 的块石或土料封顶。

4）施工技术要点。

A. 搂厢自下而上应逐层退向岸坡，使其最终与岸坡贴合，并防止其在施工过程中向深泓处倾倒。

B. 锚固桩应呈梅花状布置。

C. 底沟绳间距 1m 左右，不宜过大或过小，用链子绳连 3～4 道，以固定底沟绳。

6.4.1.2 草土护岸

（1）结构型式。自堤基至堤顶，以柴草和土料混合填筑成厚度 1～1.5m 的草土护岸。

（2）施工准备。

1）材料准备。

A. 土料。采用防渗性和黏性强的黏土。

B. 柴草。将柴草长度加工至 0.6～0.8m，并准备相同长度、粗细不等的树枝。

2）技术准备。根据设计要求测量放样，并在施工区对应的岸坡处设置基准桩。

（3）施工流程与方法。施工流程为开挖底槽→铺草→填土。

1）开挖底槽。采用挖掘机或人工进行底槽开挖，应开挖至堤基以下至少 0.5m。

2）铺草。在回填区域垂直于水流方向铺一层厚度约 15cm 的柴草，在其上铺一层厚度约 15cm 的斜向上游并与水流呈 30°～45°交角的柴草，然后压实。根据设计要求，也可在铺好的柴草上铺一层树枝，树枝要大头向水流方向，且斜向下游与水流呈 30°～45°交角。

3）填土。在铺好的柴草上填土夯实，与铺草交替上升，且按照设计要求的坡度逐层后退，直至填至堤顶。

（4）施工技术要点。

1）在草土护岸的起点和终点处，应斜向堤身开挖 5～10m 深的锚固槽，以使草土护岸与堤身连为整体。

2）若使用生长旺盛的柳枝，柳枝扎根生长，防冲护岸效果更佳。

6.4.1.3 草皮护坡

（1）结构型式。

1）铺成品草皮护坡。在修整好的坡面上，铺设成品草皮，经管理养护使草皮扎根附着在岸坡。

2）播撒草种护坡。在修整好的岸坡人工撒播或液压喷播草籽，发芽生长形成草皮护坡。

3）客土植生植物护坡。在坡度较小的岩质或土质坡面撒布一层客土，在客土层表面喷播或撒播草籽，发芽生长成草皮护坡。

4）三维植被网草皮护坡。在修整好的岸坡表面铺设三维植被网，网上覆盖厚 1～2cm 的回填土，其上喷播草籽形成草皮护坡。

5）浆砌石框架草皮护坡。用浆砌石在岸坡面砌筑成框架，稳固岸坡，然后在框架内填塞植生土，喷播或人工撒播草籽，生长形成草皮护坡。

6）现浇混凝土框架草皮护坡。采用现浇混凝土在岸坡表面形成框架，然后在框架内填塞植生土，喷播或人工撒播草籽，生长形成草皮护坡。

7）土工格室植草护坡。采用土工织物在岸坡表面形成框架，在框架内填塞植生土，喷播或人工撒播草籽，生长形成草皮护坡。

8）生态联锁块草皮护坡。采用预制混凝土生态联锁块在岸坡表面形成骨架，在联锁块的空隙处填塞植生土，喷播或人工撒播草籽，生长形成草皮护坡。

9）植被混凝土护坡。在修整好的岸坡表面挂铁丝网，并根据岩基或土基稳定要求打入锚杆，其上喷射厚度约 10cm 含草籽的植被混凝土。

（2）施工准备。

1）材料准备。

A. 草籽。根据自然条件和气候状况，并结合不同草种耐酸碱、涝旱、贫瘠和冷暖的特性，选用适当的草籽，必要时可多种类型混合使用。

B. 草皮。选用培育好的草皮，草皮长势良好一致、无病虫害，一般单块草皮卷为 $0.7～1m^2$。

C. 腐殖土。选用土质肥沃的腐殖土，可掺加酒糟、锯末、秸秆纤维等有机质，为植物提供充足的养分。

D. 三维植被网。可根据设计要求选用成品的三维土工立体网垫。

E. 生态联锁块。根据岸坡坡度、地形起伏状况、消浪嵌固的要求可选择二维或三维预制高强混凝土联锁块，根据对坡面生态植被覆盖的要求，选择小孔或大孔的联锁块。

F. 土工格室。根据设计要求选用高度7～20cm的土工格室。

G. 植被混凝土。采用植生土、腐殖质、混凝土绿化添加剂、草籽、水泥等材料现场配置植被混凝土，并经现场试验确定符合设计要求。

2）设备准备。

A. 喷播机。根据施工强度选用功率为20～120kW的喷播机。

B. 混凝土喷射机。根据施工条件和强度，确定混凝土喷射机的类型和功率。

（3）施工流程与方法。

1）铺成品草皮护坡。施工流程为清理及修整边坡→铺设草皮→管理养护。

A. 清理及修整边坡。采用挖掘机或人工按照设计要求清理杂物、杂草和树根等，并将边坡修整至设计要求坡度。

B. 铺设草皮。避开阳光直射的中午时段，将草皮由下到上平整严密地铺设在岸坡上，不同排的草皮应错缝铺设，在竖直方向上不形成通缝，相邻草皮块间缝隙不超过1cm。

C. 管理养护。在铺设完成的草皮上覆盖无纺布，浇水养护，并根据草皮类型定时施肥，直至草皮生根固结在岸坡上，移除无纺布。

2）播撒草种护坡。施工流程为清理及修整边坡→撒播草籽→管理养护。

A. 清理及修整边坡。采用挖掘机或人工按照设计要求清理杂物、杂草和树根等，并将边坡修整至设计要求坡度。

B. 撒播草籽。提前1～2d将草籽浸泡，撒播当天将草籽与混合料拌和均匀，人工撒播于坡面，用耙子将草籽覆盖于岸坡土料之下。

C. 管理养护。撒播当天将撒播完毕的区域用无纺布覆盖，浇水养护，定期喷洒肥料，待草长至5～6cm或2～3片叶后，撒出无纺布。

3）客土植生植物护坡。施工流程为清理及修整边坡→打锚杆挂网→撒播客土→管理养护。

A. 清理及修整边坡。采用挖掘机或人工按照设计要求清理杂物、杂草和树根等，并将边坡修整至设计要求坡度。

B. 打锚杆挂网。根据设计要求，在岩坡或土坡上施打锚杆，灌浆后挂铁丝网。

C. 撒播客土。根据设计要求，将岩石绿化料、保水剂、凝结剂、团粒剂、肥料、土料等材料和植物种子混合均匀，加入客土喷播机，进行喷播施工，根据设计要求的厚度可分两层喷播，第一层客土在基面上稳定后，再喷播第二层，使其达到设计厚度。

D. 管理养护。撒播当天将撒播完毕的区域用无纺布覆盖，浇水养护，定期喷洒肥料，待草长至5～6cm或2～3片叶后，撒出无纺布，整个过程一般为30～45d。

4）三维植被网草皮护坡。施工流程为清理及修整边坡→铺设三维植被网→铺洒腐殖土→喷播草籽→管理养护。

A. 清理及修整边坡。采用挖掘机或人工按照设计要求清理杂物、杂草和树根等，并将边坡修整至设计要求坡度。

B. 铺设三维植被网。将三维植被网自坡顶向下展铺，在节点部位用U形钢筋将其固

194

定，使其与岸坡面紧密贴合，相邻网片应留有足够的搭接长度，并在坡顶处将网片固定在锚固槽内。

C. 铺洒腐殖土。采用人工或喷播机将拌和均匀的腐殖土铺洒在三维植被网面上，形成 2～3cm 厚的土层。

D. 喷播草籽。采用草籽喷播机将草籽、肥料、黏合剂、染色剂等混合均匀的材料均匀喷播在腐殖土表面。

E. 管理养护。尽快在坡面覆盖无纺布，并洒水养护，定期施布肥料，待草皮长成后，撤除无纺布。

5）框架草皮护坡。施工流程为清理及修整边坡→框架施工→填塞种植土→喷播草籽→管理养护。

A. 清理及修整边坡。采用挖掘机或人工按照设计要求清理杂物、杂草和树根等，并将边坡修整至设计要求坡度。

B. 框架施工。采用浆砌石、现浇钢筋混凝土、预制混凝土框架、土工格室等材料在修整好的岸坡上施工护坡框架。

C. 填塞种植土。采用挖掘机或人工自下而上在框格内填塞腐殖土。

D. 喷播草籽。采用草籽喷播机将草籽、肥料、黏合剂、染色剂等混合均匀的材料均匀喷播在腐殖土表面。

E. 管理养护。尽快在坡面覆盖无纺布，并洒水养护，定期施布肥料，待草皮长成后，撤除无纺布。

6）生态联锁块草皮护坡。施工流程为清理及修整边坡→安装生态联锁块→填塞种植土→撒播草籽→管理养护。

A. 清理及修整边坡。采用挖掘机或人工按照设计要求清理杂物、杂草和树根等，并将边坡修整至设计要求坡度。

B. 安装生态联锁块。根据设计要求在坡面铺设土工布，自浇筑好的固脚起铺生态联锁块，注意保持每一行平整顺直，块间紧密结合，保证最终铺面的美观，根据设计抗滑的要求，间隔一定距离锚固插销，直至铺设至坡顶。

C. 填塞种植土。采用人工在联锁块孔隙中填塞种植土，注意松紧适度，以利于植被的发育。

D. 撒播草籽。人工在联锁块孔隙的种植土上撒播准备好的草籽，适当翻拌，使草籽覆盖在土层以下。

E. 管理养护。覆盖无纺布，干燥天气及时浇水，并按时洒布肥料。

7）植被混凝土护坡。施工流程为清理及修整边坡→试配植被混凝土→喷射植被混凝土→喷射草籽混凝土→管理养护。

A. 清理及修整边坡。采用挖掘机或人工按照设计要求清理杂物、杂草和树根等，并将边坡修整至设计要求坡度。

B. 试配植被混凝土。预先试配植被混凝土，并试喷培育草籽，确保配置的混凝土和选用的草籽能在当地环境下正常生长。

C. 喷射植被混凝土。将拌和好的混凝土注入混凝土喷射机，调整好气压和水压，按照由下到上的顺序在防护面上喷射混凝土，根据混凝土的附着特性，可将混凝土分成 2～3 层完成喷射，喷射下一层时，应确保上一层混凝土已完成终凝，直至达到设计厚度一般为 10cm 左右。

D．喷射草籽混凝土。将配置好的草籽混凝土注入混凝土喷射机，在已经固结的植被混凝土面上均匀地喷射设计厚度为 1cm 的草籽混凝土。

E．管理养护。定时在植被混凝土表面喷水养护，并适时施布肥料，直至草皮长成。

（4）施工技术要点。

1）按设计要求并根据堤（岸）坡土质条件，确定草皮生态防护方案。

2）应选用适合当地生长、根系发达的草种均匀铺植，认真养护，提高成活率。

3）播种前应做发芽试验和催芽处理，确定合理的播种量，不同草种的播种量见表 6－19。

表 6－19 　　　　　　　　　　　　不同草种的播种量表

草坪种类	精细播种量/(g/m²)	粗放播种量/(g/m²)	草坪种类	精细播种量/(g/m²)	粗放播种量/(g/m²)
剪股颖	3～5	5～8	羊胡子草	7～10	10～15
早熟苗	8～10	10～15	结缕草	8～10	10～15
多年生黑麦草	25～30	30～40	狗牙根	15～20	20～35
高羊茅	20～25	25～35			

4）播种前应对种子进行消毒，杀菌。先浇水浸地，保持土壤湿润，并将表层土搂细耙平，坡度应达到 0.3％～0.5％。

5）播种后应及时喷水，种子萌发前，干旱地区应每天喷水 1～2 次，出苗后可减少喷水次数，土壤要见湿见干。

6）铺设草块、草卷，掘草块、草卷前应适量浇水，待渗透后掘取。当日进场的草卷、草块数量应做好测算并与铺设进度相一致。铺设应相互衔接不留缝，及时浇透水，浸湿土壤厚度应大于 10cm。

（5）质量控制与验收标准。草林护坡分项工程质量验收项目和要求见表 6－20。

表 6－20 　　　　　　　　　　草林护坡分项工程质量验收项目和要求表

序号	分项工程名称	检验方法	检查数量
1	草坪和草本地被播种	观察、测量及种子发芽试验报告	500m² 检查 3 处，每点面积为 4m² 但不足 500m² 检查不少于 2 处
2	喷播种植	检查种子覆盖料及土壤稳定剂合格证明，观察	1000m² 检查 3 处，每点面积为 16m² 但不足 1000m² 检查不少于 2 处
3	草坪和草本地被分栽	观察、尺量	500m² 检查 3 处，每点面积为 4m² 但不足 500m² 检查不少于 2 处
4	铺设草块和草卷	观察、尺量查看施工记录	500m² 检查 3 处，每点面积为 4m² 但不足 500m² 检查不少于 2 处

6.4.1.4　护堤林、防浪林

（1）结构型式。一般在堤防迎水侧的滩地上，平行于堤防栽植宽度在 $20\sim100m$ 之间的林带，根据树种的不同按照 $0.5m\times0.5m$ 至 $4m\times3m$ 不等的间距栽植，初植时为尽快形成消浪护堤的效果，可加密栽植，待植株长成后，可根据树种特定间伐或疏伐。必要时也可在堤防背水侧的堤脚处植护脚林带。

（2）施工准备。

1）材料准备。护堤林和防浪林应选择适合当地气候、土壤条件，生长迅速、根系发达、固土排水、枝叶茂密、适应性强的树种。一般选择柳树、杨树、水杉、水松、丁香、沙棘等树种，多采用乔灌混植的方式布置。根据树种的不同，选择长势均匀、旺盛的植株，或新发的枝条。

2）技术准备。根据设计要求在防护区进行测量放样，标记出控制桩。

（3）施工流程与方法。

1）栽植：平整场地→挖树坑→栽植→管理抚育。

A．平整场地。采用挖掘机或人工将滩地平整清理，杂物、杂草清除干净，根据树种要求可深翻细耙起垄。

B．挖树坑。采用人工或植树挖坑机按照设计要求的间距和尺寸开挖树坑，确保树坑间距均匀，排列整齐，干旱区域应提前浇水浇透。

C．栽植。一般选在秋末冬初或春季进行移植，避开一天中阳光直射气温最高的时段，将植株从培育处挖出，确保根系和枝叶按照规范要求处置保护，尽快栽植于挖好的树坑内，一般在挖出当天完成栽植，必要时应采取措施对树干进行支护，防止植株倾斜倒伏。弱苗、病苗和有损伤的树苗不得种植。

D．管理抚育。定时浇水保持栽植区域湿润，并根据树种施肥，保持时时看护，避免人畜破坏。为确保林带迅速长成，形成防护能力，一般加密栽植，植株过密会影响植株继续发育，可选择恰当的时机进行间伐，但不能影响林带的防护作用。

2）扦插：平整场地→假植→扦插→管理抚育。

A．平整场地。采用挖掘机或人工将滩地平整清理、杂物、杂草清除干净，根据树种要求可深翻细耙起垄。

B．假植。自培育苗圃剪取直径符合要求的新发枝条或培育好的直径较小的带根植株，运至需防护区域附近，将枝条根部浸水 $24h$ ，在避风、遮阳、排水、便于管理的区域开挖假植沟，将浸泡好的枝条埋置于假植沟中待用。

C．扦插。按照设计要求的间距和位置，在滩地上扦插枝条或植株，注意避开太阳直射时段和大风天气。

D．管理抚育。定时浇水保持栽植区域湿润，并根据树种施肥，保持时时看护，避免人畜破坏。为确保林带迅速长成，形成防护能力，一般加密栽植，植株过密会影响植株继续发育，可选择恰当的时机进行间伐，但不能影响林带的防护作用。

（4）施工技术要点。

1）裸根苗木运输时，应进行覆盖，保持根部湿润。装车、运输、卸车时不得损伤苗木。带土球苗木装车和运输时排列顺序应合理，捆绑稳固，卸车时应轻取轻放，不得损伤

苗木及散球。

2）苗木运到现场，当天不能栽植的应及时进行假植。

3）带土球苗木栽植前应去除土球不易降解的包装物。

4）苗木栽植前的修剪应根据各地自然条件，推广以抗蒸腾剂为主体的免修剪栽植技术或采取以疏枝为主，适度轻剪，保持树体地上、地下部位生长平衡。

5）树木栽植后应及时绑扎、支撑、浇透水，对浇水后出现的倾斜树木，应及时扶正，并加以固定。

6）新植树木栽植后要视情况适时安排除草松土。清除的杂草和石块，要随时清理运出。

7）要掌握病虫害的发生规律，及时做好病虫害的预测、预报，对可能发生的病虫害做好预防，已经发生的病虫害要及时治理，防止蔓延成灾。

（5）质量控制及验收标准。护堤林木分项工程质量验收项目和要求见表6-21。

表6-21 护堤林木分项工程质量验收项目和要求表

序号	分项工程名称	检验方法	检查数量
1	栽植土	经有资质的检测单位测试	每500m^{3}或2000m^{2}为一检验批，随机取样5处，每处100g组成一组试样。500m^{3}或2000m^{2}以下，取样不少于3处
2	栽植前场地清理	观察、测量	每1000m^{2}检查3处，不足1000m^{2}的检查不少于1处
3	栽植土回填及地形造型	经纬仪、水准仪、钢尺测量	每1000m^{2}检查3处，不足1000m^{2}的检查不少于1处
4	栽植土施肥和表层整理	试验、检测报告、观察、尺量	每1000m^{2}检查3处，不足1000m^{2}的检查不少于1处
5	栽植穴、槽	观察、测量	每100个穴检查20个，少于20个的全数检查
6	植物材料	观察、量测	每100株检查10株，少于20株的全数检查。草坪、地被、花卉按面积抽查10%，4m^{2}为一点，至少5个点，不大于30m^{2}全数检查
7	苗木运输和假植	观察	每车按20%的苗株进行检查
8	苗木修剪	观察、测量	每100株检查10株，少于20株的全数检查
9	树木栽植	观察、测量	每100株检查10株，少于20株的全数检查。成活率全数检查
10	浇灌水	测试及观察	每100株检查10株，少于20株的全数检查
11	支撑	晃动支撑物	每100株检查10株，少于50株的全数检查
12	大树挖掘包装	观察、尺量	全数检查
13	大树吊装运输	观察	全数检查
14	大树栽植	观察、尺量	全数检查

（6）黑龙江绥滨县段防护林。

1）结构型式。在堤防迎水侧的河滩上，自距离堤脚5m处，营造宽50m的与堤防平行的灌木林带，树种为旱柳和沙棘，株行距0.5m×1m。在堤防背水侧，自距离堤脚5m

处，营造宽 30m 的与堤防平行的乔木林带，株行距 1.5m×1.5m。

2）施工准备。选择良种壮苗，严格检疫，病苗、弱苗、机械损伤苗不得用于造林。

3）施工流程与方法。施工流程为整地→栽植→抚育管护。

A. 整地。采用穴状整地，树穴尺寸为 0.5m×0.5m 或 0.4m×0.4m。

B. 栽植。选在春季进行栽植，将乔木和灌木自苗圃起苗，并迅速栽植至挖好的树穴中。

C. 抚育管护。严密监护幼林，严禁人畜破坏，林分过密影响生长时，适当间伐，但以不破坏护堤林的防护效果为原则。

6.4.2 生态墙式护岸

6.4.2.1 绿化混凝土挡墙

（1）结构型式。采用箱式绿化混凝土预制块垒砌成挡墙，箱式绿化混凝土预制块的框架为高强混凝土框架，内部填充大孔隙的无砂混凝土和植生营养包，墙体背水侧设置反滤布和拉筋带，将混凝土预制块与墙背的堤岸联合成整体，抵抗各种荷载的作用。

（2）施工准备。

1）箱式绿化混凝土预制块。根据设计尺寸预制高强混凝土框架并设置拉筋固定环，待混凝土框架达到设计要求的强度后，在其内灌注无砂混凝土并固定植生营养包。

2）拉筋带。一般采用尺寸、摩擦力和强度符合设计要求的钢塑复合拉筋带。

3）墙背回填土。选用的墙背回填土的摩擦系数要满足设计要求。

（3）施工流程与方法。施工流程为开挖基槽→铺设垫层→砌筑挡墙预制块→墙背填筑。

1）开挖基槽。采用机械或人工开挖基槽至设计高程，整平夯实要满足设计要求。

2）铺设垫层。在设计位置铺设土工布，布块间应搭接或缝接，用机械或人工铺设碎石垫层并整平夯实。

3）砌筑挡墙预制块。采用吊装设备将混凝土预制块分层安装至设计位置，混凝土预制块在层间应错缝安装，避免在竖直方向形成通缝。

4）墙背填筑。根据混凝土预制块的安装进程安排墙背拉筋带的安装和填筑，每安装一层预制块即可进行墙背的填筑，填筑至本层预制块顶后，再安装下一层预制块，在安装完成的预制块墙背固定反滤布，应确保反滤布的搭接和整体性，自基底分层填筑至略高于第一层拉筋带固定环处，安装固定本层拉筋带，继续填筑至下层拉筋带的高程，直至预制块顶高程。

（4）施工技术要点。

1）拉筋带铺设时，底面应平整密实，拉筋带应展平拉直无重叠，必要时在挡墙远端固定。

2）填筑覆盖拉筋带的首层回填土时，不得使用重型设备碾压，避免破坏拉筋带，未覆盖的拉筋带不得通行设备。拉筋带锚固段的填筑宜采用粗粒土或改性土等填料，当填料为黏性土时，宜在砌块后不小于 0.5m 范围内回填砂砾材料。

3）填料应严格分层碾压，碾压时宜先轻后重，并不得使用羊足碾，压实作业应先从筋带中部开始，逐步碾压至筋带尾部，再碾压靠近面板部位，且压实机械距砌块不小于 1.0m。

（5）质量控制及验收标准。加筋土桥台面板预制、安砌施工质量标准见表6-22。

表6-22　　　　　　　　　加筋土桥台面板预制、安砌施工质量标准表

项　目	规定值或允许偏差	项　目	规定值或允许偏差
混凝土强度/MPa	在合格标准内	预埋件位置/mm	5
边长/mm	±5 或 ±0.5%边长	每层面板顶高程/mm	±10
两对角线差/mm	10 或 0.7%最大对角线长	轴线偏位/mm	10
厚度/mm	+5，-3	面板竖直度或坡度/%	+0，-0.5
表面平整度/mm	4 或 0.3%边长	相邻面板错台/mm	5

6.4.2.2　绿化混凝土贴面浆砌石重力式挡墙

（1）结构型式。以浆砌石重力式挡土墙为基质层，在其表面喷植植被混凝土，形成植被层。

（2）施工方法与工艺。参考前述浆砌石墙式护岸和植被混凝土护坡。

6.4.3　桩式护岸

（1）结构型式。在易受冲刷的河海岸滩松软地层中，成排埋入木桩、钢板桩、钢管桩、钢筋混凝土桩，构成消减洪水冲刷的屏障。也可在堤防迎水面建立垂直排桩护面，必要时在背水侧设置锚锭、锚杆或斜拉桩，以分担迎水面排桩所承受的土压力，减小桩中弯矩和桩顶位移。

（2）施工准备。

1）材料准备。

A. 木桩。一般选用长度4～10m、直径18～26cm的杉木、松木、柏木、橡木，桩身应圆润无凸起，桩底削尖以利于入土，削尖长度为直径的1～2倍，桩顶加箍，避免沉入时破坏桩顶。

B. 钢板桩。一般采用U形或组合钢板桩，根据设计要求选择不同断面形式和长度的材料。

C. 钢管桩。一般采用直径0.4～2m的圆钢管，长度根据设计要求选用，也可选用其他形状，如方形、矩形、锥形、梯形等。

D. 钢筋混凝土桩。根据设计要求预制钢筋混凝土桩，养护至设计强度后备用。

2）设备准备。

A. 锤击打桩机。根据桩的强度、设计要求的贯入度和地质状况选择打桩机，一般使用筒式柴油锤打桩机。

B. 静压打桩机。可选择机械式或液压式静压桩机，型号自500～1200t不等。

C. 振动打桩机。可根据沉桩需要选择激振功率为15～800kW的桩机。

D. 冲击钻机和旋挖钻机。在黏性土、粉土、砂土、碎石土及风化岩地质中钻孔，宜选用冲击钻机或旋挖钻机，根据成桩的直径和深度选择不同型号的钻机。

E. 回旋钻机。在黏性土、粉土、砂土、含少量卵石的土及软岩中钻孔，宜选用回旋钻机，根据成桩的直径和深度选择不同型号的钻机。

（3）施工流程与方法。

1）沉入桩。施工流程为平整场地→测量放样→试桩→沉桩。

A. 平整场地。在沉桩区域平整场地，湿陷性区域宜采取措施固结场地或铺设施工平台，为沉桩施工提供平整、坚实的场地。

B. 测量放样。根据设计位置和高程测量放样，并设置控制桩，以便在沉桩过程中随时测量控制位置、高程和垂直度。

C. 试桩。根据设计要求选定与施工区域类似的场地进行试桩，记录设备选型和功率、沉桩历时、沉桩深度、压重（或锤重、施工功率）、贯入度等参数，以指导后续施工。

D. 沉桩。在设计位置按照顺打、小间隔跳打、大间隔跳打等进行沉桩。为保证沉桩后各桩整齐、垂直、形成统一整体，可预先在临时锚固桩上固定导框，在导框内进行沉桩施工。排桩沉入后，按照设计要求在桩顶浇筑冠梁，使排桩形成整体，在外力作用下统一受力。设置锚固设施的，在桩临水侧施工锚固梁，将锚杆一端固定在锚固梁上；另一端固定于背水侧的锚锭、岩体或斜拉桩。

不同沉桩方式适用条件见表 6-23。

表 6-23 不同沉桩方式适用条件表

沉桩方式	适 用 条 件
锤击沉桩	宜用于砂类土、黏性土
振动沉桩	宜用于锤击沉桩效果差的黏性土、砾石、风化岩
射水沉桩	在密实的砂土、碎石土、砂砾的土层中用锤击法、振动沉桩法有困难时，可采用射水法作为辅助手段进行沉桩。黏性土中慎用射水法，重要建筑物附近不宜用射水法
静力压桩	宜用于软黏土（标准贯入度 $N<20$）、淤泥质土
钻孔埋桩	宜用于黏土、砂土、碎石土且河床覆土较厚的情况

2）钻孔灌注桩。施工流程为平整场地→测量放样→试桩→钻孔→浇筑成桩。

A. 平整场地。在沉桩区域平整场地，湿陷性区域宜采取措施固结场地或铺设施工平台，为沉桩施工提供平整、坚实的场地。

B. 测量放样。根据设计位置和高程测量放样，并设置控制桩，以便在沉桩过程中随时测量控制位置、高程和垂直度。

C. 试桩。根据设计要求选定与施工区域类似的场地进行试桩，试桩检验合格后方可进行工程桩的施工。

D. 钻孔。根据地质、水文条件和钻孔直径及深度等指标，选择不同类型的机械设备进行钻孔作业，成孔的高程、倾斜度、孔底泥渣厚度等均需满足设计要求。

E. 浇筑成桩。将加工绑扎好的钢筋笼安装在验收合格的孔内，注意固定和保持钢筋笼的高程和位置，尽快灌注混凝土成桩，露出地面部分应及时养护。

成桩方式与设备选型适用条件见表 6-24。

（4）施工技术要点。

1）施工前应掌握施工场地内的地质和水文状况。

2）锤击沉桩中桩锤的选用应根据地质条件、桩型、桩的密集程度、单桩竖向承载力及现有施工条件等因素确定。宜采用较低落距，且桩锤、送桩与桩宜保持在同一轴线上，采用重锤低击。若遇到贯入度剧变，桩身突然发生倾斜、移位或有严重回弹，桩顶出现严

表 6-24 成桩方式与设备选型适用条件表

成桩方式与设备		适 用 条 件
泥浆护壁成孔桩	正循环回转钻	黏性土、粉砂、细砂、中砂、粗砂,含少量砾石、卵石(含量少于20%)的土、软岩
	反循环回转钻	黏性土、砂类土、含少量砾石、卵石(含量少于20%,粒径小于钻杆内径2/3)的土
	冲抓钻	黏性土、粉土、砂土、填土、碎石土及风化岩层
	冲击钻	
	旋挖钻	
	潜水钻	黏性土、淤泥、淤泥质土及砂土
干作业成孔桩	长螺旋钻	地下水位以上的黏性土、砂土及人工填土非密实的碎石类土、强风化岩
	钻孔扩底	地下水位以上的坚硬、硬塑的黏性土及中密以上的砂土风化岩层
	人工挖孔	地下水位以上的黏性土、黄土及人工填土
沉管成孔桩	夯扩	桩端持力层为埋深不超过20m的中、低压缩性黏性土、粉土、砂土和碎石类土
	振动	黏性土、粉土和砂土
爆破成孔		地下水位以上的黏性土、黄土碎石土及风化岩

重裂缝、破碎,桩身开裂等情况时,应暂停沉桩,查明原因,采取有效措施后方可继续沉桩。

3)振动沉桩时,宜用桩自重下沉或射水下沉,待桩身入土达一定深度确认稳定后,再采用振动下沉,每一根桩的沉桩作业应一次完成,不可中途停顿过久。

4)射水法沉桩宜用于砂土和碎石土。沉桩时,应根据土质情况随时调节射水压力,控制沉桩速度。当桩尖接近设计高程时,应停止射水,改用锤击,保证桩的承载力。

5)采用静压沉桩时,场地地基承载力不应小于压桩机接地压强的1.2倍,且场地应平整。

6)水上沉桩要根据地形、水深、风向、水流和船舶性能等具体情况,充分利用有利条件,使沉桩施工能正常进行。在浅水中沉桩,可设置施工便桥、便道、工作平台等方法进行施工。在深水或有潮汐影响的河海中沉桩,可采用固定平台、浮式平台及打桩船等方法进行施工。

7)钻孔机具及工艺的选择,应根据桩型、钻孔深度、土层情况、泥浆排放及处理条件综合确定。

(5)质量控制及验收标准。沉桩施工质量标准见表6-25,钻孔灌注桩中泥浆性能指标见表6-26,钻(挖)孔灌注桩成孔质量标准见表6-27。

表 6-25 沉桩施工质量标准表

检查项目		允 许 偏 差
桩位/mm	群桩中间桩	桩径或短边长度的一半,且不大于250
	群桩外缘桩	桩径或短边长度的1/4
	单排桩	50
倾斜度	直桩	1‰
	斜桩	$\pm 0.15\tan\theta$(桩轴与垂线的夹角)

表 6 − 26 钻孔灌注桩中泥浆性能指标表

钻孔方法	地层情况	泥浆性能指标							
		相对密度	黏度 /(Pa·s)	含砂率 /%	胶体率 /%	失水率 /(mL/30min)	泥皮厚 /(mm/30min)	静切力 /Pa	酸碱度 pH
正循环	一般地层	1.05～1.20	16～22	8～4	≥96	≤25	≤2	1.0～2.5	8～10
	易坍地层	1.20～1.45	19～28	8～4	≥96	≤15	≤2	3.0～5.0	8～10
反循环	一般地层	1.02～1.06	16～20	≤4	≥95	≤20	≤3	1.0～2.5	8～10
	易坍地层	1.06～1.10	18～28	≤4	≥95	≤20	≤3	1.0～2.5	8～10
	卵石土	1.10～1.15	20～35	≤4	≥95	≤20	≤3	1.0～2.5	8～10
推钻冲抓	一般地层	1.10～1.20	18～24	≤4	≥95	≤20	≤3	1.0～2.5	8～11
冲击	易坍地层	1.20～1.40	22～30	≤4	≥95	≤20	≤3	3.0～5.0	8～11

表 6 − 27 钻（挖）孔灌注桩成孔质量标准表

项 目	规 定 值 或 允 许 偏 差
孔的中心位置/mm	群桩：100；单排桩：50
孔径/mm	不小于设计桩径
倾斜度/%	钻孔：小于1；挖孔：小于0.5
孔深/m	摩擦桩：不小于设计规定 支承桩：比设计超深不小于0.05
沉淀厚度	摩擦桩：符合设计规定。设计未规定时，对于直径不大于1.5m的桩，沉淀厚度不大于200mm。对桩径大于1.5m或桩长大于40m或土质较差的桩，沉淀厚度不大于300mm 支承桩：不大于设计规定。设计未规定时不大于50mm
清孔后泥浆指标	相对密度1.03～1.10；黏度17～20Pa·s；含砂率小于2%；胶体率大于98%

钻孔灌注桩在终孔后，应对桩孔的孔位、孔径、孔深和倾斜度进行检验，清孔后，要对孔底的沉淀厚度进行检验。挖孔桩终孔并对孔底处理后，应对桩孔孔位、孔径、孔深、倾斜度及孔底处理情况等进行检验。

孔径、倾斜度和孔底沉淀厚度宜采用专用仪器检测，孔深可采用专用测绳检测。钢筋检孔器仅可用于对中、小桥梁工程桩孔的检测，检孔器的外径应不小于桩孔直径、长度宜为外径的4～6倍。采用钻杆测斜法量测桩的倾斜度时，量测应从钻孔平台顶面起算至孔底。

钻（挖）孔灌注桩的混凝土质量检测应符合下列规定：桩身混凝土和桩底后压浆中水泥浆的抗压强度应符合设计规定。每桩的试件取样组数应各为3～4组。对桩身的完整性进行检验时，检测的数量和方法应符合设计要求。选择有代表性的桩采用无破损法进行检测，重要工程或重要部位的桩宜逐桩进行检测。设计有规定时或对桩的质量有疑问时，应采用钻取芯样法对桩进行检测，当需检验柱桩的桩底沉淀与地层的结合情况时，其芯样应钻至桩底0.5m以下。经检验桩身质量不符合要求时，应研究处理方案，报批处理。

当设计或合同有要求时，钻（挖）孔灌注桩应进行单桩承载力试验。采用自平衡法进行承载力试验时，应符合《基桩静载试验 自平衡法》（JT/T 738—2009）的规定。

（6）山阳镇河道应急护岸加固工程。

1）结构型式：在河滩易受冲刷区域布置直径 12～15cm、长度 4m 的杉木排桩，桩背水侧覆盖一层竹篦片和一层土工布，其后用铅丝将一道直径 10cm 的杉木绑扎在排桩上，使所有单桩连成整体，并固定竹篦片和土工布。

2）施工准备。

A. 材料准备。

杉木桩：自当地木材市场采购直径和长度符合设计要求的杉木，将杉木稍细一端削尖成三棱体或四棱体，末端稍秃。

B. 设备准备。

挖泥船：使用 S4000 型带挖泥斗的挖泥船，作为水上施工平台和压桩设备。

3）施工流程与方法。施工流程为测量放样→压桩→开挖排桩背水侧→绑扎竹篦片、土工布和横梁→回填。

A. 测量放样。根据设计要求对各桩位置进行放样和标记。

B. 压桩。对各桩位进行钎探，确认桩位无异物，若有则清除，挖泥船吊机将杉木吊装至设计位置，人工扶正，挖泥斗按压桩顶使其下沉至设计高程。

C. 开挖排桩背水侧。排桩沉入一段后，即可在背水侧开挖沟槽至设计深度。

D. 绑扎竹篦片、土工布和横梁。将竹篦片和土工布依次固定在排桩背水侧，确保搭接长度符合设计要求，在设计高程处用铅丝将横梁木绑扎在排桩上，使单桩相互连接形成整体。

E. 回填。逐层回填夯实沟槽，尽量避免排桩暴露时间过长。

4）施工技术要点。压桩前，桩顶应先锯平整，并使用铁丝扎紧。可按照先两端后中间的顺序施工。

6.4.4 海堤防护

为防止波浪、水流的侵袭、淘刷和在土压力、地下水渗透压力作用下造成的岸坡崩塌，在海堤建设护岸工程，与河堤相比，其主要受潮汐的影响和风浪的作用，在受到台风等风暴浪潮侵袭时，可能出现 5m 以上的近岸浪高。

6.4.4.1 抛块护岸

（1）结构型式。一般在岸滩、堤脚或坡面自下而上分层抛投石笼、石渣、块石或混凝土异形体进行组合消浪防护，也可单独使用。

（2）施工准备。

1）材料准备。

A. 石笼：组装填充厚度为 0.3～1m 的耐特石笼或铅丝石笼。

B. 石渣：选用粒径不等的不易水解的石渣。

C. 块石：一般选择单块重量为 60～300kg 的块石。

D. 混凝土异形体：按照设计要求预制混凝土异形体，包括：四角锥体、三柱体、四足锥体、扭王字块体、六角锥体、合掌块体、四角空心块体、铁砧体、扭工字块体等形式。

2）设备准备。抛投驳船是根据施工强度选择适当吨位的自航驳船。

3）技术准备。抛投试验是对各种抛投材料进行抛投试验，记录水文和漂流数据，以指导施工。

（3）施工流程。施工流程为抛投石笼→抛投石渣→抛投块石→抛投混凝土异形体。

6.4.4.2 加糙护面护岸

在砌石（块）护坡、现浇混凝土护坡和墙式护岸中，采用分层增加凸出护面的条石、梅花状布置凸出护面的混凝土消浪墩、竖向布置凹进护面的栅栏板等形式增加护面的粗糙度，使海浪破碎、撞击，以达到消浪的目的。

6.4.4.3 消浪平台和防浪墙

在静水位附近或略低于高潮位处设置消浪平台，平台宽度一般不小于 3m。在堤顶临浪侧设置防浪墙，防浪墙高度一般不超过 1.2m，埋深不低于 0.5m。

6.4.4.4 潜堤防护

可在离岸处设置消浪潜堤，堤顶高程在静水位附近，一般采用抛块料筑堤，也可沉排桩，并在排桩间抛投块料筑堤。

7 堤防加固与改扩建工程

截至 21 世纪我国现有各类堤防总长度近 30 万 km，这些堤防主要分布在长江、黄河等七大江河流域的中下游以及重要的沿湖、海地区，是防御洪水的最后屏障，在保障沿岸城镇居民生命财产和工农业正常生产中发挥着重要作用，但多数堤防是经过历代培修加固而成，年代久远。据有关资料统计，现有的堤防有三大特点：一是堤基条件差，堤防傍河而建，基础大多为软弱地基，而且多数堤防的基础没有进行过处理，防渗能力差；二是堤身质量差，不少堤防是在原民堤的基础上历年逐渐加高培厚而成，受自然环境风雨淋蚀和动植物活动作用等影响，堤内相当普遍的存在裂缝、空洞及易腐蚀物质；三是堤后坑塘多，筑堤土料严重不足，多年来，普遍在堤后取土筑堤，取土坑、塘多未做处理，覆盖薄弱，当遭遇洪水时，经常会出现管涌、滑坡、崩岸和漫溢等险情，严重者导致大堤溃决。因此，近年来，加固与改扩建堤防逐渐增多，根据不同堤防出现隐患的特点，如何选择合适的加固技术，通过改建、扩建技术的合理应用，使得老、旧堤防变害为利，造福人民，老堤的加固与改扩建任重道远。

（1）堤防加固工程。通常指堤防工程在其结构与功能两方面的增强，即结构加固与功能提高，已建堤防的堤身或堤基隐患严重，或洪水期发生过较大险情，经安全鉴定认为堤的断面尺寸、强度及稳定性不能满足防汛安全要求的，均要进行加固。

（2）堤防改建工程。当现有堤防出现以下情况时，经分析论证可进行改建：①堤距过窄或局部形成卡口，影响洪水正常宣泄的；②主流逼岸，堤身坍塌，难以固守的；③海涂淤涨扩大，需调整堤线位置的；④原堤线走向不合理的；⑤原堤身存在严重问题难以加固的；⑥其他有必要进行改建的。

（3）堤防扩建工程。一般是指现有堤防的堤高不能满足防洪要求时，应进行扩建；多指在老堤的基础上加高培厚，内外帮坡，加大断面尺寸，提高防洪标准。

堤防工程加固与改扩建工程现行的规程、规范与标准见表 7-1。

表 7-1　　　　堤防工程加固与改扩建工程现行的规程、规范与标准表

序号	名　　　称	编　　号
1	《堤防工程施工规范》	SL 260—2014
2	《堤防工程设计规范》	GB 50286—2013
3	《海堤工程设计规范》	SL 435—2008
4	《海堤工程设计规范》	GB/T 51015—2014
5	《堤防工程管理设计规范》	SL/T 171—2020
6	《堤防隐患探测规程》	SL 436—2008

序号	名　称	编　号
7	《防洪标准》	GB 50201—2014
8	《水利水电工程单元工程施工质量验收评定标准——堤防工程》	SL 634—2012
9	《土工合成材料应用技术规范》	GB/T 50290—2014
10	《水利水电工程土工合成材料应用技术规范》	SL/T 225—1998
11	《土坝灌浆技术规范》	SL 564—2014
12	《水电水利工程高压喷射灌浆技术规范》	DL/T 5200—2019
13	《水利水电工程混凝土防渗墙施工技术规范》	SL 174—2014
14	《堤防工程地质勘察规程》	SL 188—2005
15	《水利水电工程施工组织设计规范》	SL 303—2017
16	《堤防工程安全评价导则》	SL/Z 679—2015

7.1　堤防隐患探测

7.1.1　隐患类型

堤防隐患一般是指那些可能造成堤防破坏但又未被发现的天然地质缺陷、堤防施工过程中的质量缺陷、生物破坏引起的洞穴、空隙、裂隙以及修建与抢险堵口时人为作用的薄弱环节，诸如残存在堤防中植物根茎、非土堤人工材料等不利于堤防稳定的物质。

堤防隐患按发生部位不同，主要分为堤身隐患和堤基隐患。

（1）堤身隐患主要是指在堤身填筑过程中存在隐患。包括：

1）裂缝、裂隙、空隙或洞穴；

2）新旧堤段接头或结合面不整合；

3）填筑作业时未处理的冻土或大块土；

4）堤身填筑夹杂的杂质诸如植物根茎、塑料、废金属物等。

（2）堤基隐患主要指历史建基时未经处理存在的隐患。包括：

1）由于生物活动构筑的洞穴；

2）由于植物生长腐蚀形成的空隙；

3）堤基暗藏的废井、隐藏的古墓、古栈道等；

4）地基原有的暗沟、暗管等。

综上所述，大体将堤防隐患划分为五大类，即：①洞穴、夹层，较大的非整合面，不均质体等；②裂缝、裂隙等；③松散或相对松散体，高含砂层、砂砾石层、软弱层等；④塌陷、沉陷、护坡或闸室底板脱空区等；⑤渗漏、管涌等。

7.1.2　主要探测方法

堤防隐患探测的方法主要分为两种：一种是传统方法，称为锥探法，即"有损检测"；另一种是现代方法，称为地球物理探测方法，即"无损检测"。

地球物理探测方法具体分类和适用条件见表 7-2。

表 7-2 地球物理探测方法具体分类和适用条件表

序号	方法名称		适用条件
1	直流电阻率法	电阻率剖面法	探测洞穴、裂缝、松散体、砂层以及渗漏区域等隐患
		高密度电阻率法	探测裂缝、洞穴、松散体、高含砂层以及渗漏区域等隐患
2	自然电场法	电位法	探测集中渗流、管涌通道，确定渗漏进口位置及流向
		梯度法	
3	瞬变电磁法		探测渗漏通道、松散体、砂层等隐患
4	探地雷达法		探测洞穴、松散体、砂层、护坡或闸室底板脱空以及其他与堤身填筑材料有介电常数差异的异常体等
5	拟流场法		可用于堤防渗漏及管涌的进水口部位探测，也可用于追踪存在集中渗漏的均质土坝中的渗漏通道
6	弹性波法	浅层地震折射波法	可用于测定堤防堤身和堤基介质的纵、横波速，由纵、横波速判定堤防填筑介质的密实度
		浅层地震反射波法	可探测松散体、洞穴、高含砂层、护坡或闸室底板脱空以及堤身或堤基加固效果评价等
		瑞利波法	可用于探测堤防松散体、洞穴、护坡或闸室底板脱空以及堤身或堤基加固效果评价等，也可测定堤防介质的动弹性力学参数并对饱和砂土液化进行判定
7	温度场法		可用于探测浸润线以下的渗漏通道
8	同位素示踪法	单孔稀释法	可用于渗透破坏的测定，测定水平流速和流向、地层渗透系数（在已知水力比降时），判断多含水层中的涌水含水层和涌水量、吸水含水层和吸水量以及各含水层的静水头高度，测定垂向流速和流向等
		单孔示踪法	可用于渗透破坏的测定，测定垂向流速和流向
		多孔示踪法	可用于渗透破坏测定，测定地下水流向、孔间平均流速、平均孔隙度，计算地层弥散系数等

注　以上各种探测方法应根据方法适用范围、应用条件和探测对象特点单独或者综合应用。

（1）锥探法。锥探法主要分为人工锥探和机械锥探。人工锥探是先用钢锥对堤身进行钻孔，凭压锥入土用力大小来判断有无隐患；然后拔锥，向钻孔中灌砂或泥浆，视灌入次数和量的多少来定量地测定隐患程度。机械锥探与人工锥探的不同点在于锥探工具，机械锥探是采用锥探机进行锥孔。锥探法主要应用于堤防洞穴隐患探测。它的优点是设备简单、操作方便，最大缺点是必须以钻孔来破坏堤防才能探测隐患，而且探测准确度不高，往往钻孔数量较大。所以锥探作为一种堤防隐患探测方法现在很少应用。它已在此基础上发展成为一种堤防固结灌浆的加固技术。采用锥探法应满足以下条件：①被探测堤防为土堤，常在非汛期使用，堤防挡水后就很少使用；②探测区应无冻土层。

1）人工锥探。使用的工具有钢筋锥（或钢管锥），具有一定的刚度，由锥身、锥头、钳夹、锥架等四部分组成。探测深度在 10m 以内的堤防隐患，用钢筋锥；探测深度大于 10m 时，则采用钢管锥。

人工打锥造孔是在堤身锥眼布置的位置挖小型方坑后灌满水，通过人工反复拔插钢钎钻进，直至达到钢锥能及的深度。根据压锥用力的大小，凭直观判断堤身内是否有隐患的存在。一般打锥每组配备 4 人，要求经验丰富的工人进行操作。

2）机械锥探。使用的工具主要为锥探机。主要步骤有以下几个方面。

A. 锥探准备及锥眼布置：对被锥探堤段进行勘查、测量，确定锥探范围、深度、工作程序。

机械锥孔的方法是将锥孔机定位后，锥杆由挤压轮夹紧，转动挤压轮便将锥杆压入堤内。当土质松软时，可快速进锥；当土质坚硬、挤压轮打滑时，可通过调整弹簧组增加挤压力，改为慢速进锥。锥杆进深由指针显示，达计划深度后，便改换挤压轮转动方向，将锥杆提起，移至下一孔位。

B. 拌制泥浆：一般以无杂质的黏土或重粉质壤土作为土料加水后用制浆机搅拌成泥浆。泥浆比重配制为 1.4～1.6，常能满足灌浆要求。

C. 灌浆：是用灌浆机通过管道抽吸储浆池或灌浆筒内泥浆，加压后由出浆管输入锥孔。灌浆压力初拟 0.06～0.15MPa，具体实施时要根据现场灌浆试验确定，并根据现场施工情况随时调整。灌浆中采用"少灌多复""先稀后浓"的方法进行灌浆。根据灌浆次数和灌浆量来判断堤身的隐患是否存在。

（2）地球物理探测法。地球物理探测法是以岩（土）矿物间的地球物理性质之间的差异为基础，通过接收和研究以岩、土为代表的地质体，在地表及周围空间产生的地球物理场的变化与特征来推断地质体存在状态的一种地质探测方法。采用地球物理探测法的堤防隐患包括洞穴、裂缝、松散体、高含砂层、护坡脱空区、古河道、砂砾石层和渗漏、管涌等。

地球物理探测法是对堤防先普遍检查，再详细检查，普遍检查要能探测出堤防隐患分布情况，详细检查要能探测堤防各类隐患的性质、位置、埋深和范围；详细检查可在普遍检查所反映的隐患分布堤段进行；详细检查堤段长度不少于普遍检查堤段总长的 20%。

1）探测机构和探测人员要求。探测机构要求具有省级或省级以上计量认证主管部门的实验室资质认定证书，并符合国家有关行业主管部门的要求。探测人员要求经过国家相关部门的培训，并取得上岗证，持证上岗。

2）仪器要求。堤防隐患探测使用的仪器应达到相关标准规定的技术指标。

3）探测内容。主要包括外业工作、资料解释与验证、成果报告等内容。

A. 外业工作。探测前要详细调查收集被探测堤段以往的设计、施工、运行情况以及历次洪水期险情处置情况的资料。

测点布置：测点桩号与堤防桩号最好保持一致，且递增方向与堤防桩号的递增方向一致。当堤顶宽度不大于 4m 时，宜沿堤顶中线或迎水面堤肩布置一条测线；当堤顶宽度小于 4m 时，要沿迎水面和背水面堤肩各布置一条测线。必要时，可根据追踪隐患分布的需要，在堤顶中线、堤坡、堤脚处，或垂直堤身轴线布置测线。

探测时要填写探测班报：探测过程中，发现异常点要进行重复观测。重复观测的工作量最好不少于总工作量的 5%，检查点要均匀分布在全测区。

探测资料：当日进行初步整理，内容包括将仪器内的资料备份，将测点号转换为堤防桩号，检查不同测段之间是否有遗漏段、资料是否齐全等，可疑资料在次日到现场查看或重测。

B. 资料的解释与验证。资料解释可以按照以下步骤进行：整理资料→绘制图纸→分析探测资料，制定解释原则→确定隐患的性质、位置及埋深→提出验证意见，组织验证→根据验证结果修正解释→堤身质量分类→成果图绘制与打印→报告编写。

在条件允许情况下，对有代表性的堤段及隐患，要采用探井、钻孔、锥探等方法验证，取样做土工试验。

C. 成果报告。主要包括概况、探测原理与方法技术、资料分析与解释、结论与建议、有关附图和附表等内容。

①概况包括堤防概况、探测任务及目的、工作起止时间、完成的工作量、堤防地质情况等；②探测原理与方法技术包括探测技术原理、测线布置、仪器设备、工作参数及质量控制；③资料分析与解释包括原始资料评价、资料处理与解释方法、参数选用、异常分析、隐患推断解释及成果分析；④结论与建议包括堤防质量评价、隐患处理建议等；⑤附图主要包括方法原理图、现场作业图、典型成果图等；附表主要包括工作量统计表、物性参数表、仪器参数表、解释成果表、系统检查数据对比表、验证检查结果表等。

（3）直流电阻率法。直流电阻率法分为电阻率剖面法和高密度电阻率法。这两种方法都是依据隐患与周边介质的电阻率差异探测堤防隐患的一种电法勘探方法。不同的是其中电阻率剖面法是指将某一装置形式保持固定，沿测线观测一定深度内电阻率在水平方向的变化；而高密度电阻率法是电阻率剖面法和电测深法的组合，可同时探测电阻率沿水平和垂直方向的变化情况。

1）直流电阻率剖面法探测堤防隐患应满足条件见表 7-3。

表 7-3 直流电阻率剖面法探测堤防隐患应满足条件表

序号	方法名称	满 足 条 件
1	电阻率剖面法	（1）接地条件良好； （2）堤防表面平坦，方便布设电极； （3）被测堤防隐患与周边介质有明显的电阻率差异，所用装置的探测深度可控； （4）测区内没有较强的电流或电磁干扰
2	高密度电阻率法	除满足电阻率剖面法，还应满足： （1）电极单元总数不宜少于 30 个； （2）应具有电极单元及接地电阻自动检测功能； （3）测量过程中能实时显示数据和图形

2）直流电阻率法常用的探测仪器设备见表 7-4。

表 7-4 直流电阻率法常用的探测仪器设备表

序号	仪器设备名称	特 点
1	高密度电阻率法堤防隐患探测仪（HGH-Ⅲ型堤防隐患探测系统）	高速采集、快速处理、实时显示，实现行动寻址功能
2	E60 型高密度电阻率仪	主机程控，体积小，防水、散热好

序号	仪器设备名称	特　点
3	WGMD-1型高密度电阻率测量系统	主机一机多用、数据采集精度高、测量速度快、存储量大
4	DUM-2型高密度电阻率仪	数据量大、信息多、观测精度高、速度快和探测深度大
5	E60C型高密度电法工作站	应用范围广、存储量大，能做到实时高密度电阻率数据成像与分析
6	E60B型高密度电法工作站	
7	E60BN型高密度电法工作站	

3）探测方法。

A. 电阻率剖面法。电阻率剖面法宜选用对称四极剖面法或中间梯度法。

a. 外业工作。除符合7.1.2节（2）外业工作要求外，还应满足以下技术要求：测点距一般为2m，测量电极间距的平均数应等于测点距；采用对称四极剖面法探测时，供电电极间距的平均数宜取堤身高度的0.7～1.4倍；采用中间梯度法探测时，供电电极间距的平均数宜取堤身高度的3～5倍；电极需布置在一条直线上，弯曲堤段需分段探测；测量电极间距的接地电阻应小于仪器输入阻抗的1‰；最高电位差和最大电流强度不能超过所用仪器的额定值，最小电位差不能小于3mV，最小电流强度不能小于3mA；每班开工和收工时，需进行漏电检查。

b. 数据处理与资料解释。除按照7.1.2节（2）相关步骤进行外，还应满足以下技术要求：资料整理内容包括将探测班报按测线和堤防桩号顺序装订成册等；绘制视电阻率剖面图，图号根据堤防桩号由小到大编写，图的横坐标应为堤防桩号，纵坐标应为视电阻率，图的比例一般取1∶200、1∶500、1∶1000；成果图表一般包括视电阻率剖面曲线图、隐患分布图、视电阻率背景值图、隐患探测成果表、堤身质量分类表等。

B. 高密度电阻率法。高密度电阻率法宜选用四极、三极或偶极装置。

a. 外业工作。除符合7.1.2节（2）外业工作要求外，还应满足以下技术要求：电极距应等于测点距，一般大于2m；探测过程中测量电极间距应保持不变，且等于1个电极距；探测深度应保证至少深入堤基4m；重复观测在每个排列完成后设置2层或2列进行。

b. 数据处理与资料解释。除按照7.1.2节（2）相关要求外，还应满足以下技术要求：绘制高密度视电阻率色谱图（灰度图、等值线图）；提取不同极距的视电阻率值，绘制视电阻率剖面图；结合普查资料与验证资料确定隐患的性质、位置和埋深。

（4）自然电场法。自然电场法包括电位法和梯度法。它是通过观测地下水与岩土的渗透、过滤作用和溶液中离子的扩散、吸附作用以及地下介质的电化学作用等因素而产生的自然电场的特点和规律，探测堤防渗流、管涌通道，确定渗漏进口位置及流向的一种电法探测方法。该方法最大的优点是仪器设备比较简单，普通电测仪即可满足检测要求。

1）自然电场法探测堤防隐患应满足条件见表7-5。

表 7-5　　　　　　　　　　　自然电场法探测堤防隐患应满足条件表

方法名称	满 足 条 件
自然电场法	(1) 渗流场有较大的压力差，在渗透过滤、扩散吸附等作用下形成较强的自然电场； (2) 测区内没有较强的工业游散电流、大地电流或电磁干扰

2）自然电场法常用的探测仪器设备见表 7-6。

表 7-6　　　　　　　　　　　自然电场法常用的探测仪器设备表

序号	仪器设备名称	特　　　点
1	Terrameter SAS-4000 电法仪	友好用户界面，实时滚动成像，存储量大，坚固防水，可用于钻孔记录
2	CTE-1 型智能电流电法仪	发射、接收一体化，数字液晶显示，多参数测量，掉电保护，采用高精密 24 位模数转换器，全密封结构
3	CTE-2 型智能激发极化仪	
4	CTE-3 型数字直流电法仪	

3）探测方法。

A. 外业工作。除符合 7.1.2 节（2）外业工作要求外，还应满足以下技术要求：探测渗漏管涌进水位置时，一般在距岸边 0.5m 左右在水面设 1 条测线；探测渗漏管涌进水通道时，除设前述水面测线外，一般在前后坡面、堤肩、堤脚、地面等处增设平行于堤防的测线；一般选较大点距（5~10m）探测，发现异常再用较小点距（最小 1m）加密探测；一个测区在观测前和观测后应观测电极极差，电极应接地良好。

B. 数据处理与资料解释。除符合 7.1.2 节（2）相关数据处理与资料解释要求外，还应满足以下技术要求：背景值宜根据电位曲线平稳程度，采用数理统计方法选取。可靠异常宜根据测区情况确定。成果图表应包括自然电位曲线图、隐患分布图。

（5）瞬变电磁法。瞬变电磁法（也称时间域电磁法），是向地下发送脉冲电磁波，通过测量由脉冲电磁场感应的地下涡流产生的二次电磁场探测堤防隐患的一种电法探测方法。

1）瞬变电磁法探测堤防隐患应满足条件见表 7-7。

表 7-7　　　　　　　　　　　瞬变电磁法探测堤防隐患应满足条件表

方法名称	满 足 条 件
瞬变电磁法	(1) 测线应避开金属物体、高压电力线等； (2) 仪器接收信号频宽大于 800kHz； (3) 若使用多道接收机（3 分量接收），每道的幅频特性与相频特性应一致，差别不大于 5%

2）瞬变电磁法常用的探测仪器设备见表 7-8。

表 7-8　　　　　　　　　　　瞬变电磁法常用的探测仪器设备表

序号	仪器设备名称	特　　　点
1	SDC-2 型时间域瞬变电磁隐患探测仪	分辨率高、灵敏度高、探测速度快、操作简便
2	SDC-3 型时间域瞬变电磁隐患探测仪	相比 SDC-2 型，分辨率更高，探测速度更快，但探测深度小

序号	仪器设备名称	特 点
3	TEMS-3S 瞬变电磁测深系统	设备轻便，自适应的软件系统，抗干扰能力较好，整体具有较高的信噪比
4	PROTEM 瞬变电磁系统	适合所有瞬变电磁法应用领域，最新的 PROTEM 接收机可节省开关频率，实现重复观测，全时间段的自动观测

3）探测方法。

A. 外业工作。除符合 7.1.2 节（2）外业工作要求外，还应满足以下技术要求：重叠回线装置用在探测大范围松散体、砂层等隐患；中心回线装置一般用在探测渗漏通道和小范围松散体、砂层等隐患；根据探测要求选择回线边长、匝数及供电电流，保证有足够的发射磁矩；一般采用电阻小、绝缘性能好的导线，每 1000m 导线电阻应小于 6Ω；在每个测点或相隔几个测点上测定电磁噪声的电平；进行重复观测和系统检查观测，每个测点观测完毕，应对数据和曲线进行检查，合格后方可搬站。

B. 数据处理及资料解释。除满足 7.1.2 节（2）相关数据处理与资料解释要求外，还应满足以下技术要求：堤坡上探测时，早期的电磁响应特性宜进行地形校正；通过处理软件计算和绘制视电阻率-深度、视时间常数-深度、电压幅值比值、视纵向电导深度断面图；解释工作根据瞬变电磁的响应时间特征和剖面曲线类型划分背景场及异常场，确定地电模型，划分异常。

（6）探地雷达法。利用雷达发射天线向地下发射高频脉冲电磁波，由接收天线接收目的体的反射电磁波，以探测堤防隐患的一个勘探方法。探地雷达法可选用剖面法、透射法、宽角法或共中心点法等。

探地雷达法探测堤防隐患应满足条件见表 7-9，常用的主要探测仪器设备见表 7-10。

表 7-9　　　　　　　　探地雷达法探测堤防隐患应满足条件表

名称	满 足 条 件
探地雷达法	（1）隐患与周边介质之间有明显的介电常数差异，埋深及规模应在探地雷达法探测深度范围内； （2）表层无低阻屏蔽层； （3）探测区内无大范围的金属体或无线电发射频源等较强的人工电磁波干扰

表 7-10　　　　　　　　探地雷达法常用的主要探测仪器设备表

序号	仪器设备名称	雷达型号	特 点
1	三维成像探地雷达	LTD-10	一体化设计，轻便实用，探测效率高，全数字化，操作方便、显示直观，无损探测
2	多功能探地雷达	桑德 12-C	除一般探地雷达特点外，还具有便携、多功能的优点
3	ERA 公司探地雷达	SPRSCAN 系列	应用广泛，方便在地上来回扫描，所有数据由内置微机完成
4	RAMAC/GPR	X3M 探地雷达主机	高集成化，体积小，功耗低，抗干扰能力、穿透能力强，数据传输速度快

探测方法。

A. 外业工作。除符合 7.1.2 节（2）外业工作要求外，还应满足以下技术要求：普查时点测间距一般为 0.5~1m，连测天线移动速率宜用较大值。详查时点测间距应为 0.1~0.5m，连测天线移动速率宜用较小值；中心频率的选择在探测堤身隐患时，应兼顾探测深度和分辨率两个方面。在探测护坡脱空及破坏范围时，选用的中心频率不小于 250MHz 的天线；记录时窗宜选取最大探测深度与上覆介质平均电磁波速度之比的 2.5~3 倍；采样率宜选用天线频率的 15~20 倍。发射与接收天线间距宜小于最大探测目标埋深的 20%。

B. 资料检查和评价应符合下列要求：提供检查和评价的雷达资料应经过初步编辑，编辑内容含测线号、里程桩号、剖面深度等。

检查观测图像与原始图像的异常形态和位置应基本一致，且两次观测的同一异常水平位置在工作比例尺的平面图上应保持不大于 1mm，而深度相对误差不应大于 10%。

C. 数据处理与资料解释。除符合 7.1.2 节（2）相关数据处理与资料解释要求外，还应满足以下技术要求：数据处理包括压制干扰信号、突出反射波、地形校正等，处理方法可选用数字滤波技术、偏移绕射处理技术、图像增强技术等；资料解释包括辨认和追踪有效波的同相轴、反射波的提取、有效异常的确定、隐患分类原则等；绘制雷达解释剖面图，图上应标明堤身高度，勘探点的位置以及隐患的性质、位置和埋深，堤身质量分类结果等。

（7）瑞利波法。瑞利波是一种常见的界面弹性波，是沿半无限弹性介质自由表面传播的偏振波。它是由 L·瑞利于 1887 年首先指出其存在而得名。地震学中称其为 R 波或 L 波。

瑞利波法探测堤防隐患应满足条件见表 7-11，常用的探测仪器设备见表 7-12。

表 7-11　　　　　瑞利波法探测堤防隐患应满足条件表

名称	满足条件
瑞利波法	（1）被探测地层与其相邻层之间、隐患与背景介质之间存在明显的波速差异； （2）被探测地层应为横向相对均匀的层状介质

表 7-12　　　　　　瑞利波法常用的探测仪器设备表

序号	仪器设备名称	特　点
1	瑞利波探测仪	线性相移极好，通频带内电压波动小，系统不需要外加前置抗混叠滤波器
2	SE2404EP 型综合工程探测仪	多通道振动监测，高性能处理器和大容量存储，满足现场数据实时处理，滚动采集功能
3	SE2404M 型综合工程探测仪	除 SE2404EP 型综合工程探测仪特点外，还具有野外电子笔操作，内置标准键盘方便室内使用，体积小，功耗低，高分子液晶显示器

探测方法。

A. 外业工作。除符合 7.1.2 节（2）外业工作要求外，还应满足以下技术要求：测点间距宜为 20~100m，重点或异常堤段可适当加密；一般采用展开排列的方式分析有效波和干扰波的分布特征，试验压制干扰波的方法，选择激发与接收方式，确定能接收到各种有效波信息的仪器工作参数及观测系统等。展开排列的长度宜为探测深度的 1~2 倍；探测中遇到局部堤段记录质量变差时，应分析原因并通过试验重新选择仪器工作参数；检波器固有频率和频宽应与探测深度相符，宜选用固有频率为 1～40Hz 的垂直检波器；接收仪器应设置全通，采样间隔应小于面波最高频率的半个周期，时间测程应包括最远道低频面波的最大波长。

B. 数据处理与资料解释。除符合 7.1.2 节（2）相关数据处理与资料解释要求外，还应满足以下技术要求：瞬态瑞利波处理数据时，应选定频谱分析时窗，进行振幅谱和相位谱分析，将时窗内各地震道不同频率的瑞雷波分离出来，选用合理的处理方法得出瞬态瑞利波的频散曲线。

横向均匀介质数据处理宜采用变偏移距叠加方法，高频段叠加近道，低频段叠加远道，偏移距大小可根据浅部或深部探测目标选择；一般选用互相关法，也可选用相位差法、频率波数法和空间自相关法计算瞬态瑞利波速度，可选用极值法或近似点法求取层速度、一次导数法或拐点法求取层厚度。

瞬态瑞利波的深度转换可选用半波长法，按泊松比进行校正，也可参照测区已有资料对比解释；频散曲线应以瞬态瑞利波的频率为纵轴、速度为横轴绘制波速-频率曲线，也可绘制波速-深度曲线。

7.2 堤防加固

堤防通过隐患探测发现的各类隐患，加固前除探测资料外，还要收集掌握加固所需的基本资料，所需基本资料包括：①工程及水文地质资料；②安全检查、监测及隐患探测资料；③堤防建设情况和历史上出现险情的资料。这些都是进行堤防安全复核的重要依据，也是进行堤防除险加固工程设计和选择施工方法的科学基础。以便为堤防的安全评价和除险加固措施的选择提供科学依据，避免盲目性。在此基础上，有针对性地开展堤防的安全复核工作，并做出需要加固的堤段范围和可能采取的加固措施，最后制定合理的除险加固办法，以防患于未然。

针对不同的隐患类型，堤防主要加固技术见表 7-13。

表 7-13　　　　　　　　　　　　　堤防主要加固技术表

序号	隐患类型	加固方法
1	洞穴及裂缝处理	（1）开挖回填； （2）充填灌浆； （3）锥探灌浆； （4）劈裂灌浆
2	渗漏处理	（1）防渗斜墙； （2）土工模袋混凝土； （3）垂直防渗技术（包括堤身垂直防渗技术、堤基垂直防渗技术）； （4）水平排水； （5）贴坡排水； （6）透水戗台

序号	隐患类型	加 固 方 法
3	管涌处理	(1) 临水侧防渗铺盖； (2) 垂直防渗； (3) 背水侧压渗盖重； (4) 排水沟； (5) 排水减压井
4	护坡脱空区处理	(1) 滑坡的加固技术； (2) 崩岸的加固技术

7.2.1 洞穴及裂缝处理

（1）开挖回填。

1）加固机理。对堤身存在的动物活动或由于雨水冲刷、渗流形成的洞穴，通过开挖，回填土进行夯实，消除隐患，以达到堤身稳定安全的目的。

2）适用条件。适用于埋藏较浅的洞穴的加固处理。

3）施工方法。先将洞穴内的松土挖出，然后分层填土夯实，直到填满洞穴、恢复堤身原状为止。如洞穴位于临水侧，宜采用透水性小于原堤的土料进行回填，如位于背水坡，宜采用透水性能不小于原堤身的土料进行回填。

（2）充填灌浆。

1）加固机理。充填灌浆是利用泥浆的自重压力，将泥浆注入堤防体内充填已有的裂缝、洞穴等隐患处，以达到加固堤防目的的一种施工方法。

2）适用条件。当洞穴埋藏较深开挖回填困难时，可以采取充填灌浆的办法进行处理。在砂质地基易产生渗漏、土质松散的堤段应用较多。

3）施工方法。

A. 施工准备。灌浆施工前准备充足的灌浆材料，土料储量一般为需求量的2～3倍。灌浆所用的土料和浆液应进行试验。土料试验包括颗粒分析、有机质含量及可溶盐含量等。浆液试验包括密度、黏度、稳定性、胶体率及失水量等。制浆用水应为天然淡水，浆液中需掺入水泥、水玻璃、膨润土等材料时，所有材料品质应满足相关的技术标准。灌浆土料、灌浆浆液性能要求分别见表7-14和表7-15。

表 7-14　　　　　　　　　　　灌浆土料性能要求表

项　目	性能指标	备　注	项　目	性能指标	备　注
塑性指标/%	10～25		砂粒含量/%	<10	粒径小于0.5mm
黏粒含量/%	20～45		有机质含量/%	<2	
粉粒含量/%	40～70		可溶盐含量/%	<8	

表 7-15　　　　　　　　　　　灌浆浆液性能要求表

项　目	性能指标	项　目	性能指标
密度/(t/cm³)	1.3～1.6	稳定性/(g/cm³)	<0.1
黏度/s	30～100	失水量/(mL/30min)	10～30
胶体率/%	>80		

造孔和灌浆机具要选择工作性能可靠、耐用的。主要灌浆机具如泥浆泵、注浆管及输浆管等应有备用。灌浆所用的电源或其他动力应保证充分。

灌浆前应选择有代表性的堤段进行生产性灌浆试验，试验孔不少于3个。

B. 灌浆孔布置。灌浆孔一般布置在隐患处或附近，可按梅花形布置多排孔，孔距1.0～2.0m，排距1.0～2.0m，布孔时先以距外堤顶边线1.0m处为第一排孔，依次向内布置。堤面狭窄的地方应调整排距。

C. 工艺流程。测量定位→造孔→制浆→灌浆→封孔→灌浆质量检查。

D. 方法。

a. 造孔。造孔采用锥探机分序进行，一般要求二至三序。孔径较小，一般为30～35mm，孔深一般要超过隐患深度1～2m，造孔应保证铅直，孔位偏差不大于10cm，孔斜率不大于孔深的2%。采用干法造孔，不要用清水循环钻进，以免影响灌浆质量。

b. 制浆。制浆采用泥浆搅拌机拌制而成，浆液配制水土比一般为2∶1～1∶1，浆液的各项指标应按设计要求控制。制浆过程，先按配比将适量的水和土料投入搅拌机内，搅拌10min后便成泥浆，然后通过不大于20目的筛网孔过滤，流入储浆桶内储存。

c. 灌浆。钻孔至设计深度，提出钻具，在钻孔中下入直径比钻孔略小的灌浆管，至距离孔底0.5～1.0m处，灌浆管与钻孔壁紧密结合，以防灌浆时冒浆。按纯压式灌浆方式连接灌浆管路，进行灌浆。孔口灌浆压力一般小于50kPa。灌浆多采用自下而上分段灌浆法，深孔灌浆时，分段长度宜加大至5～10m；在浅孔灌浆时，通常不下套管，也不分段。

灌浆顺序：先灌上游排孔，再灌下游排孔，后灌中排孔。

灌浆开始先用稀浆，经过3～5min后，再加大泥浆浓度。若孔口压力下降和注浆管出现负压，应加大泥浆浓度。在灌浆中，先对第一序孔轮灌，采用"少灌多复"的方法，待第一序孔灌浆结束后，再进行第二序孔灌浆，第二序孔灌浆结束后再灌第三序孔。灌浆过程中，应尽量避免堤面出现裂缝。灌浆过程中，浆液密度和输浆量每小时测定1次；浆液的稳定性和自由析水率每10d测1次，浆液发生变化时，应随时加测。

灌浆结束标准：经过分段多次灌浆，浆液已灌注至孔口，且连续复灌3次不再吸浆，可结束灌浆。该灌浆孔的灌注压力或灌浆量已达到设计要求。

d. 封孔。将灌浆管拔出，向孔内注入密度大于 $1.5t/m^3$ 的稠浆。若孔内浆液面下降，则应继续灌注稠浆，直至浆液面升至孔口不再下降为止。

e. 灌浆质量检查。质量检查包括过程质量检查和最终质量检查。

过程质量检查的主要内容包括：灌浆孔孔位、孔深，浆液性能、灌浆过程控制情况，各孔段灌浆结束条件，特殊情况处理等。

最终质量检查的主要内容包括：堤体内部的密度、连续性、均匀性，堤面裂缝、浸润线出逸点、渗流量变化情况等。

最终质量检查方法应以分析灌浆过程资料，结合分析钻孔、探井取样等其他检查资料，进行综合评定。

4）特殊情况处理。

A. 裂缝处理。当出现纵向裂缝时，应分析原因。对于湿陷缝，可继续灌浆；对于劈裂缝，应加强观测，当裂缝发展到控制宽度，立即停止灌浆，待裂缝闭合后再恢复灌浆。

当出现横向裂缝时，应立即停灌检查。裂缝深度浅时，可沿裂缝开挖适当宽度，用黏土回填夯实，然后继续灌浆。较深时，采用稠浆进行灌注。

B. 冒浆处理。堤顶和堤坡冒浆，应立即停止灌浆，挖开冒浆出口，用黏性土料回填夯实。钻孔周围冒浆，采用压砂做反滤处理或采用间歇灌浆的方法处理。

C. 串浆处理。灌浆初期发生相邻孔串浆，若确认对堤防安全无影响时，可与灌浆孔同时灌注；若不宜同时灌注，可堵塞串浆孔。当灌浆后期相邻孔串浆，可减少 1 次灌浆量。

D. 塌坑、隆起处理。塌坑采用挖除该部位的泥浆和稀泥，回填土料，分层夯实。发现堤身隆起时，应立即停灌，分析原因，若确认不是滑坡有关的隆起，待停灌 5～10d 后继续灌浆，并注意观测。

E. 应用实例。山西省月岭山水库是白玉河上的控制性工程，坝址在沁县故县镇徐村以东，总库容 2111 万 m³，在 2001 年 7 月水库蓄洪运行中，当库水位上涨到一定高度时，在大堤上游与堤相邻的左岸台地处出现冒泡现象，当水位降落时冒泡现象消失，经当时现场分析认为是此处土体密度低，存在孔洞或空隙所致。为改善这一现象，设计对此处进行充填灌浆加固。灌浆孔呈梅花形布置，间距 2m×2m，灌浆孔深深入坝基以下 3m，采用分段灌注方法，由下至上，下套管分段灌注，遵循"少灌多复"的原则，施工过程中加强了对大堤的变形观测，防止意外事故发生。灌浆完成后，通过质量的检查，加固效果较好。

（3）锥探灌浆。

1）加固机理。造孔下套管灌注一定压力的防渗泥浆，形成铅直连续的防渗泥墙，填充堤身内部漏洞、裂缝或切断软弱层，从而提高土堤的防渗能力。

2）适用条件。可适用于各类砂砾石，黏土等材料的堤身。常用于处理迎水坡及堤身干缩裂缝、洞穴及处理范围不确定的其他隐患。

3）施工方法。

A. 施工准备。灌浆材料一般为黏性土料，选用黏土或重粉质壤土作为灌浆材料，要求黏粒含量为 30%～50%，粉粒含量为 40%～60%，砂粒含量小于 10%；塑性指数为 10%～20%。施工前应进行土料试验和浆液试验，保证材料质量满足设计要求。制浆用水采用天然淡水。造孔设备和灌浆机具性能满足施工需求。堤防锥探灌浆施工结合堤身隐患地段进行灌浆试验，验证可灌性，并制定灌浆技术参数，在灌浆试验完成后，根据设计、规范及试验参数，对堤防分段分片施工，完成后对灌浆质量进行检查。

B. 灌浆孔布置。视堤身隐患位置确定，一般采用梅花形布孔，排距 1m，同排孔距 2m。

C. 工艺流程。工艺流程包括：造孔→压水试验→制浆→灌浆→封孔→灌浆质量检查。

a. 造孔。常采用锥形钻头冲击式钻机成孔，孔径较小，一般孔径为 20～35mm，灌浆孔分为两序孔施工，先钻一序孔，待一序孔完成后方可进行二序孔施工。造孔采用干钻法，待钻孔深度达到灌浆范围深度时，在堤体段内下套管（套管底部与孔壁密封），其下部改换成小一级的钻具，继续钻孔、灌浆，直至达到设计深度。钻孔质量严格控制，孔斜控制在1%范围内，孔深符合设计要求。

b. 压水试验。钻孔冲洗完毕后，做灌浆段压水试验，压力按灌浆压力的80%控制，若大于1MPa，采用1MPa控制，压水20min，5min测读1次压水流量，取最后的流量值作为计算流量，以取得该段钻孔单位透水率值，为灌浆提供参考资料。

c. 制浆。灌浆用的浆液采用制浆机进行搅拌，黏土浆搅拌时间不少于3min。制浆时根据设计要求在泥浆中添加灭白蚁药物。

d. 灌浆。灌浆压力根据施工时的灌浆试验确定，初拟为0.06～0.15MPa。灌浆应按分序加密的原则进行，即先一序孔施灌，待一序孔完成后，方可进行二序孔施灌。灌浆时压力应尽快达到设计值，但注浆率大时应分级升压，灌浆浓度由稀到浓逐渐变换。

灌浆结束标准：采用自下而上分段灌浆时，在设计核定压力下，注入率大于0.40L/min，且小于1L/min时，可继续灌注60min，灌浆即可结束。

e. 封孔。灌浆封孔采用"分段压力灌浆封孔法"，即在全孔灌浆结束后，自下而上分段进行灌浆封孔，每段段长10m，浅孔可一次进行，灌注水灰比为0.5:1的浓浆，压力与灌浆压力相同，当封孔注入率不大于1L/min时，延续灌注30min停止，最上一段延续60min停止，灌浆结束后闭浆24h。

f. 灌浆质量检查。检查以检查孔压水试验成果为主，结合其他资料，综合分析评定。检查孔应在该部位灌浆结束14d后进行，孔数按灌浆孔10%布设，位置选择在中心线上、注入量较大、钻孔偏斜较大、分析认为灌浆有质量问题的部位。检查方法采用自上而下的钻孔压水法，压水试验采用单点法进行，检查的结果如达不到设计要求的应予以复灌处理。

4）应用实例。河南省淮河干流一般堤防加固工程治理堤防总长194.70km，堤身加固是淮河干流工程治理的主要内容，采用锥探灌浆对堤身进行加固是堤身加固的一项重要措施。采用干钻法，锥形钻头冲击式钻机成孔，灌浆孔分为两序孔施工，浆液采用纯黏土浆，灌浆采用分序加密原则进行，同时在灌浆过程中加入灭白蚁药物，对堤身防治白蚁起到了一定作用。灌浆完成后，对堤身内部的质量、堤面裂缝、防渗等进行了详细检查，锥探灌浆可以提高堤防的抗渗性和整体性，保证堤防安全运行，同时具有施工工艺简单、成本低和效率高等优势。

（4）劈裂灌浆。劈裂灌浆也是处理堤防洞穴、裂缝隐患加固的一种技术。它是对存在隐患或质量不良的土质堤防的堤轴线上钻孔、加压灌注泥浆形成新的防渗墙体的加固方法，堤身沿堤轴线劈裂灌浆后，在泥浆自重和浆、坝互压的作用下，固结而成为与堤身牢固结合的防渗墙体，堵截渗漏。与劈裂缝贯通的原有裂隙及孔洞在灌浆中得到填充，可提高堤体的整体性。

应用实例。安徽省寿县九里函段牛尾岗堤，土堤隐患为碾压质量差，施工接头多，堤身土块有架空现象，堤身出现裂缝，局部堤身、堤脚散浸、渗漏，因此，加固的关键是消除堤身中的裂缝、洞穴，增加坝体密实度，消除堤身湿陷性。经多方论证，采用劈裂灌浆方案，沿堤轴线共布两排孔，两排孔位交错呈梅花状布置，孔距2m。孔深高程至基岩强风化下限2m。浆液材料选用重粉质壤土或重壤土，孔口压力控制在98.1kPa以下，采用孔底注浆全孔灌注方法分次分序施灌，灌浆完成后通过探井开挖的土样前后比较，干容重有所提高，灌注的效果是显著的，灌浆处理方案是合理的。

7.2.2 渗漏处理

渗漏（也称渗透破坏）在堤防工程中非常普遍，只要堤防临水侧和背水侧存在水头差，堤防就有渗流的可能。随着汛期水位的升高，堤身内的浸润线逐步形成并不断抬高，堤基和堤身内的渗透比降也逐渐增大。当渗流产生的实际渗透比降大于土的临界渗透比降时，土体将发生渗透破坏。堤防的内在隐患，或堤身或堤基存在透水性强的松散体、高含砂层、砂砾石层时，易发生渗透破坏，危及堤防安全。根据堤防出现渗透破坏的部位不同，分为堤身渗透破坏和堤基渗透破坏两大类。处理的方法一般遵循"上堵下排、中间截"的原则进行处理。

（1）防渗斜墙。

1）加固机理。采用不透水或透水性弱的材料，如黏土或土工合成材料，设置在渗水堤防的临水侧，阻断渗水通道，符合堤防防渗的"上堵"原则。

2）适用条件。防渗斜墙的材料主要为黏土，普遍被采用在黏土含量较为丰富的堤防加固工程施工上，适用于均质土质堤防的渗水加固，但是相对于之前所提到的各类加固技术，黏土斜墙的防渗效果显得有些薄弱。因此，人们常将其与土工合成材料复合土工膜结合起来使用，因其施工便捷、花费时间少等优点被广泛使用。

3）应用实例。安徽省某水库属淮河流域，集水面积 3.8km²，是一座以灌溉、防洪及水面养殖等综合利用为一体的小（2）型水库。该水库大坝为均质土坝，大坝存在清基不彻底，大坝填筑时，质量控制不严，碾压不密实，坝段局部存在不同程度的渗漏，坝脚有散浸现象，经方案比较，大坝加固防渗体采用黏土斜墙，将塌陷、隆起的部分予以挖除，填筑分层碾压、夯实，压实度按 0.96 控制，同时土质防渗体尺寸满足控制渗透比降和渗流量的要求。加固后的水库，防渗效果较好。

（2）土工模袋混凝土。土工模袋混凝土是以土工织物加工成形的模袋内充灌流动性混凝土或水泥砂浆后护岸的一项新技术。这种技术既能起到防渗，又能对一些崩岸险工的处理起到护岸加固的作用。

1）加固机理。土工模袋是由上下两层土工织物制作而成的大面积连续袋状材料，利用高压泵将混凝土或水泥砂浆充填到土工模袋内，凝固后形成整体混凝土板，设置在堤防的临水侧，起到护坡防渗的作用。

2）适用条件。土工模袋作为一种新型的建筑材料，可以一次喷灌成型，施工简便、速度快，可广泛用于江、河、湖、海的堤坝护坡、护岸、港湾、码头等防渗加固工程。

3）应用实例。江苏省江阴市石庄段长江大堤采用模袋混凝土加固技术，通过稳定分析、排渗以及抗滑措施的设计计算，主要选用丙纶 WHC-150 型矩形模袋，布置于坡比为 1:3 的碎石坡面上，模袋混凝土下部顺坡向下延长约 30cm，上部在堤顶设宽 80cm 平台，并做防浪墙压重。模袋混凝土设计强度等级为 C20，采用泵送自下而上的顺序进行充灌。模袋混凝土护坡具有施工机械化程度高、施工速度快、可水下施工、整体性好、抗风浪冲击能力强的特点，近年来在堤防护坡加固工程中应用较广。

（3）垂直防渗技术。

1）堤身垂直防渗技术。对于存在松散体造成的堤身渗透破坏，埋深较浅时采用开挖回填，置换不透水的黏土材料；埋深较深时常用灌浆方法，主要通过锥探灌浆、劈裂灌浆或充填灌浆方法进行处理。在渗透破坏范围较广时，常采用建造防渗心墙的方法处理，主要处理方法如下：

A. 垂直铺塑。

a. 加固机理。在堤顶沿大堤走向用开槽机在堤身内垂直成槽，然后铺设土工膜并用黏土回填，土工膜具有良好的隔水性，从而达到降低堤身渗流量和浸润线的目的。

b. 适用条件。垂直铺塑防渗技术操作方便，铺膜速度快，加之材料价格低廉，适用于堤防防渗施工，在黄河堤防加固工程上应用较广。

c. 施工方法。

施工准备。沟槽回填用土采用黏土，黏粒含量为 20%～30%，且不含任何植物根茎、垃圾等杂质，有机质含量不大于 5%，有较好的塑性和渗透稳定性；垂直铺塑防渗材料宜选用复合土工膜，原材料主要为聚乙烯（PE），两布一膜中塑料薄膜厚度为 0.5mm。性能指标中抗拉强度、抗拉伸长率、垂直渗透系数、抗渗强度应满足相应的设计要求；设备采用链条式开槽机，安装前对堤顶面进行平整，修筑设备工作平台，采用汽车吊将铺塑防渗材料吊装到位，按照先主机组、柴油机组随主机安装同时进行，最后安装泥浆联合搅拌机等，安装后进行调试。

开槽。在堤顶沿堤轴线采用开槽机进行垂直开槽，开槽宽度一般为 30cm，深度要达到松散体渗水造成隐患部位处以下 1～2m，用测绳量取开挖深度。随着开挖的进行，按施工现场槽壁稳定性注入泥浆进行护壁，浆液比重一般为 1.3t/m³，浆液面离堤面保持在 20cm 以内。

铺塑。铺塑采用铺塑机垂铺法施工。铺塑前，将塑膜平顺卷入塑料机卷筒上，当沟槽形成长度不小于塑膜幅宽时，铺塑机及时进行垂直铺塑。铺塑前应将塑膜底部卷起，用缝仓机缝成几个口袋状，将铺塑机的加重杆插入其中，并将口袋中加满土进行压重（如无铺塑机也可直接加土压重），使塑膜沉入沟槽底部，并结合良好。塑膜铺设后要紧贴渠道侧沟槽槽壁，且塑膜搭接应平顺紧贴，搭接宽度大于 100cm，上部预留 2m 塑膜，以备上部固定使用。

沟槽回填。土工膜铺入沟槽后，及时回填，以防止槽壁坍塌。先进行初填，在槽底均匀回填厚度大于 1m 后，从土工膜的一侧均匀投入土料，并对投入沟槽的土料注水加速下沉。初填完成后，经 7～10d 的沉降期，在沟槽顶部加土料填平夯实。开槽作业应超前回填土作业范围 10m 以上，以利铺塑达到设计深度。

质量检查。对填筑完成的土体进行干密度、含水量的检测，抗剪强度试验采用饱和快剪试验方法，是否达到设计要求，压缩试验采用快速法，看土料属于哪种压缩性土。通过渗透系数试验，对比施工前后的堤身渗透系数和要求达到的设计渗透系数，从而确定加固后的堤防的防渗效果。

d. 应用实例。辽宁省铁岭市铁岭县桑敦子、丈沟子村砂基防渗段位于辽河干流石佛寺水库上游，该段堤防堤身由粉砂、粉质黏土组成，防渗效果较差。通过设计的渗流计算以及方案的经济比选，采用垂直铺塑防渗技术，材料选用厚度为（0.5±0.06)mm的土工膜，帷幕长度、深度均满足防渗技术要求，土料就近取材，结合临水侧的防渗斜墙（主要防渗材料为土工膜），经过以上措施处理后，桑敦子堤身的渗流量得到有效控制，逸出点比降明显降低很多，处理效果明显。

B. 套井黏土防渗心墙。

a. 加固机理。采用冲抓钻机，先主孔后套孔的顺序造孔并回填黏土夯实，形成黏土防渗心墙，进行防渗。

b. 适用条件。适用于一般的均质土堤堤防的防渗加固。

c. 施工方法。在堤顶合适位置按设计要求布设套井，一般套井孔径为1.2m，孔深低于堤后地面2m，套井有效厚度0.85m，选用的黏土黏粒含量、含水率和渗透系数均应满足工程设计要求。施工采用冲抓钻机进行造孔，造孔采用两序孔，先进行主孔的成孔及回填，然后进行套孔的成孔及回填，钻机钻头每冲挖一次旋转一个角度，进而控制开挖的平滑性。孔深达到设计要求以后，将冲抓钻头更换为夯锤进行黏土回填，采用斗车控制回填黏土量，分层回填夯实，分层厚度和夯击遍数按试验的参数进行。最终形成连续的黏土防渗心墙。

d. 应用实例。浙江省余杭区西险大塘加固工程是太湖流域综合治理十项骨干工程之一，全长44.6km，其中4.1km设立套井黏土防渗心墙，采用CZ-22型冲抓钻机造孔，回填时将其改为夯锤进行回填夯实，原材料为黏土，造价低、防渗效果较好，对于土堤防渗加固是一种良好的防渗方法。

2）堤基垂直防渗技术。

A. 垂直防渗墙。防渗墙按墙体结构型式分，主要有槽孔型防渗墙、桩柱型防渗墙和混合型防渗墙三类，其中槽孔型防渗墙使用更为广泛。

a. 槽孔型防渗墙。

墙体材料。可采用混凝土、钢筋混凝土、塑性混凝土、土工膜、自凝灰浆。混凝土、塑性混凝土采用槽孔内下道管泥浆中的浇筑成墙工艺。钢筋混凝土则在浇筑前置入钢筋笼。

根据成槽的原理不同，其主要方法如下：

a）射水法。

工作机理。工作原理是由射水造墙机的水泵及成槽器中的射水喷嘴喷射出的高速泥浆水流，切割破坏由砂、土与卵石构成的地层，通过砂砾泵将水土混合回流，泥沙抽吸出槽孔。同时，利用卷扬机带动成槽器上下反复运动，进一步破坏地层，并由成槽器下沿刀具切割修整孔壁，从而形成有一定规格尺寸的槽孔。射水过程中防止周边孔壁坍塌，采用泥浆护壁，槽孔成型后采用导管法水（泥浆）下浇筑混凝土、塑性混凝土或钢筋混凝土形成防渗墙。

适用条件。适应于砂、土层和粒径小于100mm的砂砾石地层。

b）锯槽法。

工作原理。采用锯槽机，主要由近乎垂直的锯管在功率较大的上下摆动装置或液压装置（也称液压开槽机）的驱动下，锯管设置的刀刃切割地层，随锯槽机根据地层状况按

0.1~40cm/min 的速度向前移动开槽。采用泥浆护壁，正循环或反循环出渣。槽厚可为18~40cm，深度可达 40m，槽孔成型后，根据需要可采用导管法水（泥浆）下浇筑混凝土、塑性混凝土或钢筋混凝土形成防渗墙。从成槽工艺来说，锯槽法施工实现了墙体真正的连续。

适用条件。适用于砂、土层和粒径小于 100mm 的砂砾石地层。

c）抓斗法。

工作原理。按照抓斗结构特点一般可分为机械式抓斗和液压式抓斗。机械式抓斗是用钢丝绳借助抓斗本身的自重作用，打开和关闭抓斗的斗门，进行冲击和抓土作业，挖取土体并将其带出孔外，液压式抓斗是利用高压胶管，将液压传至斗体，作为完成抓斗开启和关闭的动力源，从而进行开槽。

适用条件。液压式抓斗在土、砂地层中工效较高，而机械式抓斗可进行冲抓作业，较适用于卵石和软岩地层。

d）气举反循环法（也称导管反循环法）。

工作原理。其成槽是由附着在导管上的潜水钻机（或冲击锤）钻削土体并落至槽孔的底部，再用空气压缩机向导管底部输送高压空气，使导管底部入口与导管顶部出口产生巨大压差，把削落的土体（或砂砾）随着循环泥浆一起喷出地面，泥浆经沉淀排渣后再补充到槽内。在潜水钻机完成一个槽孔的钻孔钻进后，导管平移至下一个钻位，再钻进、喷渣，如此循环，完成槽孔的成槽作业，可实现真正的连续成槽，该工法所用设备简单。

适用条件。适用于土、砂性地层及卵石含量较高的土层中成槽，在深层细砂或粉细砂地层中成槽更有优势。

应用实例。江西省廖坊库区八堡堤，堤基堤身防渗采用射水法造孔防渗墙，墙厚25cm，深 10~20m 不等。采用两序法进行造孔施工，槽孔内混凝土采用水下混凝土直管法浇筑，成型后的截渗墙渗透系数比加固前明显降低，有效截断了廖坊水库对该堤段的侧向渗流，取得了较好的效果；锯槽机建造防渗墙成墙工艺，最早于 1996 年研制成功并用于黄河流域堤防处理工程。在汉江遥堤加固工程部分堤段特殊的现场及地质等条件下，采用了该工艺进行塑性混凝土防渗墙的施工，取得了良好的效果；在安徽无为大堤、湖北咸宁长江干堤取约 5000m² 防渗墙做试验段，采用气举反循环法造墙，最大深度达到 37m，取得了良好效果。

b. 桩柱型防渗墙。桩柱型防渗墙主要为深搅法成墙技术，是在深层搅拌桩基础上发展起来的堤防防渗加固的一种新办法。

加固机理。它是利用水泥等材料作为固化剂的主剂，通过特制专用的深层搅拌机械，在地基土中边钻进边喷射固化剂，边旋转搅拌，使固化剂与土体充分拌和，由水泥和软土之间所产生的一系列物理化学反应，使软土改性形成具有整体性和抗水性的水泥土桩柱体，连续成墙后以截断渗流途径，达到延长渗径、降低渗流流速的目的。

适用条件。该法常用于淤泥、淤泥质土、黏土、亚黏土等地质的加固。

应用实例。荆南长江大堤防渗工程，采用双动力三头深层搅拌桩机成墙加固技术，设计防渗墙深度为 6.5~14.3m，固化剂采用 P.C 32.5 级普通硅酸盐水泥。历时 3 个多月，共完成防渗墙轴线长度 41.982km。工程已安全运行至今，并经过了 2000 年长江汛期的考验。

c. 混合型防渗墙。

加固机理。土壤固化剂是一种用于固化土壤的新的胶凝材料，用它代替传统的水泥材料，与土壤作用形成类似混凝土的防渗墙体，进行防渗加固堤防。

适用条件。土壤固化剂可适用于砂性土、黏土、淤泥质地基。

施工方法。采用"干拌"法施工，简化了混凝土防渗墙的施工工序，提高了成墙效率，与水泥土搅拌桩施工工艺相似，采用分序加密，以机械旋转方法搅动地层，同时喷入土壤固化剂，在松散细颗粒地层内形成防渗墙体。

应用实例。北京市永定河是全国七大重点防洪河道之一，为了简化混凝土防渗墙施工工序，提高成墙效率，在永定河堤防加固过程中，选用了固化剂作为水泥代替料，通过试验数据，认为方案可行，在 1996 年 10 月至 1999 年 5 月间，在 6 段永定河险工段中建造长约 3600m、深 6～12m、厚 0.6m 的固化剂防渗墙，截水总面积约 35000m²，施工过程中取样检测，其抗压强度均满足设计要求，达到了混凝土防渗墙的效果。

B. 高压喷射灌浆加固技术。

加固机理。采用钻孔，将装有特制合金喷嘴的注浆管下到预定位置，然后用高压水泵或高压泥浆泵（20～40MPa）将水或浆液通过喷嘴喷射出来，冲击破坏土体，使土粒在喷射流束的冲击力、离心力和重力等综合作用下，与浆液搅拌混合，并按一定的浆土比例和质量大小有规律地重新排列。待浆液凝固以后，在土内就形成了一定形状的固结体。

适用范围。该技术主要适用于软弱土层。砂类土、黏性土、黄土和淤泥等地层均能进行喷射加固，效果较好。对粒径过大的、含量过多的砾卵石以及有大量纤维质的腐殖土层，一般应通过现场试验确定施工方法。对含有较多漂石或块石的地层，应慎重使用。

应用实例。广东省佛山市某防洪堤防工程，堤基所处的地层自上而下为砂砾土、黏土、砂土、砂等。采用高压定喷防渗墙加固，防渗墙钻孔轴线位于堤顶的防浪墙内侧1.2m 处，防渗墙墙深 9.5m。施工完成后通过开挖、取样送检、围井注水试验及防渗墙施工后多年汛期观测效果来看，高压定喷在防洪堤中构筑防渗墙，达到了防渗效果，技术可行。

C. 强夯法。

加固机理。强夯法是利用大型履带式强夯机将 8～30t 的重锤从 6～30m 高度自由落下，对土进行强力夯实，迅速提高地基的承载力及压缩模量，形成比较均匀的、密实的地基，在地基一定深度内改变了地基土的孔隙分布。

适用条件。该法主要用于加固新建或改建堤防工程的基础处理，可用于碎石土、砂土、黏性土、杂填土、湿陷性黄土等各类堤防地基。它不仅能提高地基的强度并降低其压缩性，而且还能改善其抵抗振动液化的能力和消除土的湿陷性。

D. 振冲法（也称振动水冲法）。

加固机理。振冲法是指砂土地基通过加水振动可以使之密实的原理发展起来的地基加固方法，后来又被用于黏性土层中设置振冲置换碎石桩。振冲法是为改善不良地基，以满足建（构）筑物基础要求的地基加固处理方法。

按照地基土加密方式分类，振冲法可分为振冲挤密和振冲置换两类。振冲挤密是指经过振冲法处理后地基土本身强度有明显提高。振冲置换主要通过强度高的碎（卵）石置换出部分原土体，从而形成由强度高的碎（卵）石桩柱与周围土体组成的复合地基，从而提高地基强度。

适用条件。该法主要适用于砂土地基的堤防加固，如果土中的黏粒含量超过总质量的30%，则挤密效果显著降低。

应用实例。在云南省陆良县盘虹桥河堤加固中，采用振冲置换法约束滑动体的滑动，主要是从土体内部改善其物理力学性质，提高抗剪强度，较快而有效地消散因水位骤降产生的附加孔隙水压力，增强土体自身抗滑能力，达到稳定河堤的目的。振冲施工技术参数密实电流为85A，水压为300～800kPa，每延米填料量为0.9～1.0m³，振冲后桩间土的抗剪强度指标较原来增加9%，孔隙水压力只为原来的19%～97%。河堤采用振冲加固治理后运行良好，尤其是经受住了1994年南盘江陆良河段发生的迄今为止第三次大洪峰的考验。

E. 排水固结法。

加固机理。排水固结法是地基在荷载作用下，通过布置竖向排水井（砂井或塑料排水带等）使土中的孔隙水被慢慢排出，孔隙比减小，地基发生固结变形，地基土的强度逐渐增长。

适用条件。排水固结法主要解决黏土地基的沉降和稳定问题，适用于饱和软黏土、吹填土、松散粉土、新近沉积土、有机质土及泥炭土堤防地基的加固。

（4）水平排水。

1）加固机理。水平排水不但可以降低堤身的浸润线，对透水堤基还可以有效降低堤基的出逸比降，但会使堤基的渗流量有所增加。采用水平排水可以减小压渗戗台的工程量。

2）适用条件。这种方法在堤坝加高培厚和增设压渗台时结合应用。

3）施工方法。

常规方法。当采用砂砾料做水平排水体的材料时，材料的选择和施工要求应按照反滤层的设计和施工要求严格执行。当采用土工织物做反滤层时，采用一般的透水材料即可。但土工织物的选择与施工需按照反滤层的设计与施工要求严格执行。

水平排水板加固法。使用由土工布和塑料板构成的排水板代替砾石，施工采用机械插入法以避免开挖，以达到经济、有效、施工简便的目的。

水平排水板由3层土工织物组成，加工成凹凸形状的PVC板作为芯材，两侧张贴由聚酯做成的土工布，在起到反滤作用的同时保护在土工布和PVC凹凸之间形成的通水空隙，土中水可以从上下或侧面进入排水板然后水平排出。采用特殊的机械插入背水坡的坡脚位置，用水平排水板所具有的良好的透水性降低洪水渗透时的出口比降，达到提高河堤稳定性的目的。由于排水板水平设置，加上聚酯土工布和土体具有一定的摩阻力，不会对坡面的稳定性产生不良影响，也可以避免长期使用反滤材料引起的堵孔问题。使用前需根据相关的资料和试验确定水平排水板的透水性和具体的设置长度。水平排水板材料构成及工作原理分别见图7-1和图7-2。

4）应用实例。水平排水在部分长江堤防的扩建工程中应用较广，对原有堤防进行加高培厚或设置压渗平台时，通过设计计算在堤防背水坡一定高程位置设置水平反滤料进行排水，降低浸润线，以达到加固和稳定堤防安全的效果。

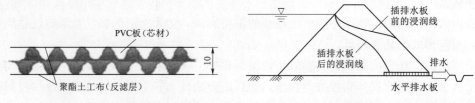

图7-1　水平排水板材料构成图（单位：mm）　　图7-2　水平排水板工作原理图

（5）贴坡排水。

1）加固机理。为避免渗水对堤坡的冲刷和渗流出口发生流土破坏，在堤防背水侧采用贴坡反滤进行处理，起到滤土排水的作用，符合渗流控制"下排"原则。根据铺设材料的不同，分为砂砾料贴坡排水和土工织物贴坡排水，土工织物滤层需和透水料一起使用才能形成反滤排水体。

2）适用条件。贴坡排水构造简单、节省材料、便于维修。常用于均质堤或浸润线较低的堤防，贴坡排水顶部应高于堤防浸润线的溢出点。

（6）透水戗台。

1）加固机理（也叫透水压浸平台）。它既能防止散浸造成的渗透破坏，又能加大堤身断面从而达到稳定堤坡的目的。

2）适用条件。一般适用于散浸严重、堤身断面单薄、背水坡较陡、外滩狭窄情况的堤防加固。

根据透水戗台设置位置可分为透水前戗和透水后戗两种类型。透水前戗在堤身临水侧填筑平台，一般称为前戗。材料选择渗透系数小的土料进行填筑，以降低背水侧出逸比降，符合渗流控制"前堵"的原则。同时也对堤身隐患起到补强作用。前戗的顶面高程应高出设计洪水位1m，一般顶宽为10m，临河坡比为1：3。透水后戗应采用比堤身透水性大的材料填筑，高度应高出渗水的最高出逸点0.5～1.0m，顶宽2～4m，坡比为1：3～1：5，长度应超出散浸堤段两端各5m。

7.2.3　管涌处理

管涌是渗透破坏的一种表现形式，一般是堤防地基上面覆盖有弱透水层，下面有强透水层，在高水位时，渗透比降变陡，渗透的流速和压力加大。当渗透比降大于地基表层弱透水层允许的渗透比降时，即在堤防下游坡脚附近发生渗透破坏，或者在背水坡脚以外地面，因取土、挖坑等破坏表面覆盖，在较大的水力比降作用下，渗水冲破土层，将下面地层中的粉细砂料带出而发生管涌。出现管涌，一般采取"上堵下排，反滤压重，保护管涌出口"的除险加固技术，主要方法如下：

（1）临水侧防渗铺盖。

1）加固机理。临水侧防渗铺盖是将黏性土料或混凝土水平铺设在透水地基堤防的临水侧，以增加渗流的渗径长度、减小渗透比降、防止地基渗透变形并减少渗透流量的防渗设施。

2）适用条件。在封闭式垂直防渗墙不尽合理，背水侧又无条件做压渗盖重，而临水侧有稳定的外滩时，可以采用临水侧防渗铺盖来减小背水侧堤基的出逸比降和地基渗流量，但其效果有一定限度。对近似均质透水堤基，临水侧铺盖的效果比较明显，当表层地层的渗透系数小于深部地层较多时，临水侧铺盖的效果将降低。

3）注意事项。一般应结合背水侧的渗流控制措施，如压渗盖重和减压沟（井），以达到有效控制堤基渗流、防止管涌破坏的目的。

（2）垂直防渗。与堤防渗漏隐患的加固方法相同，对发生渗流的部位采取建造垂直防渗墙的方法进行处理。

（3）背水侧压渗盖重。

1）加固机理。通过背水侧压渗盖重来防止堤基渗流对表土层的渗透破坏。

2）适用条件。当采用封闭式垂直防渗墙或其造价太高时，可以采用背水侧压渗盖重的方法，如果所需盖重太长，应考虑与减压沟（井）联合使用的方法。对于堤身高度较大的情况，可以设置两层压渗盖重平台。

3）施工方法。

A. 压实填筑法。可以自上而下依次采用不透水材料到透水材料。弱透水材料建造盖重时采用分层铺填，并使用碾压设备进行压实。用砂筑成的盖重，现场压实相对密度不小于65%，在堤坡与盖重的交界附近，要采取适当措施避免堤坡上的冲刷物淤塞盖体。

B. 吹填法。先采用推土机对吹填区进行清理，清理的渣土运至指定的弃渣场进行堆放。吹填使用的机械通常可采用绞吸式挖泥船，挖泥船采用分层、分条进行泥土的开挖，并向着成扇区进行移动，通过绞吸式挖泥船可将泥土挖出，并通过排泥管将其运输至吹填区。

C. 堤防淤背。利用吸泥船、泥浆泵等机械设备吸取江河泥沙，由管道水力输送到堤身背水侧沉淤，在黄河上称为淤背。它是防止基础管涌破坏的有效控制渗流措施之一。淤背的厚度可通过计算确定，一般高出背河堤坡出逸点1.5m，淤背体边坡坡比为1：5。淤背的宽度难以计算，常根据经验和历史出现险情范围来确定。如：根据黄河出现险情的情况调查，基本上集中在背水坡脚以外100m的范围以内，但也有一小部分发生在背水坡脚100m以外的。黄河险工地段按100m宽控制。在某些情况下，在淤背末端又有新的险情出现，但规模较小，可通过排水减压设施进行控制。

D. 应用实例。在21世纪初的堤防工程实践中，采用吹填（长江）和放淤固堤（黄河）的方法取得了成功，既加固了大堤，又对河道起到了一定的清淤作用，造价也相对较低，具有推广应用价值。

（4）排水沟。

1）加固机理。设置在堤防背水侧堤脚处，在堤防地基中出现弱透水层厚度不能满足承压水头作用时，需要设减压沟用以排水。

2）适用条件。双层结构、表土层较薄、下卧透水层较均匀的地基，透水性均匀的单层结构地基以及上层透水性大于下层的双层结构地基。

3）施工方法。排水沟的位置应尽量靠近堤脚，这样其排水效果最好。但出于堤防抢险的安全性考虑，排水沟一般要与背水侧压渗盖重联合使用，排水沟应布置在盖重的端部。排水沟的几何尺寸取决于预计的渗流量、期望的渗流控制效果、施工的实际情况以及排水沟开挖地点的材料稳定性，并且要挖穿表层弱透水层。同时，排水沟的周边应设置反滤排水层，以防排水沟发生渗透破坏。在排水沟的施工中，要对反滤料及反滤层的施工提出严格要求，严格按反滤料的级配标准选择反滤料，并按反滤料的施工要求进行施工。

（5）排水减压井。

1）加固机理。排水减压井用以降低作用在堤防下游或是堤基覆盖层中的承压水头及渗透压力，以达到消除管涌等现象的一种井管排渗设施。

2）适用条件。排水减压井比较适用于表土层和透水层均较厚的双层堤基、多层堤基以及含水层成层性显著或透镜体较多的地基。

3）施工方法。

A. 基本要求。排水减压井系统应尽量布置在背水堤脚附近，以便有效控制堤基渗流；排水减压井的间距一般为 15～20m，排水减压井的透水管段应设在主要的透水层，透水段的长度应大于主要透水层厚度的 25%，一般多采用 50%～75%；排水减压井直径要能允许最大设计流量通过而不发生过大的水头损失，并且直径不应小于 15cm。排水减压井直径宜大不宜小。

B. 排水减压井的结构和材料。排水减压井一般由进水花管、升水管和井口、井帽和出水口三部分组成。排水减压井管应采用耐腐蚀的材料，如聚乙烯或塑料管。为防止或延缓排水减压井的淤堵，管径应大一些。花管外填反滤料。反滤料回填时要分层夯实，避免分离。

C. 排水减压井的施工。施工包括造孔、下井管、回填反滤料、鼓水冲井、抽水洗井、抽水试验、井口工程等工序。在钻孔过程中，要摸清地层的变化情况，保证滤水管布置在合适的地层中。井管间应连接好，不得有缝隙，以防漏砂。回填反滤料可采用导管法，以防离析。回填反滤料后应立即进行冲井和洗井，洗出反滤料中的泥沙，防止或延缓使用过程中淤堵。然后进行抽水试验，量测流量和出砂量，检验井的效果。最后进行井口工程的实施。使用过程中要避免排水减压井管被堵塞和淤塞，为防止或延缓过滤器淤堵，根据需要可定期洗井。

D. 应用实例。位于湖北省黄冈市巴河与长江交汇处的长孙堤，它保护着 30 万亩农田和 30 万人民的生命财产安全以及京九铁路等。该堤全长 9.7km，自 1980 年以来当外江水位超过 22.50m 时，由于覆盖层薄，其下即为透水性很强的粗砂层，致使堤内常发生严重散浸管涌等险情，后经多方案比较，最终选用减压井方案，在险情堤段距堤脚 140m 处建排渗沟，长 100m，沟内作排水减压井，井孔 20 眼，孔径 300mm，井深 5m，间距 5m，由导水管、滤水管、沉淀管组成。排水减压井平行堤轴线布置。这些排水减压井 10 多年来运用正常，经历 1996 年、1998 年两次大洪水的考验，未见大的险情，井内水流通畅，流量大。实践证明，长孙堤段地层为粗砂层，兴建排水减压井是适宜的，控制了险情的发生。

7.2.4　护坡脱空区处理

护坡脱空区易发生滑坡，严重时会出现崩岸的险情。应根据具体的险情类型和产生的原因，选择合适的加固方法。

（1）滑坡的加固技术。滑坡除险加固方法很多，应根据滑坡堤段的实际情况，结合当地材料供应条件、施工技术状况以及对施工工期的具体要求等进行优化后实施。

1）背水坡浅层滑坡加固。以渗流为主要原因的浅层滑坡，多在临水侧做黏土斜墙，或在堤身中间做截渗墙；对于滑动体，划定处理范围，包括平面尺寸和挖除的深度，然后将滑坡上部未滑动的坡肩削坡至稳定的坡度，一般坡比为1∶3。挖除滑动体，从上边缘开始，逐级开挖，每级高度20cm，沿着滑动面完成锯齿形。在每一级深度上应一次挖到位，一直挖至滑动面以外未滑动土中0.5～1.0m。以便保证新填土与老堤的良好结合。

填筑还坡，在平面上，滑坡边线四周向外沿伸2m范围均要挖除，重新填筑。填筑施工可采用机械或人工进行卸料和铺料。铺料时严格控制铺土厚度及土质量，压实度应达到设计要求。

2）堤脚下挖塘造成的浅层滑坡加固。首先消除挖塘险情。如实在有困难，至少在滑坡出口处以外5m范围内进行回填。回填的土料以透水性较好的砂石料为宜。把堤脚下挖塘填好后按上述办法的步骤挖除滑动体后，填筑还坡。

3）临水坡的浅层滑动。暴雨或长时间降雨，雨水沿着坝体裂缝渗入堤身内部，使堤身抗剪强度降低，引起浅层滑坡。此类滑坡与以堤身填筑质量不好、强度不够为主要原因而引起的滑坡一样，一般不需要特别处理，只是按照堤身填筑质量不好的加固方法将滑坡体全部挖掉，重新填筑还坡即可。

4）边坡深层滑动的加固。一般情况下，边坡深层滑动的滑动面已切入堤基相当的深度，此类滑坡若全部挖除滑动体，则工作量较大，且施工具有一定的风险，所以对于堤身加固采用部分挖除或抗滑桩加固技术。

A. 部分挖除填筑。挖除滑动体的主滑体并重新填筑。主滑体的确定原则是：在最危险圆弧圆心上侧（产生滑动力的一侧）的土体为主滑体，应全部挖除并重新填筑。按滑坡后设计的稳定断面重新填筑，这种处理办法就是以增加阻滑体的重量，即增大阻滑力的办法来提高堤坡的稳定性。该法的缺点是需要大量的土方，如土源缺乏的地区，采用该法有一定的困难。

B. 抗滑桩加固技术。

加固机理。抗滑桩是滑坡整治的主要措施，用抗滑桩插入滑动面以下的稳定地层以桩的锚固力平衡滑动体的推力，增加其稳定性。当滑坡体下滑时受到抗滑桩的阻抗，使桩前滑体达到稳定状态。

适用条件。抗滑桩布置灵活、施工简便、施工对滑坡稳定影响小，治理滑坡效果好。适用于各种浅层和深层的滑坡加固。

施工方法。抗滑桩的布置形式有相互连接的桩排，互相间隔的桩排，下部间隔、顶部连接的桩排，互相间隔的锚固桩等。桩柱间距一般取桩径的3～5倍，以保证滑动土体不在桩间滑出为原则。桩体材料一般采用钢筋混凝土桩体。

施工时首先测量放样定桩位；其次支设模板，浇筑孔口围堰混凝土，根据孔口围堰高程及桩底高程确定挖孔深度；桩孔采用人工开挖，人工挖孔采用隔桩施工法，每次间隔1～2孔。每节桩孔开挖完成后，支设护壁模板，绑扎单层钢筋，浇筑桩体混凝土；安装卷扬机、吊桶、照明、水泵及通风设备；成孔后检查验收合格后，安装桩体钢筋，安装套筒灌注桩体混凝土；最后成桩检测、验收。

C. 深层滑坡地基的加固技术。采用地基加固的方法进行处理。主要方法有搅拌桩加固技术、灌浆以及振冲法。

（2）崩岸的加固技术。

1）抛石护脚。

加固机理。抛石护脚是平顺坡式护岸下部固基的主要方法，具有抗水流冲击和耐水性能好，保护坡脚、防止水流淘刷的特点，也是处理崩岸险工的一种常见的、应予优先选用的措施。

适用条件。在水深流速较大以及迎流顶冲部位的护岸，通常采用这种形式。长江中下游河段水深流急，最适宜采用平顺护岸形式。

2）其他护脚措施。护脚的结构型式和材料种类较多，其他还有石笼、柴枕、柴排、塑枕、混凝土预制块、模袋混凝土排、混合形式等，可单独使用，也可结合使用。

3）丁坝导流。

加固机理。丁坝是一种间断性的有重点的护岸形式，具有调整水流作用，在一定条件下常为一些河堤除险加固时所采用。

适用条件。在河床宽阔、水浅流缓的河段，常采用这种护岸形式。

4）退堤还滩。

加固机理。退堤还滩是处理崩岸险工最简单、直接的方法。退堤还滩就是在堤外无滩或滩极窄、堤身受到崩岸威胁的情况下，重新规划堤线，主动将堤防退后重建以让出滩地，形成对新堤防的保护前沿。

适用条件。在河道变动逼近堤防，而保护堤岸又有一定困难时，往往采用这种退守新线的做法。

5）墙式防护。

加固机理。在河道狭窄、堤外无滩易受水流冲刷、保护对象重要、受地形条件或已建建筑物限制的崩岸堤段，常采用墙式防护的方法除险加固。

适用条件。多用于城区河流或海岸防护。

应用实例。主要在城市、重工业区的江河防洪工程中应用较广。

6）桩式防护。

加固机理。采用成排连续的素混凝土或钢筋混凝土桩深入堤身稳定层，起到挡土防止边坡滑动的作用。

适用条件。适用于堤防陡岸的稳定，保护堤脚不受急流的淘刷，保滩促淤的作用明显。

应用实例。广东省东莞市大围篁村段除险加固达标工程位于东江南支流，是东莞大堤的一部分，东临东莞运河，南临厚街水道。河道狭窄，堤身单薄，堤脚冲刷严重，出现滑坡征兆，如堤身出现纵向裂缝。该工程加固方案之一就是应用了挡土墙结合灌注桩的加固方案。根据地质条件和挡土高度，选用 $\phi 800\text{mm}$ 的连续灌注桩，桩距 750mm，分主桩、副桩，后排每隔 6m 设置 1 根主桩，桩顶设连系梁 1000mm×800mm，上部为悬臂挡土墙。主桩为钢筋混凝土桩，桩长深入基岩，作为挡土结构，承受水平荷载作用。副桩为素混凝土桩，桩长到达河底的冲刷线，起挡土防冲作用；桩顶连系梁相当于在各独立的挡土桩桩顶增加了一个弹性支座，使相互独立的挡土桩在平面上结为一整体。该堤防挡土桩竣工后，目前堤身稳定，未再出现纵向裂缝，说明加固措施是有效的，同时堤岸岸线整齐，环境优美。

7.3 改扩建工程

堤防改建工程应按照新建堤防进行设计与施工，改建与原有堤段相距较近，且筑堤材料和工程地质条件变化不大的堤段，可按原有堤段施工技术要求进行施工；改建堤段应与原有堤段平顺连接，改建堤段的断面结构与原堤段不同时，两者的结合部位应设置渐变段。

7.3.1 改扩建方式

堤防改建的方式主要有：①裁弯取直；②进堤；③退堤；④堤型改变（如土堤改为混凝土防洪墙）。

堤防扩建的方式主要有：①土堤加高培厚；②混凝土防洪墙加高；③土堤帮宽；④土堤堤顶增建混凝土防浪墙；⑤堤岸防护工程加高扩建。

7.3.2 改扩建施工

（1）裁弯取直。依据蜿蜒型河道河弯发展的自然规律，借助水流的冲刷力，将过分弯曲的河道进行人工裁直的措施，又称人工裁弯工程、裁弯取直。

1）作用。裁弯工程就是利用河流的这种自然规律，在河环狭颈附近，开挖断面较小的引河，然后利用水流力量，冲刷扩大发展成为新河。

裁弯作为河道整治的措施之一，在国内外河道整治实践中得到了较为广泛的应用。裁弯能够迅速改变局部河段畸形河势、缩短流路（航程）、改善河段冲淤状况，是其他河道整治措施无法替代的。同时，也为堤线改变尤其是缩短堤长、提高行洪能力奠定了基础。

2）设计原则。裁弯工程设计主要包含下列内容：①引河设计。引河设计包括引河平面形式、引河进出口位置、引河长度和引河线路的选定，以及引河开挖断面的设计等。②引河开挖施工设计。引河开挖施工设计包括施工方式的选定、确定机械设备与劳动力安排、施工场地布置、编制施工计划等。③新河控制工程、新河护岸工程和上下游河势控制工程的设计。

引河设计直接关系裁弯工程的成效，设计时要考虑引河能顺利冲开，有航运要求的保证枯水期通航；裁弯后形成的新河能与上下游河段平顺衔接；力求工程量最小等。引河的平面形式不宜设计成直线或曲率半径过大的曲线，一般多采用由复合圆弧与切线组成的曲线形式。引河进出口位置，要求符合进口迎流、出口顺畅的原则，进口宜布置在上一弯道顶点下游一定距离。

引河长度一般以裁弯比（裁弯段老河轴线长度与引河轴线长度的比值）作指标。裁弯比视引河地区的土质情况选定。在满足裁弯后能形成平顺微弯河道的条件下，尽可能选择较大的裁弯比，以便充分利用水流的冲刷力，将引河扩大至设计断面，减少引河的开挖量。但裁弯比过大会造成引河发展太快，变形急剧，不易控制，还可能使下游河势变化过于剧烈，险工防守被动。

地质条件是引河选线的关键因素，引河线路宜选在黏性土层厚度适当的地区。引河断面设计包括引河开挖断面设计和引河发展成新河的最终断面设计。拟定引河河底开挖高程时，以能保证枯水期通航引河河底开挖高程时，以能保证枯水期通航为原则，一般须挖至通航标准高程。若砂层顶板高于枯水期通航所需要的高程时，可只挖至砂层顶板。引河的开挖宽度要满足施工要求。

3）施工方法。根据河流规划预先确定微曲裁弯河道线路及两岸堤防定线。在裁弯河道开挖期间，利用开挖土方填筑两岸堤防，并对裁弯河道凹岸进行全面保护，凸岸则不予保护，允许横向环流对河床及凸岸的冲刷。新的裁弯河道开挖工作在枯水期完成，裁弯河道在施工期间基本形成，克服了预先难以估计冲刷过程及确定裁弯线路的困难。

人工裁弯的方式分为内裁和外裁两种。内裁与上下游连成 3 个弯道，外裁与上下游形成 1 个大弯道。内裁一般是通过狭颈最窄处，线路较短，可节省土方量。外裁的引河进出口与上下游弯道难以达到平顺衔接的要求，且线路较长，故较少使用。当采用内裁方式时，进口应布置在上游弯道顶点稍下方，越小越好，这样可以使引河平顺地迎接上游弯道导向下游的水流。交角为 0°～25° 时引河均能冲开发展，交角过大容易淤死。

引河河道的开挖采用自上而下的方式进行，开挖的合格土料直接筑堤填筑。堤防的填筑以及新河的防护工程，在前几章节都有介绍，这里不再赘述。

（2）进堤。进堤是受水流的作用以及河流的含沙量等因素的影响，海岸线受水的冲刷，滩涂向陆地方向发展，随着海涂淤涨扩大，为保护滩涂得天独厚的土地资源，需调整堤线位置的，将堤岸线前移，也称围涂。围涂工程是在海滩或浅海上筑围堤隔离外部海水，并排干和抽干围堤内的水使之成为陆地的工程。

我国沿海是经济最发达、人口最密集的地区，但人均耕地不足 0.7 亩，新中国成立以来，通过围涂工程，造陆地达 1800 万亩，大大缓解了沿海人多地少的矛盾，它为农业、工业、交通、外贸等的发展提供了场所，促进了地区经济的发展。同时堤岸线的前移，避免了海水对原有陆地的不断浸蚀，保证了原有陆地的人民生命和财产的安全。

围海造田可孤立浅海形成人工岛，但多数是与大陆海岸相连，或在岸线以外的滩涂上直接筑堤围涂，或先在港湾口门上筑堤堵港，然后再在港湾内部滩涂上筑堤围涂。

施工方法。充分利用围涂工程外的泥土进行筑堤，施工前先在基面铺设土工布，这有利于堤体基面稳定，防止施工区域内的水对围堰基底的渗透浸蚀。土工布每隔 3～5m 设置砂袋进行固定，横向预留包裹围堰底部土方。在设计堤轴线以外采用桁挖吊进行取土，桁挖吊主要由浮体、塔架、支撑架、水平滑轨、行走小车、抓斗等部分组成，采用电力驱动，实现行走小车沿水平滑轨移动，达到了运输填筑料的目的。将桁挖吊布设在围堤外侧，从距围堤基础外侧 15m 以上的位置利用抓斗取土，取土距离范围为 15～125m，取土深度不小于 3m；在驱动装置的带动下，将泥土运至施工区域，填筑土料高出水面 0.5m 以后，使用挖掘机逐层填筑碾压堤体达到设计高度，碾压路线平行于轴线，每层虚铺厚度不大于 30cm。填筑采取分段分层施工方法，每 200m 作为一个填筑段。围堤退水口采取溢流堰式退水口，退水口选择靠近已有的排水沟渠处设置，平均 1km 布置一个，堤内剩余积水采用潜水泵进行抽排，最终形成陆地工程。

（3）退堤（也称退堤还滩）。退堤，就是在原堤防堤外无滩或滩极窄、堤身受到崩岸威胁的情况下，重新规划堤线，主动将堤防退后重建，以让出滩地，形成对新堤防的保护前沿。

退堤还滩施工前一般要重新规划堤线。新堤线应与洪水流向大致平行，并考虑水中河床岸线的方向。岸线弯曲曲率半径不宜过大，以使发生洪水时水流情况良好，避免急流顶冲情况的发生。新堤线与河床岸线应保持一定距离，新建堤防采用常用的筑堤技术进行施工，对于土堤，施工包括清基、开挖合格土料上坝筑堤、分层碾压成型、压实度检测等工序。退堤还滩方案实施后，在滩地淘刷继续发展的河段，要采取必要的护滩措施，如抛石护脚、丁坝导流等。

（4）堤型改变（如土堤改为混凝土防洪墙）。防洪墙一般在城市堤防中应用较广，是以保证城镇和重要工矿企业、沿江河、海岸区（部分海塘）的防洪安全或其他特殊要求所采用的一种混凝土挡水建筑物（也称防汛墙）。防洪墙的作用与堤相同。当土堤不满足城市防洪要求时，需要加高或改建，但由于城市沿江一带有交通要道，建筑群密集，有时因已建工程的限制，或因城市规划发展的需要，或因土源所限，只得采用防洪墙，以减少占地和拆迁。

防洪墙的形式有直立式、扶壁式等。土堤改防洪墙时，墙基应嵌入堤岸坡脚一定深度，以满足墙体和堤岸整体抗滑稳定和抗冲刷的要求。

根据设计防洪墙的结构尺寸，对原土堤进行开挖，开挖的土方留作防洪墙的背后回填。开挖后的基面应满足稳定和受力荷载需要时，方可进行防洪墙的主体施工。防洪墙根据结构特点，施工自下而上、先底板后墙体，施工工艺包括钢筋制安（对于钢筋混凝土防洪墙）、模板安装、墙身设置排水管、混凝土浇筑、养护等。待混凝土强度满足墙后土方回填要求后，分层回填土方并夯实，排水管位置采用反滤体包裹保护。

（5）土堤加高培厚。土堤加高培厚前其方案应通过技术经济比较确定，并进行抗滑稳定、渗透稳定及断面强度验算，不能满足要求时，结合加固进行处理。对于有隐患的老堤，先进行隐患处理，然后再进行加高培厚等扩建工程的施工。

我国绝大多数堤防为黏性土均质堤。一般多选择与原堤防相同的土料加固堤身，结构简单，施工便利，有利于新老土层间的结合。所用土料的填筑标准不应低于原堤防的填筑标准。如果原筑堤黏性土料短缺，且堤防加高的高度大，导致黏性土料需求量大时，则可选择复式断面结构型式，以少量黏土做防渗斜墙，以砂砾石或砾卵石做支撑体，或者也可采用土工膜做防渗斜墙。如果当地碎石料或煤矸石料丰富，亦可用碎石料或煤矸石料做支撑体。堤防加高培厚的断面形式通过技术经济比较后确定。

1）按均质堤型加高培厚。

A. 背水面加高培厚。背水面加高培厚形式具有土源相对丰富、施工方便的优点，但也应注意防止新、老堤土结合面成为渗流薄弱面。

a. 料场选择的原则。土料的黏粒含量应与原堤土相当或略低，土料的渗透系数应与原堤土相当或略大。重要堤防的料场应离堤脚 300m 以外，或者也可在距堤脚 200m 左右处取压盖平台的吹填固结土，但需尽快吹填补齐；若堤防附近无合适土源，则料场选择还应考虑运距、交通方便、造价等因素。

b. 堤身布置。堤顶宽度根据防汛、交通等实际需要确定，一般 3 级以上堤防按不小于 6m 控制。堤坡坡比不陡于 1:3，最终经稳定计算后确定。堤高大于 6m 的，背水坡应设戗台，其顶宽不小于2m，戗台的顶高程设置在设计水位时的渗流出逸点以上，戗台与背水坡连接，应将背水坡开挖成台阶状，按坡比1：3的坡进行连接。

c.施工方法。施工前，清除老堤结合部位包括堤坡、堤顶，培厚新堤的堤基部位的各种杂物，背水面堤坡挖成台阶状，坡比为1：3，堤基进行平整压实。开挖的合格土料运转施工现场，分层填筑压实，同时保证每层的压实度达到设计要求。层间结合面进行刨毛处理，便于结合。若背水坡设置戗台，一般在老堤加高培厚填筑完成后，再进行施工，施工方法相似，分层填筑压实至设计顶面高程。填筑工作全部完成后，对两侧的边坡进行修整，修整至设计要求的坡比。

B.临水面加高培厚。当河道整治需要或背水坡有其他工程设置无法培厚时，可考虑在临水面加高培厚堤防。若需在临水面滩地取土，为了保护滩地的天然铺盖作用，取土范围应在距堤脚50m以外，取土深度不超过1.5m。土料的渗透系数应小于或相当于原堤土料的渗透系数。原堤防背水坡应按加高设计坡度削坡，临水坡应挖成台阶状，按坡比大于1：3的坡连接，以利于新、老堤身的结合，施工方法与背水坡加高培厚相同。

2）按复式堤型加高。

A.黏性土斜墙复式堤。斜墙土料宜选择黏粒含量小于15％的亚黏土或黏粒含量小于30％的黏土。支撑体宜选择最大粒径小于60mm级配较好的砂砾石。黏性土斜墙底部应伸入原堤身1m，斜墙底宽为2～3m，具体可按接触渗径大于1/3的水头计算，顶宽1m应高出设计水位0.5m。砂砾石堤体的背水坡也应设置贴坡排水与反滤层。

B.土工膜斜墙复式堤。以土工膜斜墙防渗、以砂砾石做支撑体的复式堤，土工膜常采用两布一膜型复合土工膜。土工膜可埋置在原堤顶开挖的槽内，土工膜与原堤土应紧密贴合，接触渗径应大于承受水头的1/3。土工膜在堤顶应与防浪墙相连接。若不设防浪墙，则可向背水面平铺50cm做封顶，土工膜上面为保护覆盖层。若原堤防土质疏松或土料渗透性大，也可将土工膜一直铺至堤脚，形成土工膜整体斜墙防渗。

（6）混凝土防洪墙加高。城市堤防加高，往往因场地所限，采用防洪墙形式加高堤防。混凝土防洪墙一般有钢筋混凝土挡土墙和浆砌石挡土墙两种形式。防洪墙一般采用临水面加厚加高。混凝土防洪墙的加高方案同土堤加高一样，施工前应通过技术经济分析，并进行抗滑稳定、渗透稳定及断面强度验算，当不能满足要求时，应结合加高进行加固。

混凝土防洪墙的加高需满足以下要求：

1）混凝土防洪墙的整体抗滑稳定、渗透稳定和断面强度均有较大裕度者，可在原墙身顶部直接加高。

2）混凝土防洪墙的整体抗滑稳定或渗透稳定不足而墙身断面强度有较大裕度者，应加固堤基、接高墙身。

3）混凝土防洪墙的稳定和断面强度均不足者，应结合加高全面进行加固，无法加固的，可拆除原墙重建新墙。

加高可在原浆砌石或混凝土防洪墙的临水面向内设置锚筋，直径约16mm、深度约60cm、间距约50cm，然后在原防洪墙临水面凿毛后现浇钢筋混凝土防洪墙，具体尺寸可根据实际情况按挡土墙计算确定。

（7）土堤帮宽。土堤帮宽是在原有堤身断面的基础上增大断面面积，以达到满足防洪的要求。常用的方法：一种是采用填筑法帮宽，方法与老堤加高培厚相同；另一种是采用放淤或吹填法进行帮宽。吹填法分为挖泥船或水力吹填。

吹填法施工首先要对吹填区进行清基，确保填筑质量；筑堤的土料可就近取土或在吹填面上取用，但取土坑边缘距堤脚应大于3m；吹填前先在吹填区外边线处做一道纵向围堰，然后根据分仓长度要求做多道横向分隔封闭围堰，构成分仓吹填区分层吹填；用于吹填的排泥管道居中布放，采用端进法吹填直至吹填仓末端；每次吹填层厚一般为0.3～0.5m（黏土团块吹填允许在1.8m以内；每仓吹填完成后应间歇一定时间，待吹填土初步排水固结后才允许继续施工，必要时需铺设内部排水设施；当吹填接近堤顶吹填面变窄不便施工时，可改用碾压法填筑至堤顶。

（8）土堤堤顶增建混凝土防浪墙。当土堤高度不满足防洪标准和安全超高的要求时，需在土堤堤顶增设防浪墙，一般常见于城镇和工矿区。根据安全超高计算，堤顶面以上墙的高度一般不大于1.5m，埋置深度应在50cm以上，形状尺寸可根据需要拟定，间隔20m左右设置变形缝。

防浪墙结构一般采用L形，施工根据设计分缝的位置分块跳仓浇筑作业。单块防浪墙施工，工艺流程包括：沟槽开挖→底板钢筋制作安装→支立底板模板→浇筑底板混凝土→墙体钢筋制作安装→支立墙体模板→浇筑墙体混凝土→拆模、养护→沟槽回填。完成后再进行相邻防浪墙施工，隔缝材料在施工前安置。

（9）堤岸防护工程加高扩建。堤岸防护工程的加高应按有关规定对其整体稳定和断面强度进行核算，当不能满足要求时，应结合加高进行加固。

坡式、坝式护岸在原有防护工程的基础上对其断面进行加高扩建，与新建防护工程施工方法相同，注意控制好结合面的处理质量。

墙式护岸的加高扩建方法参照混凝土防洪墙/钢筋混凝土墙的加高施工方法执行。

7.4 工程实例

7.4.1 堤防加固工程实例

（1）德州李家岸灌区黏土灌浆工程。

1）工程概况。李家岸灌区是全国大型引黄灌区之一，设计流量100m³/s，灌区位于山东省德州市东部。李家岸灌区总干渠建于1970年，由于当时施工条件限制，采用就地取土人工填筑而成，存在土质差、填土压实不足等情况，致使部分堤段土体松散，引水运行时常出现堤体裂缝、严重的渗漏现象。为此，灌区管理单位决定采用黏土灌浆处理技术提高堤防防渗能力和稳定性，消除安全隐患，以发挥灌区的最大效益。

2）堤防勘探。为了掌握灌浆技术所需的基础资料，在施工前，对拟定灌浆范围的堤防进行钻探取样，勘探深度15m，每米土层取一个土样，检测堤身的土质、干容重、孔隙比及压缩系数等指标。

3）灌浆试验。

A. 灌浆土料选择。通过试验检测，确定宫家和李英两处土场的土质主要为粉质黏土，其黏粒含量为30％～40％，粉粒含量为60％～70％，砂粒含量小于10％，有机质含量不超过2％，符合要求。

B. 泥浆比重测定。通过现场试验，观测灌浆压力、泥浆注入量和灌浆时间及灌浆前后试验数据对比，确定该工程灌浆泥浆比重为$1.3～1.7g/cm^3$。

C. 灌浆压力。通过现场试验，在相同条件下，对10组钻孔在不同灌浆压力下的泥浆注入量、灌浆时间、冒浆、串浆等技术指标进行比较，得出本次灌浆最佳压力（孔口压力）为30kPa。

D. 外加剂。采用添加水泥外加剂来改善泥浆的性能。通过试验水泥加入量控制在干料重的15％。

4）灌浆施工。

A. 灌浆方式。由于本工程灌浆的隐患性质和范围都已确定，故灌浆方式采用充填式灌浆。

B. 灌浆设备。钻孔设备采用HD12-1型全液压锥探机和ZK24型锥孔机。灌浆设备采用BW-250型灌浆机组。

C. 钻孔布置。灌浆孔按6排梅花形布孔，间距2m，孔深10m，超过隐患深度3～4m。

D. 施工工序。首先，按照设计要求造孔。然后，采用机械制浆，浆液各项指标要严格按设计要求控制。最后，灌浆过程中控制好灌浆压力、灌浆量等技术指标。

灌浆采用"少灌多复"的方法，对灌浆孔分3序灌浆，先灌上游，再灌下游，最后灌中间排孔，每序灌浆间隔时间不少于20d。

当浆液升至孔口，经连续3次复灌不再吃浆时，即可停止灌浆。等孔周围泥浆不再流动时，用黏土将孔口封闭。

灌浆过程中做好记录，记录内容包括每孔灌浆时间、压力、注浆量及泥浆容重等数据。

E. 问题处理。

冒浆处理：停灌，挖开冒浆出口，用黏土土料回填夯实后再进行灌浆。对于不能堵塞的情况，应待已灌泥浆初凝后再继续灌浆或提供泥浆容重。

串浆处理：相邻孔出现串浆，用木塞堵住灌浆孔，然后继续灌浆即可。

5）灌浆质量检查。

检查内容：堤身各土层的干容重、孔隙比、压缩系数及渗流量变化情况等技术指标。

检查方法：灌浆完成后引水期间通过观察法检查，引水结束3个月后，钻探取样，对灌浆前后各土层渗透系数进行对比。

6）结论。李家岸灌区堤防除险加固工程应用黏土灌浆技术，有效提高了堤防防渗能力和稳定性，消除了安全隐患，为灌区发挥最大效益提供了可靠保证。

（2）武汉武青堤加固工程。

1）工程概况。武青堤是长江重要堤防隐蔽工程武汉市长江大堤加固工程2000—2001年度防渗工程第八标段，其施工区域包括武青堤A段、B段和工业港堤共3段，工程主要内容为塑性混凝土垂直防渗墙，采用射水造墙法进行施工。

2）工程地质。武青堤 A 段，堤防上部填土层有大量条石、块石，障碍物埋深一般为 1.5～4.5m，堤基土为粉土和粉质黏土。武青堤 B 段，堤基土为粉土和粉质黏土。工业港堤的上部 1.5～2.5m 多数为矿渣、碎石等材料，易产生塌孔现象，下部为素填土、粉土、粉质黏土和砂壤土。

3）防渗墙主要设计参数。渗透系数 $k \leqslant i \times 10\text{cm/s}$（$1 < i < 10$）；墙体允许渗透比降 $J > 60$；墙体弹性模量 $E < 1000\text{MPa}$；塑性混凝土抗压强度不小于 2MPa；塑性混凝土的配合比（质量比）为水泥：砂子：碎石：黏土：膨润土：水＝140：670：1000：80：50：355；墙体标高：墙顶标高为 25.06～29.4m，墙底标高为 12～23m；墙体厚度不小于 0.3m；施工堤段长度：武青堤 A 段 640m，武青堤 B 段 1500m，工业港堤 800m。

4）施工工艺。

A. 施工准备工作。施工设备采用 BF - 30 型射水造墙机及相应的配套设备，该设备是架设在轨道上横向移动作业。首先要对场地进行平整，按设计要求测量出墙的轴线，铺设轨道，枕木间的间距为 0.5～1.0m，轨距为 2.4m。在轨道一侧，设置泥浆循环系统，同时准备施工中所用的原材料，并按照规定取样送检。

B. 槽孔分段。槽孔分单序号槽孔和双序号槽孔施工，先进行单序号槽孔施工，后进行双序号槽孔施工。各槽孔间采用平接方法，成槽器长 2.0m，单序号槽孔长度为 2.0m，为避免施工双序号槽孔时，成槽器与两侧已灌注混凝土墙体发生碰撞，双序槽孔长度按 2.05m 控制。

测量放线：使用测量仪器精确施放出防渗墙轴线控制点，定出防渗墙轴线。

造槽作业：开动卷扬机，射水泵与泥浆泵，启动成槽器上下运动，冲击切割成槽。当孔深达到设计要求时，清除孔底的沉渣淤积，并泵送新鲜泥浆进孔，为混凝土浇筑做好准备。

泥浆下的混凝土浇筑：移开造槽机，使混凝土浇筑机就位，混凝土灌注采用直径 180mm、长度 2.6m 的导管，将混凝土导管安装在居槽孔中间位置，导管下端距槽底 20～50cm，浇筑混凝土。

整体施工按照先建造单序号槽孔待混凝土初凝（48～72h）后，再建造双序号槽孔，如此循环往复，形成连续混凝土防渗墙。

5）工程质量控制。

A. 加强施工过程的质量检查。在防渗墙施工过程中，要按质量检验要求，每 12m（6 个槽段），在浇筑混凝土出机口取一组试样，在标准养护期完成后进行抗压试验，检测的混凝土抗压、抗渗强度均满足设计要求。

B. 水下摄影检查。在双序槽孔完成后，把水下摄影的摄像头装在开槽器上逐步下到孔中，可从屏幕上看到已建造的单序号槽孔混凝土槽板的侧面。若槽板倾斜，看到的就不全是混凝土墙体而是部分土体。抽查的几个孔中都没有发现土体部分，说明槽板是垂直的。

C. 声波测试检查。按照设计要求，测试管布置在随机相邻的双序槽孔混凝土槽板中，共计 3 个。在开挖槽孔未浇筑混凝土之前，先把测试管下到孔中，然后浇筑混凝土，经过 28d 龄期后，在相邻测试管中分别放入发射头和接收头，由声波测试图上可看到波形均匀，说明防渗墙质量良好，不存在断桩现象。下部波形振幅小，波速低，但在允许误差范围内。

D. 防渗墙的开挖质量检查。按照监理工程师指定的地点，随机开挖检查防渗墙质量。在编号 30 号、101 号槽段防渗墙的临水侧开挖深度 1.2m、长度 3.0m 的深坑，露出相邻的槽板接缝，对墙体接缝的质量、墙面平整度、墙面混凝土质量进行了检查，完全符合设计要求。

(3) 赣抚大堤整治除险加固工程。

1) 工程概况。江西省赣抚大堤整治除险加固工程丰城 a 标段总长 5.2km，桩号 61+000～66+200。其中桩号 61+394～61+979、64+581～65+605 两段堤身高 8～9m，工程区内堤基地质分为两种：一种是单一的砂性土结构；另一种是上部黏土，下部砂土，为双层结构，老堤身填筑的土料很不均匀，土质成分比较混杂，整体上质量较差。为防止堤基发生渗漏，堤坡面采用复合土工膜防渗，复合土工膜上下部分分别与堤顶道路路肩梁和滩地射水造墙墙顶锚固，形成一道防渗帷幕。

2) 施工方法。

A. 施工前的准备工作。复合土工膜采用两布一膜，设计单位面积 900g/m²，膜厚度为 0.5mm，垂直渗透系数不大于 10^{-12}cm/s，使用前委托南京水利科学研究院实验中心对产品的各项技术指标进行检测，合格后方可使用。

对堤坡进行清理、平整，清除一切尖角杂物，为复合土工膜铺设提供工作面。

尽量使用宽幅的复合土工膜，减少现场接缝处理的数量。施工前根据复合土工膜幅宽、现场长度需要，在工厂车间内裁剪，拼接成复合要求尺寸的块体，卷在钢管上，由人工搬运至工作面进行铺设。

B. 复合土工膜铺设。铺设分齿槽坡脚平台铺设、坡面铺设两部分。齿槽坡脚平台铺设是在堤基垂直防渗墙施工结束，齿槽开挖符合要求后，沿防渗墙轴线方向水平滚铺。坡面铺设，从堤顶向堤脚沿垂直于堤轴线方向缓慢展铺到坡脚处，与坡脚平台铺设的丁字形相接。铺设采用波浪形松弛方法，富余度约 1.5m，摊开后及时拉平、拉开，与坡面吻合平整，无突起褶皱。

C. 复合土工膜的拼接。复合土工膜的拼接包括土工布的缝接、土工膜的焊接。土工布采用手提式封包机进行缝接，焊接采用 ZPR-210V 型热合土工膜焊接机。

焊接保证膜面干净和干燥，焊接温度为 220～300℃。拼接焊缝两条，每条宽 10mm，两条焊缝间留有 10mm 的空腔，用此空腔检查其焊缝质量。

D. 复合土工膜的锚固。上部锚固采用在堤顶路肩梁基础底部嵌固足够长度的复合土工膜，现浇混凝土压盖的形式。下部锚固，在垂直防渗墙的外侧，在射水造墙施工结束后将墙顶修整到设计高程，然后在防渗墙临水侧沿轴线方向开挖 20cm×30cm（宽×深）的一条沟槽，使防渗墙外壁形成一个深 30cm 的垂直平面。将复合土工膜铺设锚固在该垂直平面上，在沟槽内防渗顶及坡脚平台浇筑混凝土盖板。

E. 上部垫层及预制块铺设。复合土工膜铺设完成后在上部均匀铺设 5cm 卵石垫层，找平拍实后铺设 10cm 混凝土预制块。

3) 质量控制。复合土工膜质量控制主要包括进场原材料质量控制、施工过程控制、施工完成后的质量检测等。

A. 进场原材料质量控制。进场的原材料必须有厂家提供的合格证书、性能及特性指标和使用说明书，进场后随机抽样送检，合格后方可使用。

B．施工过程控制。施工中重点加强接缝检测，检测方法有目测法、现场压力测试。①目测法，通过观测有无漏接，接缝是否烫损，有无褶皱，是否拼接均匀等。②现场压力测试，采用充气法对全部焊缝进行检测，充气至 $0.05\sim0.20MPa$ ，静观 3min，观察压力表，气压无下降，表面不漏，焊缝合格，否则查找原因及时修补。

C．施工完成后的质量检查。抽样检测，每施工约 $1000m^2$ 取一试件，做拉伸强度试验，要求强度不低于母材的 80%，且试样断裂不得在接缝处。该工程共抽取试样 43 组做拉伸试验，经检测合格率为 100%，焊缝质量合格。

4）结论。该工程在施工过程中严格按照复合土工膜施工技术要求，严格控制现场施工质量，且经过室内试验结果表明，复合土工膜各项性能指标均能满足设计要求，质量得到保证，经过 2002 年、2003 年洪水期的试验检验证明，取得了较好的防渗效果。

（4）南水北调中线干线工程河北磁县段工程。

1）工程概况。南水北调中线干线工程河北磁县段，总干渠设计流量 $230m^3/s$ ，加大流量 $250m^3/s$ ，过水断面采用梯形断面，按挖填类型分为全挖方、全填方、半挖半填三种断面形式。该渠段地质情况复杂，在某段渠段开挖过程后，经过雨水的浸入，渠道开挖面出现的缝长最宽为 50cm，裂缝深度 $1\sim3m$ 。该段地质主要为膨胀土渠段土与细砂层界面及黏土岩节理面，经设计单位复勘、应力计算，采用抗滑桩进行处理。

2）抗滑桩布置。需处理的该渠段总长 460m，在此渠段一级马道及一级马道以上边坡增加抗滑桩。共布置抗滑桩 93 根，其中 295m 渠段布置在一级马道位置，抗滑桩 60 根，桩长 13m；剩余 165m 渠段，布置在一级马道以上边坡，抗滑桩 33 根，桩长 15m。桩间距均为 5m，桩截面为 $1.8m\times1.2m$ 的矩形截面，采用 C30 钢筋混凝土。抗滑桩采用人工挖孔，钢筋混凝土护壁。

3）施工方法。

A．测量放样及定桩位。测量放样前对施工图提供的导线点、水准点进行复测，对桩位坐标进行复核。测量放样所使用的导线点、水准点，必须是经过导线控制测量复测且得到监理工程师批复的导线点、水准点复测成果。根据附合测量成果，确定桩位中心，并以桩基断面轮廓为边线，画出孔口围堰形状，撒灰线，支设模板，浇筑孔口围堰。

B．孔口围堰浇筑。孔口围堰用 C30 混凝土浇筑，浇筑完成后测量孔口围堰顶高程。根据孔口围堰高程及桩底高程确定挖孔深度。孔口围堰浇筑时高出地面 30cm，宽度为 30cm，以防在施工过程中杂物落入孔中伤人。

C．人工开挖桩孔。人工开挖桩孔采用隔桩施工法，每次间隔 $1\sim2$ 孔。根据岩土体的自稳性，确定一次最大开挖深度，一般自稳性较好的可塑—硬塑状黏性土、稍密以上的碎石块石土或基岩为 $1.0\sim1.2m$ ；软弱的黏性土或松散的、易垮塌的碎石层为 $0.5\sim0.6m$ ；垮塌严重段易先注浆后开挖。桩孔土方开挖时，先开挖桩孔周边部分的土方，然后向中心开挖，控制好桩孔截面尺寸，挖孔过程中做好原始记录，在地质情况变化时，及时从施工工艺及安全设施上采取措施。桩孔内遇到岩石时，用空压机带动风镐或用手持式凿岩机凿除。

D．桩基中心位置检测。每一节段桩孔开挖完成后，检查孔径、垂直度及中心偏位，每一节段桩孔成型后，检查孔位中心是否与桩中心在同一垂直线上，逐层检查其孔位及孔径，符合要求后方可支模，以保证整个桩基的护壁厚度、孔径及垂直度。

E. 支护壁模板。护壁采用与桩同标号 C30 混凝土浇筑，厚度为 $15\sim20$cm，护壁里施加单层 ϕ8mm 钢筋，纵横间距为 20cm，支护壁模板前，先安装护壁钢筋，用扎丝绑扎牢固，上节护壁与下节护壁竖向钢筋搭接 20cm，用扎丝绑扎牢固。护壁模板通过拆上节、支下节的方式重复周转使用。模板采用四块钢模板拼接而成，模板用钢管加固支撑，其中轴线与桩中心在同一垂直线上，以保证桩基的垂直度符合规范要求。桩径不小于设计桩径。模板之间用卡具、扣件连接固定。模板安装牢固后，检测模板的位置，以保证桩孔的平面位置及其垂直度。

F. 安装卷扬机、吊桶、照明、水泵及通风设备。在安装卷扬机时保证吊桶和井壁之间留有适当距离，防止在施工过程中吊桶碰撞井壁，发生安全事故。孔内照明应采用低于36V 的安全电压，电路系统设置三级漏电保护装置、防破电线、带罩的防水、防爆照明灯。该段桩孔深度均在 $13\sim15$m 之间，需设井下通风工序。操作时上下人员轮流作业，桩孔上面人员密切观察桩孔下人员的情况，以防安全事故的发生。

G. 检查验收。成孔后在自检的基础上，做好施工原始记录、办理隐蔽工程验收手续，经监理工程师对桩直径、高程、桩位、垂直度等全面签字验收后，吊放钢筋笼。

H. 钢筋笼制作、安装。由于场地限制，且桩孔为方形桩，所以钢筋笼直接于桩孔内进行制作安装，由人工将钢筋一端用绳索拴好吊放进桩孔内，并于孔内进行绑扎。钢筋搭接必须符合设计及规范要求，Ⅱ级钢筋采用焊接，焊接长度双面焊为 $5d$，单面焊为 $10d$。不得在 $-15℃$ 以下焊接钢筋，焊接钢筋要自然冷却。焊缝饱满且不得烧伤主筋，焊接时采用 J502 结构钢焊条，同轴线焊接并及时清理焊渣。

钢筋笼安装前需检查主筋根数、直径、间距、钢筋笼是否变形、焊接点、焊接长度、宽度、厚度是否满足设计要求，并控制钢筋笼主筋间距偏差在 ±10mm 以内，箍筋间距偏差在 ±20mm 以内，钢筋笼直径偏差在 ±10mm 以内，钢筋笼长度偏差在 ±100mm 以内。骨架外筋偏差在 ±10mm 以内，骨架倾斜度偏差在 ±5% 以内，骨架保护层偏差在 ±20mm 以内，骨架顶段高程偏差在 ±10mm 以内，骨架底标高程偏差在 ±50mm 以内。

I. 灌注混凝土。钢筋笼安装到位后，用串筒浇筑空气环境中的普通混凝土，串筒底部离孔底及混凝土面不超过 2m。在空气中浇筑混凝土桩，混凝土的坍落度宜为 $13\sim17$cm，可在串筒中自由坠落。开始浇筑时，孔底积水不宜超过 5cm，浇筑速度应尽可能地加快，使混凝土对孔壁的压力大于渗水压力，防止地下水渗入孔内。为保证混凝土的供应，浇筑的混凝土采用人工分层振捣棒振实，每连续灌注 $0.5\sim0.7$m，插入振动器振捣密实一次。混凝土最好一次性浇筑完毕，混凝土浇筑应高出设计桩顶高程 60.00mm，待混凝土凝固后，凿除桩顶浮浆至设计桩顶高程。桩芯灌注时如果桩壁渗水严重且有可能影响桩身混凝土质量时，灌注前采取堵、排等措施进行处理后方可进行灌注。出露地表的抗滑桩和锁口梁应及时覆盖并浇水养护。

4）桩成品检测、验收。孔桩混凝土灌注完毕后，复测桩顶中心和桩顶高程。在混凝土强度达到设计要求后，对桩身完整性进行检测，检测采用低应变法，抽检数量不少于总桩数的 20%。用低应变法检测发现桩身混凝土存在质量问题时，根据实际情况采用钻芯法，高应变法或其他方法进行检测，桩的检测由相应资质的单位承担。

5）结论。抗滑桩是滑坡整治的主要措施，用抗滑桩插入滑动面以下的稳定地层以桩的锚固力平衡滑动体的推力，增加其稳定性。当滑坡体下滑时受到抗滑桩的阻抗，使桩前滑体达到稳定状态。在南水北调中线干线工程通水运行的几年来，经历多次汛期，治理后的该渠段未再出现滑坡现象，治理效果较好，保证了南水北调中线干线河北磁县段工程堤岸边坡的稳定。

7.4.2 改扩建工程实例

（1）青弋江分洪道裁弯取直工程。青弋江分洪道工程位于安徽省芜湖市境内，是水阳江、青弋江、漳河流域防洪治理总布局中的重要骨干工程。该工程能显著降低流域下游地区洪水位，提高流域下游地区的防洪标准，同时可结合水阳江下游近期防洪治理工程大大改善水阳江中游地区的防洪形势，减轻水阳江下游近期防洪治理工程对下游地区的不利影响，对于流域整体防洪形势的改善有着十分重要的意义，防洪减灾效益显著。其中局部采用对原有河道进行裁弯取直（开挖新河道 8.12km、疏挖河道 39.16km），大大提高了工程的泄洪能力，改善下游水网区的防洪状况，减轻水阳江的防洪压力，改善流域整体防洪形势。这里重点介绍下马元裁弯取直段和石硊圩裁弯取直段工程实例。

1）原河道状况。马元段位于青弋江分洪道工程进口段，该段上潮河老河道呈"Ω"形，弯道长约 10.4km，其中高桥河段十分狭窄，堤内房屋众多。石硊圩段位于漳河下游石硊圩处，老河道呈倒"几"形，弯道长约 12.03km，一般河宽 300m 左右（其中约 3km 多河段宽度约 200m），河道内滩地较多，高程一般在 5.00～6.00m 之间。弯段右侧弯弯曲曲的圩堤长 12.9km，质量较差。弯道的中部建有老宁铜铁路桥，质量较差，老桥桥位处河道宽约 280m，过流断面不足，不能满足防洪要求，同时也不能满足 5 级航道的要求。

2）裁弯取直方案。

A. 马元裁弯取直方案，需开挖新河道 3.0km，建新堤 6.18km。具体工程布置为：桩号 H1＋000～H4＋005，该段疏挖河道长 3005m。左岸 Z0＋900～Z3＋920 均为新建堤段，其中 Z0＋900～Z0＋950 堤段外坡采用混凝土预制块护坡，内坡采用草皮护坡，该段长 50m；Z0＋950～Z3＋920 堤段内外坡均采用草皮护坡，该段长 2970m。右岸 Y0＋767～Y3＋745 均为新建堤段，其中 Y0＋767～Y1＋100 堤段外坡采用混凝土预制块护坡，内坡采用草皮护坡；堤内 120m 范围内填塘固基，80m 宽盖重平台；堤脚采用抛石防护，抛石宽 30m，该段范围 333m。Y1＋100～Y3＋500 堤段内外坡采用草坡护坡，该段长 2400m，Y3＋500～Y3＋745 堤段内外坡采用草皮护坡，堤内 100m 范围填塘固基。宽 50m 盖章平台，该段长 245m。河道底宽 91.4～119.9m。设两级马道，一级马道以下坡比为 1∶5，一级马道以上及外护坡坡比均为 1∶3；堤顶宽 6m。

B. 石硊圩裁弯取直方案，需局部开挖新河 2.03km，建新堤 4.4km。具体工程布置为：桩号 H33＋049～H35＋300，该段疏挖河道长 2251m，左岸 Z32＋920～Z35＋058 均为新建堤段，内外坡均采用草皮护坡，河道底宽 185m，进出口段考虑与原有河道顺接，底宽 177m、166m。设两级马道，一级马道以下坡比为 1∶5，一级马道以上及外护坡坡比均为 1∶3；堤顶宽 6m。

马元裁弯取直段和石硊圩裁弯取直段工程布置见图 7-3。

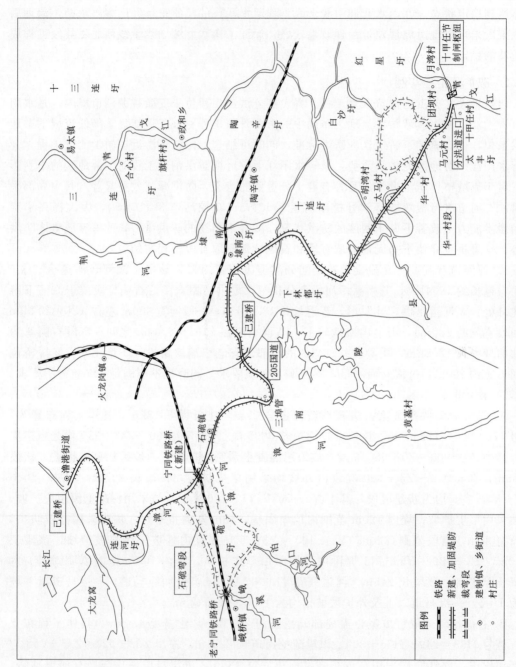

图 7 - 3　马元裁弯取直段和石硊圩裁弯取直段工程布置图

3）具体实施措施。在裁弯取直工程施工前，先在设计的进出口段填筑围堰，利用老河道进行导流。围堰的断面尺寸需满足安全超高和防汛要求。

取直段河道开挖。对新开挖河道的堤基进行清表，堤基基面清理范围包括堤身、铺盖、压载的基面，其边界应在设计基面边线外 30～50cm。对堤基表层不合格的土、杂物等进行清除，堤基范围内的坑、槽、沟等，应按堤身填筑要求进行回填处理。平整压实经验收后方可进行开挖作业。开挖前，测量人员测放河道上、下开口线以及筑堤线。采用挖掘机自上而下分层进行开挖，开挖的合格土料直接用于堤防的填筑。

堤防填筑。新开挖河道堤防填筑用的土料，主要来源于三个方面：一是河道开挖的合格土料；二是废弃的老堤拆除的堤防土料；三是经土方平衡外调的土方。铺料至堤边时，应在设计边线外侧各超填一定余量：人工铺料为 10cm，机械铺料为 30cm。采用进占法或后退法卸料，用推土机进行摊铺，摊铺厚度按 30cm 左右控制。采用压路机进行压实。碾压机械行走方向应平行于堤轴线；分段、分片碾压，相邻作业面的搭接碾压宽度，平行堤轴线方向不得小于 0.5mm；垂直堤轴线方向不得小于 3m。层间结合面采用刨毛处理。堤身侧设有压载平台，按设计断面同步分层填筑。填筑完成后削坡至设计坡面，并按要求进行植草护坡及防护工程施工。待新开挖河道施工完成并经验收后，拆除围堰，改道取直。

4）工程效果。以上工程裁弯取直后河道顺直、泄流顺畅，而且分洪道线路较短，洪水入江里程短、泄流快，整体工程量和投资均较小，同时裁弯取直与流域防洪规划要求一致。在 2016 年汛期，降雨量比以往年份增大，青弋江作为长江支流，防汛压力巨大，但是通过裁弯取直后的河道下泄洪水，消除了原有弯曲河道洪水流量大、溃堤和漫堤的危险，保障了附近村庄的人民和财产安全，减轻了下游的防汛压力，意义重大。

（2）青弋江分洪道工程三埠管上游加固堤段工程。青弋江分洪道工程三埠管上游加固堤段（除分洪道进口段、三埠管段外）共 7 段，分别为华林加固段左堤（桩号 Z3＋920～Z5＋300）、胡湾加固段右堤（桩号 Y5＋490～Y6＋240）、八尺口至阮村段左堤（桩号 Z7＋640～Z9＋110）、阮村至强坝站段左堤（桩号 Z10＋110～Z14＋100）、十连圩加固段右堤（桩号 Y13＋910～Y15＋355）、陶辛圩加固段右堤（桩号 Y15＋765～Y17＋875）、埭南圩加固段右堤（桩号 Y20＋085～Y22＋814），共计长度约 14.09km，其中左岸 3 段长 6.84km，右岸 4 段长 7.25km。主要采用老堤背水侧加高培厚的方式进行堤防扩建。

1）扩建方式。青弋江分洪道工程三埠管上游加固堤段，现状堤防为土堤，设计由堤身和压重内平台组成，因筑堤年代久远，堤身杂草丛生，同时由于堤顶高度不够、堤坡较陡，汛期洪水流量较大时，堤身易受到崩岸威胁，同时会产生漫堤的险情，不能满足防洪要求。因此采用加高培厚的方案进行扩建加固。方案采用将现状老堤堤身进行清理、削坡至坡比为 1：3，超填并分层压实，然后削坡至堤防设计高程和坡比，一般坡比为 1：3，背后内平台也采用该方法进行。加高培厚段设计与现状堤防断面对比见图 7-4。

2）主堤身加高培厚。工艺流程为清表→堤身范围内淤泥土、砂性土清除→堤身填筑→边坡修整、验收。

A. 清表。采用挖掘机挖装，自卸车运输至指定地点，平均清表厚度 20cm。

B. 堤身范围内淤泥土、砂性土清除。堤身范围内淤泥土、砂性土清除范围应超出主堤身，坡脚外不小于 0.5m。清除时，采用分段流水作业，将各段加固堤防按长度每

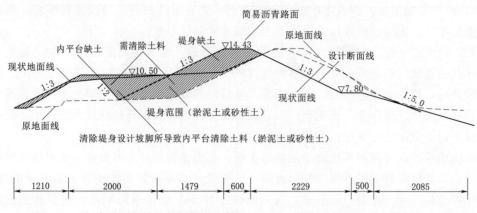

图 7-4 加高培厚段设计与现状堤防断面对比图（单位：高程为 m；其余为 cm）

300m 划分施工区。首先将首段 300m 需清除土料采用 1m³ 挖掘机挖装，5t 自卸车运输至指定地点临时堆放，平均运距约 1km。待该段加固堤防末段堤身填筑至内平台高程后，将首段清除土料采用挖掘机挖装，自卸车运输至末段内平台填筑。

除首末段 300m 堤身外，其余中间段落主堤身待上一段主堤身填筑至内平台高程后，采用 1m³ 挖掘机挖装，5t 自卸车运输，将该段清除土料用于上段堤身与内平台衔接清除部位。

C. 堤身填筑。在老堤结合面上填筑时，随填筑面上升进行削坡，削坡合格后，重点控制结合面土料的含水量，边刨毛、边铺土、边压实；在垂直堤轴线的接缝碾压时，采用跨缝搭接碾压，其搭接宽度不小于 3.0m。垂直堤轴线方向的各种接缝搭接坡比缓于 1：3，或顺堤线方向开挖成 30cm 高、100cm 宽的台阶。

老堤削坡。根据现场实测，当堤身填筑一定高程后，迎水侧老堤削坡工程量满足剩余堤身填筑量时，不再进行场内取土，使用迎水侧老堤削坡土料进行堤身填筑。施工时采用 1m³ 挖掘机削坡，平均倒土 4 次至填筑面，TY220 型推土机摊平翻晒后，用 18t 振动碾压实。

D. 边坡修整、验收。首先采用挖掘机进行粗削坡，待粗修完成后挖掘机在铲齿敷焊钢板做成修坡斗后配合人工进行精修处理，处理时按照设计高程挂线、整平、组织验收。

3）内平台施工。工艺流程为现状内平台清表→堤身需清除土料内平台平整、调运→填筑堤身与内平台衔接清除部位→边坡修整、验收。

A. 现状内平台清表。现状平台已长满杂草，需进行清表，施工方法与堤身清表一致。

B. 堤身需清除土料内平台平整、调运。施工时采用挖掘机开挖，推土机推运至内平台，平整碾压，平均推运距离 80m。若该施工区内平台平整碾压后未到达设计高程，则该段堤身需清除土料不再调运，反之则需调运至上一段作业面，调运土料采用挖掘机挖装，自卸车运输。

C. 填筑堤身与内平台衔接清除部位。该段施工区堤身填筑至内平台高程以上时，将下段内平台需清除部位土料采用挖掘机挖装、自卸车运输至该段堤身与内平台衔接清除处，用推土机平整、碾压。

D. 边坡修整、验收。内平台边坡修整、验收施工与主堤身施工方案一致。

8 堤 防 抢 险

我国处于季风气候区，暴雨洪水十分频繁，洪涝灾害是我国危害最大、损失最严重的自然灾害。长江、黄河等七大江河的中下游及沿海平原地区，其面积占国土总面积的8％，这里有占全国40％的人口和35％的耕地，有占全国70％的工农业总产值；这里也是我国人口最密集、经济最发达的地区。这些地区的洪涝灾害严重，是我国国民经济和社会发展的心腹之患。

据史料记载，公元前206—公元1949年的2156年间，全国发生较大洪涝灾害1092次，平均每两年发生一次较大水灾；黄河决溢1000余次，重大改道26次；长江较大洪灾平均10年一次。一旦洪水泛滥，几乎都带来"人为鱼鳖""赤地千里""灾民遍野"的惨剧。因此历代都将防洪治水作为治国安邦的大事。

新中国成立以后，我国对主要江河进行了大规模的治理，逐步形成了拦、蓄、分、泄相结合的防洪工程体系，以及通过法令、政策、经济等相结合的防洪措施，构成了我国较完整的现代防洪系统，防洪减灾效果明显。随着经济快速发展和人口的增长，洪涝灾害造成的直接经济损失呈增加趋势。1950—2008年，全国年平均洪涝受灾面积970.5万 hm^2、因灾年均死亡4661人。特别是1998年的特大洪水造成了巨大损失，受淹面积3.3亿亩，受灾人口1.86亿人，直接经济损失达2550.9亿元。

尽管我国在防御洪涝灾害方面做出了巨大努力，并取得了非凡成就，由于气候的异常变化，人类活动的频繁和环境的影响，目前我国的江河和城市防洪能力还不能适应社会、经济迅速发展的要求。因此，提高防洪减灾能力是我国的一项长期而艰巨的任务。

8.1 抢险类型

在丘陵山区降雨，沿沟道和坡面流下来的大水称为洪水，发生的灾害称为洪灾；在平原地区降雨，从平地和沟渠漫流下来的雨水称为沥水，发生的灾害称为涝灾。大水主要是由暴雨造成的，也有由于大量融冰、融雪或地下水流出造成的。我国各地汛期发生的时间也有差异，有春汛、伏汛、凌汛、潮汛之分。

凌汛成因的复杂性和表现的特殊性决定凌汛的危害性。河道封冻后，阻挡了部分上游来水，使河槽的蓄水量不断增加，水位上涨；解冻开河时，部分被拦蓄的水量急剧释放出来，向下游推移，沿途冰水增多，形成凌峰。凌峰自上而下传播是一个递增的过程，凌汛期的水位由于冰凌施加水流的阻力作用，相同流量的水位比无冰期高。凌情严重年份，局部河段水位壅高，造成滩区漫滩，堤防出现坍塌、管涌、渗水等险情，甚至发生决口。凌汛洪水虽不如主汛期洪水量大，但在水流的动力作用下，对河道、堤防工程具有极大的破坏作用。

　　堤防抢险指堤防及穿堤建筑物等在汛期出现险情时所进行的紧急抢护措施。堤防险情分类见表8-1。

表8-1　　　　　　　　　　　　　　　　　堤防险情分类表

序号	险情分类	险情特征
1	崩塌	较陡的堤外坡（临水面）土体突然脱离母体崩落、倾倒等破坏
2	决口	堤岸溃决，水流从口门涌出
3	散浸	堤坝背水坡及坡脚附近出现土壤潮湿或发软并有水渗出
4	滑坡	边坡土体沿贯通的剪切破坏面发生滑动破坏
5	漏洞	在堤内坡下部、坡脚附近，开始从洞口流出清水，逐渐发展为浑水
6	跌窝	堤身、坡脚发生局部凹陷、陷坑
7	管涌	土体中细小颗粒沿着粗大颗粒间的空隙通道移动，致使土层中形成孔道，从堤脚以外覆盖层薄弱部位集中冒水涌砂
8	漫溢	洪水位超过现有堤顶高程，或风浪翻过堤顶，洪水漫堤进入堤内
9	裂缝	堤身发生纵向、横向及龟纹缝隙
10	接触冲刷	穿堤建筑物与堤防接触面处的土壤颗粒被冲走
11	风浪	水面波动淘刷堤防

8.2　抢险方法

　　堤防抢险需遵循"前堵后导、强身固脚、减灾平压、缓流消浪"的原则，常见堤防险情的抢险方法见表8-2。

表8-2　　　　　　　　　　　　　　常见堤防险情的抢险方法表

序号	险情分类	抢险方法
1	崩塌	护脚固基抗冲、缓流挑流防冲、减载加帮
2	决口	抢筑裹头、沉船截流、进占堵口
3	散浸	临水截渗、背水坡反滤沟导渗、背水坡贴坡反滤导渗、渗水压渗平台
4	滑坡	减少滑动力、增加抗滑力； 缓流消浪、增强堤坝稳定性、提高坡面抗冲能力
5	漏洞	堵塞法、盖堵法、戗堤法
6	跌窝	翻填夯实、填塞封堵、填筑反滤料
7	管涌	反滤围井、反滤层压盖、蓄水反压
8	漫溢	土料子埝、土袋子埝、桩梢子埝、枕石（土）子埝、挡水应急子堤
9	裂缝	开挖回填、横墙隔断、封堵缝口
10	接触冲刷	临水堵截、背水导渗、筑堤
11	风浪	河段封航、堤坡防护、消浪防护

8.2.1 崩塌

崩塌是河床演变过程中水流对堤岸的冲刷、侵蚀作用产生累积后的突发事件。崩塌从破坏形式上分为滑落式和倾斜式。滑落式崩塌的破坏过程是以剪切力破坏为主，分为主流顶冲产生的窝崩和高水位状态下水位快速下降产生的溜崩。倾倒式崩塌的破坏主要是拉裂破坏，可分为主流顺坡贴流造成的条崩和表面水流渗入产生的洗崩。窝崩强度最大，一些重要崩塌段大都属于窝崩，主要位于弯道顶部和下部；条崩发生在深泓近岸，且平行于岸线，水流不会直接顶冲河段。

崩塌的原因是复杂的，是多种因素造成的。地质条件差、土质疏松是崩塌的内在因素；水流条件（主要顶冲、弯道环流及高低水位突变等）则是造成崩塌的重要外在原因；土壤中孔隙水压力增大，会使土壤抗剪强度降低甚至丧失，当承受瞬时冲击荷载时，土壤发生液化，造成崩塌的土力学因素；河道非法采砂、堤边取土成塘等人为因素，加剧了崩塌的强度和频率。

（1）护脚固基抗冲。一旦发生堤岸崩塌险情，首先要考虑抛投物料，如石块、石笼、土袋和柳枕等，以稳定基础，防止崩岸险情的进一步发展。

1）抛石护脚。块石覆盖松散的河床及近岸，避免水流对岸坡和近岸部位形成接触冲刷。块石在水流作用下自身要稳定，块石在水下的稳定性与块石的大小有关，块石在满足稳定的条件下，尺寸应尽量小。用于覆盖的块石层尽量均匀、致密和连续。

A. 抛石方案。

a. 抛石护脚范围。在深泓逼岸段，抛石护脚的范围应延伸到深泓线，并满足河床最大冲刷深度的要求。从岸坡的抗滑稳定性出发，使冲刷坑底与岸边连线保持较缓的坡度。抛石护脚附近不被冲刷，使抛石保护层深入河床并延伸到河底一段。在主流逼近凹岸的河势情况下，护底宽度超过冲刷最深的位置，将取得最大的防护效果。在水流平顺段，抛石护脚可护至缓坡（坡比1:3～1:4）河床处。抛石护脚的顶部平台，一般应高于枯水位0.5～1m。

b. 块石材质。由于受水流的长期冲刷，块石要求新鲜、完整，具有一定的强度、硬度和良好的水理特性。风化岩、泥岩以及裂隙发育岩石和片状、条状、带尖角岩石均不得使用。

c. 块石粒径。从防护岸坡冲刷来讲，块石需要大小搭配，在一定粒径级配范围内，有利于河床的调整，适量的小块石可以填塞大块石的缝隙，增加覆盖层的密实率，既充分利用了开采的石料，又提高了抵抗水流冲刷的能力。通常抛石尺寸为0.2～0.5m，以0.3～0.4m为主。

平顺抛石粒径选择原则：下限应按护岸可能发生的最大流速来计算块石的粒径，块石过小会被水流冲走；上限应保证抛投厚度至少2～3层来控制；块石过大保证不了层数，造成块石间隙过大甚至出现大孔洞，水流直接淘刷河床，导致局部塌陷，发展成大面积破坏。根据护岸地段的不同，抛投块石粒径一般为0.1～0.5m，单块重量不小于10kg。

d. 抛石厚度及坡度。在水流顶冲的急弯段，深槽近岸，抛石应自枯水位岸边抛至深泓，以稳定水下边坡为原则，坡比一般在1:1.5～1:2.0之间。

近岸坡坡度较陡、向下逐渐变缓，抛石范围一般至河床横向坡比1:3～1:4处或一定深槽高程处，抛石宽度为 70~100m。坡度较缓必须护岸时，视水流和河岸土质条件及崩岸强度，抛石一般控制在 50m 以内。

根据《堤防工程设计规范》（GB 50286—2013）的规定，抛石厚度应不小于抛石粒径的 2 倍，水深流急处宜增大。抛石护脚的坡比宜缓于 1：1.5。

e. 滤层。崩岸抢险可采用抛石应急，抛石区段无滤层，易使抛石区下部被淘刷导致抛石的下沉崩塌。采用土工织物材料，可满足反滤和透水性，且具有一定的耐磨损和抗拉强度、施工简便的优点。

B. 抛石护脚方案。抛石护脚具体施工方法参见第 6.1.1 节抛石护岸。

C. 抛投作业要点。根据工期和施工强度要求，选择合适的机械设备。所选择的工程船舶，应符合通航区和作业区相应的船级规定，不宜采用一次抛投量大的对开驳或底开驳设备。

根据设计抛投范围，将每一道工序平面范围和分层高程预先划分成抛投条，然后根据水深、流速、漂距等参数确定水面定位坐标，并通过现场试验选定船舶定位方法。

在岸坡适当位置设置岸上标志，并辅以浮标，作为抛石船定位放样用。在通航河道，应设置水面浮标，以标示出抛石作业区范围。

现场抛投试验和施工过程中，要分别对不同粒径、不同重量的块石在不同水位、不同流速、不同流量的漂距和水下成型的情况总结成果，便于指导下一阶段施工。

抛石量不足或抛投不均匀，在工程实施后，岸线仍然继续崩退。工程质量控制关键点为抛石定位准确度和抛石量控制情况，抓好这两点，就确保了护岸工程的质量。

抛石护脚作为处理崩岸的常用方法，具有就地取材、施工简单、分期实施的优点。1998 年长江险情发生后，长江堤防护岸工程投入石方 2729 万 m³，由此可见抛石护岸及护坡的普遍性。

2）柴枕护脚。柴枕法作为抗洪抢险的应急措施和河道整治的临时措施，主要指用乔木的枝梢、灌木的荆条以及草本植物的芦苇与土石捆扎，沉入江、河、湖、海堤岸底部的一种防止水流冲击的施工方法。该法是传统的护岸形式，造价低，可就近取材，因与其他的护脚工程不宜均匀连接以保护护脚和床面，故一般不用于加固。

柴枕法的沉排体易闭气，且保土防冲性能优异，能适应河床的冲刷变形以起到缓冲落淤的作用。

柴枕法作为堤防工程尤其是洪水汛期抢险已是古老而传统的工法。这一古老传统工法在 20 世纪 90 年代却从生态与环境保护方面获得了新理念的提升，成为当今时尚的现代工法，即生态护岸施工法。

A. 适用工况。柴枕法适用于以下工况：①冲刷力较大、流速较快的水流条件；②降雨量大、地下水位高的河岸地区；③土层有不均匀沉陷或大量沉陷状态的河岸地区。

柴枕抛投范围，顶部应在常年枯水位以下 1m，其上加抛大坡石，柴枕外脚加抛压脚大块石或石笼。

B. 柴枕的规格。柴枕的规格和结构应按设计要求确定，一般采用枕长 10~15m，枕径 1m，柴、石体积比为 7：3。

C. 柴枕施工方法。

a. 施工准备。在险工段的堤顶或戗台上，选好并平整捆枕场地。

在场地远水侧顺水流方向放一根枕木，其上再横放一排垫桩，垫桩长约 2.5m。垫桩粗头近枕木，细头朝向水流，形成约 1:10 的斜坡。垫桩间距为 0.5～0.7m。在场地后部偏上游一侧打设拉桩。枕木和垫桩见图 8-1。

b. 铺柴排石。在两垫桩间放好枕绳，在垫桩上铺柴料（柳枝、玉米秸、苇料等），铺料宽约 1m，每 0.15～0.20m 压实一次，捆成 1m 直径的枕；铺柴应分两层：第一层从上游端开始，柴枝料粗头朝外，均匀交错铺至下游端；第二层将柴枝粗头反过来，再从下游端铺至上游端，铺完两层后，两端以粗头朝外再铺一节，加厚枕的两头。

在铺柴中间分层排放石块，大小搭配排紧填实，呈中间略宽、两头稍窄，直径约 0.6m 的柱体，枕两端各留 0.4～0.5m 不排石。

排至石料厚度一半时，放一根穿心绳，然后再将上一排石排好；缺石料时，可用土工编织袋、麻袋、草袋等装土代替。在排石上再按铺柴方法铺两层柴枝。

c. 捆枕。将柴枕下的捆枕绳依次用力（或用绞杆）绞紧系牢。捆枕绳双股、单股相间，枕头处应以双股盘扎好。柴枕见图 8-1。

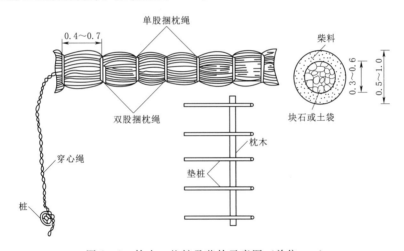

图 8-1　枕木、垫桩及柴枕示意图（单位：m）

d. 抛枕要求。抛枕前，将穿心绳活扣系在预先打好的拉桩上，并派专人掌握穿心绳的松紧度。抛枕人要均匀地站在枕后，同时推枕、掀垫桩，确保柴枕平衡滚落入水。由上游侧向下游侧逐个靠接，顺堤坡方向由下而上逐个贴岸。要从抢护部位稍靠上游侧抛起；采取分段抛投时，应同时进行。抛投过程中，应加强水下探测，及时调整穿心绳，控制柴枕沉落位置。柴枕抛足后，应及时抛压枕石将其压稳，柴枕抛投见图 8-2。

3）抛石笼护脚。散抛块石结构一旦被水冲垮，其铺设厚度改变，随之便出现递增式毁坏。抛石笼之所以作为常用的护脚方法，是因为其岸坡护脚抗冲的效果。石笼凹凸不平的表面则起到分解波浪、减缓流速和降低冲击强度的作用。石笼因具透水性与柔软性，经水流冲击后，产生蠕动，减小网笼间的空隙，因而容易在水流冲击下达到新的平衡，有效地阻止了水流对岸坡堤基的淘刷，保证了堤坝底（脚）的基础的稳定。对于散抛块石护底，一般适于水流流速 2m/s 以下，而石笼可抵抗 6m/s 水流流速，故在实际应用时，为

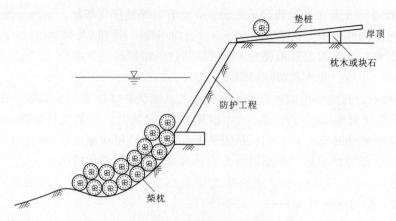

图 8-2　柴枕抛投示意图

保险起见，流速一般取 3～4m/s 作为石笼沉排岸坡防护的标准。理论与实践分析证明，将铅丝或合金钢丝网内铺砌块石时，其在水中阻碍漂移能力较同样数量与质量的散抛块石要增加 1 倍以上。

预先加工成各种规格的铅丝网、钢筋网，在现场充填石块料后抛投入水。体积可达 1.0～2.5m³，具体大小由现场抛投手段而定。抛笼完成后，要进行一次水下全面探测，将笼与笼接头不严处用大块石抛填补齐。

工程布置及结构型式应综合考虑工程总体要求、水文地质条件、施工条件以及景观绿化效果等因素，石笼可以采用重力式、阶梯式及贴坡式等形式，并设置防止水流冲刷、水土流失等工程措施。石笼护脚布置形式见图 8-3。

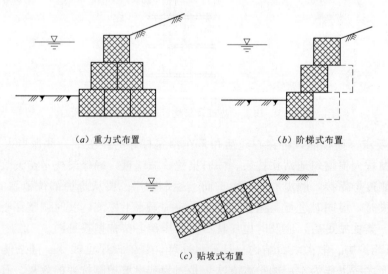

（a）重力式布置　　　　　　　（b）阶梯式布置

（c）贴坡式布置

图 8-3　石笼护脚布置形式图

A. 技术控制要点。石料以一般石块或小石块为准。石笼应自下而上层层上抛，尽量避免笼与笼接头不严现象，由下游向上游抛完第一层再抛第二层，上下笼头互相间错、紧密压茬，笼抛完后应摸洞一次，将笼顶部分和笼接头不严处用大石块抛填整齐。

a. 钢丝。钢丝可选用镀锌钢丝、镀锌钢丝包塑、镀锌合金钢丝；钢丝的镀层应均匀、连续、不得有裂纹和没有镀上锌的地方，钢丝表面不得有裂纹以及明显的纵向拉痕。钢丝镀锌层质量要求、试验方法及检测规则按照《钢丝镀锌层》（GB/T 15393—94）执行。《格网土石笼袋、护坡工程袋应用技术规程》（CECS 456：2016）规定如下：

机编网钢丝抗拉强度为 350～550MPa，断裂伸长率不小于 10％。临时性工程及 5 级堤防工程可选用 I 级镀层钢丝；2 级、3 级、4 级堤防工程宜选用 II 级镀层钢丝；1 级堤防工程宜选用 III 级镀层钢丝；多砂或水质受到污染的河道，可按表 8-3 规定，提高一级选用，机编网钢丝镀层质量及厚度指标见表 8-3。

表 8-3　　　　　　　　　　　　机编网钢丝镀层质量及厚度指标表

钢丝直径 /mm	钢丝镀层类型				
	I 级（热镀锌钢丝）	II 级（热镀锌铝合金钢丝）		III 级（热镀锌铝合金钢丝）	
	镀层质量 /(g/m²)	镀层质量 /(g/m²)	镀层最薄处 厚度/μm	镀层质量 /(g/m²)	镀层最薄处 厚度/μm
2.0～2.2	≥220	≥250	≥25	≥350	≥42
2.3～3.0	≥250	≥275	≥30	≥450	≥50
3.1～3.3	≥265	≥300	≥30	≥520	≥56
3.4～4.0	≥275	≥320	≥32	≥550	≥60

当水质或土质受到较严重污染或处在滨海环境时，机编网钢丝宜包裹 PVC 保护层。

b. 钢丝笼。钢丝网采用机编网，网目均匀，具有全方位柔软性。钢丝笼边丝直径不应小于 3.1mm；网丝直径不应小于 2.3mm；拉筋、扎丝直径不应小于 2.0mm。

c. 钢筋石笼。钢筋石笼一般用 φ4～6mm 钢筋焊接而成，石笼直径为 0.8～1.2m，长 2～3m，也可以采用长方体钢筋笼。笼内用块石填充密实，钢筋笼尺寸选定应考虑现场起吊条件。

d. 块石。块石要求质地坚硬，遇水不易破碎或水解，硬度 3～4，重度不小于 2.65t/m³；块石粒径在 20～40cm 范围内，不允许使用薄片、条状、尖角等形状的块石和风化石、泥岩等作为填充石料，岩石的抗压强度应大于 60MPa。

B. 施工方法。

a. 施工设备。根据施工工期、施工强度、施工条件等因素选择合适的机械设备。所选择的工程船舶，必须符合航区和作业区相应的船级规定，并设置符合国家有关水上作业规程的标志和信号。为确保沉放施工质量，宜采用有充分起吊能力的，稳定性好且能准确定位，便于移动的大型施工船舶。

b. 水上作业的定位。水上作业宜根据设计图纸沉放石笼范围、施工程序及允许误差，将每一序平面范围预先划分成抛投条，根据分条水深、流速、重量等参数计算浮距并拟定水面定位坐标。

在堤段适当位置设置岸上标志，并辅以少量浮标作为沉放石笼的定位使用。使用辅助起吊设备将扎好的石笼吊装，准确定位沉入水底。

C. 水下断面测量。上一工序沉放施工完成后，应进行水下测量，并分析抛投结果，以便及时调整分条（区）格抛投计划和水上作业定位位置。

　　4）四面六边体混凝土透水框架。20世纪90年代，我国研制开发了一种新型护脚新技术——四面六边体混凝土透水框架，可以缓流落淤、消能防冲，适应性很强。四面六边体混凝土透水框架是一种柔性护岸构件，由预制的6根长度相等的钢筋混凝土杆件相互连接组成，呈正三棱椎体，适用于水面较宽、河床水下横坡比较平缓、流速较低的河道护脚。四面六边体混凝土透水框架见图8－4。

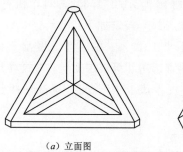
（a）立面图

（b）俯视图

图8－4　四面六边体混凝土透水框架示意图

　　四面六边体混凝土透水框架与传统的抛石固脚护岸相比，可以解决抛石护岸根石不稳问题，避免抛石固脚年年冲失、年年补抛，能节约大量石料，这对缺少石料的地区显得尤其重要。目前四面六边体混凝土透水框架已在长江航道整治工程中广泛应用。从应用后的情况看，四面六边体混凝土透水框架边缘的淤积情况较好，效果十分理想。四面六边体混凝土透水框架施工流程见图8－5。

　　A. 施工准备。根据设计抛投区、抛投量、运输船舶尺寸以及水流方向，划分抛投分区。在抛投前先进行现场抛投试验，在不同的水深、流速条件下，通过试抛投，以确定框架的漂移距，提高抛投准确性。

　　B. 抛投网格划分。网格划分是将抛投划分成定宽、定长的条形抛投区域作为船只定位和移位、抛投数量的控制单元。网格划分需考虑设计抛投框架数量、装船的尺寸、装载数量等因素。

　　C. 框架构件预制、拼装焊接。

　　a. 杆件制作。框架杆件断面尺寸为10cm×10cm；杆件长80～100cm。杆件混凝土标号C20，采用Ⅰ级级配，骨料最大粒径小于30mm。采用ϕ10mm的热轧带肋钢筋，水泥为标号425R的普通硅酸盐水泥。预制杆件混凝土强度高于设计强度的60%方可搬运。

　　b. 框架拼装。拼装时，杆件的强度不小于设计强度的75%；钢筋焊接采用三根钢筋两两搭接电弧单面焊，焊缝长度不小于30mm；框架钢筋外露部分均用沥青刷涂防锈处理；框架下水时混凝土强度应达到设计强度标准值。

　　透水框架杆件预制好后，集中进行框架拼装焊接，成品堆放于预制场。

　　D. 水上抛投。将框架用运输车运到装船码头后再由起重机吊到驳船上。为增加船舶的运输量，宜将框架重叠在一起运输，运输船两边须预留有空档，作为人工抛投的作业区域，最后由运输船运往施工现场。待定位船准确定位后，框架运输船紧靠定位船，由人工实施抛投。

　　抛投时注意框架入水时间统一，防止因框架先后入水、相互拉扯后在同一点入水，达不到均匀性抛投的目的。每个抛投网格按设计要求抛投数量。

一般遵循先上游后下游、先远岸后近岸的原则抛投。定位船垂直于水流方向，抛投船在其下游顺水流方向挂靠。定位船的定位精度决定抛投位置的准确性。先将定位船移至要抛投的断面，测量员采用 GPS 的 RTK 测量模式精确定位，定位船外弦与网格断面成直线，使框架抛入水后的位置满足设计要求。

为保证抛投均匀，抛投施工中要控制抛投船的规格，要求装载框架的长度规格统一，以保证抛投连续、均匀，不留空档，抛投船应选择长、宽尺寸及吨位相当的平板驳船作为固定的抛投船。

钱塘江干堤衢州段加固工程中，采用抛投四面六边体混凝土透水框架。该段河床深泓逼岸，大堤外没有外滩，地势险要，河床横向比降平缓，流速为 2.5m/s。四面六边体混凝土透水框架采用混凝土预制，框杆断面尺寸为 0.12m×0.12m，框杆长 1.2m。工程建成运行以来，河势趋于稳定，护岸效果良好。

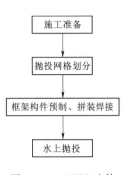

图 8-5　四面六边体
混凝土透水框架
施工流程图

5）水下不分散混凝土护脚。

A. 水下不分散混凝土特性及配比。水下不分散混凝土护脚具有整体性好，抗冲刷性能强的优点，在水流流速较大和有通航要求的河段，有较大的优势。在水流流速不大于 3m/s，水下自由落差不大于 500mm 的水下混凝土浇筑施工可以参照《水电水利工程水下混凝土施工规范》（DL/T 5309—2013）的规定执行，超过该范围应通过试验确定材料配比和施工工艺。

水下不分散混凝土与空气中浇筑混凝土不同，它是在水中浇筑，不经振捣而自流平，混凝土在水中不离析，水泥不流失，主要措施是抗分散剂增加混凝土拌和物的黏聚力。骨料采用一级配，粒径在 20mm 以内，以减少骨料的离析。

水下混凝土配制强度要提高 10%～20%；其胶凝材料用量不宜少于 360kg/m³；混凝土有自由落差时，胶凝材料用量不宜低于 400kg/m³。

混凝土的黏聚性和流动性是一对矛盾，流动性大的拌和物其颗粒间的内摩擦较小，即黏聚性较差，从而易于泌水和离析。而增大流动性的措施往往会减小黏聚性，反之亦然。在实际应用中，既要尽可能提高混凝土的黏聚性，又要保证混凝土的流动性，因此在配合比设计中选择良好的絮凝剂及其适宜的掺量是关键。外加剂及掺合料的品种和掺量应通过试验确定。水下不分散混凝土应使用抗分散剂。抗分散剂一般采用絮凝剂，掺有 2%～3% 的絮凝剂在水中落下时不分散、不离析，水泥很少流失，不污染环境；混凝土具有良好的流动性，水中浇筑能自流平、自密实，无须水下振捣，简化了水下施工工艺。水下不分散混凝土与普通混凝土相比，其泵送阻力增加 1～2 倍，但不会增加堵泵、卡管现象。

水下混凝土的流动性，在满足施工要求的范围内应尽量小些，水下混凝土坍落度要求见表 8-4。

B. 水下混凝土浇筑。施工中采用的吊车、输送泵等输送设备及机具能力要满足水下混凝土浇灌需要，其选型要根据水下混凝土浇灌场所、管输条件、可泵性、一次浇灌量、浇灌速率等因素确定。混凝土浇筑时要保证浇筑的连续性。

表8-4				水下混凝土坍落度要求表	
序号	施工条件	坍落度范围/mm	序号	施工条件	坍落度范围/mm
1	水下滑道施工	300~400	3	利用混凝土泵施工	450~550
2	利用混凝土导管施工	360~450	4	须有极好流动性时	≥550

a. 导管法。水下混凝土导管的布设，应根据每根导管的作用半径和浇筑面积确定。混凝土导管应由装料漏斗及导管构成，导管的形式有底盖式、滑塞式、活门式。导管宜优先选用钢管，钢管直径不宜小于200mm，壁厚不宜小于3mm，装料漏斗容量应满足首批混凝土浇筑量的需求。

导管在使用前应试拼、试压，不得漏水，每节应统一编号，在每节自上而下标识刻度；在浇筑前进行升降试验，导管吊装能力满足安全提升要求。

开始浇筑时，导管底部应接近地基面300~500mm，应尽量放置在低洼处。初灌时导管要埋于混凝土中。开始浇筑时，先将导管灌满混凝土，而后打开底盖或让滑塞滑出导管，避免管内充水后，混凝土在水中落差增大，将影响混凝土质量。在浇筑过程中，混凝土应连续不断地供给装料漏斗，使导管内充满混凝土，以防止水流反窜，最好将导管插入已浇筑的混凝土中。在导管内充满混凝土且能保证连续供应的情况下，可将导管下端从混凝土中拔出3~50cm，让混凝土在水中自由落下。

b. 泵压法。泵压法适用于水域较大的工程，尤其适用于较长运输距离的工程。

水下不分散混凝土的泵送阻力较大，在布管时应减少弯头、管路尽量平直，采用掺混凝土泵送剂，降低混凝土泵送阻力。

施工中需移动水下泵管时，输送管的出口端应安装活门或挡板。当浇筑面积较大时，可采用挠性软管，由潜水员水下移动浇筑。泵管移动时不得扰动已浇筑的混凝土。

c. 开底容器法。开底容器法也称吊罐法，适用于一般小规模工程，可适用于所有配合比的混凝土。

开底容器宜采用大容器。罐底形状宜采用锥形、方形或圆柱形。浇筑时，开底容器应轻放缓提，当底门打开时，应保证混凝土自由落差不大于500mm。

C. 混凝土表面平整度控制。由于混凝土的表面平整度与浇筑点的分布和密度有很大关系，在施工过程中，根据混凝土的流动性确定浇筑的分布。混凝土的浇筑原则是宁高勿低，待混凝土表面沉实和自流停止后，由潜水员利用钢制压板压平。在浇筑完成后，用水下摄像机对仓面进行拍摄，水上监控人员通过传送的图像检查平仓、漏浇情况。

（2）缓流挑流防冲。为了减缓崩岸险情的发展，可采取抢修丁坝、沉柳加帮等措施，防止急流顶冲堤岸。

1）丁坝。丁坝是一种间断性的有重点的护岸形式，具有调整水流的作用。在河床宽阔、水浅流缓的河段，常采用这种护岸形式。在黄河下游，因泥沙沉积，河床宽浅，主流游荡，摆动频繁，常出现水流横向、斜向顶冲堤防的情况，较普遍采用丁坝、短丁坝以及坝间辅以平顺护岸的防护形式，保证堤防安全运行。

丁坝坝头底脚常有垂直漩涡发生，以致其被冲刷成深塘，故坝前应予保护或将坝头构筑坚固，丁坝坝根须埋入堤岸内。

土质丁坝必须护坡，在土与护坡之间设置反滤层，垫层可采用砂石或土工织物。砂石垫层厚度宜大于 0.1m，土工织物垫层的上面宜铺设薄层砂卵石保护。

在中细砂组成的河床或水深流急处修建不透水丁坝，宜采用沉排护底。沉排的宽度要保证在河床产生最大冲刷的情况下坝体不受破坏。坝头部分应加大护底范围。对不透水淹没丁坝的坝顶面，宜做成坝根斜向河心的纵坡，一般可采用 1％～3％ 的坡底。

2）沉柳加帮。挑选枝繁叶茂的柳树头，根部系在堤防顶部木桩上，在树梢枝杈上捆扎石块，顺坡推入水中，柳树间距和悬挂深度要根据溜势及崩塌情况确定，也可将柳树头的根部挂上大石块或砂石袋，用船将其由下游向上游，由深到浅依次抛沉。挂柳对含砂量高的河流效果更为显著。此外，可用竹筋或麻绳沿粗梢料中间扎成 0.5～0.8m 粗的梢枕，系于堤坝顶的木桩上，再推入水中消浪。风浪较大时，可将几个枕连起来做成枕排防浪。

（3）减载加帮。减载加帮即为采取临水削坡、背水帮坡的措施。

在坍塌部位的上部堤顶堤坡上移走备土、备料等重物，抢险人员、车辆等不要在上部行走或停留，在坍塌部位堤顶下部加做铅丝笼戗台、土袋戗台、反滤戗台或 10m 长的大直径土工织物砂枕等，防止继续坍塌。可以采取削坡和间隔削坡的办法削缓岸坡，减轻水流冲力。在背水坡采用土石分层填筑，填筑时注意将原堤坡挖台阶，保证新老堤结合满足要求。背水帮坡补强施工方法见图 8-6。

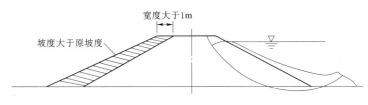

图 8-6　背水帮坡补强施工方法示意图

8.2.2　决口

（1）决口成因。形成决口的原因如下：

1）发生超标准洪水、风暴潮或冰坝壅塞河道，水位剧增漫过堤顶。

2）水流、潮浪冲击堤身，发生坍塌，抢护不及时。

3）堤身、堤基土质较差或有隐患，严重渗漏现象，防堵不及时。

4）人为的掘堤开口。

5）地震导致堤身塌陷、裂缝或滑坡。

（2）封堵原则。在溃口已经扩大的情况下，为了控制灾情的发展，应根据各种因素选择封堵的最佳时机。

为了防止溃口进一步扩大，必须尽快对溃口两侧堤头进行保护，且其保护措施不应影响堵口封堵作业。

现场使用机械及起吊设备较为困难，要以人力施工为主。采取平行流水作业，快速连续施工。施工要在水面以上进行，并逐步创造静水闭气条件，确保人身安全。在溃口较窄时，可采取大体积物料，如篷布、石袋、石笼等，及时抢堵，以防溃口扩大。采取的截流、堵口、闭气等方式，要有利于逐渐减少溃口处过流量及水流流速。要设置拦石装置，防止急流冲走抛投料。抛投料出水面后，须尽快对封堵结构体进行加宽、加高及培厚，以增加封堵结构体的稳定性和渗透稳定性。

（3）封堵的实施。决口抢险时要对施工材料及设备有充分的准备，并做好人员和施工现场的组织、布置。

1）抢筑裹头。在水浅流缓、土质较好的地段，可在堤头周围打桩，桩后填柳、柴料或块石。在水深流急、土质较差的地段，宜采用抗冲能力较大的石笼进行裹护。

在需要进行打桩时，可采用螺旋锚法施工，即在堤防迎水面和背水面各安装两排螺旋锚，抛下砂石袋后，挡住急流对堤防的冲刷。

采用土工合成材料或橡胶布裹护时，将材料展开，并在其四周系重物使其下沉定位，同时采用抛石等方法压牢。待裹头初步稳定后，再实施打桩等方法进一步加固。

2）沉船截流。沉船截流可以大大减少通过决口处的过流流量，为全面封堵创造条件。由于沉船处底部不平整，船底难与河滩底部紧密结合，沉船后要迅速抛投大量物料，堵塞船底与河底的空隙，具备条件时，在沉船迎水侧打设钢板桩等阻水。可以采用底部开仓的船只抛投物料，这种船只抛石集中，操作方便。

3）进占堵口。在实现沉船截流减少过流流量后，应迅速组织进占堵口的施工，以确保顺利封堵决口。常用的进占堵口法有平堵、立堵和混合堵三种方案。

A. 平堵。平堵是先在龙口建造浮桥或栈桥，用自卸车等运输抛投料，沿龙口前沿抛投。先下小料，随着流速增加，逐渐抛投大块料，使堆筑料在水下均匀上升，直至高出水面，截断河流。平堵法比立堵法的单宽流量小，最大流速小，水流条件好，可以减少对龙口基床的冲刷。特别适宜在易冲刷的河床上截流。由于平堵架设浮桥及栈桥，有利于机械化施工，因而抛投强度大，容易截流施工。

B. 立堵。立堵是用自卸车等运输抛投料，以端进法（从龙口两端或一端下料）抛投进占决口，直至截断河床。立堵在截流过程中所发生的最大流速、单宽流量都较大，加之所生成的楔形水流和下游形成的立轴漩涡，对龙口及龙口下游河床将产生严重冲刷，因此不适宜在地质条件不好的河道上截流，否则需要对河床做妥善防护。

C. 混合堵。混合堵是采用平堵与立堵相结合的方法，有平立堵和立平堵两种。①平立堵。对于软基河床，单纯立堵容易造成河床冲刷，往往采用先平抛护底，再立堵合龙的方案，平抛多采用驳船。②立平堵。为了充分发挥平堵水力条件较好的优点，降低架桥的费用，工程中可采用先立堵、后架桥平堵的方式。

8.2.3 散浸

水库高水位运行或在汛期高水位下，堤坝背水坡及坡脚附近出现土壤潮湿或发软并有水渗出的现象。

（1）散浸原因。①堤身单薄，堤身断面尺寸不足，内坡过陡；②警戒水位持续时间过长；③堤身土质含砂量大，外坡无透水性小的黏土防渗；④堤身质量差，筑堤的大土块没有打碎，填筑不密实；⑤堤身内有隐患（如白蚁洞、獾洞、树根、暗沟等），缩短了渗径，渗水在堤内坡的坡面或坡脚附近渗出，形成散浸。

（2）抢护原则。以"临河截渗，背河导渗"，降低浸润线，稳定堤身为原则。临水坡用透水性小的黏土做外帮，可以减少渗到堤里去的水；背水坡用透水性大的砂石或柴草做反滤，可以使已经渗到堤里的水流出，而不带走土粒，这样可以降低浸润线，稳定堤身。

（3）抢护方法。发现散浸险情后，要查明原因和险情程度，如堤内坡出现散浸，坡面渗出少量清水，堤身稳定，险情并无发展，可以严密监视，暂不处理。如堤坡渗水严重或发生浸水集中冲刷现象，说明险情在逐渐发展，则需加以抢护。抢护方法以导渗为主。如外滩较宽，附近有黏土可取，险情又很严重，则需兼用外帮防渗，内坡导渗的方法，切忌在堤内坡用黏性土料做压浸台。

1）导渗沟。散浸严重堤段，有继续发展趋势。一般可在堤内坡面开沟导渗，让渗水汇集沟内流走，使内坡土壤干燥坚固，以稳定险情。

从浸润线顶点至堤脚，开若干条与堤身垂直的纵沟或与堤身成 $45°\sim60°$ 的斜沟。斜沟比纵沟好，因为斜沟导渗范围大，收效快。不应在浸润线顶开横沟，这种方法排水不畅。斜沟、纵沟都要连通，沟截面尺寸应一致，或在纵沟两边再开"人"字形支沟。

导渗沟的大小及间距，应根据各地具体情况而定。一般每隔 $5\sim8m$ 开一条沟，沟深 $0.5\sim1.0m$，宽 $0.3\sim0.8m$。

沟内填粗砂、卵石（碎石），在缺乏砂石地区，也可采用砖渣、岗柴等作为导渗材料。为了防止泥土掉入沟内，阻塞渗水通路，可在导渗材料上面盖草袋或稻草，然后填土。

堤身含水过多，土质稀软，开沟困难，可采用边开沟、边做导渗沟的办法。提前备足滤水材料，避免发生沟挖好后，等待滤水材料的现象。

芦柴应扎成把子，直径 $30\sim40cm$。外捆稻草厚约 $10cm$，不使芦柴与土直接接触，以免土粒填塞芦柴把子的空隙，失去滤水作用。芦柴把子要柴头向上，柴梢向下，从沟的下面向上铺。头梢接头处要多搭接些。梢尾露出沟外，以利排水。导渗沟施工见图 8-7。

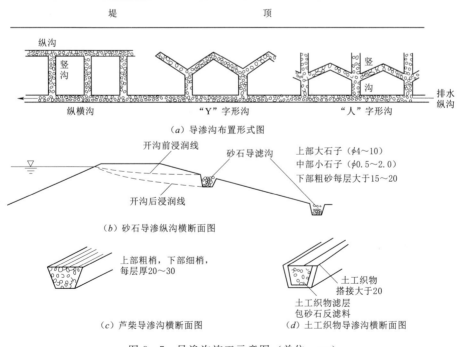

（a）导渗沟布置形式图

（b）砂石导渗纵沟横断面图

（c）芦柴导渗沟横断面图　　　　（d）土工织物导渗沟横断面图

图 8-7　导渗沟施工示意图（单位：cm）

2）芦苇反滤层。当堤身断面不足，外滩狭窄，内坡产生严重散浸时，可在内坡加做一层芦苇一层土的透水压浸台。如当地有砂石反滤料，可先用砂石作底层，然后一层土一层芦苇铺到要求高度。

在筑压浸台部分应先做导渗纵沟。然后在堤脚上，铺放芦苇两层，每层厚 10cm，铺成"人"字形，柴梢向外，目的是引出渗水。在芦苇上面铺稻草厚 5cm，然后填土夯实，厚为 1.0～1.5m。填土面上再铺放芦苇，一层土一层芦苇，直到浸润线顶面为止。若基础不好，土撑坡脚要抛石或用砂土袋固脚，但要注意不要将沟内渗水阻塞。

3）砂石反滤层。散浸严重的堤段，开沟导渗有困难时，也可做砂石反滤层抢护。先将散浸部位面层约 30cm 湿土挖除，再回填粗砂一层，厚 15～20cm，上盖厚 10～15cm 瓜米石一层，再盖粒径 2cm 的碎石一层，厚 10～15cm，最后盖上小片石一层，让渗水从片石隙缝流入堤脚下的滤水沟。如果堤身要培厚的话，要在片石上盖上一层草袋，再在上面填土。各种材料反滤层施工见图 8-8。

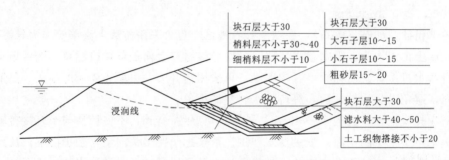

图 8-8 土工织物、砂石、梢料反滤层施工示意图（单位：cm）

4）黏土外帮。在内坡散浸严重的堤段，有外滩，且附近有黏土可取，可在外坡做外帮。沿外坡倾倒黏土，为起到好的止水效果，随倒土随用脚踩实。如因急流，散土容易流失，可先在水中分层垒土袋填筑一隔堤，然后在土袋与堤外坡之间倾倒散黏土分层填筑，直到要求高度，可起隔渗的作用。

外帮宽度一般为 4～5m，长度应超出散浸堤段两端至少 5m，高出水面 0.5m。汛前消除隐患，对防止在汛期中发生散浸、跌窝和漏洞险情，也是一项极其重要的工作。例如位于湖北省荆州市的荆江大堤的白蚁对大堤破坏严重，修防部门就专门成立了灭蚁队进行锥探、抽槽、翻筑，大大减轻了汛期中的散浸、跌窝和漏洞险情。

8.2.4 脱坡

堤坝处在高水位不利的水力条件下，浸泡时间长，形成稳定渗流，渗透力的作用区随浸润线上升而增大。在浸润线以下的饱和土区，渗透力削减了原有抗滑稳定性，土体发生开裂、充水，继而迅速滑坡，它的发展规律与堤坝边坡坡度、坝身土质、地基条件、有无反滤、施工质量等直接有关。

脱坡险情能在短时间内大大削弱堤坝断面，严重者可达 2/3 以上，使堤坝失去抵御洪水的能力，因此脱坡是一种十分危急的险情。要尽早发现，立即抢护，不得延误时机。险情危急时，应同时采取各种措施稳定险情，必要时，在临水面抢筑前戗截渗。脱坡严重时，坡面土体稀软，下滑加快，此时切忌大量上人踩踏，更不能在坡面上堆放重物，或在滑动体上部与错动面相交处开沟回填砂石，以免险情恶化。

脱坡险情发生时，堤坝表面均会出现裂缝。因此，应加强对裂缝的观察分析。如裂缝窄浅，呈龟纹状，可先用土工膜等覆盖以防雨水渗入，加强监视，暂不处理；若出现圆弧形或较长较宽的纵向裂缝，则是滑坡的前兆，不宜翻筑回填或灌砂灌浆。

（1）内脱坡抢护。堤背水坡发生严重散浸，未及时处理，则在散浸堤段的堤顶或内坡，土壤结构被破坏，发生向堤脚下滑的弧形裂缝，内坡就整块地向下滑动，坡脚土壤上鼓的现象称为内脱坡。轻者导致脱坡滑动，严重时会推动坡脚土层一起滑动。

1）脱坡分类。圆弧滑动，一般是堤坝本身与基础一起呈圆弧形滑动，滑动圆弧面直径可达几十米，滑动面错落较深，滑动体积较大，坡脚往往被推挤外移并隆起。堤坝沿自身内某处软弱层滑动，开始时多为纵向裂缝，滑动面较浅，范围较小。

2）脱坡原因。在汛期洪水位超过设计水位或接近设计水位时，导致浸润线升高，土体含水量饱和，土体抗剪强度降低，阻滑力减小，堤身的抗滑稳定性降低。

汛期水位较高，堤身的安全系数降低，在遭遇暴雨或长时间连续降雨时，堤身饱水程度进一步加大，特别是已经产生纵向裂缝的堤段，雨水沿裂缝渗透到堤防的深处，土体因浸水而软化，强度降低，最终导致滑坡。

堤脚失去支撑而引起的滑坡。堤坝基础的淤泥层和液化土层未彻底处理，平时不注意堤脚保护，更有甚者，在堤脚下挖池塘，该类地形是堤防的薄弱地段，也是将来的滑坡出口。

3）脱坡的前兆。

A. 纵向裂缝。汛期一旦发现坝顶或堤坡出现与堤轴线平行且较长的纵向裂缝时，必须引起高度警惕，仔细观察，并做必要的观测，如缝长、缝宽和缝深，缝的走向以及缝隙两侧的高差等，必要时要连续数日进行观测并做详细记录。出现下列情况时，发生滑坡的可能性很大。

裂缝左右两侧出现明显的高差，位于离堤中心远的一侧低，而靠近坝中心的一侧高。裂缝开度继续增大。裂缝的尾部走向出现了明显的向下弯曲的趋势。从发现第一条裂缝起，在几天之内与该裂缝平行的方向相继出现数道裂缝。发现裂缝两侧土体明显湿润，甚至裂缝中渗水。

B. 地面变形异常。滑坡发生之前，滑动体沿着滑动面已经产生移动，在滑动体的出口处，滑动体与非滑动体相对变形突然增大，使出口处地面变形出现异常。可以在坡脚或坡脚一定距离处打一排或两排木桩，测这些木桩的高程或水平位移来判断坡脚处隆起和水平位移量。

坡脚下某一范围内明显潮湿，变软发泡。

4）抢护原则。减少滑动力，增加抗滑力。上部削坡，下部堆土压重，前堵后导的综合措施。

5）抢护的基本方法。

A. 减少滑动力。当发现堤坝背水坡有脱坡征兆时，首先要采取上部削坡减载，下部固脚阻滑抢护。固脚的方法是在坡脚堆砌块石或砂袋，稳住险情。对于地基条件差和临近坑塘的地方，要先做填塘固基。如滑坡已经形成，抢护时要在滑坡体下部先做固脚，再做滤水后戗。

削坡减载是处理堤防脱坡最常用的方法，在滑坡继续发展，没有稳定之前，不要进行削坡，一定要等滑坡基本稳定后才能施工。一般情况下，可将削坡下来的土料压在滑坡的堤脚做压重用。在做压脚抢护时，必须严格划定压脚范围，切忌将压重加在主滑动体部位。

在临水面上做截流铺盖，减少渗透力。如有外滩，在抢护内坡的同时，可在外坡加做黏土外帮，以减少渗水，缓和险情，为完成内坡抢护争取时间。

在背水坡面做导渗沟，可以进一步降低浸润线，减少滑动力。将脱坡松土削成斜坡后挖沟，在沟内放置滤水材料。堤脚不稳定，要在堤脚抛石或用土袋固脚，不应将沟内的渗水阻塞。

B. 增加抗滑力。用砂、石等透水材料做滤水反压平台，因砂、石是透水的，在做反压平台前无需再做导渗沟。

由于滤水反压平台需要大量的土石料，当滑坡范围大，砂石料短缺的情况下，可用滤水土撑法抢护。清理坡面后，在滑坡体上顺坡挖沟，沟深视险情情况而定，最好挖至滑裂面。沟内按反滤要求铺设土工织物或铺填砂石、梢料等反滤料，其顶面覆盖草袋、席片保护。开沟困难时，也可改用反滤层。滤水土撑断面见图 8-9。

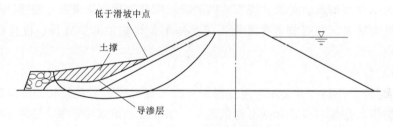

图 8-9　滤水土撑断面示意图

在完成反滤沟或反滤层部位时，用透水性大的砂料分层填筑夯实而成土撑，每条土撑长约 10m，一般顶宽 5~8m，边坡坡比为 1:3~1:5，顶面高于逸出点 0.5~2m，土撑间距一般为 8~10m。土撑顶高度不要高出滑坡体的中点高度，土撑底脚边线要超出滑坡下口 3m 远。如果堤坝断面单薄，背水坡陡，险情严重，可将滤水土撑间连续修筑成滤水后戗。若堤坝断面较大，滑动面不太深，或滑坡主要由于土的渗透系数小，排渗不畅引起，可采取滤水还坡方法抢护。滤水即采用反滤措施将渗水导出，还坡即填筑透水砂性土，恢复堤坝原有断面。

首先将滑坡顶部陡坎削成缓坡，消除坡面松土杂物，在坡脚堆砌块石固脚，然后直接回填中、粗砂还坡。导渗沟滤水还坡见图 8-10。

（2）外脱坡抢护。

1）外脱坡原因。堤防无外滩，河泓紧逼，汛期水流直冲堤防，在弯道凹岸受环流淘刷影响，都会导致堤防失稳而脱坡。汛期水库紧急泄水，洪峰过后河道水位急骤降落，堤坝渗水外排不及时形成反向渗压，加之土体饱和后抗剪强度降低等影响，促使堤坝岸坡沿圆弧面滑塌，防汛中常将此险情称为"落水险"。

汛期遇强风，水面波高浪大，波峰来临时，一股强劲水流冲击坡面，甚至越顶而过，

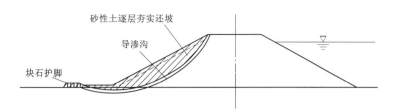

图 8-10 导渗沟滤水还坡示意图

在波谷回落时，对坡面又产生负压抽吸作用。水库、湖泊水面辽阔，水深浪大，风浪破坏更为严重。临水坡水流和风浪的冲击、淘刷，使边坡失稳，断面塌毁，护坡的砌石和垫层被破坏，严重威胁堤坝的安全。

2) 抢护原则。缓流消浪，增强堤坝稳定性和抗冲能力。

3) 抢护方法。

A. 缓流消浪。

挂柳消浪。挑选枝繁叶茂的柳树头，根部系在堤防顶部木桩上，在树梢枝杈上捆扎石块，顺坡推入水中，柳树头间距和悬挂深度要根据溜势及崩塌情况确定。可将柳树头的根部挂上大石块或砂石袋，用船将其由下游向上游，由深到浅依次抛沉。挂柳对含砂量高的河流，效果更为显著。用竹筋或麻绳将粗料料扎成直径 0.5～0.8m 的枕，系于堤坝顶的木桩上，再推枕进水消浪。风浪较大时，可将几个枕连起来做成枕排消浪。

竹木排消浪。风浪较大的江河湖泊及水库常将竹、木材分层叠扎成排，厚度一般为20～30cm。较小的排体，可拴在堤坝顶的木桩上，随水位涨落松紧绳缆，同时排下坠以石块或砂石袋来稳定和调整排位。排体较大时，头尾各抛八字锚，必要时外帮加抛腰锚，锚链长为1～2倍水深，排体距堤坝临水坡要有一定距离，避免排体撞击堤坝。

B. 增强堤坝稳定性。护脚固基最常用的是散抛块石。运石船按险情要求定位，一般抛法是由远及近抛投，要求抛准、抛平、抛匀。抛石直径与水流缓急有关，一般为20～40cm。抛投船一般在抢护点上游10～20m，使抛石随水流下移沉于抢护点。

对于水深流急之处，可用铅丝笼、土工编织袋、竹笼、柳条笼装石抛投。梢料充足处，外层铺放厚约20cm的柳枝或芦苇，中间填石，用铅丝捆扎成直径约1m、长约10m的柳石枕抛护或者用土工织物加绳网构成软体排压沉防护。

桩柳固坡。当河水不深，在迎水坡受水流淘刷坍塌的下沿，间隔1m打排桩，桩长约为2倍水深，入土1/3～1/2桩长，桩顶略高于坍塌的上沿。桩后填放梢把或竹笆等，其后再铺厚约20cm的软梢料，料后抛土填实，最后在堤岸顶打入长约50cm的桩，用铅丝将两排桩拉紧。当临河水深流急，主流迁移不定，堤岸崩塌严重，散抛石块和抛枕难以稳定，可采用柳石绳网连接在一起的柳石搂厢法。柳石搂厢法以柳石为主体，网绳分层连接成整体的一种水工结构，具有整体性强、柔软性好，能适应河床变形等优点，但是所用工料较多，技术复杂，需要在熟练技术人员指导下进行。

C. 提高坡面抗冲能力。坡面防冲措施主要包括：土工织物防冲、土袋防冲、柳箔防冲。

a. 土工织物防冲。土工膜布防冲，施工快捷方便，已得到广泛使用。先将坡面陡坎稍加平整清理，把拼接好的膜布展开铺在坡面上，膜布高出洪水位1.5～2.0m，四周用平头钉钉牢。平头钉由 20cm 见方、厚 5mm 的钢板，中心焊一长 30～50cm、粗 12mm 的钢筋制成。平头钉行距约 1.0m，排距约 2.0m。若制作平头钉有困难，可在膜布上压盖预制混凝土块或石袋。

b. 土袋防冲。土袋抗冲能力强，施工简单迅速，使用范围广。用土工编织袋、草袋、麻袋装土、砂、石或碎砖块，装满后缝好袋口，放在受冲刷的坡面上，袋口向内，依次错缝叠压，直砌到超出浪高处。若堤坝临水坡过陡，可在最下一层土袋前打一排长约 1m 的木桩，以阻止土袋向下滑动。

c. 柳箔防冲。将柳、苇、秸料等扎成 10cm 粗的梢把，长度随堤坡长短而定，用铅丝把梢把连接成箔。箔上端系于顶桩上，柳把垂直堤线铺在坡上，下端附以块石、土袋，必要时柳箔上也可加压块石、土袋。若情况紧急，来不及制作柳箔，或水流冲击力相对较小时，也可将梢料直接铺在坡面上，再用横木、块石、土袋等压牢。

D. 注意事项。

a. 临水滑坡险情发生前，堤坝坡面或顶部常出现纵向或圆弧形裂缝，要注意观察，并加以保护。

b. 对圆弧形滑动险情要先稳定坡脚，待险情稳定后，再酌情处理岸坡。

c. 在险情抢护中，尽可能不要在坡面坡顶堆放重物或打桩，以免振动破坏堤坝土体结构，导致加速滑坡。

d. 堤坝前水位回落时，易发生"落水险"，抢险人员常常会产生麻痹松劲情绪，此时要特别注意对临水坡的监视和防守。

e. 堤坝断面因滑坡削弱过大，应采取临水削坡，背水帮坡措施。若险情危急，外削内帮把握不大，必要时应退建新堤。条件允许时，可降低库水位，再加以抢护。

8.2.5 漏洞

漏洞出口一般发生在内坡下部或坡脚附近。开始时因漏水量小，坝土很少被冲动，漏水较清，称为清水漏洞。由于清水漏洞周边土体浸泡时松散崩解，土体可能被漏水带出，使漏洞变大，漏水转浑，发展成为浑水漏洞。如不及时抢救，则将迅速发展，容易导致垮坝的风险。

（1）原因分析。由于堤身内部遗留有阴沟、暗剖、腐朽树根等，筑坝时未清除或处理；填筑质量不好，有土块或架空结构，填筑不密实；白蚁、蛇、鼠、獾等在堤内打洞。在高水位压力下，将平时的淤塞物冲开；因渗水将隐患、松土贯穿而成漏洞。老口门和老险工部位的堤段、复合堤结合部位处理不好或产生过贯穿裂缝且处理不彻底。尤其在高水位时坝身浸泡过久，土体结构变松软，更易促成漏洞的发生，故有"久浸成漏"之说。

（2）抢护原则。抢护原则为"前截后导，临重于背"。由于漏洞一般在迎水坡有洞口，所以抢护应以外堵为主，视情况在堤内出口用倒滤井为辅，或两者兼施的原则。处理漏洞绝对不能采用在漏洞出口打桩，或填土封压的办法。这样做只会促使险情的扩大恶化。

（3）抢护方法。

1）外堵方法。软帘盖堵是采用复合土工膜或篷布顺坡铺盖漏洞口。堤外堵塞对漏洞的抢护，直接有效的措施是外堵漏源。但要堵塞洞口，必须先探明洞口的位置和大小。用轻浮物撒在堤外水面或潜水摸探以找到洞口。为了安全，潜水摸探人员必须用绳索系着，以免被水流吸进洞内。找到洞口后，应立即堵塞。洞口小的可先用铁锅扣住，或用棉衣、棉絮等将洞口堵住；洞口较大或周围有几个洞的，可以将棉被、篷布、土工膜张开，顺堤坡拖下盖住洞口；如漏洞系漏洞或阴沟，可以先用布袋装土，吸进漏口，再用木楔包以棉絮塞紧洞口。按上面方法将洞口堵住后，然后再压土袋，填土做外帮，高出水面。软帘盖堵抢护方法见图8-11。

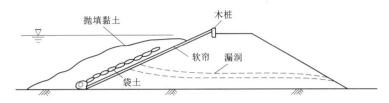

图8-11 软帘盖堵抢护方法示意图

黏土前戗截渗。外坡无明显洞口，可以用含水量较高的黏土顺坡抛填，以减少渗水浸入。外堵漏洞切忌乱抛块石、土袋，以免架空，增加堵塞漏洞的困难。黏土前戗截渗施工方法见图8-12。

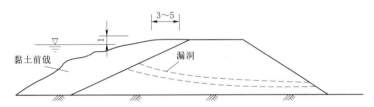

图8-12 黏土前戗截渗施工方法示意图（单位：m）

2）反滤井。

砂石反滤围井。在抢筑时，先将围井范围内杂物清除，周围用土袋垒砌成围井。围井高度以能使水不挟带泥沙从井口顺利冒出为度。围井范围以能围住翻砂鼓水出口和利于反滤层的铺设为度，按出水口数量多少，分布范围，可以单独或多个围井，也可连片围成较大的井。围井与堤坝边坡或地面接触处必须填筑密实不漏水。井内如涌水较大，填筑反滤料有困难，可先用块石或砖块装袋填塞，待水势削减后，在井内再做过滤导渗，即按反滤的要求，分层抢铺粗砂、小石子和大石子，每层厚度为20~30cm。反滤围井完成后，如发现填料下沉，可以继续补充滤料，直到稳定为止。砂石反滤围井筑好，翻砂鼓水险情稳定后，再在围井下端用竹（钢）管穿过井壁，以免因井内水位过高，导致围井附近再次发生翻砂鼓水和围井倒塌，酿成更大险情。

土工织物反滤围井。在抢筑时，其施工方法与砂石反滤围井基本相同。但在清理地面时，应把带有尖、棱的石块和杂物清理干净，并加以平整，先铺土工织物，然后在其上面填筑40~50cm厚的砖、石等透水料。

3）开巷断截。在堤身截面大、人力和器材足够多的情况下，在堤顶挖槽，挖槽深度达到漏洞以下，槽宽以适合开挖的最小宽度为限，开挖时还要注意塌方等安全隐患，填筑时要注意填筑质量。开挖最好选择水位低的时机突击进行，如水位过高时不宜进行。开巷断截处理较彻底，但是风险最大，不到万不得已时不要采用。

8.2.6 跌窝

跌窝是指汛期堤身或外滩发生局部塌洞，也称陷坑或塌坑。

（1）原因分析。白蚁、蛇、鼠、獾等在堤内打洞；筑堤时土块架空未经夯实，遇江水高涨，江水灌入；雨水浸泡使洞周土体浸软而形成局部陷落，所以跌窝常伴随漏洞发生。

（2）抢护原则。跌窝是局部陷落，以防止水流侵蚀继续扩大，要及时予以翻填。跌窝常伴随漏洞而发生，故宜配合漏洞险情进行处理。

（3）抢护方法。跌窝发生在堤身单薄、较窄的堤顶上，挖填前应加做外帮，以保证开挖时的安全。开挖时应先清除隐患，有漏洞的，要先将上口堵好，再回填夯实。

跌窝发生在内坡，跌窝内没有漏洞，将坑内松土清除，用好土填实还原即可。

跌窝发生在堤外坡，在内坡没有发生管涌等漏水口，可以用土袋将漏洞堵塞，在坡面上抛撒黏土的措施。填塞封堵跌窝见图 8-13。水回落后，应随即翻筑跌窝，将跌窝内淤泥、松土清除，再逐层回填密实。

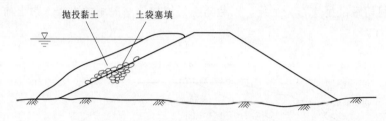

图 8-13　填塞封堵跌窝示意图

跌窝发生在堤外坡上，堤内并发生有漏洞的，可先在堤外滩上筑土袋围堰高出水面，抽干围堰内积水，沿跌窝部分进行翻挖，找出漏源，清除淤泥后，再回填密实。跌窝外坡处理见图 8-14，堤外坡回填土防渗性能不小于原堤土料，堤内坡回填土排水性能不小于原堤土料。当水位较深，在堤外填筑围堰难度较大时，可以采取图 8-13 填塞封堵跌窝的方式。同时抢护堤内漏洞，将漏洞内的松土、软泥清除，回填粗砂、瓜米石、砖渣、卵石等做成滤井，以制止流砂土情况的发生，稳定险情。

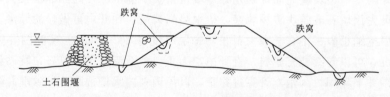

图 8-14　跌窝外坡处理示意图

8.2.7 管涌

管涌是指在汛期高水位情况下，上游水流通过堤基的透水层，从下游堤脚或堤脚以外覆盖层的薄弱部位逸出，造成堤后管涌、流土。

（1）形成原因。一般情况，堤防基础表层是相对不透水的黏性土或壤土，下面是粉砂、细砂，再往下面是砂砾卵石等强透水层。在汛期高水位时，由于强透水层渗透水头损失很小，堤防背水侧数百米范围内表土层底部仍承受很大的水压力。如这股水压力冲破了黏土层，在没有反滤层保护的情况下，粉砂、细砂就会随水流出，从而发生管涌。管涌险情见图8－15。

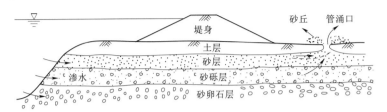

图8－15　管涌险情示意图

（2）抢护原则。制止涌水带砂，留有渗水出路。既可使粉砂、细砂不再被破坏，又降低附近渗水压力，使险情得以稳定。

（3）抢护方法。

1）反滤围井。在管涌口处用编织袋或麻袋装土抢筑围井，井内同步铺填反滤料，从而制止涌水带砂，以防险情进一步扩大。当管涌口很小时，可采用无底水桶做围井。

围井面积应根据地面情况、险情程度、物料储备等确定。围井高度应以能够控制涌水带砂为原则，不能过高，一般不超过1.5m，以免围井附近产生新的管涌。围井内必须用透水料铺填，切忌用不透水材料。反滤围井可以分为砂石反滤围井、土工织物反滤围井、梢料反滤围井。

2）反滤层压盖。在堤内出现大面积管涌时，如果料源充足，可以用反滤层压盖的方法，以降低涌水流速，制止地基泥沙流失，稳定险情。根据反滤材料不同，分为砂石反滤压盖、梢料反滤压盖。

A. 砂石反滤压盖。在抢筑前，先清理铺设范围内的杂物和软泥，对涌水涌砂严重的出口用块石或砖块抛填，消杀水势。在清理好的管涌范围内，铺一层20cm厚粗砂，再铺小石子和大石子各一层，各层厚度均为20cm，最后压盖一层块石，予以保护。砂石反滤压盖处理方法见图8－16。

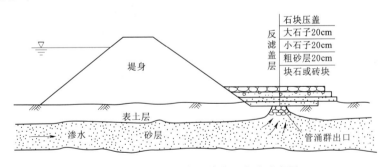

图8－16　砂石反滤压盖处理方法示意图

B. 梢料反滤压盖。当缺乏砂石料时，可以采用梢料做反滤压盖。在铺筑时，先铺细梢料，如麦秸、稻草等，厚10～15cm；其次铺粗梢料，如柳枝、秫秸和芦苇等，厚15～20cm；再铺席片、草垫或苇席等组成一层；最后用块石或砂袋压盖，以免梢料漂浮。梢料总的厚度以能够制止涌水携带泥沙、变浑水为清水、稳定险情为原则。梢料反滤压盖处理方法见图 8 - 17。

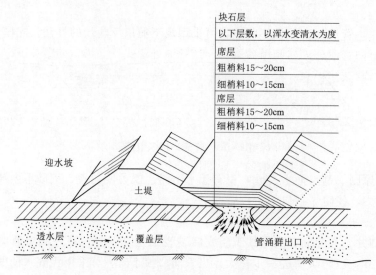

图 8 - 17　梢料反滤压盖处理方法示意图

3）蓄水反压。通过抬高管涌区内的水位来减少堤内外的水头差，降低渗透压力，减小出逸水力比降，达到制止管涌破坏和稳定管涌险情的目的。蓄水反压（背水月堤）方法见图 8 - 18。

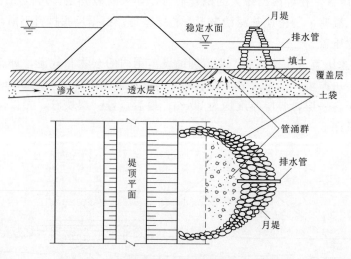

图 8 - 18　蓄水反压（背水月堤）方法示意图

极大的管涌区，反滤盖重难以见效或缺少砂石料的地方，结合地形，填筑围堰将管涌区圈起来，充水反压。

渠道蓄水反压。穿堤结构物背水侧渠道内，常会产生管涌险情。在发生管涌的渠道下游做隔堤，隔堤高度与两侧渠堤高度相当，蓄水平压后，可以有效控制管涌的发展。

塘内蓄水反压。当管涌发生在堤背水侧的池塘中，可以沿塘做围堤，以抬高塘中水位达到控制管涌的目的。不要将水面抬得过高，以免周围出现新的管涌。

围井反压。对于大面积的管涌区，为确保汛期安全，可抢筑大的围井，蓄水反压，控制管涌险情。

当蓄水较深，管涌处理效果不明显，可采用水下抛填反滤层的办法。先抛块石消杀水势，然后从水上向管涌处分层倾抛砂石料，使管涌处形成反滤堆，使砂粒不再被带出，这种方法使用砂石料较多。

8.2.8 漫溢

漫溢指实际洪水位超过现有堤顶高程，或风浪翻过堤顶，洪水漫堤进入堤内。漫溢是一种常见的危急险情，据国内外堤坝溃决失事统计，由漫溢造成的占 $40\%\sim50\%$。

（1）发生原因。发生漫溢险情的主要原因如下：

1）气象：上游暴雨，水位猛涨，实际发生的洪水超过堤坝的防御标准。

2）工程：因管涌、漏洞等险情，堤身突然下沉塌陷；堤顶高程因各种原因未达到设计标准。

3）人为：在河滩上修码头、建仓库、围垦养殖、桥梁孔径不足等，压缩了过洪断面，洪水宣泄不畅而壅高。

4）其他：河道泥沙严重淤积，减少了过洪断面；山崩滑坡堵塞河道；北方河流凌汛水坝壅水等。

（2）抢护方法。抢护堤坝漫溢险情，主要是在堤坝顶上抢修子埝。修筑子埝，线长量大，一定要因地制宜，就地取材。

1）土料子埝。黏性土料充足、风浪较小、无雨情况下，可离临水坡坡顶线 $1.0\sim4.5m$ 处修筑土料子埝。先将地表草皮、杂物清除并刨松，沿子埝轴线开一条深约 20cm、底宽约 30cm 的结合槽，然后填黏土分层夯实。子埝一般顶宽 $0.6\sim1.0m$，顶面超过推算的最高洪水位，边坡要大于 $1:1$。土料子埝抢护方法见图 8-19。

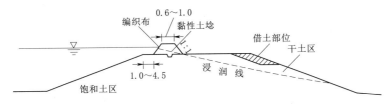

图 8-19　土料子埝抢护方法示意图（单位：m）

顶面较宽的堤坝，当险情十分危急、取土不及时，可临时在背水坡肩浸润线以上部分取土筑埝。这是一种应急措施，不得轻易采用，一旦险情缓和，立即抓紧修复。

2）土袋子埝。用土工编织袋、草袋、麻袋装土修筑土袋子埝。修筑时，袋装土量为袋容量的 80%，袋口背水向内，袋间错缝搭茬，以 $1:0.5$ 坡比分层铺筑。同时，在袋后填土夯实形成后戗。由于整体性好，具有抗御水流、风浪、冲刷能力强，施工简便等优点，在漫溢抢险中得到最广泛的应用。土袋子埝抢护方法见图 8-20。

3）桩梢子埝。在取土困难、梢料较多的地方，可抢修桩梢子埝，即在堤坝顶部间隔 $0.5\sim1.0m$ 打单排桩，桩后逐层叠放直径 20cm 的梢把，并用铅丝绑扎于木桩上。也可用土工膜布或竹笆、席片置于桩后，然后分层填土夯实形成土戗。

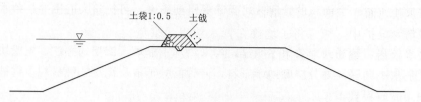

图 8-20　土袋子埝抢护方法示意图

堤坝顶较窄时，可用间距 1.0～1.5m 的双排木桩，两桩间贴梢料，再填土夯实，用铅丝或木条将两排桩连牢。桩梢子埝抢护方法见图 8-21。

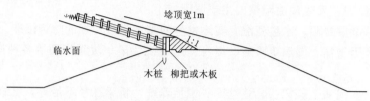

图 8-21　桩梢子埝抢护方法示意图

4）枕石（土）子埝。用柳枝或柳把包裹块石扎成直径 0.5m 左右的柳石枕，或用土工编织长袋，内填土石成枕。按子埝要求，呈"品"字形堆砌。枕的两侧各打一小木桩阻滑，枕后修土戗。

水库土坝遇超标准洪水时，可利用防浪墙作为迎水面，其后砌筑土袋做成子埝。

5）挡水应急子堤。新技术、新工艺、新材料在防洪抢险工程中的作用十分重要，与传统方法相比，提高了抗洪抢险的效率，为新时期抗洪抢险提供了决策支持和技术支撑。

新型子堤形式：装配式填土类、刚性金属或非金属结构类、吸水速凝类、充水类。采用多种规格的组装式快速挡水堤拦挡洪水，同时用膨胀截流袋堵塞渗流。

充水式橡胶子堤和板坝式子堤在软硬堤基上均可挡水，具有储运方便、组装快速、重复使用、保护环境等特点。充水式橡胶子堤由若干橡胶水囊单体和防渗护坦组成，水囊充水后形成重力坝主体，包裹覆盖住水囊和原堤坝上的护坦，起到挡水、防渗作用。充水式橡胶子堤见图 8-22。

板坝式子堤是一种快速组装子堤，由支撑框架、支撑板、挡水防渗布等组成，适用于软硬质堤基。设计挡水高度，一般软质堤基上为 0.65～1m，硬质堤基上为 1.2m。该子堤使用寿命长，现场作业快。板坝式子堤见图 8-23。

膨胀截流袋堵漏，产品遇水后体积快速膨胀，重量快速增大，2～3min 膨胀达最大体积，可达原重量、体积的 80～100 倍，可广泛用于防洪抢险、堤防堵漏、漫溢抢护、堤坝加高等。

图 8-22　充水式橡胶子堤

（3）注意事项。修筑子埝要做好堤

线布置、平整地面，子埝与堤顶结合部位要开挖槽沟等。

漫溢险情抢护中，切忌将子埝修在背水坡肩，以免水位超过堤顶后，缩短渗径，抬高浸润线，导致险情恶化。抢修子埝必须统一指挥，同步施工、由矮到高、由薄到厚、要进度一致，争取时间后逐步加强。决策人员切忌畏难犹豫，丧失时机。子埝高踞堤坝顶之上，一旦出事，后果更加严重，因此必须严格掌握工程质量，还需派专人巡查，严加防守。

图 8-23　板坝式子堤

8.2.9　裂缝

裂缝是堤防工程中一种常见的险情，裂缝不及时处理，导致水流浸入堤身，常诱发其他险情。

（1）裂缝分类及成因。裂缝分类及成因见表 8-5。

表 8-5　　　　　　　　　　裂 缝 分 类 及 成 因 表

序号	裂缝分类	成　　　　因
1	沉陷裂缝	堤基土质差异大或堤身填筑厚度相差悬殊，引起不均匀沉降；堤身填筑不密实
2	干缩裂缝	堤身填筑土料含水量大，失水后引起干缩或龟裂
3	滑坡裂缝	滑坡引起的裂缝
4	振动裂缝	地震或爆破引起堤防砂土液化，引起裂缝
5	冰冻裂缝	冬季冻土体表面常因强烈收缩形成的有序或无序的裂缝

（2）抢护原则。滑坡裂缝应先按滑坡抢护方法进行抢护，等滑坡处理后，再处理裂缝。表面的纵向裂缝，要封堵缝口，以免雨水浸入，引起裂缝扩展；较深较宽的裂缝，降低堤防抗洪能力，应及时处理。横向裂缝为危险裂缝，应迅速处理。

（3）抢护方法。

1）开挖回填。对于缝宽超过 1cm、深度大于 1m 的非滑坡性纵向裂缝，采取开挖回填方法。

沿纵向裂缝开挖沟槽，开挖到裂缝深度以下 0.3～0.5m，沟槽每一端应超过裂缝端部 1m，底宽应满足开挖的最小宽度，开挖坡度应满足边坡稳定，边坡开挖成台阶状，以利于新老土结合紧密。

回填土料要与原堤土料相同，含水量要便于压实，且接近原土含水量，然后分层填土夯实。填筑完成后的顶部应高出堤顶面 3～5cm，并做成拱弧形，以防雨水浸入。

2）横墙隔断。横墙隔断适用于横向裂缝处理。裂缝已与河水贯通，堤内坡有水渗出，开挖沟槽前，应填筑前戗截流，背水坡做反滤导渗。沿裂缝方向开挖沟槽，另外每隔 3～5m 开挖一条与裂缝垂直的沟槽，用黏性土分层回填密实。横墙隔断处理裂缝方法见图 8-24。

若横向裂缝渗水严重，险情紧急，来不及全面开挖纵横向沟槽时，可沿裂缝每隔 3～5m 开挖竖井，回填黏土截堵。等险情趋于缓和后，再择机采取其他措施。

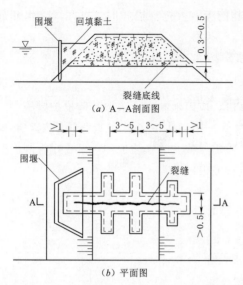

围堰　回填黏土

0.3～0.5

裂缝底线

(*a*) A—A剖面图

≥1　3～5　3～5　≥1

围堰　裂缝

Aⵑⵑⵑⵑ│A

>0.5

(*b*) 平面图

图 8-24　横墙隔断处理裂缝方法（单位：m）

3）封堵缝口。

A. 灌堵缝口。不严重的纵向裂缝或不规则的龟裂（裂缝宽度小于 1cm、深度小于 1m），且裂缝已经稳定，可以采用灌堵缝口方法。将细的砂壤土从缝口灌入，再用长木条或竹片捣塞密实。最后沿裂缝填筑宽 5～10cm、高 3～5cm 的黏土小土埂，压住缝口，以防雨水浸入。

B. 裂缝灌浆。缝宽大、深度小的裂缝，可以采用自流灌浆法。沿缝开挖 0.2m×0.2m 的沟槽，先用清水灌缝，再灌稀泥浆（水：壤土重量比＝1：0.15），最后灌稠泥浆（水：壤土重量比＝1：0.25），灌满后按照上述方法封堵沟槽。

裂缝较深，开挖回填困难，可采用压力灌浆处理。先逐段封堵缝口，将灌浆管插入缝内灌浆，灌浆压力控制在 50～120kPa 之间，具体取值通过灌浆试验确定。

8.2.10　接触冲刷

穿堤建筑物与堤身、堤基接触面处的土壤颗粒被冲动而产生冲刷，给建筑物和堤防安全造成很大隐患。

（1）产生原因。穿堤建筑物四周与土体结合不密实；箱涵在长期运行过程中，箱涵发生断裂、箱涵节之间止水破坏；河流、湖泊等长时间超设计洪水位等原因。

（2）抢护方法。抢护接触冲刷险情应根据具体情况采用以下方法。

1）临水堵截。临水堵截施工工艺见表 8-6。

表 8-6　　　　　　　　　临水堵截施工工艺表

处理方法	适 用 范 围	施 工 工 艺
抛填黏土截渗	临水不深，风浪不大，附近有黏土料	先清理临水面建筑物与堤身、堤基结合部位的杂草，以利于黏土与坡面更好接触。一般从建筑物两侧开始抛填，依次向建筑物进水口方向抛填，最终形成封闭的防渗黏土斜墙
临水围堰	临水面有滩地，水流流速不大，险情很严重	在临水侧采用进占法抢筑围堰，将水流截断，达到制止冲刷的目的。围堰应满足抗冲刷、稳定要求

2）背水导渗。

A. 反滤围井。当堤内水深小于 2.5m，在接触冲刷水流出口处修筑反滤围井，围井高度应适宜，即水排出而不带走砂土，将出口围住并蓄水，再在围井内填反滤料。具体方法见管涌抢护方法中的反滤围井。

B. 围堰蓄水反压。在建筑物出口处修筑较大的围堰，将整个建筑物下游出口围起来，达到蓄水反压，控制险情的目的。具体详见管涌险情的蓄水反压。围堰要有足够的稳定性，以免围堰决口出现新的险情。

3）筑堤。当穿堤建筑物发生严重的接触冲刷而无有效抢护措施时，可在堤临水侧或堤背水侧填筑新堤封闭，汛后再做彻底处理。

8.2.11 风浪

汛期河水上涨，水面变宽。当风速较大时，风浪对堤防冲击力强，轻者造成堤坡坍塌变陡，重者出现滑坡、漫溢等险情，甚至造成决口，应因地制宜，采取具体抢护措施。

（1）河段封航。根据《中华人民共和国防洪法》第四十五条，在紧急防汛期，必要时，公安、交通等有关部门按照防汛指挥机构的决定，依法实施陆地和水面交通管制。通过对部分或全部河段实行封航措施，消除船舶航行波浪的危害。

（2）堤坡防护。对未设置护坡的土堤，用防汛物料加工铺压临水坡面，增加坡面抗击风浪能力。堤坡防护方法及技术要求见表 8-7。

表 8-7　　　　　　　　　　　堤坡防护方法及技术要求表

防护方法	材　料	技　术　要　求
土（石）袋防护	编织袋、麻袋或草袋装土、砂、碎石或碎砖等	把接近水位线堤坡适当削平，并铺上土工织物（或 0.1m 厚的软草）；在风浪冲击的范围内摆放土袋，土袋口向里，袋间挤压密实，错缝，铺设到浪高以上。堤坡陡峭，土袋易滑动，可在最下一层土袋前间隔 0.3～0.4m 打一排木桩
土工织物防护	土工织物、块石、碎石袋	土工织物先根据需要缝合或焊接，上沿一般应高出洪水位 1.5m 以上，土工织物可用 20cm 厚的预制混凝土块、碎石袋镇压。如果堤坡过陡，压石袋会向下滑脱，土工织物底端拴碎石袋压于水下
柳箔防护	柳、苇、稻草或其他秸料编织成席箔	将柳箔用绳系在堤顶木桩上，下端坠以块石或碎石袋，使柳箔紧贴在堤坡上，柳箔需铺的严密
柴草（桩柳）防护	柳、芦、秸料等梢料	在堤坡水面以下打一排木桩，把柳、芦、秸料等梢料分层铺在堤坡与木桩之间，直到高出水面 1m；顶部用石块或土袋压住，防止漂浮

（3）消浪防护。为削减波浪的冲击力，可在靠近水面的堤坡漂浮芦柴、柳枝、湖草和木头等材料的捆扎体，设法锚定，防止被风浪水流冲走。消浪方法及技术要求见表 8-8。

表 8-8　　　　　　　　　　　消浪方法及技术要求表

消浪方法	适用条件	材　料	技　术　要　求
挂柳	4～5 级风浪以下	柳树	干枝长 1m 以上，直径约 0.1m；用铁丝或绳缆将干枝根部系在堤身木桩上；根据防护情况，适当增减挂柳，注意枝杈浮动损坏坡面
挂枕	中小河流，防御各种水位风浪	柳枝、芦苇、秸料等	扎成直径 0.5～0.8m 枕，枕芯卷入竹缆或麻绳做龙筋；用可收放的绳缆固定在堤身木桩上
挂湖草排	浅水湖区或风浪不大的中等河流	菱蒌或其他浮在水面的草类	编扎成排，用可收放的绳缆固定在堤桩上；漂浮在距堤坡 3～5m 的水面上
挂木竹排	大城市和重要堤防；竹木材较多的地方	圆木或竹	将 5～15cm 的圆木以绳缆或铁丝捆扎，重叠 3～4 层，使厚度达到 30～50cm（一般为水深的 1/10～1/20），宽度 1.5～2.5m，长度 3～5m；用绳缆固定在堤边坡以外 10～40m

8.3 工程实例

8.3.1 长江干流九江堵口抢险实例

（1）决口概况。1998 年 8 月 7 日 12 时 50 分，长江干流位于九江市 4～5 号闸孔间的城防长江干堤出现重大险情，决口段干堤主要由钢筋混凝土防洪墙、土堤和堤脚浆砌石挡墙组成。决口处首先在大堤内侧出现 3 个泡泉，向外冒浑水，水柱高 20cm，直径约 10cm，巡堤值班员采用砂包堵压，但是封堵无效。

13 时 12 分，有关负责人和解放军战士相继赶到事故现场，又发现干堤迎水面离堤 8～10m 的江面有 3 个漩涡，当即组织 30 多人手拉手从漩涡周围向内收缩查找漏水点，经检查发现紧靠堤脚有一条手掌宽的漏水带，于是紧急采用棉絮包石和砂抛向水下堵口，但是棉絮包到水下很快就被漏水处巨大的水流冲走。此时，堤脚挡土墙下部冒水部位在增大，上部往外喷射水。

13 时 40 分，干堤顶部发生坍塌，宽约 2m，江水随即从坍塌处涌入，干堤被冲毁。从发现险情到干堤溃决仅 50 多分钟。决口不断向两边干堤发展，很快形成了一个 50m 宽的大决口，进水流量超过 300m³/s，流速为 3m/s，落差 3m 多。霎时间，滔滔洪水淹没了九江市经济开发区，直逼有 40 多万人口的九江市和京九铁路交通大动脉，情况万分危急，如果不能尽快堵住决口，后果不堪设想。

（2）决口原因。决口位于长江转折处的凹岸，长江主流受离心力和地球偏转力的作用向江南凹岸顶冲。由于河道弯曲，螺旋状的横向环流变成单向环流，单向环流对凹岸的侧蚀作用特别强烈，造成凹岸的冲蚀崩塌和后退。

在决口下游垂直主流线方向，建造了输油码头，向江心人工填筑了数十米长的石坝，填筑面积近千平方米。横向堆砌的石坝影响到防洪墙基础的稳定，起了极大的阻水效应，改变了底流的流向，迫使江水向两侧冲击。加剧了对大堤基础的淘刷作用，加大了侧向渗透压力是诱发决口的爆发性因素。

决口处长江大堤坐落于较厚的冲积淤泥层上，堤外为受冲蚀凹岸，堤内为七里湖残留水洼。大量软弱透水层的存在，是决口的内在因素，洪水选择堤内黏土层覆盖浅薄的地方作为突破口，最终形成了决口。

（3）封堵措施。

1）组织措施。九江干堤决口，水利部点名从北京和小浪底工地调派 5 名专家火速赶到决口现场，与国家防汛抗旱总指挥部先期派出的专家和工程技术人员一起，组成了 15 人的堵口抢险专家组。

2）工程措施。堵口总体布置方案。根据决口时的水情、地形、干堤的结构、最初堵口抢险形成的情况，以及人力、物力等综合因素，专家组研究制定了决口封堵工程总体方案。整个堵口工程由 3 道防线组成。堵口工程平面总体布置见图 8-25，第一、二道防线 A—A 剖面见图 8-26。

第一道防线是一种应急措施，起到降低流速、减少流量，为修筑第二道防线创造施工条件的作用。第二道防线的作用是挡住江水，恢复长江干堤防洪挡水功能。第三道防线是

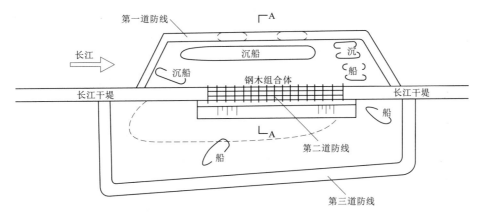

图 8-25 堵口工程平面总体布置示意图

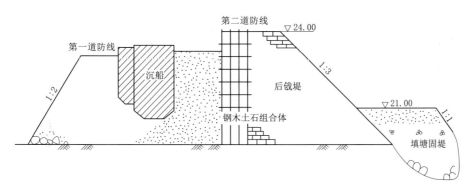

图 8-26 第一、二道防线 A—A 剖面示意图

把决口段及上、下游险地包围起来，防止发生意外事故，加大安全度，做到万无一失。这 3 道防线互相配合，又能起到独自堵水的作用。

A. 第一道防线。在溃口处靠江侧沉船 10 艘（其中 2 艘经溃口冲入堤内），紧接着沿沉船外侧下插拦石钢管栅、抛钢筋笼、抛投袋装碎石及块石护底，采用平堵方式大量抛投块石直至出水面，形成了一个长 200m、宽 2m、高 4m 的半月形围堰。第一道防线的形成，消减了决口流量，降低了流速，减缓了决口向两侧扩展，为修筑第二道防线创造了条件。

B. 第二道防线。第一道防线的形成并未彻底挡住江水，仍有约 100m³/s 以上的流量（流速为 3m/s）向外宣泄，加上高速水流的淘刷，决口堤脚已形成深约 10m 的水流区。第一道防线采取了防渗措施，因该防线内部结构和基础复杂，防渗效果不好。

第二道防线采用钢木土石组合体、袋装碎石后戗堤，在水中抛土闭气等技术措施，在施工过程中，起支撑作用的后戗堤未及时跟上，钢木土石组合体承受了巨大的推力，致使钢木土框架出现严重下沉和倾斜，情况危急，专家组及时提出先筑再戗堤后合龙的意见，确保了堵口合龙的顺利进行。

为加固决口两侧干堤，在填筑后戗堤的同时，向决口两侧干堤内坡填筑 50m，形成了一个约 150m 的后戗堤。

第二道防线 9 日上午开工，12 日 18 时合龙，15 日 10 时完成闭气工程。防线完成后，效果很好，干堤几乎滴水不漏，从外观看很坚固。为巩固第二道防线，专家组提出并实施了填塘固堤工程措施。填塘固堤以机械施工为主，人工施工为辅。

C. 第三道防线。第三道防线长 430m，顶宽 2.5m，底宽 8m，高 3.5m，采用袋装黏土筑堤和迎水面加防渗土工布技术。18 日上午开工，20 日上午完工。

在党中央、国务院直接领导和江西省委、省政府直接指挥下，很快制定了科学的堵口方案。针对溃口处水头差集中，水势凶猛的特点，按截流、堵口、闭气三个阶段，分沉船、抛填截流戗堤、搭填钢木构架石袋组合堤、码砌石袋后戗台、水下抛土铺盖五个步骤实施堵口工程。

8 月 20 日，决口封堵工程全面完成，在专家组初步验收的基础上，堵口抢险指挥部对整个堵口抢险工程进行了全面验收。验收结论为：符合设计要求，工程质量优良。

D. 实用措施。

沉船措施。在决口前方 7~8m 处沉了 1 艘长 75m、载重 1650t 的运煤船。此项措施为实施第一道防线起了关键作用。

钢木土石组合体筑堤、袋装碎石筑戗堤、黏土闭气这三项技术措施，对彻底挡住洪水，恢复干堤防洪挡水功能，全面完成堵口抢险任务起到了决定作用。

填塘固堤工程措施的实施，巩固了第二道防线，加大了干堤的安全度。

这几项重要工程技术看起来很平常，不属于高新技术，但是很实用。在发生九江干堤决口这种突发性事件，又毫无准备的情况下，专家们科学合理地运用这些技术，在很短的时间内堵住了决口，挡住了洪水，创造了防洪史上的奇迹。

3）抢险小结。参与堵口抢险的解放军、武警官兵共达 2.4 万人，在堵口现场同时施工人数达 5000 余人，共填筑土石 9.71 万 m³，消耗化纤袋 176.4 万条、钢材 80t，这次堵口是在我国最长河流长江上，又是在超过历史最高洪水位的全流域大洪水期间取得成功的，做到了安全抢险，无一人死亡。8 月 7 日，九江干堤决口，仅用 5d 时间，于 8 月 12日 18 时一次堵口合龙成功，取得决口封堵的决定性胜利；紧接着用了 8d 时间，于 8 月20 日完成了决口封堵段的加固和第三道防线的修筑，夺取了决口封堵的全面胜利。

8.3.2 唱凯堤决口封堵应急抢险实例

（1）决口概况。江西抚州唱凯堤位于抚河中游右岸，堤线总长度 81.8km，保护面积 100.7km²，保护耕地面积 12.3 万亩，保护 14.4 万人口。

2010 年 6 月下旬，江西遭遇 50 年一遇的洪涝灾害，受强降雨影响，6 月 21 日 18 时30 分，抚河右岸桩号 33+000 处决口，决口宽度 348m，淹没面积约 85.5km²，淹没水深2.5~4.0m，导致近 10 万受灾群众被迫离开家园，房屋被淹、农田被毁，造成严重的经济损失和巨大的社会影响。

（2）封堵方案。

1）稳固堤头。决口封堵前的堤头稳固措施。堤防决口后，必须立即采取有效措施，对两端堤头及时进行加固，以防止堤头继续被冲毁，决口宽度继续扩大，增加封堵的难度。

稳固堤头方法要根据决口处水位差、流速及决口处的地形、地质等条件选择，常用的方法有打桩法、抛填法、包裹法及裹头法。唱凯堤决口处地势较为平坦，水深流急，土质较差。根据实际情况，抛填土袋及大块石对堤头进行稳固，以抵抗水流对堤防的正面冲刷，减缓堤头的崩塌速度。为防止水流对堤头堤背的淘刷破坏，须将堤头上游迎水面包裹至背水面。

2）决口封堵。根据上游来水情况、流域天气状况、现场交通条件、物料准备情况，确定决口封堵时间。6月25日，降水量减少，抚河水位呈下降趋势，适宜决口封堵。

封堵位置的确定。在河道宽阔并具有一定滩地的情况下，或堤防背水侧较为开阔且地势较高的情况下，选择"月弧"形堤线，有效改善堤头水流流态，降低封堵施工难度。唱凯堤决口为部分分流，河流宽度大，决口过流量不大，选择原堤线进行封堵。

唱凯堤位于抚河冲积平原上，地势较为平坦，附近1～20km范围内有多处可用于土石料开采的山体，为快速封堵决口，采用单戗双向立堵方法，戗堤进占材料为石渣、块石料，合龙材料为大块石、钢筋石笼及铅丝石笼，防渗闭气材料为砂卵石反滤料和黏土。

封堤决口从决口两端按原堤线进占，采用自卸车、装载机装料，自卸车运输，推土机平料。水下部分采用抛填，水上采用分层填筑，振动碾碾压，边角处采用小型机械夯实。为保证堤头稳定，在戗端用块石做上下挑头，中间填石渣料。

龙口抢堵。随着戗堤的进占，堤口逐渐缩小，口门处流速逐渐增大，待收缩到30m时，分区抛填大块石、钢筋石笼等截流材料，两端迅速进占，6月30日顺利实现合龙。

防渗闭气。为减少施工干扰，加快闭气进度，将整个决口分为4个施工区域，每区先进行反滤料抛填，反滤料填筑一段距离，进行迎水面黏土填筑。自卸车将填筑材料运到堤顶，推土机将料从堤顶推向迎水面，反铲进行坡面修整。水面上部应分层碾压密实。

6月30日成功合龙，7月2日闭气完成。整个决口封堵过程投入推土机7台、反铲17台、装载机4台、振动碾4台、自卸车132辆、拖挂车4辆，参加封堵人员471人。完成石渣填筑5.4万m³、反滤料0.5万m³、黏土2.0万m³，钢筋笼和铅丝笼各500个。

堤防决口封堵具有时间紧、任务重、技术性强、社会影响大的特点，要取得封堵工作的全面胜利，需建立健全的抢险组织机构、制定正确的封堵方案、组织专业化的抢险队伍。

8.3.3 抢险工程善后处理

防汛紧急时期所采取的应急措施，受各种条件制约，一般施工用料不太讲究，方法比较粗放，具有抢修快、标准低的特点。存在处理方法不当，施工技术难以达到规范的要求。因此，汛期过后，对达不到长期运作的抢险工程，必须进行善后处理。对汛期采取的临时代用材料或各种应急措施，如不能满足设计要求的，必须进行清理、拆除，并按照新的设计方案重新处理。对渗漏处理过的堤段，如反滤层失效或不符合设计要求的反滤设施，汛期过后都要及时清理，并按设计要求重新铺设。

9 施工安全与环境保护

堤防工程施工规模大、战线长、范围广、生态环保要求高，施工区域内地质和水文条件复杂多变、工序复杂、作业人员多、涉水临边作业等，存在施工安全和环境保护隐患较多，堤防工程施工安全和环境保护成为保障工程顺利实施的重要因素。

为了贯彻执行《中华人民共和国安全生产法》《中华人民共和国环境保护法》和《水利工程建设安全生产管理规定》等有关安全生产、环境保护的法律、法规和标准，指导堤防工程施工安全生产、文明施工、环境保护工作，防止和减少施工过程中的人身伤害、财产损失和环境污染，特编制本章节。

9.1 施工安全

堤防工程施工区域要按规划设计和施工现场实际情况实行封闭管理，对施工中关键区域和危险区域，设置安全防护设施和明显的警示标志。施工现场入口处醒目位置，必须设置"五牌一图"，即工程概况牌、管理人员名单及监督电话牌、消防保卫（防火责任）牌、安全生产牌、文明施工、环境保护牌和施工现场总平面图。在危险作业场所设置事故报警及紧急疏散通道设施。

进入施工现场的工作人员必须按施工现场安全文明生产管理规定正确佩戴安全帽、安全带和使用其他相应的个体防护用品。从事特种作业的人员，要配备相应的安全防护用具。接送上下班人员宜选用客车，严禁采用载重汽车载人。

施工用各种库房、加工车间、临时宿舍及办公用房等临建设施、施工设施、管道线路等，要布置在不受山洪、江洪、滑坡、塌方及危石等威胁的区域，基础坚固，稳定性好。施工现场存放设备、材料的场地应平整牢固、排水通畅，设备材料存放整齐稳固，周围通道畅通。

施工现场内人行及临时机动车道路应牢固、平整、整洁、无障碍、无积水，并做好日常清扫、保养和维修，冬季雪后有防滑措施。施工现场的排水系统设置合理，沟、管、网排水畅通。物料必须堆放平稳，不得放置在临边、临水和洞口附近，也不得妨碍作业、通行。工程施工场内临时性桥梁应根据用途、承重荷载设计修建，并设置安全防护。

堤防工程施工对施工现场以外人或物可能造成危害的，应当采取安全防护措施。施工在交叉作业时，要制定相应的安全措施，并指定专职人员进行检查与协调。建筑物踏步、休息平台处、四周临边，必须设置牢固防护栏杆或立挂安全网，通道两侧用密目安全网封闭。施工现场的井、洞、坑、沟、升降口、漏斗口等危险处应加盖板或者设置护栏，同时设有安全警告标志和夜间警示红灯。孔洞尺寸在 1.5m×1.5m 以下的，用坚实的盖板盖住，并采取防止挪动、位移的措施。孔洞尺寸在 1.5m×1.5m 以上的，四周设两道防护栏杆，中间支挂水平安全网。井口必须设高度不低于 1.2m 的金属防护栏杆，采取有效防护措施，防止人员、物体坠落。因施工需要临时去除临水、临边、洞口防护的，必须设专人监护，监护人员撤离前必须将原防护设施复位。

高处作业施工 2m 以上高度从事支模、绑扎钢筋等施工作业时，必须有可靠防护的施工作业面，并设置安全稳固的爬梯。高处作业面（如坝顶、坡顶、建筑物顶、原料平台、工作平台等）、通道（栈桥、栈道）等临水临空边缘应设置不低于 1.2m 的安全防护栏杆。坡度大于 25°时，防护栏杆的高度应加高至 1.5m。作业面凡在坠落高度基准面 2m（含 2m）以上，无法采取可靠防护措施的高处作业人员必须正确使用安全带，并设置安全网、密目式安全网等。工程使用落地式脚手架必须使用密目安全网沿架体内侧进行封闭，网之间连接牢固并与架体固定，安全网要整洁美观。支搭的水平安全网直至无高处作业时方可拆除。砌筑 1.5m 以上高度的基础挡土墙、现场围挡墙、砂石料围挡墙必须有专项措施，确保施工围墙稳定。基础挡土墙一次性砌筑不得超过 2m，并且要分步进行回填。

从事临水作业人员必须接受临水作业安全知识教育，掌握应急救援技能，穿戴救生衣等劳动防护用品，不准私自下水。施工船舶上的作业人员应严格遵守水上作业操作规程，佩戴水上作业防护用品，船舶配备堵漏器材。施工船舶应按照划定的施工作业区范围进行船舶作业，非施工作业船舶严禁进入。水上作业施工点夜间应悬挂规定的信号，设置规定的灯标，起到警示作用。当临水临空边缘下方有人作业或通行时，还应在安全防护栏杆下部设置高度不低于 0.2m 的挡脚板。

9.1.1 施工现场安全

（1）堤防基础施工。堤防基础施工土料开采应保证坑壁稳定，立面开挖时，严禁掏底施工。堤防地基开挖较深时，应制定防止边坡坍塌和滑坡的安全技术措施。对深基坑支护应进行专项设计，作业前应检查安全支撑和挡护设施是否良好，确认符合要求后，方可施工。当地下水位较高或在黏性土、湿陷性黄土上进行强夯作业时，应在表面铺设一层厚 50～200cm 的砂、砂砾或碎石垫层，以保证强夯作业安全。

强夯夯击时应做好安全防范措施，现场施工人员要戴好安全防护用品。夯击时所有人员应退到安全线以外。应对强夯周围建筑物进行监测，以指导调整强夯参数。

地基处理采用砂井排水固结法施工时，为加快堤基的排水固结，要在堤基上分级进行加载，加载时应加强现场监测，防止出现滑动破坏等失稳事故的发生。软弱地基处理采用抛石挤淤法施工时，应经常对机械作业部位进行检查。

（2）吹填筑堤施工。

1）吹填区修筑围堰。吹填区修筑围堰筑堰土料取土坑边缘距堰脚不小于 3m，以防淤筑过程中围堰失稳。利用水力冲挖机组等设备，向透水编织布长管袋中充填土（砂）料垒筑围堰时，现场施工人员应穿戴救生衣。吹填筑堤时，机（船）应与堤身保持一定距离。吹填放淤时，要做好围堰的施工质量和退水查验，防止淤筑过程中淤区垮堤造成的设备和人员安全事故。吹填区围堰应设专人昼夜巡视、维护，发现渗漏、溃塌等现象及时报告和处理；在人畜经常通行的区域，围堰的临水侧应设置安全防护栏。

2）吹填筑新堤。吹填筑新堤在吹填区内，延伸排泥管线或拆装、调整喷口时，要根据吹填土类别，制定技术方案和人员防陷措施，在确保人身安全的条件下进行施工。顺堤延伸排泥管线时，要在临吹填区一侧设置安全防护装置，防止人员滑入吹填区，造成人员伤亡。吹填区内管线布置时，要避免管口出水落点直接落在堤身或堤角外 30m 内，以防止围堰决堤或者崩溃，造成人员伤亡。做好对退水口的控制和围堰的围护工作，防止泥浆回流外溢、围堰冲塌等事故的发生。应在吹填范围内进行安全警示，在无安全监护的条件下，任何人不得进入吹填区工作或者玩耍。

水工建筑物边缘吹填施工前，要制定出相应的施工技术和安全措施，防止因建筑物损坏对人身造成的伤亡事故。施工中发现有危及建筑物和人员安全迹象时，应立即停止吹填，并及时采取有效改进措施妥善处理。

新堤吹填应确保围堰安全，一次吹填厚度根据不同土质控制在 0.5～1.5m 之间，并采用间隙吹填方式，间隙时间根据土质排水性能和固结情况确定。吹填时管线应顺堤布置，需要时可敷设吹填支管；对有防渗要求的围堰，在堰体内侧铺设防渗土工膜，并在围堰外围开挖截渗沟，以防渗水外溢危及周围农田与房屋。排泥管口或喷口位置离围堰要有一定安全距离，以免危及围堰安全。吹填区内排泥管线延伸高程应高于设计吹填高程，延伸的排泥管线离原始地面大于 2m 时应筑土堤管基或搭设管架，管架应稳定、牢固。退水口外水域应设置拦污屏，减少和防治退水对下游关联水体的污染。

（3）抛石筑堤施工。抛石筑堤施工在深水域施工抛石棱体，要通过岸边架设的定位仪指挥船舶抛石。陆域软基段或浅水域抛石，可采用自卸汽车以端进法向前延伸立抛，重载与空载汽车要按照各自预定路线慢速行驶，不应超载与抢道。深水域抛石宜用驳船水上定位分层平抛，抛石区域高程应按规定检查，以防驳船移位时出险。

（4）砌石筑堤施工。砌石筑堤在砌筑施工时，脚手架上堆放的材料不能超过设计荷载，要做到随砌随运。运输石料、混凝土预制块、砂浆及其他材料至工作面时，脚手架要安装牢固，马道应设防滑条及扶手栏杆。

砌石筑堤采用两人抬运的方式运输材料时，使用的马道坡度角不宜大于 30°、宽度不宜小于 80cm；采用 4 人联合抬运的方式运输材料时，使用的马道宽度不宜小于 120cm；采用单人以背、扛的方式运输材料时，使用的马道坡度角不宜大于 45°、宽度不宜小于 60cm。堆放材料应离开坑、槽、沟边沿 1m 以上，堆放高度不应大于 1.5m；往坑、槽、沟内运送石料及其他材料时，应采用溜槽或吊运的方法，其卸料点周围严禁站人。搬运石料时应检查搬运工具及绳索是否牢固，抬运石料时应采用双绳系牢。吊运砌块前应检查专用吊具的安全可靠程度，性能不符合要求的严禁使用。吊装砌块时应注意重心位置，严禁用起重扒杆拖运砌块，不应起吊有破裂、脱落、危险的砌块。严禁起重扒杆从砌筑施工人员的上空回转；若必须从砌筑区或施工人员的上空回转时，应暂停砌筑施工，施工人员应暂时离开起重扒杆回转的危险区域。当施工现场风力达到 6 级及以上，或因刮风使砌块和混凝土预制构件不能安全就位时，机械设备应停止吊装作业，施工人员应停止施工并撤离现场。

砌体中的落地灰及碎砌块应及时清理，装车或装袋进行运输，严禁采用抛掷的方法进行清理。用铁锤修整石料时，应先检查铁锤有无破裂，锤柄是否牢固。击锤时要按石纹走向落锤，锤口要平，落锤要准，同时要查看附近有无危及他人安全的隐患，然后落锤。不宜在干砌、浆砌石墙身顶面或脚手架上整修石材，应防止振动墙体而影响安全或石片掉下伤人。制作镶面石、规格料石和解小料石等石材应在宽敞的平地上进行。

1）干砌。干砌石施工应进行封边处理，防止砌体发生局部变形或砌体坍塌而危及施工人员安全。干砌石护坡工程应从坡脚自下而上施工，应采用竖砌法（石块的长边与水平面或斜面呈垂直方向）砌筑，缝口要砌紧使空隙达到最小。空隙应用小石填塞紧密，防止砌体受到水流冲刷或外力撞击时滑脱沉陷，以保持砌体的坚固性。

干砌石墙体外露面应设丁石（拉结石），并均匀分布，以增强整体稳定性。干砌石墙体施工时，不应站在砌体上操作和在墙上设置拉力设施、缆绳等。对于稳定性较差的干砌石墙体、独立柱等设施，施工过程中应加设稳定支撑。

卵石砌筑应采用三角缝砌筑工艺，按整齐的梅花形砌法，六角紧靠，不应有"四角眼"或"鸡抱蛋（即中间一块大石，四周一圈小石）"。石块不应前俯后仰、左右歪斜或砌成台阶状。砌筑时严禁将卵石平铺散放，而应由下游向上游一排紧挨一排地铺砌，同一排卵石的厚度应尽量一致，每块卵石应略向下游倾斜，严禁砌成逆水缝。铺砌卵石时应将较大的砌缝用小石塞紧，在进行灌缝和卡缝工作时，灌缝用的石子应尽量大一些，以防被水流淘走；卡缝用小石片，用木榔头或石块轻轻砸入缝隙中，用力不宜过猛，以防砌体松动。

2）浆砌。砂浆搅拌机械作业前应检查机械性能是否良好，安全设施及防护用品是否齐全，警示标志设置是否标准，经检查确认符合要求后使用，施工中应定期进行检查、维修，保证机械使用安全。砌筑基础时，应检查基坑的土质变化情况，查明有无崩裂、渗水现象。发现基坑土壁裂缝、化冻、水浸或变形并有坍塌危险时，应及时撤退；对基坑边可能坠落的危险物品要进行清理，确认安全后方可继续作业。当沟、槽宽度小于1m时，在砌筑站人的一侧，应预留不小于40cm的操作宽度；施工人员进入深基础沟、槽施工时应从设置的阶梯或坡道上出入，不应从砌体或土壁支撑面上出入。施工中不应向刚砌好的砌体上抛掷和溜运石料，应防止砂浆散落和砌体破坏而致使坠落物伤人。

砌筑浆砌石护坡、护面墙、挡土墙时，若石料存在尖角，应使用铁锤敲掉，以防止外露墙面尖角伤人。当浆砌体墙身设计高度不超过4m，且砌体施工高度已超过地面1.2m时，宜搭设简易脚手架进行安全防护，简易脚手架上不应堆放石料和其他材料。当浆砌体墙身设计高度超过4m，且砌体施工高度已超过地面1.2m时，应安装脚手架。当砌体施工高度超过4m时，应在脚手架和墙体之间加挂安全网，安全网应随墙体的升高而相应升高，且应在外脚手架上增设防护栏杆和挡脚板。当浆砌体墙身设计高度超过12m，且边坡坡率小于1：0.3时，其脚手架应根据施工荷载、用途进行设计和安装。凡承重脚手架均应进行设计或验算，未经设计或验算的脚手架，施工人员不应在上面进行操作施工和承担施工荷载。防护栏杆上不应坐人，不应站在墙顶上勾缝、清扫墙面和检查大角垂直，脚手板高度应低于砌体高度。采用双胶轮车运输材料跨越宽度超过1.5m沟、槽时，应铺设宽度不小于1.5m的马道。平道运输时两车相距不宜小于2m，坡道运输时两车相距不宜小于10m。

3）坝体砌筑。砌石筑堤施工应在坝体上下游侧结合坝面施工安装脚手架。脚手架应根据用途、施工荷载、工程安全度汛、施工人员进出场要求进行设计和施工。脚手架和坝体之间应加挂安全网，安全网应随坝体的升高而相应升高，安全网与坝体施工面的高差不应大于1.2m，同时应在外脚手架上加设防护栏杆和挡脚板。结合永久工程需要应在坝体左右两侧坝肩处的不同高程上设置不少于两层的多层上坝公路。

当条件受限制时，要在坝体的一侧坝肩处的不同高程上设置不少于两层的多层上坝公路，以保证坝体安全施工的基本要求和保证施工人员、机械设备、施工材料进出坝体应具备的基本条件。垂直运输宜采用缆式起重机、塔吊、门机等设备，当条件受限制时，应由施工组织设计确定垂直运输方式。垂直运输中使用的吊笼、绳索、刹车及滚杠等，应满足负荷要求，吊运时不应超载，发现问题应及时检修。垂直运输物料时应有联络信号，并有专人指挥和进行安全警戒。吊运石料、混凝土预制块时应使用专用吊笼，吊运砂浆时应使用专用料斗，吊运混凝土构件、钢筋、预埋件、其他材料及工器具时应采用专用吊具。吊运中严禁碰撞脚手架。

坝面上作业宜采用四轮翻斗车、双胶轮车进行水平运输，短距离运输时宜采用两人抬运的组合方式进行。运送人员、小型工器具至大坝施工面上的施工专用电梯，应设置限速和停电（事故）报警装置。进行立体交叉作业时，严禁施工人员在起重设备吊钩运行所覆盖的范围内进行施工作业；若必须在起重设备吊钩运行所覆盖的范围内作业，当起重设备运行时应暂停施工，施工人员应暂时离开由于立体交叉作业而产生的危险区域。砌筑倒悬坡时，宜先浇筑面石背后的混凝土或砌筑腹石，且下一层面石的胶结材料强度未达到2.0MPa以上时，施工人员不应站在倒悬的面石上作业。当倒悬坡率大于0.3时，应安装临时支撑。

4）其他砌石。砌石筑堤施工修建石拱桥、涵拱圈、拱形渡槽时，承重脚手架应置于坚实的基础之上。承重脚手架安装完成后应加载进行预压，加载预压荷载应由设计确定，未经加载预压的脚手架不应投入砌筑施工。在砌筑施工中应遵循先砌拱脚，再砌拱顶，然后砌1/4处，最后砌筑其余各段和按拱圈跨中央对称的砌筑工艺流程。

砌筑石拱时，拱脚处的斜面应修整平顺，使其与拱的料石相吻合，以保证料石支撑稳固。各段之间应预留一定的空缝，待全部拱圈砌筑完毕后，再将预留缝填实。在浆砌石柱施工中，其上部工程尚未进行或未达到稳定前，应及时进行安全防护。砌筑完成后要加以保护，严禁碰撞，上部工程完工后才能拆除安全防护设施。修建渠道进行砌体施工时，应参照砌石筑堤工程施工基本要求有关内容执行。

（5）防护工程施工。防护工程在人工抛石作业时，要按照计划制定的程序进行，严禁随意抛掷，以防意外事故发生。抛石所使用的设备应安全可靠、性能良好，严禁使用没有安全保险装置的机具进行作业。

抛石护脚时应注意石块体重心位置，严禁起吊有破裂、脱落、危险的石块体。起重设备回转时，严禁在起重设备工作范围和抛石工作范围内进行其他作业和人员停留。抛石护脚施工时除操作人员外，严禁有人停留。

（6）堤防加固施工。堤防加固施工砌石护坡加固，应在汛期前完成；当加固规模、范围较大时，可拆一段砌一段，但分段宜大于50m；垫层的接头处应确保施工质量，新、老砌体应结合牢固，连接平顺。确需汛期施工时，分段长度可根据水情预报情况及施工能力而定，防止意外事故发生。护坡石沿坡面运输时，使用的绳索、刹车等设施应满足负荷要求，牢固可靠，在吊运时不应超载，发现问题及时检修。垂直运送料具时应有联系信号，专人指挥。

堤防灌浆机械设备作业前应检查是否良好，安全设施及防护用品是否齐全，警示标志设置是否标准，经检查确认符合要求后方可施工。当堤防加固采用混凝土防渗墙、高压喷射、土工膜截渗或砂石导渗等施工技术时，均应符合相应安全技术标准的规定。

9.1.2　临时用电安全

（1）现场施工临时用电。堤防工程施工现场临时用电设备在 5 台以上或者设备总容量在 50kW 及 50kW 以上者，应编制临时用电施工组织设计，设备数量和总容量小于 50kW 的，应制定安全用电技术措施和电气防火措施。临时用电组织设计必须由电气工程技术人员组织编写，并履行"编制、审核、批准"程序，由电力部门、监理和施工等单位共同验收合格后投入使用。施工单位要建立相关的管理文件和档案资料。

施工现场临时用电工程必须由电气工程技术人员负责管理，明确职责，并建立电工值班制度，确定电气维修和值班人员。现场各类配电箱和开关箱必须确定检修和维护责任人。

（2）外电防护。堤防工程施工现场的设备设施应和周边架空线路保持足够的安全距离，不得在线路的正下方施工、搭设作业棚、建造生活设施或堆放材料、器材。工程建筑物（含脚手架）的外侧边缘与输电线路的边线之间的最小安全操作距离、各种施工起重设备与输电线路的安全距离应符合《施工现场临时用电安全技术规范》（JGJ 46—2005）中要求的安全距离。否则，应采用屏障、遮拦、围栏或保护网等隔离措施。

在外电架空线路附近进行土石方施工作业时，必须会同电力部门采取加固措施，防止外电架空线路电杆倾斜、悬倒。

（3）接地与防雷。堤防工程在施工现场专用变压器供电的 TN - S 接零系统中，电气设备的金属外壳必须与保护零线连接。保护零线应由工作接地线、配电室（总配电箱）电源侧零线或总漏电保护器电源侧零线处引出。当施工现场与外电线路共用同一供电系统时，电气设备的接地、接零保护应与原系统保护一致。不得一部分设备做保护接零；另一部分设备做保护接地。采用 TN 系统做保护接零时，工作零线（N 线）必须通过总漏电保护器，保护零线（PE 线）必须由电源进线零线重复接地处或总漏电保护器电源侧零线处，引出形成局部 TN - S 接零保护系统。

TN 系统中保护零线除必须在配电室或总配电箱处做重复接地外，还要在配电系统的中间处（如钢筋加工区、大型设备）和末端处做重复接地。在 TN 系统中，保护零线每一处重复接地装置的接地电阻值不应大于 10Ω。严禁保护零线和工作零线混用错接。施工现场的 TN - S 接零保护系统中，电器设备的金属外壳必须与保护零线（PE 线）相连接。垂直接地体宜采用角钢、钢管或光面圆钢，不得采用螺纹钢。接地可利用自然接地体，但应保证其电气连接和热稳定。现场金属架构物（照明灯架、垂直提升装置、超高脚手架）和各种高大设施必须按规定装设避雷装置。

（4）配电线路。堤防工程临时用电配电线路必须按规范架设整齐，架空线路必须采用绝缘导线，不得采用塑绞软线，电缆线路必须按规定沿附着物敷设或采用埋地方式敷设，不得沿地面明敷设。埋设电缆线路应设明显标志。施工用电线路架空敷设其高度不得低于

5m，并满足电压等级的安全要求。配电干线电缆可采用埋地敷设，敷设深度不应小于0.6m，并应在电缆上下铺设0.5m厚的细砂保护层。线路穿越道路或易受机械损伤的场所时必须设有套管防护。

在构筑物、脚手架上安装用电线路，必须设有专用的横担与绝缘子等。作业面的用电线路高度不低于2.5m。大型移动设备或设施的供电电缆必须设有电缆绞盘，拖拉电缆人员必须佩戴个体防护用具。井、洞内敷设的用电线路应采用横担与绝缘子沿井（洞）壁固定。独立的配电系统必须采用三相五线制的接零保护系统，非独立系统可根据现场实际情况采取相应的接零或接地方式。

（5）配电箱、开关箱。堤防工程施工配电系统必须实行分级配电。各级配电箱、开关箱的箱体安装和内部设置必须符合有关规定，箱内电器必须可靠完好，其选型、定值要符合规定，开关电器应标明用途，并在电箱正面门内绘有接线图和电工巡查记录。

施工现场应设置配电柜或总配电箱、分配电箱、开关箱，实行三级配电，总配电箱与分配电箱的距离不应超过30m，开关箱与设备的水平距离不应超过3m。总配电箱应设置电压表、总电流表、电度表及其他需要的仪表。装设电流互感器时，其二次回路必须与保护零线有一个连接点，且严禁断开电路。

配电箱、开关箱应采用冷轧钢或阻燃绝缘材料制作，钢板厚度应为1.2～2.0mm，其中开关箱不得小于1.2mm，配电箱不得小于1.5mm。固定式配电箱、开关箱的中心点和地面的垂直距离应为1.4～1.6m，移动式配电箱、开关箱的中心点和地面的垂直距离应为0.8～1.6m。各类配电箱、开关箱外观应完整、牢固、防雨、防尘，箱体应外涂安全色标，统一编号，箱内无杂物。停止使用的配电箱应切断电源，箱门上锁固定式配电箱应设围栏，并有防雨防砸措施。箱体的电器隔离开关应设置在电源进线端，漏电保护器应设置在箱体靠近负荷的一侧。其中，总配电箱的漏电保护器额定漏电动作电流应大于30mA，额定漏电动作时间应大于0.1s，但两者的乘积不应大于30mA·s；开关箱的漏电保护器额定漏电动作电流不应大于30mA，额定漏电动作时间不应大于0.1s，用于潮湿或有腐蚀介质的场所，额定漏电动作电流不应大于15mA，额定漏电动作时间不应大于0.1s。配电箱的电气安装板上必须分设N线端子板和PE线端子板。N线端子板必须与金属电器安装板绝缘；PE线端子板必须与金属电器安装板做电器连接，进出线中的N线必须通过N线端子板连接，PE线必须通过PE线端子板连接。

施工现场临时用电应"一闸一机"，严禁"一闸多机"。检修各类配电箱、开关箱，电器设备和电力施工机具时，必须切断电源，拆除电气连接并悬挂警示牌。试车和调试时应确定操作程序和设立专人监护。

（6）电动建筑机械和手持电动工具。施工现场临时用设施和器材必须使用正规厂家的合格产品，严禁使用假冒伪劣等不合格产品。安全电气产品必须经过国家级专业检测机构认证。

各种电气设备和电力施工机械的金属外壳、金属支架和底座必须按规定采取可靠的接零或接地保护，逐级设置漏电保护装置，实行分级保护，形成完整的保护系统。各种机电设备的监测仪表（如电压表、电流表、压力表、温度计等）和安全装置（如制动机构、限位器、安全阀、闭锁装置、负荷指示器等）必须齐全、配套，灵敏可靠，并应定期校验合格。施工用各种动力机械的电气设备外壳必须与保护零线连接。施工区域的用电设备外壳应涂有明显安全警示标识。露天使用的电气设备应选用防水型或采用防水措施。

在有易燃易爆气体的场所，电气设备与线路均应满足防爆要求，在大量蒸汽、粉尘的场所，应满足密封、防尘要求。能够散发大量热量的机电设备，如电焊机、气焊与气割装置、电热器、碘钨灯等，不得靠近易燃物，必要时应设置隔离板以隔热。

电焊机应单独设开关，电焊机外壳应做接零或接地保护。一次线长度应小于5m，二次线长度应小于30m。电焊机两侧接线应压接牢固，并安装可靠防护罩。电焊把线要双线到位，不得借用金属管道、金属脚手架、轨道及结构钢筋做回路地线。电焊把线要使用专用橡胶绝缘多股软铜电缆线，线路应绝缘良好，无破损、裸露，电焊机装设要采取防埋、防浸、防雨、防砸措施，交流电焊机要装设专用防触电保护装置。

手持电动工具的使用，依据国家标准的有关规定采用Ⅱ类、Ⅲ类绝缘型的手持电动工具。工具的绝缘状态、电源线、插头和插座应完好无损，电源线不得任意接长或调换，维修和检查应由专业人员负责。使用手持式电动工具，应有可靠的安全防护措施，并符合以下规定：

1）在一般场所，应选用Ⅱ类电动工具以保安全。当使用Ⅰ类电动工具时，必须采用其他安全措施，如漏电保护器、安全隔离变压器等。

2）在潮湿或金属构架等导电性能良好的作业场所，必须使用Ⅱ类或Ⅲ类电动工具；开关箱和控制箱应设置在作业场所外面；严禁使用Ⅰ类手持电动工具。

3）在狭窄场所内，如锅炉、金属容器、管道等，应使用Ⅲ类工具；开关箱和安全隔离变压器应设置在作业场所外面；操作过程中，应有人在外面监护。

（7）照明。堤防工程一般场所采用220V电源照明的必须按规定布线和装设灯具，灯具与导线应绝缘可靠，并在电源一侧加装漏电保护器。

露天施工现场要采用高效节能的照明灯具。施工现场及作业面上应有足够的照明，主要通道应设有路灯。在高温、潮湿、易于导电触电的作业场所使用照明灯具地面高度低于2.2m时，其照明电源电压不得大于24V。在存放易燃、易爆物品等场所，照明应符合防爆要求。

施工现场的办公区和生活区应根据用途按规定安装照明灯具和使用电器具。食堂的照明和炊事机具必须安装漏电保护器。现场凡有人员经过的活动场所，必须提供足够的照明。使用行灯和低压照明灯具，其电源电压不应超过36V，行灯体与手柄应牢固，绝缘良好，电源线应使用橡胶绝缘电缆线，不得使用塑绞线，行灯和低压灯的变压器应装设在电箱内，符合户外电气安装要求。现场使用移动式照明，必须采用密闭式防雨灯具。金属支架应做良好接零保护，金属架杆手持部位采取绝缘措施。电源线使用护套电缆线，电源侧装设漏电保护器。

9.1.3　施工机械安全

（1）安全防护措施。堤防工程施工机械安全防护的重点是机械的传动部分、操作区、高处作业区、机械的其他运动部分、移动机械的移动区域，以及某些机器由于特殊危险形式需要采取的特殊防护等。施工现场机械要采用壳、罩、屏、门、盖、栅栏、封闭式装置等防护装置作为物体障碍，将人与危险隔离。通过安全装置对自身结构功能限制或者防止机械的某种危险，或限制速度、压力等危险因素。施工现场机械设备安全防护装置必须保证齐全、灵敏、可靠。严禁超载和带病运行，运行中禁止维护保养；作业中应随时监视机械各部位的运转及仪表指示值，如发现异常立即检修；操作人员离机或作业中停电时，必须切断电源。施工机械应有安全联动装置，在维修保养时，能切断电源、关闭开关并保持断开位置，防止误触开关或者突然供电启动机械，造成人身伤害事故。机械装设正常启动和停机操纵装置的同时，还应专门设置遇事故紧急停机的安全控制装置。

施工现场使用的机械设备必须实行安装、使用全过程管理。机械设备操作应保证专机专人，持证上岗，严格落实岗位责任制，并严格执行清洁、润滑、紧固、调整、防腐作业法。认真执行机械设备的交接班制度，并做好交接记录。要为机械作业提供道路、水电、临时机棚或停机场地等必需的条件，确保使用安全。查明行驶路线上桥梁的承载能力、涵洞的上部净空，事先采取加固和保护措施。施工现场使用的电气设备必须符合防火要求。临时用电必须安装过载保护装置，电闸箱内不准使用易燃、可燃材料。严禁超负荷使用电气设备。

（2）特种设备。特种设备安装必须符合国家标准及原厂使用规定，安装拆除方案必须同时制定，并办理验收手续。经检验合格方可使用。使用中定期进行检测。在明显部位悬挂安全操作规程及设备负责人的标牌。

施工现场的起重吊装操作人员、信号指挥人员必须持证上岗。起重吊装作业前应根据施工组织设计要求，划定施工作业区域，设置醒目的警示标志和专职的监护人员。起重回转半径与高压电线必须保持安全距离。严格执行"十不吊"的原则。现场构件应有专人负责，合理存放，并在施工组织设计中明确吊装方法。起重机械司机及信号人员应熟知和遵守设备性能及施工组织设计中吊装方法的全部内容。多机抬吊时单机负载不得超过该机额定起重量的80%。吊索具必须使用合格产品。吊钩除正确使用外，要有防止脱钩的保险装置。卡环在使用时，应保证销轴和环底受力。钢丝绳应根据用途保证足够的安全系数。凡表面磨损、腐蚀、断丝超过标准的，或打死弯、断股、油芯外露的不得使用。

（3）土石方机械。土石方机械作业前，应查明场地明、暗设置物（电线、地下电缆、管道、坑道等）的地点及走向，并采用明显记号标识。严禁在离电缆、燃气1m距离以内进行大型机械作业。在电杆附近取土时，对不能取消的拉线、地龚和杆身，应留出土台，并应根据土质情况确定坡度。机械不能靠近架空输电线路作业，并应按照相关规定留出安全距离。施工中遇以下情况之一时要立即停工，待符合作业安全条件时，方可继续施工。

1）填挖区土体不稳定、有塌方可能。

2）地面涌水冒浆，出现陷车或因雨发生坡道打滑。

3）发生大雨、雷电、浓雾、水位暴涨及山洪暴发等情况。

4）施工标志及防护设施被损坏。

5）工作面净空不足以保证作业空间。

6）出现其他不能保证作业和运行安全的情况。

配合机械作业的清底、平地、修坡等人员，应在机械回转半径以外工作。机械操作人员应确认其回转半径内无人时，方可进行回转作业。机械作业不得破坏基坑支护系统。雨季施工，机械作业完毕，应停放在较高的坚实地面上。当对石方或者冻土进行爆破作业时，所有人员、机具撤至安全地带或采取安全保护措施。在行驶或作业中，除驾驶室外，土方机械的任何地方均严禁乘坐。蛙式打夯机必须使用单向开关，操作扶手要采取绝缘措施。必须两人操作，操作人员必须戴绝缘手套和穿绝缘鞋。严禁在打夯机运转时清除积土。打夯机用后要切断电源遮盖防雨布，并将机座垫高停放。

（4）混凝土、木工、钢筋等机械。施工现场的混凝土、木工、钢筋、卷扬机械、空气压缩机必须搭设防砸、防雨的操作棚。搅拌机使用前必须支撑牢固，不得用轮胎代替支撑。移动时，必须先切断电源。启动装置、离合器、制动器、保险链、防护罩应齐全完好，使用安全可靠。搅拌机停止使用，将料斗升起，必须挂好上料斗的保险链。料斗的钢丝绳达到报废标准时必须及时更换、维修、保养，清理时必须切断电源，设专人监护。

木工机械按照"有轮必有罩、有轴必有套和锯片有罩、锯条有套、刨（剪）切有挡"的安全要求，以及安全送料的要求，对各种木工机械配置相应的安全防护装置。徒手操作人员必须有安全防护措施。木工机械刀具应刃磨锋利、完好无损、安装正确、牢固，防护罩不得随意拆除。启动后，空载运转并检查工具联动应灵活无阻，操作时加力要平稳，不得用手触摸刃具、磨具、砂轮。发现磨钝、破损情况时，立即停机修换。木工机械应采用安全送料装置或设置分离刀、防反弹安全屏护装置。圆锯的锯盘及传动部位应安装防护罩，并设置保险挡、分料器，操作人员不得站在面对锯片旋转的离心力方向操作。作业时间过长，应待锯片冷却后再行作业。发现异常现象立即停机检查。

钢筋切断机启动前，必须检查切刀应无裂纹，刀架螺栓紧固，防护罩牢靠。接送料的工作台和切刀下部保持水平，严禁用两手在刀片两边握住钢筋俯身送料，切断料时采用套管或者夹具将钢筋短头压住或者夹牢操作。钢筋调直机料架、料槽应安装平直，对准导向筒、调直筒和下切刀孔的中心线，调直块固定、防护罩盖好，经调试合格，方可送料，操作人员与受拉钢筋的距离应大于 2m。钢筋弯曲机的作业半径内和机身不设固定销的一侧严禁站人。弯曲好的半成品应堆放整齐，弯钩不得朝上。

固定卷扬机机身必须设牢固地锚。传动部分必须安装防护罩，导向滑轮不得使用开口拉板式滑轮。操作人员离开卷扬机或作业中停电时，应切断电源，将吊笼降至地面。砂轮机应使用单向开关，砂轮必须装设不小于 180° 的防护罩和牢固可调整的工作托架。严禁使用不圆、有裂纹和磨损剩余部分不足 25mm 的砂轮。

9.1.4 消防管理

（1）临时设施。堤防工程施工区域、作业区及建筑物，应遵照国家有关法律、法规开展消防安全工作。应执行消防安全的有关规定，设置必备的消防水管、消防栓，配备相应的消防器材和设备，保持消防通道畅通。施工现场必须设置临时消防车道，其宽度不得小于 3.5m，并保证临时消防车道的畅通，禁止在临时消防车道上堆物、堆料或挤占临时消防车道，出入口设置不宜少于 2 个。施工现场要明确划分用火作业区，易燃易爆、可燃材料堆放场，易燃废品集中点和生活区等。办公区、施工区和加工区应分开设置。

堤防工程施工现场油库、加油站四周应设有不低于 2m 高的实体围墙，或金属网等非燃烧体栅栏。

1）设有消防安全通道，油库内道路宜布置成环行道，车道宽应不小于3.5m。

2）露天的金属油罐、管道上部应设有阻燃物的防护棚。油罐区安装有避雷针等避雷装置，其接地电阻不得大于10Ω。金属油罐及管道应设有防静电接地装置，接地电阻应不大于30Ω。

3）库内照明、动力设备应采用防爆型，装有阻火器等防火安全装置。装有保护油罐储油安全的呼吸阀。

4）配备有泡沫、干粉灭火器及沙土等灭火器材。设有醒目的安全防火、禁止吸烟等警告标志，设有与安全保卫消防部门联系的通信设施。

（2）消防设施。施工现场应设置灭火器、临时消防给水系统和临时消防应急照明等临时消防设施，做到布局合理。消防器材要有明显的防火标志，并经常检查、维护、保养，保证灭火器材灵敏有效。施工现场的义务消防队员，要定期组织教育培训和实战演练。灭火器的类型应与配备场所可能发生的火灾类型相匹配，应设置在明显的地点，且每个场所的灭火器数量不少于2具，并根据灭火器的灭火级别保护面积配足。施工现场易燃易爆物品的储存和使用，必须有严格的防火措施，指定防火负责人，配备灭火器材和消防设施，确保施工安全。

（3）施工现场防火。施工现场使用的电气设备必须符合防火要求。临时用电必须安装过载保护装置，电闸箱内不准使用易燃、可燃材料。严禁超负荷使用电气设备。施工现场存放易燃、可燃材料的库房、木工加工场所、油漆配料房及防水作业场所不得使用明露高热强光源灯具。

电焊工、气焊工从事电气设备安装和电、气焊切割作业，要有操作证和用火证。用火前要消除易燃、可燃物，采取隔离等措施，配备看火人员和灭火器具，作业后必须确认无火源隐患后方可离去。用火证当日有效。用火地点变换，要重新办理用火证手续。氧气瓶、乙炔瓶工作间距不小于5m，氧气瓶和乙炔瓶与明火作业距离不小于10m。建筑工程内禁止存放氧气瓶、乙炔瓶，禁止使用液化石油气"钢瓶"。

施工材料的存放、使用要符合防火要求。库房要采用非燃材料支搭，易燃易爆物品应专库储存，分类单独存放，保持通风，用电符合防火规定，不准在未竣工建筑物内、库房内调配油漆、烯料。施工现场使用的安全网、密目式安全网、密目式防尘网、土工材料，必须符合消防安全规定，不得使用易燃、可燃材料。使用时安全部门必须严格审核，凡是不符合规定的材料，不得进入施工现场使用。

施工现场严禁吸烟。废弃材料应及时清除。从事油漆粉刷或防水等危险作业时，要有具体的防火要求，必要时派专人看护。

9.1.5 防汛安全

堤防工程度汛、导流施工，施工单位应根据设计要求和工程需要编制方案报合同指定单位审批，并由建设单位报防汛主管部门批准。度汛时如遇超标准洪水，应启动应急预案并及时采取紧急处理措施。防汛抢险施工前，应对作业人员进行安全教育并按防汛预案进行施工。

堤防防汛抢险施工的抢护原则为前堵后导、强身固脚、减载平压、缓流消浪。施工中应遵守各项安全技术要求，不应违反程序作业。

堤身漏洞险情的抢护应遵守下列规定：

（1）堤身漏洞险情的抢护以"前截后导，临重于背"为原则。在抢护时，应在临水侧截断漏水来源，在背水侧漏洞出水口处采用反滤围井的方法，防止险情扩大。

（2）堤身漏洞险情在临水侧抢护以人力施工为主时，应配备足够的安全设施，确认安全可靠，且有专人指挥和专人监护后，方可施工。

（3）堤身漏洞险情在临水侧抢护以机械设备为主时，机械设备应停站或行驶在安全或经加固可以确认较为安全的堤身上，防止因漏洞险情导致设备下陷、倾斜或失稳等其他安全事故。

管涌险情的抢护宜在背水面，采取反滤导渗，控制涌水，留有渗水出路。以人力施工为主进行抢护时，应注意检查附近堤段水浸后变形情况，如有坍塌危险应及时加固或采取其他安全有效的方法。当遭遇超标准洪水或有可能超过堤坝顶时，应迅速进行加高抢护，同时做好人员撤离安排，及时将人员、设备转移到安全地带。为削减波浪的冲击力，应在靠近堤坡的水面设置芦柴、柳枝、湖草和木料等材料的捆扎体，并设法锚定，防止被风浪水流冲走。当发生崩岸险情时，应抛投物料，如石块、石笼、混凝土多面体、土袋和柳石枕等，以稳定基础、防止崩岸进一步发展；应密切关注险情发展的动向，时刻检查附近堤身的变形情况，及时采取正确的处理措施，并向附近居民示警。

堤防决口抢险应遵守下列规定：

（1）当堤防决口时，除有关部门快速通知附近居民安全转移外，抢险施工人员应配备足够的安全救生设备。

（2）堤防决口施工应在水面以上进行，并逐步创造静水闭气条件，确保人身安全。

（3）当在决口抢筑裹头时，应从水浅流缓、土质较好的地带采取打桩、抛填大体积物料等安全裹护措施，防止裹头处突然坍塌将人员与设备冲走。

（4）决口较大采用沉船截流时，应采取有效的安全防护措施，防止沉船底部不平整发生移动而给作业人员造成安全隐患。

9.2 施工现场环境保护

堤防工程施工组织设计中应有扬尘、污水、噪声控制和固体废弃物处置的有效措施，并在施工作业中认真组织实施，根据工程实际情况委托第三方检测机构对生产作业环境的粉尘、污水、噪声和常见毒物进行定期监测，及时治理。

9.2.1 扬尘控制

堤防工程施工期土石方工程与混凝土工程施工，水泥施工、材料运输以及施工车辆行驶等产生粉尘、扬尘污染物。工程施工主要以燃油机械为主，施工作业时产生大量燃油废气。粉尘、扬尘、废气会严重影响施工人员和周围居民的身体健康。根据空气重污染预警响应级别启动应急预案，减少或停止污染物排放的施工作业，并在施工现场明显位置处悬挂空气重污染应急措施公告牌，根据要求设置扬尘在线监测设备。

施工现场主要道路和模板存放、料具码放等场地应根据用途进行夯实或硬化。施工现场应采取覆盖、固化、绿化、洒水等有效措施，做到不泥泞、不扬尘。

施工现场土方应及时清运，不能及时清运的应设置围护集中堆放，并采取覆盖措施。裸露土壤最好采取硬化或绿化措施，提倡种树、种花或种速生草种。从事土方、渣土和施工垃圾的运输，必须使用密闭式运输车辆。施工现场出入口处设置冲洗车辆的设施，出场时必须将车辆清理干净，不得将泥沙带出现场。现场道路和进出口周边 100m 以内的道路应进行清扫和洒水降尘，不得有泥土和建筑垃圾，防止产生扬尘污染。办公区和生活区的裸露场地应进行绿化、美化。风力四级及以上，不得进行土方运输、土方开挖、土方回填以及其他可能产生扬尘污染的施工作业。水泥和其他易飞扬的细颗粒建筑材料的堆放、储存、运输应封闭或有覆盖措施的应密闭存放，使用过程中应采取有效措施防止扬尘。施工现场土方应集中堆放，采取覆盖或固化等措施。

施工现场应使用预拌混凝土和预拌砂浆。施工现场灰土和无机料拌和，应采用预拌进场，碾压过程中要洒水降尘。施工现场易产生扬尘的施工机械应采取降尘防尘措施。无机料拌和，要采用预拌进场，碾压过程中要洒水降尘。施工现场应有专人负责环保工作，配备相应的洒水设备，及时洒水，减少扬尘污染。建筑物内的施工垃圾清运必须采用封闭式专用垃圾道或封闭式容器吊运，严禁凌空抛撒。施工现场应设密闭式垃圾站，施工垃圾、生活垃圾分类存放。施工垃圾清运时应提前适量洒水，并按规定及时清运消纳。拆除旧有建筑时，应随时洒水，减少扬尘污染。拆除施工形成的渣土要遵守拆除工程的有关规定，及时进行清运。

9.2.2　污水控制

堤防工程施工期污废水主要包括：开挖断面含水地层的排水；施工期间开挖和钻孔产生的泥浆水，混凝土搅拌、运输车辆冲洗产生含泥沙、油类废水，施工现场裸露地表，下雨时雨水夹带浮土、废弃物等地表径流。堤防工程施工要对施工区域地面水的排放进行规划，经三级沉淀池沉淀处理后排放、综合循环利用或用于洒水降尘，严禁将污水直接排放，严禁乱排、乱流污染道路、环境。

混凝土搅拌机前台、混凝土输送泵及运输车辆清洗污水、施工现场产生的泥浆严禁直接排入公用排水设施或河道。现场存放油料、化学溶剂等物品应设有专门的库房，必须对库房进行防渗漏处理，储存和使用都要采取措施，防止油料泄漏，污染土壤和水体。废弃的油料和化学溶剂应按规定集中处理，不得随意倾倒。

施工现场生活区食堂、盥洗室、淋浴间及化粪池污水的排放应符合国家有关工程施工现场生活区设置和管理标准的要求。施工现场的食堂污水应设置简易有效的隔油池，加强管理，专人负责定期掏油，防止污染。厕所化粪池污水要经过三级厌氧化粪处理。

9.2.3　噪声控制

堤防工程的施工期将使用各种不同性能的动力机械，产生施工噪声，如打桩机、推土机及施工现场运输车辆等。堤防工程施工现场应根据现行建筑施工场界环境噪声排放标准要求控制噪声排放，制定降噪措施，并对施工现场场界噪声进行检测和记录，噪声值不应超过《建筑施工场界环境噪声排放标准》（GB 12523—2011）以及地方噪声排放标准，要满足表 9-1 建筑施工场界环境噪声排放限值的要求。

从事木工机械、风动工具、喷砂除锈、锻造、铆焊等噪声危害严重的作业人员，应配备足够的防噪耳塞等个体防护用品。在城市区范围内，堤防工程施工过程中使用的设备，可能产生噪声污染的，并按有关规定向工程所在地的环保部门申报。施工现场的电锯、电刨、搅拌机、固定式混凝土输送泵、大型空气压缩机等强噪声设备应搭设封闭式机棚，以减少噪声污染。噪声严重的施工设施不应布置在靠近居民区、工厂、学校、施工生活区。

表 9 - 1　建筑施工场界环境噪声排放限值

单位：dB（A）

昼间	夜间
70	55

注　根据《中华人民共和国环境噪声污染防治法》，"昼间"是指 6：00—22：00 之间的时段；"夜间"是指 22：00 至次日 6：00 之间的时段。夜间噪声最大声级超过限值的幅度不得高于 15dB（A）。

因生产工艺上要求必须连续作业或者特殊需要，施工过程中使用机械设备，可能产生环境噪声污染的，施工单位必须在工程开工 15 日以前向工程所在地县级以上地方人民政府环境保护行政主管部门申报该工程的项目名称、施工场所和期限、可能产生的环境噪声值以及所采取的环境噪声污染防治措施的情况。在城市市区范围内，在城市市区噪声敏感建筑物集中区域内，禁止夜间进行产生环境噪声污染的建筑施工作业，但抢修、抢险作业和因生产工艺上要求或者特殊需要必须连续作业的除外。夜间作业，必须公告附近居民，并公布施工期限。在噪声敏感建筑物集中区域内，夜间不得进行产生环境噪声污染的施工作业。进行夜间施工作业的，应采取有效的噪声污染防治措施，最大限度地减少施工噪声，可采用隔音布、低噪声振捣棒等方法。对人为的施工噪声应有管理制度和降噪措施，并进行严格控制。承担夜间材料运输的车辆，进入施工现场严禁鸣笛，装卸材料应做到轻拿轻放，最大限度地减少噪声扰民。在施工过程中要优先使用低噪声、低振动的施工机具。施工场地的强噪声设备最好设置在远离居民区的一侧，对强噪声设备应采取封闭等降噪措施。

9.2.4　固体废弃物处置

堤防工程施工期间建筑工地会产生大量余土、渣土、施工剩余废物料和有毒有害物质等，如不妥善处理也会污染环境。

施工现场收集的固体废弃物应存放在规划的区域、地点，不得随意丢弃或者倾倒，由专人处置，针对不同类别制定相应的处置方式，施工现场建筑垃圾要及时清运、消纳，具备条件的宜进行就地资源化处理。运输车辆要满足建筑垃圾运输的车型和封闭要求，要清洁运输，防止沿途撒漏泥土，污染道路。可重复利用的固体废弃物由施工单位安排回收利用，但不能影响工程质量。

可再生类固体废弃物要由施工单位转卖有经营资质的废旧物品回收单位。不可回收固体废弃物由施工单位委托具有垃圾处置资质的单位进行处置。

有毒有害固体废弃物要由施工单位分类打包装袋，委托政府制定的专业处置点进行处理。不可回收、有毒有害固体废弃物的处置要与委托单位签订合同，保留相应的证明文件（合同、协议、发票、资质、营业执照等）。易产生毒物危害的施工作业场所，要采用无毒或低毒的原材料及生产工艺或通风、净化装置或采取密闭等措施，并应配有足量的防毒面具等防护用品。

参 考 文 献

[1] 中国水利百科全书编委会. 中国水利百科全书. 北京：中国水利水电出版社，2006.

[2] 全国水利水电施工技术信息网组. 水利水电工程施工手册. 北京：中国电力出版社，2002.

[3] 陶亦寿，谭界雄，董建军，等. 抛石法. 北京：中国水利水电出版社，2005.

[4] 米持平，钟作武，董建军，等. 沉排法. 北京：中国水利水电出版社，2005.

[5] 孙桂生. 铰链混凝土板沉排新技术与施工实践. 山西建筑，2007，33（3）：343－344.

[6] 张文捷，王南海，王玢，等. 四面六边透水框格群用于长江护岸固脚工程实例及设计要点. 江西
     水利科技，2002，28（1）：12.

[7] 王萍，龚壁卫，董建军，等. 模袋法. 北京：中国水利水电出版社，2005.

[8] 苏庆国，贺强. 护堤林的营造技术. 防护林科技，2006，（2）：81.

[9] 魏山忠，滕建仁，朱寿峰，等. 堤防工程施工工法概论. 北京：中国水利水电出版社，2007.

[10] 龚壁建，周力峰，董建军，等. 堤防工程探测、监测与检测. 北京：中国水利水电出版
      社，2005.

[11] 黄志鹏，余强，董建军，等. 射水法. 北京：中国水利水电出版社，2006.

[12] 王凯南，邹从烈，董建军，等. 切槽法. 北京：中国水利水电出版社，2006.

[13] 李继业，刘经强，葛兆生，等. 河道堤防防渗加固实用技术. 北京：化学工业出版社，2013.

[14] 董哲仁. 堤防除险加固实用技术. 北京：中国水利水电出版社，1998.

[15] 贾金生，侯瑜京，崔亦昊，等. 中国的堤防处险加固技术. 中国水利，2005（22）：13－16.

[16] 袁博文. 锥探灌浆技术在堤防加固工程中的应用. 河南水利与南水北调，2017（7）：36－37.

[17] 刘萍. 劈裂灌浆技术在牛尾岗堤防加固工程中的应用. 江淮水利科技，2016（2）：21－22.

[18] 赵军. 充填灌浆技术在水库除险加固工程中的应用. 山西水利，2007（1）：68－69.

[19] 刘洪明，胡守平，葛孚强. 黏土灌浆在灌区堤防加固中的应用. 山东水利，2012（1）：19－21.

[20] 赵凯. 垂直铺塑技术在辽河治理工程中的应用. 黑龙江水利科技，2015，43（5）：39－40.

[21] 王军，赵金金，傅威文. 套井在堤防加固工程中的应用. 浙江水利科技，2002（2）：47－48.

[22] 朱伟，高玉峰，刘汉龙，等. 堤防背坡脚水平排水技术开发与研究. 水利水电科技进展，2001，
      21（3）：29－31.

[23] 郑小涛. 挡土桩在堤防处险加固工程中的应用. 甘肃水利水电技术，2006（6）：149－150.

[24] 张涛，付绍南. 钢板桩技术在长江堤防加固工程中的应用. 探矿工程（岩土钻掘工程），
      2002（1）：15－16.

[25] 赵志民，宁夕英. 浅议蜿蜒型河道裁弯取直工程. 河北水利水电技术，2002（2）：28－29.

[26] 王康林，赵秀珍. 永宁江河道整治工程裁弯取直技术探讨. 浙江水利科技，2002（5）：75－77.

[27] 丛蔼森. 北京河道堤防加固工程使用的新材料. 北京水利，2000（5）：35－38.

[28] 黄国兴，陈改新，等. 模袋混凝土在长江堤防加固中的应用. 第五届全国混凝土耐久性学术交流会，2000：411-415.

[29] 陈立明，冯微，钟少全，等. 水下不分散混凝土施工技术与应用. 广东水利水电，2001（5）：3-3.

[30] 李新军. 长江九江干堤决口封堵记实. 水力发电，1998（11）：1-4.

[31] 全国水利水电施工技术信息网组. 水利水电工程施工手册——土石方工程. 北京：中国电力出版社，2002.

[32] 董哲仁. 堤防抢险实用技术. 北京：中国水利水电出版社，1999.